"十二五"普通高等教育本科国家级规划教材

# 生理心理学（第三版）

Foundations of Physiological Psychology

沈政　林庶芝　编著

北京大学出版社
PEKING UNIVERSITY PRESS

图书在版编目(CIP)数据

生理心理学/沈政,林庶芝编著.—3 版.—北京:北京大学出版社,2014.9
(北京大学心理学教材基础课部分)
ISBN 978-7-301-24821-8

Ⅰ.①生… Ⅱ.①沈… ②林… Ⅲ.①生理心理学—高等学校—教材 Ⅳ.①B845

中国版本图书馆 CIP 数据核字(2014)第 212757 号

书　　　名：生理心理学(第三版)
著作责任者：沈　政　林庶芝　编著
责 任 编 辑：赵晴雪　陈小红
标 准 书 号：ISBN 978-7-301-24821-8/B·1221
出 版 发 行：北京大学出版社
地　　　址：北京市海淀区成府路 205 号　100871
网　　　址：http://www.pup.cn
新 浪 微 博：@北京大学出版社
电 子 信 箱：zpup@pup.pku.edu.cn
电　　　话：邮购部 62752015　发行部 62750672　编辑部 62752021　出版部 62754962
印 刷 者：北京市科星印刷有限责任公司
经 销 者：新华书店
　　　　　787 毫米×960 毫米　16 开本　20 印张　彩插 4 页　434 千字
　　　　　1993 年 11 月第 1 版　2007 年 3 月第 2 版
　　　　　2014 年 9 月第 3 版　2021 年 8 月第 8 次印刷
定　　价：45.00 元

未经许可,不得以任何方式复制或抄袭本书之部分或全部内容。
版权所有,侵权必究
举报电话：010-62752024　电子信箱：fd@pup.pku.edu.cn

# 内 容 提 要

　　《生理心理学》第三版是"十二五"国家级普通高等教育规划教材,其学科理论和方法学吸收了国际最新进展,并特别注重介绍与现实生活密切相关的生物医学新成果。全书12章,前三章侧重当代神经生物学、脑科学和信息科学的一些基本理论概念和科学方法论,将经典的理论、方法和研究进展融会贯通,为学生学习和理解后9章内容,打下了深广的神经生物学和认知科学基础。4~12章,按照当代心理学理论体系,系统介绍知觉到人格心理学中的经典理论和最新进展。几乎在每章之末,都介绍了相应疾病和心理健康的生理心理学基础,包括注意缺陷/多动障碍(ADHD)、学习障碍、自闭症谱系障碍、成瘾行为、精神分裂症、抑郁症和情感障碍、焦虑/恐惧和强迫-强制症谱系障碍、睡眠障碍、肥胖症、性行为周期、人脑性差异和性取向等问题。无论是新的科学理论还是疾病健康方面的资料,都取自当代国际学术界影响因子很高的杂志和相应领域的权威学者之作以及原作的插图。资料和插图都标注着作者和出处,以便感兴趣的读者进一步查阅。

　　本书适用于心理学、医学、神经生物学和教育学专业的大学生教材,也适用于这些领域的研究生、理论研究者,作为他们基础知识更新的参考书。对成人教育和自学人员,建议先以前面的神经形态学和神经生理学以及4~12章内容为主,然后再扩展学习本书其他内容。

# 第三版序言

本书第一版在 1993~2006 年 13 年间,共印刷 11 次;第二版 2007~2013 年 6 年间,也印刷 11 次。这一印刷速度的变化表明,该书的市场需求在成倍地增长。这说明随着我国社会经济的发展,人们对科学知识的需求,特别是对认识自身的科学需求,迅速地增强。无论是本书的前身(华夏出版社 1989 年版)还是本书第一版(1993 年)写作过程中,作者只是在写一本专业教材,是为心理学相关专业人员,写专业参考书。然而,时至今日我们才意识到,生理心理学应该面向更广大的读者,只要他们面临来自自身或周围人的心身困扰,陷入迷惑不解的境地,都有可能从这本《生理心理学》中得到启示。例如,怎样理解和对待异样社会行为,包括不同的性生活取向,戒毒和防复吸的艰难,荒唐的违纪、违法行为,某些重大神经精神疾病的国际研究进展和儿童发育以及特殊教育的生理心理学基础等。本书给出有关问题的国际前沿研究进展,不仅普通公民闻所未闻,即使对相应领域的专业人员,可能也有些耳目一新之感。例如,性别的二维度四分法:男人、女人、非男非女和既男又女等四种性别说;吸毒和复吸的脑最后共同通路;儿童自闭症谱系障碍源于脑内镜像神经细胞和长距离神经纤维(深部白质)以及胶质细胞等发育不良等,都是近些年神经科学、神经生物学和分子生物学前沿研究的新进展。吸收这些科学新知识,使人们更准确地理解和对待某些生理心理问题,以便更恰当地处理这些问题,有助于建设和谐的社会和幸福家庭。

除了扩大视野面向社会,使本书第三版更能符合社会需求之外,在心理学学科建设上本版也做了较大的努力。除感觉运动和知觉之外的各部分,特别是在言语思维、情绪情感、理解他人动机意向和执行监控等有关部分,本版都做了很大修改和增写,尽可能吸收人类被试的实验数据,形成了基于人类被试实验数据基础上的生理心理学框架。近年红火起来的人脑连接组(connectome)研究项目,几年以后将会揭示更多人脑功能连接的科学事实,进一步充实生理心理学的基本理论。

本书作者完成了有关章节修订,自然就涉及生理心理学基本理论的升华。在继承脑机能定位论、功能系统论、大脑半球功能一侧化和脑功能进化论等理论精髓的基础上,作者更加注重当代无创性脑成像和神经计算研究的新科学事实以及分子和细胞生物学对脑研究的新发现。本书加写了生理心理学的基本理论和方法学,作为导论的主要内容。概括地说:当代科学认识到,人脑是动态时变的超立方功能体,时变性是绝对的,定位性是相对的;对于本能行为和自动化的行为类型而言,脑功能定位的时变性是主导的;对于人的意识活动而言,脑功能系统的多层次性和时变性是主导的。希望本版能得到广大读者的喜欢和批评指正。

作 者
2013年8月20日于北大

# 第二版序言

《生理心理学》一书自1993年问世,先后印刷11次,其社会需求逐渐增大,随着我国经济文化教育事业的发展,从科学教育和社会生活两个方面都对《生理心理学》一书提出了新需求。

从科学教育方面,人类对脑与意识这一基本科学命题不断探索,在过去十多年间取得了前所未有的重大进展。以功能性磁共振成像为代表的无创伤性脑功能成像技术,使科学家们可以直观地看到正常人的知觉、记忆、思维和情感活动中大脑发生变化的过程。在分子生物学和细胞生物学水平上,科学家们揭示出细胞核内的基因调节蛋白(如CREB)如何参与长时记忆的形成。在脑整体功能和分子生物学基础之间的神经元功能网络水平上,近年科学家发现自闭症、精神分裂症和儿童失读症患者的大脑深层白质不足,引起脑内大范围结构间通信的缺陷。这一发现可能从根本上改变人类对这些疾病性质的认识。随之而来,将是诊断和治疗学上的突破进展。脑代谢和神经信息加工的神经生物学研究,已经向经典神经元理论提出了挑战:人脑复杂的思维活动不只建立在神经细胞的生理活动之上,还制约于胶质细胞与神经元间的并行网络。这类并行网络实现的多时间尺度上的信息加工过程,才是精细而复杂的智慧活动的基础。在社会与人格心理学方面,脑科学研究已揭示出男女两性差异的E-S维度,即移情性和系统性维度及其脑功能基础。因此,在修订《生理心理学》一书时,我们首先着眼于吸收过去十多年间这些新科学事实,使本书获得更强的生命力。

从社会生活方面,随着社会经济和各项事业的发展,人们面临许多新机遇和挑战。每个人为顺应社会发展而取得个人的全面发展,就应对自己的心身状况具有最基本的认识。为建立和谐的社会以及人与人、人与自然的和谐,人们应该用生理心理学的知识充实自己,以便能够正确理解自身和他人,保持健康的心身状态,使我们的生活更加美好。为此,本书在修订时力图使其能贴近现实生活,增加了两性生理心理的差异、毒瘾、行为瘾和某些精神疾病等新科学知识。与第一版相比,在修订中压缩了一些经典的实验研究细节,并对某些有影响的科学理论加以客观评述。

希望本书的修订版本,能得到心理学、医学和认知科学领域读者的批评指正。

沈 政 林庶芝
2006年3月31日

# 第一版序言

由于我校和兄弟院校的教学需要，拟对我们5年前撰写的《生理心理学》教科书重印或再版。经过半年多的考虑，我们终于下决心申请北京大学教材出版基金资助，重写《生理心理学》这本教科书。

重写《生理心理学》教科书，出于以下考虑：首先，由于心理学发展的历史原因，已有的生理心理学著作难于与普通心理学、认知心理学、医学心理学等分支彼此呼应。然而过去五六年的科学发展中，形成了一些新的研究领域，积累了一批新的科学资料，有利于克服这种缺陷。因此，我们尽可能吸收这些成果，按照我国高等院校使用的《普通心理学》和《认知心理学》教科书的体系，编写一本有利于这些课程之间融为一体的《生理心理学》教科书。其次，我们还考虑到：生理心理学不仅是心理科学的基础学科，而且教育学、医学、认知科学和计算机科学也都需要生理心理学的基础知识。因此有必要跳出生理心理学的自身领域，面对这些相关学科，写一本视野广、口径大而且简单明了的《生理心理学》教科书。为此，我们在书中尽可能联系某些教育学、医学和计算机科学发展中提出的问题，充实生理心理学的教学内容，使其更富有生命力。最后，在本书写作中除正文外，图表与参考文献的引用，也立足于基础知识的教学要求，主要引用中文参考书，以便于某些强烈求知者进一步参阅，提高相应的知识水平。这本《生理心理学》比前一本减少了十多万字，但某些内容却有所充实和加强。我们的本意如此，其实际教学效果还有待于读者和同行教师们加以考查，我们诚恳希望各位批评指正！

作　者
1992年12月31日晚

# 目 录

## 1 导论 …………………………………………………………………… (1)
第一节 生理心理学的学科性质及其科学与社会价值………………… (1)
第二节 生理心理学的基本理论………………………………………… (4)
第三节 生理心理学的方法学…………………………………………… (11)
第四节 脑信号处理和神经计算………………………………………… (18)

## 2 神经系统的结构和功能基础 ……………………………………… (24)
第一节 神经形态学……………………………………………………… (24)
第二节 神经系统功能的整体和细胞生理学基础……………………… (42)
第三节 遗传信息和神经信息相互作用的分子生物学基础…………… (49)

## 3 神经系统的感觉和运动功能 ……………………………………… (59)
第一节 神经系统的感觉功能…………………………………………… (59)
第二节 神经系统的运动功能…………………………………………… (87)

## 4 知觉的生理心理学基础 …………………………………………… (95)
第一节 失认症与知觉的脑结构………………………………………… (95)
第二节 知觉的皮层结构基础…………………………………………… (97)
第三节 知觉通路和知觉信息流………………………………………… (101)
第四节 面孔知觉………………………………………………………… (107)

## 5 注意的生理心理学基础 …………………………………………… (112)
第一节 非随意注意……………………………………………………… (112)
第二节 选择注意………………………………………………………… (115)
第三节 注意的脑网络和信息流………………………………………… (119)
第四节 儿童注意缺陷…………………………………………………… (126)

## 6 学习及其神经生物学基础 ………………………………………… (131)
第一节 学习模式………………………………………………………… (131)

第二节　学习的脑网络基础……………………………………………………(136)
　　第三节　大脑皮层在学习中的作用……………………………………………(143)
　　第四节　脑可塑性与学习的神经生物学基础…………………………………(147)
　　第五节　学习的分子生物学基础………………………………………………(150)
　　第六节　学习障碍和成瘾行为…………………………………………………(152)

**7** 记忆的生理心理学基础……………………………………………………………(157)
　　第一节　传统的记忆痕迹理论…………………………………………………(157)
　　第二节　海马的记忆功能………………………………………………………(160)
　　第三节　现代的多重记忆系统理论及其脑结构基础…………………………(162)
　　第四节　记忆的分子和细胞生物学基础………………………………………(170)
　　第五节　人类的记忆障碍………………………………………………………(173)

**8** 言语、思维的脑功能基础……………………………………………………………(178)
　　第一节　言语和脑………………………………………………………………(179)
　　第二节　脑与思维………………………………………………………………(190)
　　第三节　精神分裂症的言语、思维障碍及其脑功能基础……………………(197)

**9** 本能、需求和动机的生理心理学基础………………………………………………(203)
　　第一节　作为人类本能的意识和言语…………………………………………(203)
　　第二节　睡眠与觉醒……………………………………………………………(206)
　　第三节　饮水行为与渴感中枢…………………………………………………(217)
　　第四节　摄食行为………………………………………………………………(220)
　　第五节　性行为…………………………………………………………………(224)
　　第六节　防御和攻击行为………………………………………………………(229)
　　第七节　人类基本生理心理需求和动机的脑基础……………………………(232)

**10** 情绪与情感的生理心理学基础……………………………………………………(233)
　　第一节　情绪、情感的经典生理心理学理论…………………………………(233)
　　第二节　情绪、情感的现代生理心理学理论…………………………………(236)
　　第三节　情感障碍及其神经生物学基础………………………………………(245)

**11** 人际交往和执行监控的脑功能基础………………………………………………(250)
　　第一节　人际交往和相互理解的脑功能基础…………………………………(250)
　　第二节　目标行为的执行监控功能……………………………………………(255)
　　第三节　人脑的性别差异和性取向的生理心理学基础………………………(260)
　　第四节　社交中烟、酒、茶调节心态的脑功能基础…………………………(264)

第五节　影响人际交往的神经症及其脑功能基础…………………（266）
　　第六节　自闭症谱系障碍及其神经生物学和分子遗传学基础…………（268）

**12** 人格与智能的生理心理学问题……………………………………（272）
　　第一节　人格的生理心理学基础………………………………………（272）
　　第二节　智能及其脑功能基础…………………………………………（280）
　　第三节　智能障碍的脑机制……………………………………………（290）

参考文献……………………………………………………………………（293）

# 1

# 导　论

生理心理学(physiopsychology)是心理学科学体系中的重要基础学科之一,它以心身关系、心物关系和心脑关系为基本命题,力图阐明各种心理活动的生理机制。然而,围绕这些重大科学命题不仅形成了生理心理学,还出现了许多其他邻近的学科。随着人类文明的发展和科学技术的进步,关于生理心理学的学科性质、研究任务,乃至学科体系和方法学也不断地发展。通过获取的无数相对真理,生理心理学总是在探索和揭露人类大脑的奥秘中不断丰富和发展。因此,对生理心理学的学科性质及其与邻近学科的关系,在不同发展时期有不同的答案,作为生理心理学的基础知识或学好这门学科的先修课程,有不同层次的理解和要求。随着生理心理学研究方法不断地进步与发展,其理论发展与应用前景也越发广阔。

中国社会在过去30多年所发生的巨大变革,伴随着社会生活的许多变革,人们从日常家庭生活、子女教育、性对象取向到生、老、病、死,都产生了许多新问题,希望在生理心理学中找到科学启示。所以,如今的生理心理学不仅是心理学的重要基础学科,已经成为教育学、医学、信息科学或计算机科学不可缺少的科学基础,并且已从学科走向社会生活。生理心理学在未来的科学发展和社会生活中,将会进一步受到前所未有的高度重视。

## 第一节　生理心理学的学科性质及其科学与社会价值

生理心理学虽然是心理学的重要基础学科之一;但它的诞生却早于科学心理学五年。1879年冯特(Wundt,W.)在德国莱比锡大学创建心理学实验室之前,他在德国海德堡大学先出版了《生理心理学》教科书(Wundt,1874),将生理心理学看成是心理学与生理学之间的边缘学科。但近年认为,生理心理学是心理科学、神经科学和信息科学之间的边缘学科。这是由于随着科学的发展,对心理活动的本质有了更深刻的认识。必须吸收多种科学和技术的新成果,包括分子遗传学、行为遗传学、分子生物学、细胞生物学、神经形态学、神经生理学和认知神经科学等学科的新成果,才能阐明生理心理学的基本理论命题。

### 一、心-身关系

心身关系的科学命题不仅是心理生理学的基本命题,也是哲学的基本命题,这也是心理学在形成独立的科学体系之前隶属于自然哲学范畴的缘故。公元前3世纪在中国古代医书中就明确记载:"心者,五脏六腑之大主也,精神之所舍也。"古希腊也曾认为心理活动是心之功能,公元前5世纪古希腊哲学家德谟克里特(Democritus, A.)把心理活动与呼吸功能加以类比,提出精灵原子的假说;莱布尼兹(Leibniz, S.)提出心身平行论;笛卡儿(Descartes, R.)则提出心身交互论。这些自然哲学式的理论研究,基于对心理活动与生理功能间关系之表面观察,由哲学概念加以概括,当然其理论比较肤浅。这是由当时自然科学不发达所决定的;但它反映了生理心理学理论的萌芽。1874年第一部《生理心理学》教科书问世,并在随后的70多年中得到了很大发展。直到20世纪50~60年代,一些生理心理学家又开始利用多导生理记录仪(Polygraph)这种无创伤性研究方法,对人类心-身关系进行了系统地实验研究,并在1960年建立了心理生理学专业学会,并创建了心理生理学专业期刊(*Psychophysiology*),总结出心理活动中心率、血压、呼吸、皮肤电、瞳孔和眼动的变化规律。这一分支学科在心理学研究方法学上,进一步扩展了古典心理学方法学中的"减法法则";在理论上对"心理资源""自动和控制加工过程"等重要心理学现代概念的诞生做出了重大贡献。这些理论概念和方法学进展,成为20世纪90年代认知神经科学产生的重要基础。最近十几年间,对心率变异性(heart rate variability, HRV)的研究领域,已积累了许多科学事实,证明不同心态的心率变异性规律不同。另一方面,由于通过多种无创性脑成像技术的运用和分子生物学新发现,证明脑功能状态随时都制约于人体内环境的变化。不仅心境、情绪,而且内隐认知活动也制约于人体内环境。脱离身体的孤立脑,其高级心理活动也必然出现问题,这是因为心-身之间存在着多层次的精细调节机制。

尽管随着科学的发展,心-身关系的探讨逐渐为心-脑关系的命题所取代,因为生理心理学逐渐认识到,身体内环境主要由脑通过神经调节、神经-体液调节和神经-免疫调节机制而实现的;相反,脑也正是以这种调节功能为己任,斩断这种机制,脑将不脑。最近几年,对脑内胶质细胞功能的研究,发现它们在神经-体液调节和神经-免疫调节中,均具有非常重要的作用。因此,脑在心身关系中成为关键的器官,我们在心-脑关系的命题中将进一步讨论,这里先回到心-物关系的命题。

### 二、心-物关系

心-物关系即意识和物质的关系,不仅是心理学的命题,也是哲学的第一命题,是唯心主义哲学和唯物主义哲学的分水岭。与哲学所讨论的社会意识和物质世界的关系不同,心理学是从具体的外界物质刺激与个体意识之间的制约关系中,探讨个体心理活动的规律。20世纪初,神经生理学家巴甫洛夫(Pavlov, 1927)关于高级神经活动的经典理论,最精辟地概括了心物关系的反射论原理。他把条件反射理论概括为三条原则:首先,反射活动与外界刺激有着因果关系,即决定论的原则;其次,脑对外部刺激发生反应时,进行着复杂的分析综合活动,与之相应地在脑内存在着许多分析器;最后,是结构原则，即脑的反射活动是通过反射弧实现的。反射弧由传入（刺激）、中枢和传出（反应）三个环节构成。不同性质的外部刺激通过特定的传入神经到达相应的中枢，再沿特定的传出环节完成反射活动。这一理论依当时神经解剖学关于大脑皮层感觉区、运动区、视区、听区等特异性感觉-运动区的知识，以及从外周神经到大脑皮层特异感觉区之间的特异感觉通路和特异的传出运动通路为基础；而对于脑深部结构，特别是那些用组织学方法难以确定其神经联系的网状结构、大脑前额叶、腹内侧前额叶、底部和边缘部分的皮层及其邻近结构，很难纳入反射弧的结构之中。因此，反射论的经典神经生理学关于脑与心理活动之关系的认识，只是概括了神经解剖学、神经组织学和经典分析神经生理学的研究成果(Sherrington, 1906)，具有很大的历史局限性。在科学发展史上，克服这一历史局限性的新方法和新理论应运而生，这就是细胞电生理学方法和细胞神经生理学理论。20世纪40年代，细胞神经生理学揭示了**神经细胞对外部刺激强度的电生理学编码机制**，总结出细胞发放的频率编码和解码规则，以及突触后电位的级量(模拟)反应规律。基于细胞电生理学方法，研究者发现了脑内的网状非特异系统及其对大脑唤醒水平的调节作用，揭示了睡眠与觉醒的调节机制(Moruzzi & Magoun, 1949)。外部世界的**多种刺激对意识(觉醒)水平的影响**，是通过特异传导通路对各种刺激的上行传导侧支，共同进入脑干网状结构，使其保持适度兴奋水平，调节着大脑的意识水平。正是这种适度的大脑觉醒水平，构成了人类智慧和情感活动的前提，人类的意识才能对外界物质过程产生意识的反射活动。归根结底，人类的意识活动是外界物质过程与脑这一特殊物质相互作用的产物。脑既是物质的，又是心理活动和意识的器官。所以，脑既是生理学的研究对象，又是心理学的研究对象。脑在调节身体内环境的统一协调中，以及通过感觉运动反应适应外环境中的作用机制，是神经生理学的研究课题；而产生知觉、注意、学习、记忆和语言思维的认知过程和动机情感以及执行控制过程，乃至人格形成中的作用机制，则是心理学的研究课题。由此可知，生理心理学不仅基于生理学的知识，还要广泛吸收关于脑的全部知识，即神经科学各个分支学科知识，才能完成自己的基本命题研究。

### 三、心-脑关系

神经科学是最近四十多年来形成的一门综合科学，它囊括关于脑研究的许多理论和技术，如神经生理学、神经解剖学、神经组织学、神经免疫学、神经遗传学、分子神经生物学、神经病学、精神病学、精神药物学、行为药理学、神经外科学、脑的生物医学影像技术等。吸收脑综合研究的新成果，是生理心理学发展的必要前提。在神经科学诸多分支学科中，值得生理心理学青睐的是神经信息科学，它从信息科学中吸取了新概念、新算法和新技术，揭示了人脑信息加工的基本规律。

信息科学是20世纪40年代兴起的综合科学。它的一些理论概念对现代脑研究产生了巨大启发作用。20世纪60年代以后，许多信息处理新技术，如快速傅里叶变换、功率谱分析、地形图分析等在脑研究中显示出重要意义，开拓了脑事件相关电位等新研究领域;70年代末期,计算机控制的多种脑生物医学影像技术,相继问世。70年代问世了计算机控制的轴向断层扫描技术(CT),80年代核磁共振断层扫描技术(NMRI)和正电子发射断层扫描技术(PET)等达到成熟水平;90年代以功能性磁共振(fMRI)为代表的无创性脑成像技术成为推进脑科学和心理学发展的重要手段;21世纪前十几年,弥散张力成像(diffusion tensor imaging,DTI)为脑白质精细结构的研究提供了新的有效工具;静态功能性磁共振成像(R-fMRI)和DTI一起,为脑连接组(connectome)研究领域,提供了获取数据的手段。通过这些新技术所获取的科学数据,使当代科学认识到,脑对外部刺激发生反应所产生的心理活动,只耗费脑能量代谢的10%以下;那么90%以上的脑能量用在何处?是仅仅用于维持生命过程,还是也用于无意识的心理活动? Raichle(2001,2006)将这90%的脑能量称之为"脑的暗能量"。换言之,反射方式的心理活动并不是唯一的机制,甚至不是主要的心理活动机制。

生理心理学必须从神经科学和信息科学中吸收新理论与新技术的滋养,才能在心理活动脑机制的研究中,有所前进,有所发现。学习生理心理学必须开阔科学视野,随时吸收当代神经科学和信息科学的新成果。

总之,生理心理学是心理学学科体系中的必修课程,是心理科学、神经科学和信息科学之间的边缘学科。心-脑关系是生理心理学研究的核心命题,该命题的研究进展不仅对心理学其他分支学科的发展产生重大影响,对于认识论和哲学的理论发展也具有重大意义。此外,生理心理学的进展对于智能化计算机和机器人学的理论发展可提供重要科学基础;对于教育学、医学、运动科学、文化艺术以及社会福利和环境保护等事业,都具有一定的基础理论意义。生理心理学知识的普及,有利于提高人口素质,正确处理一些重大社会问题,促进社会和谐发展。

## 第二节 生理心理学的基本理论

心理活动与脑功能的关系是生理心理学的核心命题,人类对该命题的探索,大体经历了六个相对的历史时期,与之相应的有六种理论体系,即自然哲学理论、机能定位理论、脑反射论(或经典神经生理学理论)、细胞神经生理学理论、脑化学通路学说和功能模块(功能系统)理论。基于当代科学发展水平,当前如何评价和吸收这些理论的合理内核,总结出当代生理心理学的基本理论,是本节讨论的重点。

概括地讲:当代生理心理学认为,作为脑的高级运动形式,心理活动不仅是脑对外界世界的反射(reflection)活动,也是对体内环境和脑动态信息加工过程的映射(mapping)活动,制约着心身、心物和心脑关系中多层次性的和遗传保守性的物质运动过程。人脑实现反射和映射活动时,通过多重信息加工过程和多重信息流并存的组合方式,实施着数字信号处理和模拟信号处理的机制,构成一个动态时变的超立方功能体。定位性是相对的,时变性是绝对的、瞬息万变的。对于本能行为和自动化的行为及其相应的无意识活动而言,脑功能的定位性在一定条件下是主导的;对于耗费心神的意识活动而言,脑功能系统的多维度时变性是主导的。人脑的反射和映射活动蕴含着动物界系统发生、进化以及个体发生、发展所形成的模块性、层次性、包容性和遗传保守性。下面对这些原理加以概括介绍,并在本书各章节中逐步加以具体运用。

## 一、脑机能定位论与等位论的统一性原理

贝尔(Bell,1811)根据高等动物和人的脑形态与功能不同,将脑分为大脑、小脑,又将脊髓分为背根和腹根。这一发现成为脑机能定位理论的发端。从脑的大体解剖学研究逐渐深入到脑的组织学研究,是19世纪乃至20世纪前20年脑研究工作的主流。布罗卡(Broca,1861)发现了位于额叶的言语运动中枢,维尔尼克(Wernicke,1874)发现了语言感觉区,大大刺激了生理学家和心理学家,他们希望在脑内找到各种心理活动的中枢。临床观察法、手术切除法、电刺激法、解剖学和组织学方法,是脑机能定位理论所依靠的主要研究手段。脑机能定位的基本理论和研究方法一直延续到现代。20世纪40~50年代,脑研究领域中关于大脑皮层是条件反射暂时联系赖以形成的观点;现代神经生理学关于脑干网状结构是睡眠与觉醒中枢的理论;边缘脑或边缘系统是情绪调节与内脏调节中枢;以及60年代,以割裂脑研究引起学术界关注的大脑两半球机能不对称性的理论观点;乃至最近20年,以无创性脑成像技术为基础的脑激活区的研究,都可以看做是脑机能定位思想的继续和发展,但所应用的方法及理论观点已大大超越了经典脑机能定位学说的范畴。

值得指出的是与脑机能定位观点相对应的是脑等势学说。尽管心理学家拉施里(Lashley,1929)提出这种观点的主要依据,是大白鼠脑切除法对其学习行为的影响,由此决定了该理论的局限性。然而,20世纪60~70年代的许多研究都发现,就学习行为的脑基础而言,脑内许多结构,包括皮层下深部结构,也都具有形成暂时联系的能力,暂时联系的接通机制是脑的普遍功能。20世纪最后的30年中,最初把长时程增强效应(LTP)作为长时记忆的特异性生物学基础,但最终发现,它是各种可兴奋组织的普遍生物学特性。最近20年来,基于功能性磁共振的血氧含量相依的(BOLD)信号对脑高级功能的研究发现,即使是最简单的经典条件反射活动,所激活的脑结构也涉及许多皮层和皮层下结构,包括发挥重要作用的纹状体。由此可见,脑机能定位观点和脑等势观点,都不是绝对正确或绝对荒谬的,它们各自揭示了脑功能特点的不同侧面。就语言产出而言,定位性明确的皮层下脑结构支配着口、舌、唇、声带等发声器官,与作为言语运动中枢的额下回形成了复杂的人类语言本能的神经回路;而对复杂的语义和话语表达,则因语境的上下文不同,所涉及的额、顶和颞叶皮层的功能组合不同。所以,复杂的语义和话语内容,是由时变的脑功能系统实现的。在言语等高级心理活动中,脑功能的定位性和整体系统性是高度统一的。时变的脑高级功能包容着先天遗传的,定位性明确的人类本能的功能回路。关于这些神经回路的具体组成,请阅读有关言语思维部分及其附图。

## 二、经典特异神经通路和非特异弥散网络共同作用的功能原理

巴甫洛夫(Pavlov,1927)认为,每种先天的反射活动都有相应的脑反射弧作为其结构基础。反射弧由传入-中枢-传出三环节组成;而个体习得性条件反射依赖于反射中枢间的暂时联系而实现。这种认识具有极大的历史局限性,因为巴甫洛夫时代还没有电生理学的技术手段。本质上,脑结构间的联系是多重发散与会聚影响的机制。某一脑结构的兴奋可引起其他许多脑结构发生不同的功能变化,脑干网状结构就是非特异弥散网络的脑结构。换言之,弥散网络是点与面或点与立体的关系,是效率更高的脑网络形式。

19世纪末到20世纪初,英国的生理学家谢灵顿(Sherrington,1906)和俄国生理学家巴甫洛夫几乎同时建立了生理学实验分析法,以反射论(reflective theory)为指导,研究了中枢神经系统的功能。谢灵顿利用猫股四头肌标本,巴甫洛夫则发现狗的心理性唾液分泌标本。他们分别研究了脊髓和脑高级中枢对于刺激所给出的反应,定量地分析了刺激和反应间的因果关系。他们的研究业绩形成了神经生理学的经典理论,是行为主义心理学的重要自然科学基础。经典神经生理学基于精确的定量分析,大大提高了脑功能研究的科学水平。从今天高度发展的自然科学和精密仪器的角度来看,当年巴甫洛夫对狗唾液分泌滴数的计量与谢灵顿用记纹鼓和麦秆笔对猫股四头肌收缩强度的记录,是何等简单啊!然而,正是通过这些简单定量分析的方法,建立了经典神经生理学体系。几十年后随着阴极射线示波器的应用,利用微电极记录神经细胞电活动的生理学研究迅速发展,细胞神经生理学理论诞生了!

尽管追溯电生理学的历史,其发端于伽尔伐尼(Galvani,1791)关于动物电的概念,但现代电生理学的真正开始,则是以厄兰格和加塞(Erlanger & Gasser, 1922)将阴极射线示波器应用于神经生理学研究和伯格(Berger, 1929)发表的脑电研究报告为标志。此后的90多年来,电生理学技术一直是脑生理学研究的重要方法。在这90多年中,虽然电子技术飞快发展,电生理仪器性能不断改善,但电生理学的基本原理和方法学原则,却未发生根本性变革。利用核团电极、细胞外电极和细胞内电极,不但可以刺激神经组织,还可以记录它的电活动。根据刺激某一点,在它周围不同神经成分发生反应的时间关系和频率特点,分析出神经成分间的机能关系。正是依靠这一基本方法学原理,才发现了神经解剖和神经组织学方法无法发现的,网状结构的机能联系和功能特点。20世纪50~60年代,电生理学技术取得了硕果,形成的细胞神经生理学理论体系,大大加深了人类对大脑奥秘的认识。首先,细胞神经生理学在经典神经生理学对脑特异性机能系统的认识基础上,增添了网状非特异系统的认识,这就大大超越了巴甫洛夫的经典反射弧概念。任一反射活动不仅制约于外界刺激,也制约于网状非特异系统兴奋所制约的唤醒水平。因此,心理活动的基础并不是简单的刺激和反应间的决定论原则。其次,在经典三环节反射弧的机制中,必须考虑到由传入和传出神经发出的侧支联系,它不但引申出网状非特异系统的制约作用,也引申出反馈作用原理和多重信息流

的概念,这些成为现代脑网络研究的细胞生理学基础。

### 三、数字信号处理和模拟信号处理机制并存的脑网络原理

除神经冲动在神经干上传导的"全或无"定律之外,细胞神经生理学还发现了突触后电位的"级量反应"规律,或者说脑不仅是数字化信息处理机构,还是模拟信号处理机构。神经元发放的"全或无"规律,也就是神经细胞兴奋性变化的"率编码"规则,与现代数字计算机运行规则完全吻合;突触后电位变化的"级量反应"规律,与模拟计算机原理相似,也就是说表征神经元之间连接强度的突触后电位是连续的模拟变量。这样,人脑功能基本原理与信息论所描述的通讯系统和分子热力学所描述的热力熵变化规律之间存在着许多共同性。所以,20世纪60年代细胞神经生理学的发现,使脑科学从反射论跨越到信息论的范畴,心理科学也走出刺激-反应(S-R)的行为主义理论框架,开始发展信息加工的认知心理学体系。然而,刚刚起步的信息科学却在1969年却步而退,砍杀了人工神经网络的研究领域,直到1986年信息科学面对人工智能理论发展所遇到的瓶颈,才拾回了丢弃近20年的人工神经网络研究,并从自然脑活动原理中总结出并行分布式(PDP)的神经计算原理,再度复兴了这一研究领域。又经过20多年的探索,直到2009~2010年间,才形成了人脑神经连接组(connectome)的新研究领域。

### 四、多重信息加工过程和多重信息流并存的脑功能原理

人脑作为信息加工的器官,受到了神经科学和心理科学的重视,成为认知科学、脑科学和心理学三大学科群结合的焦点。经过20多年的磨合,到20世纪80~90年代,心理学已经率先总结出人脑信息加工的两类加工过程和两种加工方式,即自动加工和控制加工过程以及串行和并行加工方式,并在此基础上总结出两类性质不同的心理活动:外显的意识活动和内隐的无意识活动。意识活动以串行方式的控制加工过程为基础,耗费心神,心理容量有限;无意识心理活动以并行方式的自动加工过程为基础,不耗费心神,心理容量或心理资源无限。在心理科学发展史上,第一次以客观实验数据论证了无意识心理活动的变化规律,剥掉了弗洛伊德100多年前为无意识心理活动所披上的神秘外衣。人工神经网络理论把并行分布式信息处理原理,看成是认知过程的微结构,并总结出许多数学模型。这就极大地促进了心理学和神经科学的发展,各种认知功能模型蜂拥而至,包括底-顶加工和自上而下的加工模型以及循环信息流模型。与此相应,神经科学特别是灵长动物的认知生理心理学,通过细胞电活动记录的方法,提供了脑功能回路中不同神经元参与活动的精确时间关系,成为脑认知功能回路中多重信息流的有力证据。例如,知觉注意活动中,参与自动的并行加工过程的脑结构,一般在刺激出现后100 ms之内给出发放频率的变化;而参与串行的控制加工过程的脑结构,大约在150 ms之后才出现发放频率的变化。如图1-1所示,一个物体出现在猴视野内50~100 ms之间,在枕叶17区(V1)和额叶眼区(FEF)两处均可记录到细胞电活动,这

是无意识注意的脑活动;约150 ms左右,在这些脑区记录到的细胞电活动,则是选择性注意的控制加工过程。这说明,同一些脑结构在不同时刻,参与不同性质的信息加工过程;而在不同时刻参与某一认知活动的脑结构也不断地发生瞬时变换,150 ms之后,除了17区和额叶眼区(FEF),还有更多视皮层和额、顶叶皮层参与选择性注意活动。所以说,脑高级功能网络是动态时变的,这种瞬息变化的网络活动以快速多重映射(mapping)方式投射到它的更高级回路之中,形成了层次性、包容性和遗传保守性的复杂脑功能系统(模块),成为某一心理活动的脑基础。

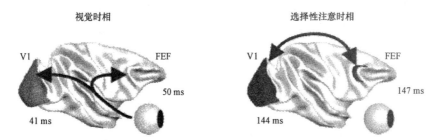

图1-1 猴在曲线追踪任务中,初级视皮层(V1)和额叶眼区(FEF)
细胞电活动潜伏期在视觉时相和选择性注意时相的比较
(摘自Khayat, P. S. et al., 2009)

### 五、神经信息与遗传信息的关联性原理

20世纪60年代,正当细胞神经生理学理论体系确立的时候,荧光组织化学和荧光生物化学技术在研究脑内单胺类物质中初露头角。经过十多年的大量研究工作,在70年代中期,学术界就已经公认,在脑内存在着一些化学通路。同时,也明确了神经冲动的传导不仅在一个细胞内以电化学的方式(动作电位和突触后电位)进行着,在神经元间还以化学传递(神经递质和受体)的方式进行着。70年代脑化学通路的发现,使人类对脑功能与心理活动关系的认识从器官水平和细胞水平推进到分子水平。历史的逻辑竟是这样的精确,20世纪70年代中期,当神经递质和脑化学通路学说博得一片喝彩的时候,神经免疫技术、单克隆抗体技术和原位杂交以及膜片钳技术相继出现,使分子水平的神经科学从单胺类小分子的研究进入到中分子多肽和大分子的受体蛋白质的研究,从突触前的递质研究推进到突触后的受体和离子通道的研究。随后,又扩展为细胞内信号转导系统和细胞核内基因调节蛋白和遗传密码转录的研究。2000年诺贝尔生理/医学奖得主肯得尔(Kandel, E. R.)(2001)以题为《记忆存储的分子生物学:突触和基因间的对话》一文,综述了神经信息和遗传信息间的关联。尽管海兔和人类在动物进化阶梯中,相距甚远;但两者短时记忆和长时记忆的分子生物学和细胞生物学基础,却基本相同!作为短时记忆的生物学基础事件发生在突触;作为长时记忆的分子生物学事件却从突触扩展到细胞核内的基因表达及其构成棘突的蛋白质合成环节(请参阅本

书有关记忆的分子生物学部分)。由此证明,就记忆的分子和细胞生物学基础而言,心理活动的物质基础具有动物界系统进化的遗传保守性。神经信息的存储表达方式、规则及其传递的基本机制也具有动物界系统进化的遗传保守性。美国科学杂志新闻焦点栏目中,编辑部在题为《2012年科学新突破》一文,将1000个人类基因组中8%全人类共存的基因,作为人类种属在生物进化阶梯中的稳定特异性证据。

此外,脑在动物界系统进化和人类个体发育过程中,也具有相对的遗传保守性。扁形动物的神经系统最先出现的是两侧化,表现为左右对称的神经链;节肢动物神经系统头侧化发展,在神经链的前端有了原始脑;爬行动物脑开始皮层化发展,在脑的表层有了大脑皮层;灵长动物皮层功能加强了额侧化发展,人脑出现了最发达的前额叶皮层,并且出现内-外维度和背-腹维度的脑功能网络发展,使高级功能得到多维超立体的丰富脑网络资源。同样,胚胎期人脑的发育重复着这一系统进化过程,从三维立体的动物脑发展为多维超立体的人脑。3月胎龄前的人类胎儿已完成两侧化和头侧化的发育;3月胎龄时刚生成的大脑,表面平滑(皮层化的开始)。5～6月胎龄,开始出现浅沟和脑回,最早出现的是属于古皮层的海马沟,然后是属于旧皮层的嗅脑沟,继而才是划分初级感觉运动区的外侧裂、中央沟、顶枕沟和距状裂;最后出现的是联络皮层的颞上沟和额上沟等(额侧化)。胚胎6个月后,脑的发育越来越快,细胞总数超过成人脑的一倍;在出生前通过优化机制保留一半细胞,并基本实现额侧化。出生时,皮层的内-外侧化已经开始;但背-腹侧化是在出生后才开始发生。由于人类大脑半球皮层的高度发达,而大脑半球表面积有限,于是通过多方向的折叠,造成了皮层功能的额侧化、内外侧化和背腹侧化发展。实际上,额侧化、内外侧化和背腹侧化维度是皮层化发展的表达形式。Chen等人(2012)对406名双生子的磁共振脑成像数据,通过模糊聚类算法,得到大脑皮层图像数据的12个聚类。仅仅根据遗传信息聚类所得到的人脑皮层分区(图1-2),具有遗传确定的层次性、模块性和两半球基本对称性等特点,与传统脑解剖学分区基本一致。

 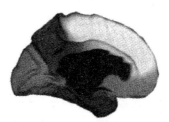

**图1-2 人类大脑皮层磁共振图像数据中的12个遗传聚类分区图**
(择自 Chen, C. H. et al., 2012)

由此可见,遗传保守性不但体现在神经信息编码、神经信息传递和表达的基本生物化学过程和生物物理过程中,也体现在脑的系统进化和人脑个体发育中。反之,神经信息在动物系统进化和人脑个体发育中,又通过对内、外环境和脑自身变化的反射和映射活动,不断地冲击遗传信息,引发遗传的变异性。所以,神经信息和遗传信息的关联性,既表现为遗传信息对神经信息基本过程和脑结构基本框架的严格遗传保守性,又表现为神经信息引发着遗传信息的变异性。近年发展的新学科分支——脑影像行为遗传学(Imaging Behavioral Genetics),将沿此方向提供更多的科学数据。

### 六、脑功能的系统(模块)性、层次性和包容性原理

人脑功能系统沿袭着遗传保守性和变异性,形成了多层次性的超立体时变的动态功能系统。动物界系统进化和个体发生中,最早出现的结构功能体是原始的和低层次的,越是最后出现的结构功能体,层次越高;在任何功能系统中,都具有包容性,高层次功能模块总是包容着低层次模块;最低层次中的基本生物物理和生物化学过程,从低层次至高层次的发展中,始终表现为遗传的保守性。系统性或模块性表现在动物种系发生、胎儿个体发生和毕生发展的三个时间轴上,逐渐形成为超立体时变的动态功能系统,自低到高可分为四个层次:动物性本能模块、人类种属的本能模块、个体习惯化模块和个体的社会意识模块。

#### (一)动物性本能模块

这是在动物界进化的古老时间轴上,沉积的生物机体的核心功能。按照生物学意义又可分为两组:一是与生命过程相关的脑中枢。二是与本能行为相关的脑中枢。它们都有明确的机能定位性,且大多分布于脑深部结构。如呼吸中枢、血压调节中枢位于延脑,内分泌调节中枢位于下丘脑。维持大脑皮层的唤醒水平或意识清醒性的中枢,位于脑干网状上行激活系统;摄食、饮水、性行为、睡眠和防御行为的中枢分别在中脑、间脑、边缘系统等。虽然它们是人脑与动物脑共存的功能中枢,并不直接参与人的高级意识活动,但它们为意识活动提供了生命的前提,而且在某些条件下也可以上升为意识活动。如在长期饥饿或危险环境中,这些中枢的活动可以映射到意识中来。

#### (二)人类种属的本能模块

在人脑个体发生的时间轴上,仅仅在十个月胚胎期内复制出人脑的结构框架。人类作为生物学上的一个物种,其种属特异的本能行为,就是语言和意识。人类种属特异的本能行为模块,如:语言的低层次功能模块,是支配语言产出和语言视、听感知的自动化模块,也具有明确脑功能定位性;但对说或听到的语言内容没有确切的脑定位性,是高层次的个体社会意识功能。例如:当我们说一句话表达一个意思时,自然有脑高级意识功能参与,但对口、舌、唇、声带、面部肌肉乃至手、眼的协调活动等,都有相应脑定位中枢,包括语言运动中枢的自动化调节,不需要我们分神考虑口、舌和声带如何动作。

#### (三)个体习惯化模块

是在从生到死的生命历程中,个体不断累积的功能体系,包括衣、食、住、行和个人嗜好、偏好等以及职业技能,都是具有部分脑功能定位性的自动加工系统。

**(四) 个体社会意识模块**

由于个体所获得的社会意识具有清晰性、觉知性、层次性和复杂性,在每一属性上所起关键作用的脑结构在多维超立体空间中瞬息变化,形成动态意识功能模块。Damasio(1999)认为,扩展意识也会通过基因组得以形成;但社会文化因素会对它在每一个个体发展中产生重大影响。所以说社会意识模块,既有相对恒定基本框架,又是瞬息变换的功能系统。无论是动物性本能行为还是人类的本能行为,所伴随的自我意识和环境意识,都有遗传固定下来的明确定位的脑功能回路为基础,它们必然被包容在社会意识模块之中。

Raichle(2006)以《脑的暗能》(Brain's dark energy)为标题,评论了 R-fMRI 得到的脑 BOLD 信号慢波动和脑能量代谢与心理学经典作家詹姆斯(James, 1890)对脑功能原理的理解联系起来,加深了我们对脑与心理活动关系的理解。人类社会意识模块是动物界进化之大成,也是脑消耗 90% 暗能量才能继承下来的,并且是使人类得以实现个体意识的基础。

## 第三节 生理心理学的方法学

当代生理心理学理论发展离不开方法学的支柱,包括实验设计、采集数据的手段和仪器,以及计算和算法的支持。计算和算法不仅是实验结果分析和数据处理的重要工具,更在实验设计和理论概括中,发挥着不可代替的作用。

首先,对脑与心理活动的关系的研究既依赖科学数据的获取又要采用一定数学方法对获取的数据加以分析。获取数据的途径大体分为四类:一是利用低等动物,给予损毁或刺激改变脑结构和功能参数,观察对其行为产生的后果;二是利用灵长类动物,采用损伤性较小的实验方法,研究其行为过程中脑生理参数的变化;三是对正常人类被试给予精确控制的认知条件,令其完成某项作业,并记录脑功能的变化规律;四是利用大自然提供的脑损伤病人,考查脑结构与功能的改变影响了哪些心理活动。其次,分析数据的目的是着眼于寻求生理与心理之间的变化规律。虽然长期以来,组间平均数差异的显著性检验和相关分析,是实验数据分析的主要方法;但最近几年,因果关系分析(causality analysis)的数学方法和人脑结构间的功能连接组(connectome)分析等多种算法,正在开辟脑和行为关系研究的新领域。随着人类社会文明的发展和科学技术的进步,越来越多的科学手段可以用来研究心-脑关系;越来越多的科学事实,揭示大脑与心理活动的奥秘,2013 年策划中的脑活动图(BAM)工程,更侧重于发展脑科学的方法学,探索分子和细胞水平的脑与意识的机制。

### 一、有创性生理心理学研究方法

**(一) 传统生理心理学方法**

将生理参数作为自变量,以低等动物,如大、小白鼠为主要实验对象,设计实验时,首先考虑改变脑结构或功能,然后再观察其行为的变化,将行为反应等心理参数作为因变量。这种研究方案所得到的结果,有助于说明一些脑结构或生理参数在心理活动中的作用和意义。通常用于控制生理参数的手段有损毁法、刺激法和药物注入等。通常测量的因变量,是动物某些本能行为、习得行为或情绪行为等。这一研究方法的优点在于实验周期短,经济成本低,容易得到实验数据;不足之处是低等动物的心理活动和脑结构与人类相差甚远,其研究结果未必能准确反映人类的生理心理学规律。灵长类动物的实验方法克服了这一缺点,以高等灵长类动物为实验对象,为动物精心设计一些认知实验范式,使其完成接近于人类的某种心理作业,如对人类面孔的识别或根据语声对饲养员或陌生人的识别,颜色和图形的分辨等认知作业。当对动物训练到一定程度时,在麻醉状态下,进行手术,损毁脑结构或埋植记录细胞电活动的微电极基座。动物从手术中恢复,伤口长好后,再进行前述认知实验,观察行为的改变并通过遥控使细胞微电极缓慢地到达大脑皮层不同深度,尽可能不干扰脑功能,测量其认知操作中脑细胞电活动的变化规律。由此可见,此方法的优势在于,脑功能和行为的关系十分明确,还能将生理参数的记录深入到细胞水平,得到非常有价值的实验数据;但灵长动物实验的经济成本高,实验周期长,得到实验数据的难度大。

（二）神经心理学方法

脑损伤的病人,无论是颅脑外伤还是脑血管疾病造成的脑局部性损伤,虽是人类的不幸,但却是大自然赐予脑科学的难得病例。二次世界大战后,德国和前苏联积累了大批脑损伤的伤兵,成为神经心理学得以在苏、德两国诞生的重要条件。当时主要是通过神经心理测验的方法,研究脑局部损伤与心理功能障碍的关系。CT 和多种脑成像技术问世后,通过神经心理测验以及精细的认知实验,乃至配合脑影像技术,考查脑不同部位的损伤对心理活动的影响,构成了现代神经心理学的基本研究方法,扩展了生理心理学研究手段。与传统生理心理学方法不同,以脑损伤病人为研究对象,其脑损伤的自变量参数无法准确控制,仅靠 CT 资料、临床资料或开颅手术的记载为根据。因此,自变量(脑损伤部位、性质)和因变量(心理功能的改变)间的关系往往要经过相当长的时间才能搞清,甚至经过对病人多年的随访和追踪研究,才能得到明确的研究结果。

（三）脑外科手术中的研究方法

在脑肿瘤或癫痫病灶切除的脑外科手术中,为取得良好的手术效果,必须通过电生理技术精确测定切除的范围。为此,需要通过放在脑内的微电极施加弱电流刺激,并在周围脑组织准确测定电活动的效果。这种脑外科手术治疗环节,常常能提供人脑功能的珍贵科学事实。20 世纪 40～50 年代,加拿大蒙特利尔大学潘菲尔德和加斯坡(Penfield & Jasper, 1954)所报道的研究结果,是这类研究的典范。随着电生理学技术的发展,这一研究领域不时地给出惊人的新科学事实。例如,Miller 等人(2010)在脑外科手术中,在硬脑膜下放置记录皮层电图(ECoG)的电极,记录和分析了三位病人(皮层损伤或癫痫)在清醒安静、手指运动、视觉检测目标图和发声等四种状态下的 76～200Hz

的ECoG功率谱,直接验证了人脑存在着静态预置网络(default networks, DN)。所以,至今这一研究方法仍不失为生理心理学进展的重要源泉。

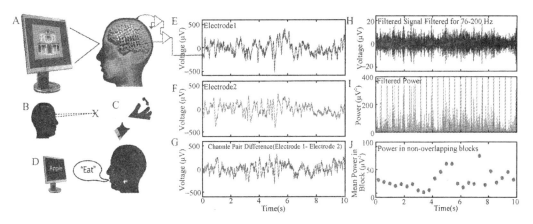

**图1-3 通过放置于硬脑膜下的电极阵列对病人皮层电图(ECoG)进行记录和分析的方法**
(择自Miller, K.J. et al., 2010)
A,显示病人脑内的电极阵列和病人进行视觉检测图形任务;B,请病人静坐并注视前方的注视点;C,请病人手指重复运动;D,请病人根据显示屏上出现的名词,发出动词声音,如看见"苹果"发出"吃"音;E,F,G分别是不同电极对所记录的ECoG原始记录;H,通过带通滤波器(带宽76~200Hz)和60Hz陷波器处理后的脑信号,纵坐标单位是$\mu V$;I,J,将滤波后的信号以不重叠的400ms为单元进行平方相加,I是功率($\mu V^2$),J是平均功率($\mu V^2$)。

## 二、对人脑功能可逆性干预的技术-经颅磁刺激

经颅磁刺激(transcranial magnetic stimulation, TMS)是最近30年来采用的干预脑功能的新方法,其基本原理在于利用脉冲磁场对头皮和颅骨的穿透力,通过头皮外的磁力线圈产生的脉冲磁刺激,作用于大脑皮层对其产生局部刺激作用。原则上,通过调节刺激强度和脉冲数,分别可引起大脑皮层局部兴奋或抑制作用,用以观察大脑皮层局部兴奋或抑制对某些心理活动的影响。由于脉冲刺激很短暂,对大脑的作用是可逆性的,不会留下持久后果,所以不会损伤脑组织。实际上,直到30年后的今天,先后出现过多种经颅磁刺激仪器,包括单脉冲经颅磁刺激(sTMS)、对(双)脉冲经颅磁刺激(pTMS)、重复脉冲经颅磁刺激(rTMS)、波形可控脉冲经颅磁刺激(cTMS)和脑深部经颅磁刺激(dTMS)等,这些仪器的共同特点在于其瞬时脉冲磁场强度至少到达1T(1000高斯)以上,否则磁脉冲无法穿透头皮和颅骨,刺激达不到脑组织。除了磁场强度之外,sTMS,pTMS和rTMS三类仪器都是正弦波磁场,而不是脉冲式;只有cTMS能实施脉冲式磁场刺激。dTMS的突出特点是实施脑深部结构的刺激,必然配备脑立体定向导航仪和H形刺激线圈;其他型号的仪器只配有8字形刺激线圈,不一定配备脑立体定向导航仪。当代认知神经科学将之与无创性脑成像技术相结合,用于脑高级功能的研究,

近年发现一批新的科学事实。这里值得指出,医学界特别是神经科和精神科,使用经颅磁刺激治疗脑疾病,目前主要用于抗药性抑郁症的治疗,但尚未得到医学界的普遍认可。

### 三、无创性实验研究方法

由于人脑高级功能的复杂性,通过动物实验所得到的数据难以完全表达人脑生理心理活动的规律,所以对人类被试的无创性实验方法很早就得到生理心理学的重视,并于 20 世纪 60 年代分立出心理生理学(psychophysiology)的分支学科。30 多年以后,现代无创性脑成像技术才发展起来,并成为当代生理心理学发展的重要方法学基础。

#### (一) 经典无创性实验研究

无创性实验研究方法将心理学参数作为自变量,在尽可能不干预生理活动和脑功能的前提下,随心理学参数的改变,测量其生理指标的变化,目的在于阐明不同心理状态的生理学基础。这种方法主要适用于人类被试,例如,设计认知实验,给被试某种操作任务,测量其脑电、心电、心率、血压、脉搏波、呼吸波、皮肤电和眼动等生理参数。这种方法学的基本前提是无损伤性,并尽可能减少对脑功能的干扰。这类方法盛行于 20 世纪 50～60 年代,即二次世界大战后,世界面对经济恢复和发展的任务,劳动效率、疲劳和技术操作精度等社会需求,促成了心理生理学的发展。这类传统心理生理学方法,仅能做一些宏观水平的实验研究,难以揭示复杂脑机制。尽管如此,到 80 年代为止,心理生理学还是总结出很有价值的理论概念和方法学原则。例如,心理生理过程的时序性,心理容量的有限性,两类加工过程和两种加工方式等理论概念;减法法则、相加因子法则、层次模型、连续模型和非同步离散编码模型等方法学原理,为当代心理学和认知神经科学的发展提供了重要的理论和方法学基础。

#### (二) 无创性脑生理成像技术

主要包括高分辨率脑电信号分析和脑磁信号分析技术,它们测量脑活动所产生的微弱电磁场信号的变化。电场与磁场变化互为 90°,脑电信号较好地反映出大脑皮层与深层之间的功能变化;脑磁信号反映大脑表面切线方向的功能变化。脑电图(EEG)、事件相关电位(ERPs)和脑磁图(MEG)的共同特点是较高的时间分辨率,在毫秒数量级的时间尺度上监测脑功能的变化,但其弱点是空间分辨率差。当在人脑头皮上用 19 个电极记录时,空间分辨率是 6 cm;41 个电极时,分辨率为 4 cm;120 个电极时,空间分辨率为 2.25 cm;256 个电极时空间分辨率为 1 cm。因此,无创性脑生理成像技术,一方面通过增加记录电极的数量提高空间分辨率;另一方面通过源分析的算法,计算出头皮电磁场信号的源偶极子(dipoles)。此外,还可以将两类脑功能成像技术结合起来应用,发挥脑电磁信号检测中高时间分辨率的优势。最后将不同时间段上的电磁信号的源偶极子,与 fMRI 得到的脑激活区对照起来,就可以对时间和空间维度认知功能的脑机制问题有较明确的认识。

近十几年间,电生理学家们逐渐认识到,当大脑接受到来自于内、外环境的事件刺激时,脑电信号发生下面四类与事件相关的反应(event-related EEG responses):事件相关电位(event-related potentials,ERPs)、事件相关去同步化(event-related desynchronization,ERD)、事件相关的同步化(event-related synchronization,ERS)和事件相关的相位重组(event-related phase resetting,ERPR)。还有一批研究报告支持一种观点:α节律和γ节律的起源不同,前者源于级量反应的突触后电位,经总和后成为α节律;后者源于神经元发放的神经脉冲,经过叠加后形成了高频率的γ波。基于这两种新认识,近年出现许多新的电生理学分析方法。

**(三)无创性脑代谢成像技术**

主要包括功能性磁共振成像技术(functional megnetic resonance imaging,fMRI)、正电子发射层描技术(PET)和光学成像技术。三者均通过显示认知活动中与脑代谢过程相关生理参数的变化,研究认知过程的脑机制。

1. fMRI 和 PET

fMRI 是测定血氧水平相关信号(BOLD)在认知活动中不同脑区的变化;PET 是测定含放射性同位素 $^{18}$F 的脱氧葡萄糖或含 $^{15}$O 的水,在脑内区域性代谢率的变化,以此作为脑认知功能的生理指标。这两种方法所需仪器设备十分昂贵,技术也复杂,但可以给出完成某一认知作业时,脑内激活区的精确空间定位和激活强度。两类脑代谢成像技术具有较高的空间分辨率;但两者的时间分辨率较差,一般情况下 fMRI 每 0.1s,即 100ms 可以给出一幅脑激活区的清晰图像;PET 却需几秒乃至十几秒。由此可见,对以毫秒数量级变化的复杂认知活动来说,两类代谢成像的时间分辨率并不理想。这也就是为什么 fMRI 于 1992 年问世以来不但没有取代传统的脑电活动记录技术,反而成为进一步激发这一传统技术发展的原因。

2. 光成像技术

随着心理生理活动,脑组织的光学特性发生两类时程不同的改变,均可通过近红外光检测技术加以测定,并据此可以分析脑功能激活的状态。当脑受到某一刺激数十毫秒之内,神经细胞发生一系列生理生化的变化,这时如果导入一束近红外激光,就会发生散射效应,通过近红外散射光测量就能反映出神经细胞兴奋性的变化,这种脑组织对近红外光(波长750～880nm)的散射效应(650～950nm)被称为脑的快速光信号(fast optic signals)。随着脑细胞的兴奋,氧化代谢增强,消耗了脑血流中的氧,所以不但增加了局域性脑血流,而且流入含有高浓度的含氧血红蛋白($O_2$Hb),它们迅速变为脱氧血红蛋白(HHb),对近红外光的吸收效应构成了数秒时窗内的光信号变化。这就产生了慢时窗光信号。通过 20 多年的研究,虽然对两种光生理信号的起源还有一定争议;但大体取得的共识是快速光生理信号(毫秒时窗)与神经细胞兴奋过程相关;慢光生理信号(秒时窗)与神经细胞兴奋之后脑代谢,即血氧含量的功能变化相关。事件相关的近红外光散射的快生理信号与事件相关电位具有相似的时窗,但是却有更好的空间分辨率。脑电记录分析法随电极数量增多,空间分辨率会有所提高;但即使是采用 256 个记录电极,其空间定位误差也不小于数毫米。与之相比近红外成像的空间分辨率,即使只有不超过 10 个记录光极(optode),它的空间分辨率是 10 mm。在时间特性上,视觉刺激引发潜伏期 100 ms 的快速光生理信号,复杂的实验范式在额叶和前额叶诱发潜伏期 300~500 ms 的快速光生理信号;随后还有数秒时间窗的光吸收效应所引起的慢光信号变化与 fMRI 有相近的时窗。所以,近红外成像可以灵活快速的采集一系列功能相关的信号变化,与 fMRI 共用(每扫描一次需要 1~2 s),既可以提供极高的图像空间分辨率(1~2 mm 量级)和大脑被激发部位的准确定位,又可以采集毫秒数量级的动态变化信号。

**(四) 磁共振成像的研究进展**

自从 1992 年功能性磁共振成像技术面世,很快就在世界各国迅速发展起来,并成为认知神经科学研究中的最受青睐的重要工具,而且在应用中取得进一步发展。

在过去十多年间,基础研究中应用的功能性共振仪已从 1.5 T 场强的仪器升级为 3 T 场强,4T、7T 和 9 T 乃至 11 T。随着磁共振仪器场强提高,其图像的清晰度和分辨率提高。但是,场强提高也带来许多问题,例如在研究情感和社会心理问题相关的大脑内侧前额叶和基底部,由于这些脑组织邻近上颚和鼻窦等有空隙的部分,仪器场强提高后对这些非脑组织部分的空隙分辨率也增高,形成了对脑功能变化的干扰。所以目前仍以 3T 场强的仪器为主要工具。

除 fMRI 硬件和实验设计的进展,2001 年以来,迅速发展了静态功能性磁共振成像的方法(Resting-state fMRI),通过分析脑血氧水平相依信号(BOLD)自发波动过程,揭示脑功能的变化。在过去十多年间还发展了多种非血氧水平相关的功能性磁共振方法。这类方法包括用于测定脑微小动脉生理状态的加权灌注成像法(perfusion weighted imaging)和显示脑区之间神经纤维或白质分布的加权弥散成像法(diffusion weighted imaging)以及血管空间占位成像法(vascular-space-occupacy,VASD)。

加权灌注成像法又称动脉自旋标记法(arterial spin labeling,ASL),用于测定血液从颈动脉向脑内灌注以及从脑内动脉向微小血管灌注效应,它可以对全脑或某一脑结构血液供应进行功能成像。血管空间占位成像技术(VASD)主要测定脑内毛细血管容量变化的测定,为认知神经科学实验提供一种新的生理参数。

加权弥散成像又称弥散张力成像(diffusion tensor imaging,DTI)由于血液中的水分子具有各向同性的扩散性,它在神经纤维(白质)中,和在神经细胞体(灰质)中的行为不同,纤细的神经纤维限定水分子只能沿着神经纤维方向而弥散。在这种磁共振成像磁场环境中,就能很好采集到脑白质的图像以及一些脑结构之间的神经纤维传导束图技术(tractography)。正是采用 DTI 方法,2005 年发现自闭症儿童脑深层白质的发育缺陷,随后又为男、女两性人格差异的 E-S 理论提供了科学基础。2006 年开始,这种成像方法受到格外重视,因为它为分析脑功能回路(或网络)结构提供了有效的测量方法,与 R-fMRI 方法一道,成为当前脑连接组(connectome)研究的方法学基础。

### 四、实验设计

生理心理学研究中,最关键的问题是认知或行为实验的设计,应经周密地反复论证,才能得到适用于不同记录方法或脑成像技术的特点。总体上讲,脑成像出现的前十多年,采用组块实验设计,进入本世纪以后,较多采用事件相关的实验设计。此外,还有适应性成像法的实验设计和感兴趣脑区的实验设计方法。

#### (一) 组块设计

组块设计就是先做一个对照(或空白)实验,再完成正式实验,将两次实验的脑功能图像或数据相减,所得的差值或图像中的激活区,作为该项认知功能的脑功能基础。这种方法称为减法法则。除减法法则外,还要利用一致性分析(consistent analysis),即将A任务减去A对照组的差值与B任务减去B对照组的差值,两者再相减,以作为完成相类似的认知任务的脑功能基础。由此可见,组块实设中较大的问题是如何设计对照实验和一致性分析的实验方案。

#### (二) 事件相关的实验设计

随着fMRI技术的发展,近年更多采用事件相关的fMRI实验设计,就是将主要实验和对照实验的刺激混在一起按随机顺序,从始至终完成一组实验,由计算机识别和叠加同类刺激。事件相关的实验设计不仅把刺激作为一种事件,还把被试的反应也作为一类事件。此外,不仅可以把事件出现的时刻作为零点进行叠加处理,还可以把脑信号本身的特性或被试的按键反应作叠加处理的零点。因此,就有下列零点锁定的叠加技术:刺激时间锁定的叠加处理(stimulation-locked averaging)、反应锁定的叠加处理(response-locked averaging)和脑信号相位锁定的锁相的叠加处理(phase-locked averaging)。

将叠加后的脑信号或数据,投射到被试的大脑结构图中,从而得到该实验所得到的脑激活区。这种实验设计与事件相关电位的实验设计方法大体相似。

研究认知过程,特别是研究知觉和注意过程的脑机制,以刺激时间锁定的叠加处理方法为主;研究执行过程脑机制以反应锁定的叠加技术为首选;关注脑信号的时序性则采用锁相叠加方法为好。当然,对同一次实验所得原始数据进行各种叠加处理,比较之间的异同,可能更为全面,充分利用了数据资源。

虽然事件相关的实验设计的优点是提高诱发电位的信噪比,但其片面性也是显而易见的。现以平均诱发电位的实验设计为例,说明其局限性。首先,脑受到一种刺激,假设它的自发电活动基本不变,只是在其背景上出现一个很弱的诱发电位;其次,它假设只要刺激参数恒定,脑诱发反应也是恒定的。事实上,这两点假设都不完全成立。首先,当受到一个刺激时,大脑电活动,不仅仅是出现了一个事件相关电位,而是出现了如前所述的四类变化:ERP、ERS、ERD和ERPR。其次,即使刺激参数恒定,脑诱发反应也不是恒定的。不仅神经细胞,而且所有的生物组织对外部刺激的反应,都表现为习惯化和敏感化的变化趋势。当一类刺激对生物组织不是损伤性的或致命性的,就表现为习惯化,刺激重复多次呈现,对其反应也就变得淡漠和减弱;相反,刺激是损伤性的,当其重复出现,就会表现过快过强的敏感化反应。这是生命体生存的基本基础。

### (三) 适应性成像法的实验设计

利用脑细胞对刺激的生物适应性效应,Grill-Spector 与 Malach(1999)和 Kourtzi 与 Kanwisher(2001),创造出一种新的实验设计方法,称之为功能性磁共振适应性成像法,是介于组块设计和事件相关设计之间的一类实验设计方法。例如在面孔识别的实验中,熟悉人面孔和陌生人面孔分别是两个实验组,按组块实验设计,连续重复呈现熟悉人面孔刺激,再连续重复陌生人面孔;但是在每组刺激中也要做刺激属性的不同变化。例如在屏幕上呈现的同一人的照片尺寸不同,在屏幕上的位置不同以及照片的方向或视角不同等,结果发现有些次级物理特性如照片尺寸和出现的位置不影响大脑皮层梭状回(FFA)对面孔反应的适应性。换言之,重复呈现的面孔照片不论其尺寸还是在屏幕上出现的位置是否改变,BDLD信号都逐次减弱(适应性反应)。相反,照片的视角不同(如正面照和侧面脸照片),还是照片的照明灯光的角度不同,却明显克服了梭状回对照片重复呈现的BDLD信号适应性。这说明,虽然是同一个人的照片,但它引起大脑敏感区磁共振信号变化不同,据此可以认为识别人类面孔的关键性脑结构,对面孔照片不同物理特性产生不同的反应。这种实验设计也可以理解成是能够提高 fMRI 仪器分辨率的方法。

### (四) 感兴趣脑区的实验设计

为提高 fMRI 的分辨率,在设计认知实验时,经常要明确所感兴趣的脑结构,根据该脑结构的部位、尺寸、生理特性等,设计获取数据的采样频率、时间序列,以便使仪器更准确地捕捉到充分的 BOLD 信号,这称为感兴趣脑区(ROI)实验设计。

## 第四节 脑信号处理和神经计算

脑信号处理技术分为:时域信号处理、频域信号处理、时-频分析和非线性信号处理四个方面,它们不仅与脑信号的提取、处理和分析有关,还经常与许多新算法密切交织在一起。

### 一、脑信号处理技术和常用分析方法

#### (一) 时域分析

在实验研究或临床研究中,无论是获取脑电磁信号还是获取脑代谢信号,通常多是依时间而变化的序列信号,称为时域信号。以脑电图为例,横坐标是时间(s),纵坐标是脑电信号的幅值($\mu V$),这条波动的脑电曲线,表示着脑电信号幅值随时间而改变的规律。如果获取的是功能性磁共振血氧含量相关信号(BOLD),横坐标也是时间(s),纵坐标是 BOLD 信号强度的变化。所以,功能性磁共振仪获取的原始数据也是时域信号。我们观察时域信号时,通常要找到它变化的规律,如它的最高或最低幅值,变化的

频率,一些特别波形出现的潜伏期和幅值等,统称为信号的时域分析。

### (二) 频域分析

20世纪60年代,快速傅里叶变换广泛应用,甚至可以实时地将一串时域信号转化为频域信号,于是又可方便地进行频域信号分析。频谱(frequency spectrum)和功率谱(power spectrum)分析,就是最常见的频域信号分析方法。将一串时域信号经快速傅里叶变换处理后,横坐标变为频率,纵坐标是每一频率下的谱密度,也就是各频率分量的幅值,这种表达就是频谱。功率谱是将时域信号经快速傅里叶变换处理后进行自乘,它能表达出各频段能量分布的比例关系。在此基础上,脑信号能量在二维或三维空间分布上加以表达就形成了脑地形图。也就是说,将某一时刻或某一时窗中各通道的脑信号能量(频谱幅值或功率值),按照各通道在头部的分布位置,用连续的颜色加以表示,就可以绘制出二维或者三维脑波信号能量分布的地形图。

### (三) 时频分析

20世纪90年代,在短时窗傅氏变换的基础上,实现了变换尺度的时距长短可变的傅里叶变换,称为小波变换(wavelet transformation),或称等Q值变换。Q值是变换的时距和频率之积,也就是说被分析的信号频率高,则进行时-频间的变换时距短;反之,信号频率低,则变换的时距长。这样的时域和频域间的变换,由信号所含的时间和频率特性所制约。小波分析(wavelet analysis)在时/频域变换中,变换尺度具有自动可变性,明显优于固定变换尺度的傅里叶变换。某一时段信号变化的频率很快时,对其进行时域/频域变换时采用短的时间尺度;相反某一时段信号变化的频率很慢时,对其进行时域/频域变换时采用较长的时间尺度。所以,小波分析同时兼顾信号的时间和频率特性,又称时频分析。

### (四) 非线性分析

复杂性分析是对信号非线性特性的分析方法,在数学中对复杂性的描述采用维度复杂性和相空间特性分析。所谓维度复杂性就是用来描述非线性变化所需要的独立变量个数(维度),作为非线性的度量。复杂性分析把大脑作为非线性系统,在认知反应过程中脑复杂性可用其吸引子维度复杂性(dimensional complexity,DC)加以描述,也就是用其非线性的阶数加以度量。脑活动越复杂,其非线性维度(阶数)越高。人们面对同一个认知任务,脑维度复杂性高者以较短时间完成作业,说明其智力和效率均高;反之脑维度复杂性虽然高,却花较长时间且作业成绩差者,其智力和效率不高。除了总体比较外,还可以分别就不同脑区的事件相关电位,对比它们的维度复杂性,以便分析不同性质的认知任务中,与记录部位对应的脑区所起的作用,维度复杂性变化越大者,作用越大。

### (五) 相关和相干分析

在考察两个变量间共变关系的分析中,如果两变量是时域信号,则称为相关分析,通常用相关系数表征两个变量变化幅度间相关程度;如果两个变量是频域信号,则称相干分析,用相干系数表征两个变量在频率特性变化中的相关程度。

### (六) 独立成分分析

独立成分分析(independent component analysis,ICA)有多种算法,其中基于信息熵的算法最易实现。某通道某一时间段的信息量(熵值)与之前或者之后的同一长度时间段的熵值的变化,是自信息变化的度量;某一通道与邻近通道在同一时间段上的熵值变化关系,是两者间的互信息变化的度量。独立成分就是在那些真实的以及虚拟的脑波源中,自信息明显大于互信息的成分;或者说,用互信息最小化作为定义独立成分的标准。

### (七) 因果分析

两个变量间的相关或相干分析,并不能表征两者之间的因果关系,因为两者的制约和影响是相互的,还可能共同受第三因素的影响。此外,相关系数或相干系数的大小,还受两个变量取值范围的影响。最近几年,在脑与行为研究中引用了 Granger 因果性算法,它的数学基础是在多变量自回归算法中引入"延时"变量,对两个生理数据进行互信息变化的估计,从而确定其间的因果关系。这种算法已经在经济学领域中应用多年,其因果关系分析的有效性得到了验证。因果关系算法为神经连接组研究提供了算法基础。

## 二、神经连接组

自从 1987 年第一届国际人工神经网络学术会议掀起了并行分布式(PDP)的神经计算研究热潮以来,仿真研究主要基于脑电磁信号的数据及其变化规律,由于脑电磁信号的空间分辨率较差,主要限于揭示脑功能网络的动态规律;较难分析网络结构的精细变化规律。2001 年以来,由于脑弥散张力成像(diffusion tensor imaging,DTI)和静态功能性磁共振成像(R-fMRI)两项技术的发展,为脑细胞连接的研究提供了时-空域数据,以数学中的图形理论(graph theory)和因果分析算法为主要基础,吸收多种其他算法,开拓了人脑连接组(connectome)的新研究领域。以 DTI 成像的体元(voxels)或脑电磁信号采集的电极部位,作为图形算法的节点(nodes);节点间连线作为边缘线(edges);边缘线的粗细表征节点间连接的强度或权重。例如在 Hagmann 等人(2008)的研究报告中,采集健康人脑结构的 DTI 成像数据,将 998 个感兴趣脑区(ROI)作为节点(每个节点的脑表面积为 1.5 $cm^2$),将节点间连线作为边缘线,其粗细表达连接权重的大小,从而得到白质分布密度,表征脑区之间的结构性连接图(图 1-4)。再对同一些被试(5 人)采集 R-fMRI 功能成像数据,依据 BOLD 信号进行功能连接性计算。最后,给出结构连接图和功能连接图之间的相关。如图 1-4 右下小图所示,两种方法得到的连接性相关系数 $r^2=0.62$。作者认为这一结果说明,各脑区之间的结构连接性是其功能连接性变化的核心框架。这一报告的方法学意义大于研究结果的理论意义。

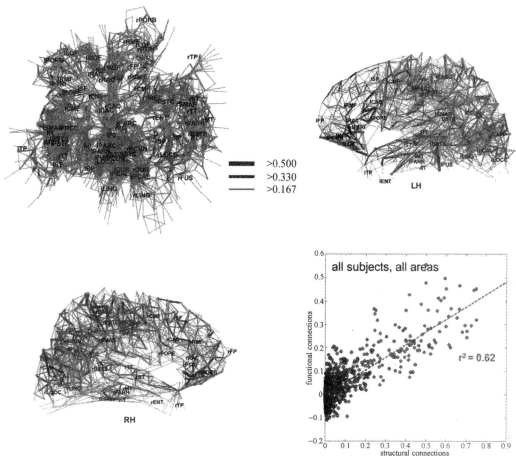

**图 1-4 利用脑结构间神经纤维束图和功能性磁共振静态 BOLD
信号波动显示的功能连接图,共同确定的脑连接组**

(选自 Hagmann,P. et al.,2008)

左上小图:998 个节点间连接纤维及其权重分布图,图标中圆点的大小表示节点强度,线段粗细表示连接权重;右上小图和左下小图是基于 DTI 数据给出的结构连接性骨架图;分别表示,左外侧和右外侧大脑皮层各区之间的神经纤维连接性;右下小图是结构连接性和功能连接性相关的散点图;横坐标是各脑区之间结构连接性,纵坐标是功能连接性,全部 5 名被试各脑区两种数据间,相关系数达十分显著水平。

虽然根据 DTI 所得到的数据可以用神经纤维传导束图(tractography)表征脑结构性连接组;但为揭示脑认知或智能活动中各脑区之间连接组形成的规律,Stephan 等人(2008)建立了视运动知觉及其注意调节机制的神经连接组动态因果模型。他们利用仿真的大脑皮层场电位(neural population activity)的时域信号(可以通过针电极采集)和 BOLD 时域信号(可通过 R-fMRI 技术采集),得到了这一认知功能相关的脑连接组的理论模型。如图 1-5 所示,后顶区皮层的活动可以有效地调节视皮层 V1 区和 V5 区之间连接的效率。

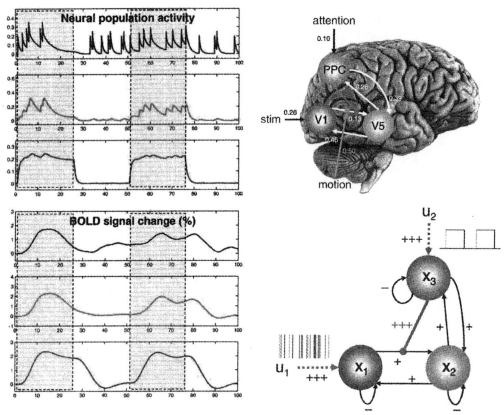

**图 1-5 视运动知觉及其注意调节机制的动态因果模型(DCM)**

(择自 Stephan, K. E. et al., 2008)

左上、下小图:设定从大脑皮层三个部位(V1、V5 和 PPC)通过针电极采集的场电位(左上三条曲线)和通过 R-fMRI 采集 BOLD 信号波动数据(左下三条线);六条曲线均是 100 s 的时域信号,第一条 V1 的信号受外部视觉刺激事件的驱动;第二条 V5 的信号既受与 V1 连接强度的影响,又受来自 PPC 连接性的制约;第三条 PPC 的信号既受与 V5 连接强度的影响,又受来自右下图 U2 所示注意变化的累积作用。

右上小图:示大脑皮层三个部位及其间连接性,V1,初级视皮层(17 区);V5,颞中回(视动觉皮层);PPC,后顶叶皮层(注意调节区);图中箭头线表示连接性影响的方向,数字表示连接权重。

右下小图:最终得到的视动觉皮层连接组动态因果模型(DCM),U1 表示视觉感受器接受外部刺激事件;U2 表示注意调节作用以积分形式发生作用,与左列中两个 25 s 阴影区的强信号变化相关;+ 弱阳性作用,+++ 强阳性作用,− 阴性作用。

### 三、脑活动图工程

至 2012 年底,对于神经连接组的研究领域,美国科学界已经投资 3850 万美元,中国科学院和国家自然科学基金委也投入了数以亿计的资金。由于神经连接组计划主要依靠 DTI 和 R-fMRI 方法,所能采集到的脑功能数据十分有限,难以深入地得到分子和单细胞水平上的海量数据变化规律。Van Essen 和 Ugurbil(2012)在《连接组研究的未来》一文指出：由于人类大脑皮层厚 2.4 mm，每平方毫米的大脑皮层面积中，分布着九万个神经元；目前 MRI 成像技术中的体元(voxels)一般均大于 $1\ mm^3$。这意味着神经连接组的节点(nodes)，实际上是数以几十万计神经元活动为单位的综合行为。所以，2013 年 3 月，Alivisatos(2013)等 11 位美国著名科学家，倡议和策划一个更大的人脑研究工程——脑活动图工程(brain activity map，BAM)。BAM 工程有三个创意目标：创建一批新科学手段，以便同时从大量神经细胞中记录或获取海量数据；创建一批新手段，可以选择性干预脑内某些神经回路中的个别细胞，以便观察生理心理功能的精细变化；深入理解脑回路的生理心理功能。该工程策划者对细胞和分子水平的多种光成像技术更为关注，寄希望于这类方法可以从人脑中获取海量数据。为此，他们希望 BAM 工程能有与人类基因组工程相当的投资额度(38 亿美元)，并能收到约 8000 亿美元的社会经济效益。本书将该倡议文章纳入对生理心理学发展具有历史性和标志性的文献名录。

# 神经系统的结构和功能基础

神经系统由中枢神经系统(脑和脊髓)和外周神经系统组成,它的结构和生物学功能是人类心理活动的基础。这里从器官、组织、细胞和分子水平上,介绍相关的基础知识,为生理心理学提供宽厚的生物学基础,有助于深刻理解心理学体系中重大问题。

## 第一节 神经形态学

神经细胞学、组织学和解剖学统称为神经形态学,它们对脑和神经系统的形态结构,分别采用肉眼观察、显微镜下观察和电子显微下观察的方法,分别得到解剖学上的脑大体结构、神经组织显微结构和神经细胞的超显微结构。三个层面上的科学事实,组成了脑和神经系统的形态学知识。除了解解剖学、组织学、组织化学、免疫组织化学和超显微结构学方法之外,细胞电生理学技术、脑代谢研究技术和脑成像技术都对脑组织形态学的知识积累,发挥着越来越大的作用。最近几年,磁共振成像技术中有两种方法被用于对脑功能连接组(connectome)研究:DTI 和 R-fMRI。DTI 是磁共振弥散张力成像技术(diffusion tensor imaging),R-fMRI 是静态血氧含量相依信号成像技术(resting state BOLD signal imaging),极大地加深了对大脑灰质和白质精细结构和功能关系的认识,累积了其他脑形态学方法所得不到的科学事实。本章所列大脑皮层厚度、神经元分布密度和白质分布的具体参数,都来源于这类研究的最新结果(Van Essen & Ugurbil, 2012)。

### 一、神经细胞学

神经细胞是神经系统最基本的结构与功能单位,所以又将其称为神经元(neuron)。神经系统的一切机能都是通过神经元实现的。

#### (一)神经元及其结构与功能

人脑内大约有 $10^{11}$ 个神经元,它们虽然在形态、大小、化学成分和功能类型上各异,但是在结构上大致相同,都是由细胞体(soma)、轴突(axon)和树突(dendrite)组成的(图 2-1)。细胞体与树突颜色灰暗,所以在中枢神经系统内,神经元的细胞体与树突聚集的地方称为灰质或神经核团;神经元的轴突(神经纤维)由于负责传输神经信息,外面覆盖一层脂肪性髓鞘,故颜色浅而亮。所以,将其密集的地方称白质或纤维束。

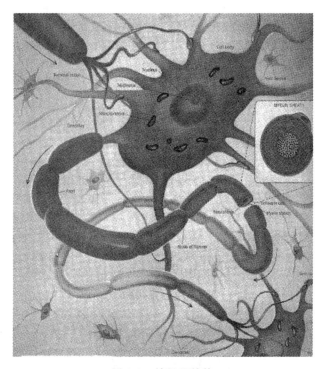

图 2-1 神经元结构

1. 神经元的外形

由神经元细胞体伸出长短不同的胞浆突,称树突和轴突。树突是细胞体向外伸出的多个树突干。树突干像树枝样反复分支成丛状,枝端表面有很多小刺,称嵴突(spines)。轴突粗细均匀、表面光滑,刚离细胞体段为始端,后为神经纤维。纤维末端有若干分支,叫神经末梢,末梢终端膨大形成扣状,称终扣或突触小体。

多数情况下树突接受其他神经元或感受器传来的信息,并将信息传至细胞体。细胞体聚合多个树突分支接收来的神经信息,再经过细胞质内的信号转导,通过轴突传出整合后的神经信息至下一个神经元。神经元之间没有实质性的联系,那么神经信息是怎样从一个神经元传到下一个神经元的呢?是通过一个微细的结构——突触来完成的。

2. 突触

突触(synapse)是神经元之间发生联系的微细结构,由突触前膜(轴突末梢)、突触后膜(下一个神经元的树突或胞体)和突触间隙(前、后膜之间的缝隙)三个部分组成(图

2-2),突触在大脑皮层中分布的密度极高,每立方毫米达三亿个。突触间隙因种类不同宽窄不一:电突触间隙约10~15nm;化学突触的间隙较宽,约20~50nm。化学突触前膜内的终扣含有许多线粒体和大量囊泡,囊泡内含有神经递质,线粒体含有大量合成神经递质和能量代谢的酶。当神经冲动传至神经末梢时,神经递质就从小囊泡中释放出来,进入突触间隙,与突触后膜上的受体结合,使膜对离子的通透性改变,从而出现局部电位变化,称之为突触后电位(图2-3)。神经递质种类很多,但其作用只有两种:一种能引起兴奋性突触后电位(EPSP),达到一定强度可使下一个神经元产生神经冲动;另一种能引起抑制性突触后电位(IPSP),这种电位使突触后膜兴奋性降低,阻碍下一个神经元产生神经冲动。

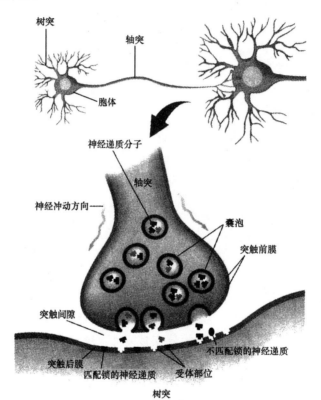

图2-2 神经元与突触传递示意图

突触传递有下列特点:① 神经冲动在神经纤维上的传导是双向的,而突触的传递只能从突触前膜向突触后膜传递,这种单向传递保证了神经系统有序地进行活动。② 突触延搁。神经冲动通过突触时,传递的速度较缓慢。③ 时间和空间总和效应。突触后膜在一定的空间范围内和一定时间内相继出现的突触后电位加以总和,只要达到单位发放的阈值,就会导致这个神经元产生动作电位。④ 抑制作用。兴奋和抑制是

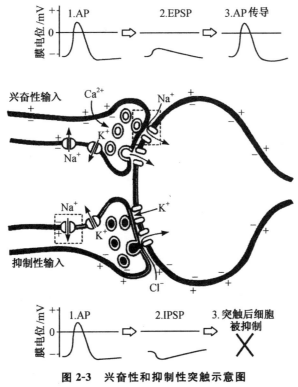

**图 2-3 兴奋性和抑制性突触示意图**

(引自 孙久荣,2004)

神经元活动的两种基本形式,神经系统的抑制作用主要是通过突触活动实现的,是突触很重要的机能。抑制可发生在突触前膜上,称为突触前抑制;也可发生在突触后膜上,称为突触后抑制。⑤ 对药物敏感性。突触后膜上的受体对神经递质有很高的选择性,因此,使用受体拮抗剂或激动剂可能阻止或增强神经冲动在突触间的传递,从而改善或提高脑的信息处理能力。

3. 神经元的类型

根据神经元的传递方向可将其分三类:感觉神经元(sensory neurons)将感受器传来的信息,传向中枢神经系统;中间神经元(inter neurons)又叫联络神经元,它们将从感觉神经元中获得的信息,传给其他中间神经元或运动神经元;运动神经元(motor neurons)从中枢神经系统将信息带给肌肉和腺体。每个运动神经元都与数以千计的中间神经元发生联系,形成庞大的神经网络。

(二) 胶质细胞

在神经系统庞大的神经元网络中,还有比神经元多 5~10 倍的胶质细胞。胶质细胞的主要功能是形成支持神经元分布的框架,并为神经元提供营养。胶质细胞还在脑内发挥清洁工的作用,吸收过量的神经递质,及时清理受损或死亡的神经元;形成血脑屏障,使毒物和其他有害物质不能进入脑内;还可能对信息传递所必需的离子浓度有所影响,特别是对一氧化氮逆信使的代谢发挥重要作用。近年认为,胶质细胞之间以及胶质细胞与神经元之间存在多时间尺度的信息交流的并行网络。因而,认为胶质细胞也参与复杂的智能活动。

胶质细胞,特别是小胶质细胞和星形胶质细胞又是脑内的免疫细胞,产生多种脑内的免疫分子(图2-4)。Schwartz和Bilbo(2012)详尽介绍了脑内小胶质细胞和星形胶质细胞对许多脑病发生和发展的重要作用,如男性的精神分裂症和自闭症的发生,女性的抑郁症和焦虑症的形成。在脑的发育过程中,胶质细胞帮助神经元找到自己适当的位置,促进或直接参与神经纤维髓鞘的形成,以便在神经信息传递过程中起绝缘作用,提高传递速度。

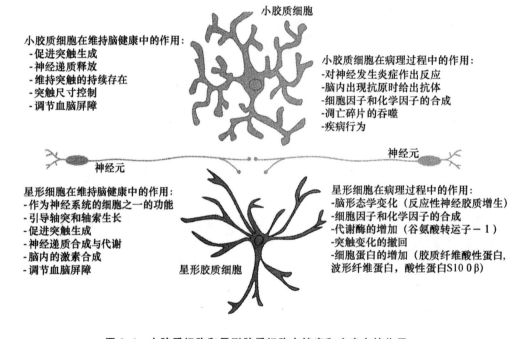

图2-4 小胶质细胞和星形胶质细胞在健康和疾病中的作用
(摘自 Schwartz,J. M. ,& Bolbo,S. D. ,2012)

## 二、神经组织学

将脑组织通过一些特殊方法制成切片放在显微镜下观察,就可以看到神经组织的显微结构。神经组织由神经细胞(nervous cell)与胶质细胞(glial cell)组成,前者是主要的脑功能单元,后者发挥支持营养作用。

神经组织分为灰质和白质两大类,灰质呈灰色,是由神经元密集排列而成,包括大脑皮层、小脑皮层和皮层下脑结构中神经元密集的核团以及脊髓灰质所组成；白质是由神经纤维密集排列而成，由于神经纤维是神经元的轴突包裹着脂肪性的髓鞘构成的，呈白、亮色，故此得白质之名。大脑深层称髓质，主要由神经纤维占据。在髓质内还有一些分散的核团（灰质），也是由一些神经细胞体组成的，例如基底神经节。

### （一）大脑皮层

大脑皮层也称大脑皮质，是脑灰质的重要组成部分，分布在大脑表面。Van Essen 和 Ugurbil（2012）报道，人类大脑皮层平均厚度约 2.4 mm，其总面积约 2000 cm²，其中 1/3 露于表面，形成脑回；2/3 形成沟、裂的壁和底。小脑皮层是厚度约 1 mm 的灰质，面积约 1100 cm²。两大脑半球的皮层总体积约 543 cm³，小脑皮层体积约 103 cm³，皮层下灰质约 78 cm³。简言之，人脑灰质总体积约 724 cm³。大脑皮层每平方毫米分布着 9 万个神经元；与之相比皮层下脑结构平均每立方毫米仅分布 1 万 4 千个神经元。人类的大脑皮层结构差异很大，不仅在水平方向上有三层和六层之别，在垂直方向上还有并排的柱状结构及其大小和密度之别。在人类新皮层中，约有三百多万个柱状结构，每个柱中平均约有 4000 个神经细胞。细胞电生理学研究发现，处在同一柱内的神经细胞具有相同或相近似的机能，称之为功能柱。

### （二）大脑皮层的水平分层

据人类大脑皮层神经细胞排列的层次不同，可将其分为古皮层、旧皮层和新皮层。古皮层只见于位于大脑半球内侧缘的海马结构（胼胝体上回、束状回、齿状回、海马回钩的一部分）；旧皮层见于大脑内侧缘与底面的前梨状区（外侧嗅回与环周回）和内嗅区。古皮层和旧皮层只有分辨不清的三层神经细胞。除古皮层和旧皮层，其余 90% 以上的大脑皮层都是新皮层。在新皮层中，神经细胞按水平方向排列成十分清楚的六层，如图 2-5 所示。六层组织结构分别是：

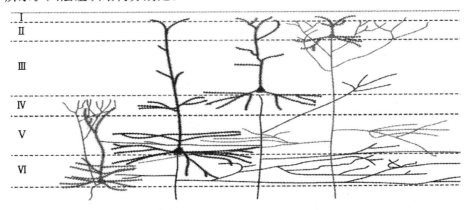

**图 2-5 大脑皮层的六层细胞结构**

（Ⅰ：分子层，Ⅱ：外颗粒层，Ⅲ：外锥体细胞层，Ⅳ：内颗粒层，Ⅴ：内锥体细胞层，Ⅵ：梭形细胞层）

(1) 分子层：含有少量的水平细胞和颗粒细胞，较多的成分是第Ⅳ和Ⅴ层神经细胞的顶树突的分支。

(2) 外颗粒层：主要由大量的颗粒细胞和小锥体细胞组成。

(3) 外锥体细胞层：主要由大、中型锥体细胞组成。

(4) 内颗粒层：密集的颗粒细胞。

(5) 内锥体细胞层：主要由大量的大、中型锥体细胞组成。

(6) 梭形细胞层：以梭形细胞为主，还有颗粒细胞等。

### (三) 大脑皮层的柱状结构

最初，大脑皮层的柱状结构是在视皮层中发现的，具有相同感受野的视皮层神经元在垂直于皮层表面的方向上呈柱状分布，它们是视皮层的基本功能单位，称为功能柱。功能柱内的神经元对同一感受野中图像和景物的某一特征进行信息编码，是产生主观感觉的重要神经基础。产生某一感觉的功能柱，进一步组合成超柱，是知觉产生的细胞学基础之一。在运动皮层中，某一运动功能柱内的所有锥体细胞，支配同一关节内执行同一运动模式的肌肉群。无论是感知觉相关的功能柱还是运动功能柱，都贯穿于整个六层大脑皮层，其直径大约在 0.25～1 mm 之间，每个柱内约含 2500～4000 个神经元，如图 2-6 所示。

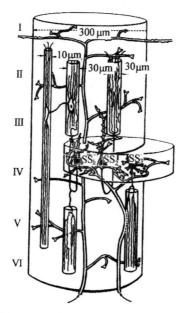

**图 2-6 大脑皮层的柱状结构模式图**

(高圆柱：示机能柱内的联络纤维；中间偏右侧的扁圆柱：示丘脑特异性传入纤维，至第Ⅳ层与柱内三种细胞构成突触联系。引自：孙久荣，2004)

## (四)白质

菲尔兹(Fields,2009)评论道:虽然白质是由百亿神经元轴突形成的纤维束构成的,实现着神经元之间的联系,但在过去除对一些脑疾病患者之外,从未关注白质在正常人心理活动和认知功能中的作用。神经纤维覆盖的脂肪性髓鞘是由少突胶质细胞生成的,围绕在神经细胞轴突的神经纤维膜之外,多达150层。它的作用在于保证神经冲动能在神经纤维内快速传递下去。人脑内的白质总体积约410 $cm^3$,全部轴突总长度约160万公里,分布的密度达每平方毫米30万根。

浅层白质:紧贴在大脑皮层之下的白质,实现着近距离大脑皮层之间的神经联系。利用弥散张力磁共振成像技术发现,男人的浅层白质比女人发达,这与男人的皮层神经元密度大、细胞总数多于女人有关。

深层白质:位于大脑半球深部的白质,实现着长距离大脑皮层之间的神经联系和两半球之间以及皮层与皮层下之间的神经联系,主要包括胼胝体、内囊、钩状束、上纵束和下纵束等。胼胝体是主要的深部纤维联系,实现着大脑两半球间的联系(图2-7);内囊将各种感觉信息汇聚并送入大脑感觉皮层;钩状束在智力活动中联系额、颞区皮层的功能协调;上纵束联系额极和枕极,下纵束联系颞极和枕极实现全脑的协调(图2-8)。

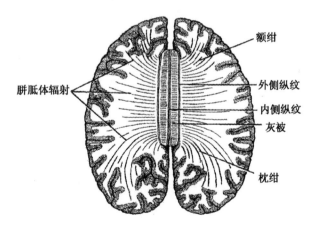

图2-7 脑深层白质中的胼胝体

(引自 孙久荣,2004)

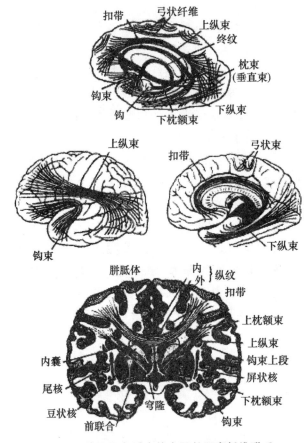

图 2-8 脑深层白质中的主要长距离纤维联系
(引自 孙久荣,2004)

### 三、神经系统的解剖学

神经解剖学将神经系统分为两大部分,即中枢神经系统(central nervous system, CNS)和外周神经系统(peripheral nervous system, PNS)。中枢神经系统由颅腔里的脑和椎管内的脊髓组成(见图 2-9)。颅腔里的脑分为大脑、间脑、中脑、桥脑、延脑和小脑六个部分。椎管内的脊髓分 31 节,即颈 8 节、胸 12 节、腰 5 节、骶 5 节和尾 1 节。外周神经系统由 12 对脑神经和 31 对脊神经以及它们的传出神经分支,即植物(自主)神经所组成。

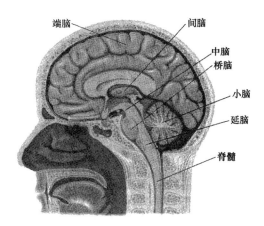

图 2-9 中枢神经系统各组成部分

## (一) 大脑

大脑(cerebrum)覆盖在其他脑区之上,略呈半球状,大脑顶端的正中纵裂将其分为左、右两个半球。正中纵裂的底是连接两半球的胼胝体,胼胝体由两半球间交换信息的神经纤维(白质)组成。大脑表面有许多皱褶,凸出来的叫做回,凹下去的叫做沟或裂。

大脑半球背外侧面(见图 2-10):大脑半球皮层沟、裂的走向,可将其分为若干个脑叶和回。大脑半球背外侧面的皮层从前向后分为四个叶:额叶、顶叶、枕叶和颞叶。

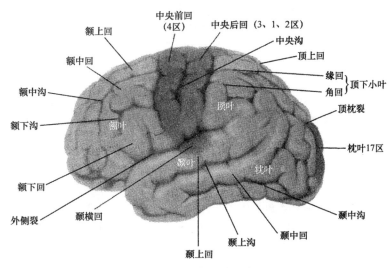

图 2-10 大脑外侧面分区

位于中央沟前方,外侧裂上方的皮层为额叶(frontal lobe),其中直接靠着中央沟前面,并与中央沟平行的回,叫中央前回。中央前回的机能是直接管理肌肉运动,称为运动区。额叶具有高级认知活动的调节和控制运动的功能,如筹划、决策和目标设定等功能。因意外事故损伤额叶,能影响人的行为能力和改变人格。位于顶枕裂前方,中央沟后方的皮层为顶叶(parietal lobe),其中紧靠中央沟并与中央沟平行的回叫中央后回。中央后回是接受全身躯体感觉信息的感觉区,所以顶叶负责躯体的各种感觉。位于顶枕裂与枕前切迹连线的后方皮层为枕叶(occipital lobe),是视觉中枢。位于外侧裂下部的皮层为颞叶(temporal lobe),与听觉关系密切。此外,在大脑外侧裂的深部皮层为岛叶,与味觉有关。

大脑半球的内侧面(见图 2-11):围绕半径的环状回称为边缘叶(limbic lobe),包括胼胝体下回、扣带回、海马回和海马回深部的海马结构。胼胝体下回与其前方的旁嗅区组成隔区(area septum)内含伏隔核(accumbens)。

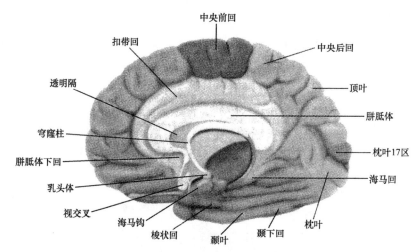

图 2-11 大脑内侧面(矢状正中切面)主要分区

大脑半球底面皮层:大脑纵裂两侧的嗅沟中,有嗅球和嗅束。嗅束向后移行于嗅三角。嗅三角发出两条灰质带,一条向内移行于大脑半球内侧面的隔区,称为内侧嗅回;另一条向外移行于梨状区,向后移行于环周回,称为外侧嗅回;嗅沟的内侧为直回,外侧为眶回。

大脑半球髓质:又称大脑白质,是由有髓鞘的纤维组成。根据纤维的起止、行程可分为三类:投射纤维、联络纤维和连合纤维。投射纤维是大脑皮层与皮层下中枢间的上、下行纤维。除了嗅觉投射纤维外,绝大部分感觉投射纤维经过内囊向大脑皮层投射。内囊是一个较厚的白质层,位于豆状核、尾状核与丘脑之间。联络纤维,是指联络同一半球各叶和各回间的纤维。连合纤维包括连接两半球新皮层的胼胝体,连接两侧旧皮层和古皮层的前连合和海马连合。

大脑半球髓质深部的神经核团(见图 2-12,2-13,2-14),称为基底神经节,包括尾状核、豆状核、杏仁核和屏状核。豆状核分内、外两部分,外部为壳核,内部为苍白球。尾状核与豆状核组成纹状体。尾状核和壳核又称新纹状体。尾状核与豆状核,对机体的运动功能具有调节作用;杏仁核在嗅觉、情绪控制和情绪记忆形成中具有重要作用。

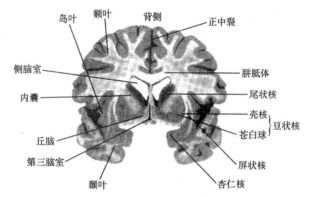

图 2-12 大脑冠状切面

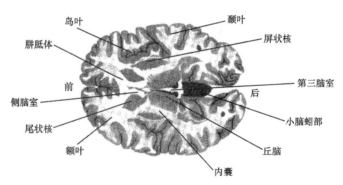

图 2-13 脑水平切面

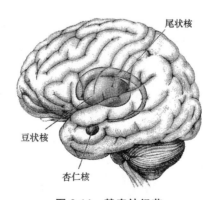

图 2-14 基底神经节

大脑皮层的每个功能区,如运动区、躯体感觉区、视觉区和听觉区等,都有层次结构(见图 2-15,2-16)。大概由三级组成,即初级皮层区(一级皮层区)、次级皮层区(二级皮层区)和联络皮层区。初级区为投射中心,直接接受皮层下中枢传入的信息或向皮层下发出的信息,与感受器或效应器之间保持点对点的功能定位关系,对外部刺激实现简单而原始的感觉功能或发出简单的运动信息。次级区分布在初级区周边,只接受初级皮层传来的信息,与皮层下中枢没有直接的特异联系。次级感觉皮层将初级感觉皮层的信息联合加工为复杂的单感觉性的知觉,运动性次级皮层区的神经信息实现着复杂序列性运动功能。次级感觉区和次级运动区都失去了点对点简单空间定位的特性。联络皮层区是次级皮层之间的重叠区,实现着各种皮层功能区之间的联系。在大脑皮层中有两个联络皮层区:一个位于顶、枕、颞叶的结合点上,它是躯体感觉、视觉、听觉感觉的重叠区,对外来的各种信息进行加工,综合为更高级的多感觉性的知觉,并加以储存;另一个联络区位于额叶前部,它同皮层所有部分发生联系,综合所有信息做出行动规划,通过对运动皮层进行调节与控制完成复杂活动。

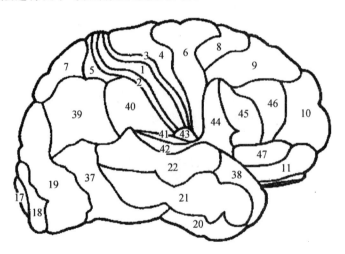

**图 2-15 大脑背外侧面布洛德曼功能分区图**

在布洛德曼功能分区(Broadman Area, BA)中,BA3、BA1、BA2 是初级躯体感觉区,BA5、BA7 是次级躯体感觉区;BA17 是初级视皮层区,BA18 和 BA19 是次级视皮层区;BA41 是初级听皮层,BA42 和 BA22 是次级听皮层;BA4 是初级运动皮层区,BA6 和 BA8 是次级运动皮层区;近年研究发现,BA8、BA6、BA9、BA10 和 BA47 以及顶叶的 BA39 在逻辑推理中激活,在思维功能中具有重要作用;BA6、BA44、BA46 和 BA40 构成人脑中的镜像神经元系统,在观察、模仿和理解他人社会行为以及人际交往中,具有重要作用。

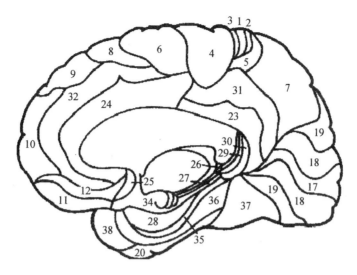

**图 2-16 大脑内侧面(矢状切面)布洛德曼功能分区图**

在布洛德曼功能分区(Broadman Area，BA)中，大脑内侧面 BA24、BA32、BA9、BA10、BA11 和 BA25 构成内侧前额叶皮层，在情绪、情感活动和目标监控以及执行功能中具有重要作用。

### (二) 间脑

间脑(diencephalon)居于大脑与中脑之间，被大脑半球所遮盖，在脑的矢状正中切面可以清楚见到(图 2-17)。间脑外侧与内囊相邻，内侧面为第三脑室。间脑分丘脑、上丘脑、底丘脑和下丘脑四个部分。

(1) 上丘脑(epithalamus)：位于丘脑背尾侧，在两侧上丘脑之间有松果体(见图 2-17)，是比较重要的内分泌腺，与发育、血糖浓度调节、生物钟现象有着很密切的关系。此外，上丘脑还是嗅觉的皮层下中枢。

(2) 下丘脑(hypothalamus)：位于丘脑腹侧(见图 2-17)。它包括第三脑室下部的侧壁和底，以及底上的一些结构——视交叉、乳头体、灰结节、漏斗和垂体。下丘脑是神经内分泌、内脏功能和本能行为的调节中枢。

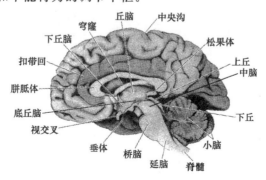

**图 2-17 脑矢状正中切面**

(3) 底丘脑(subthalamus)：位于丘脑的腹侧(见图2-17)。它包括红核和黑质的顶部、丘脑底核、未定带和底丘脑网状核，是锥体外系的组成部分。刺激丘脑底部可提高肌张力，并促进反射性和皮层性运动。

(4) 丘脑(thalamus)：是一对卵圆形的灰质团块，其前端较窄，后端膨大。丘脑内侧面第三脑室侧壁上有中央灰质(内含中线核)。丘脑外侧面有丘脑网状核与内囊相连。丘脑内有一白质板为内髓板，将丘脑分为若干核团。根据核团之间的纤维联系，可将丘脑诸核分为感觉中继核、皮层中继核、联络核等(见图2-18)。感觉中继核包括外侧膝状体、内侧膝状体和腹后核，它们接受来自外周脑、脊神经传入的各种特异的感觉冲动，经过整合后点对点地投射到大脑皮层初级区。如外侧膝状体传送视觉信息至枕叶视皮层初级区(17区)；内侧膝状体传送听觉信息到颞叶听皮层初级区(41区)；腹后核传送躯体感觉信息至顶叶初级躯体感觉初级皮层区中央后回(3,1,2区)。皮层中继核包括前核、腹外核和部分腹前核，它们接受特定的皮层下结构传入的信息，经过整合后再投射到特定的皮层区。如前核接受下丘脑与海马的信息至扣带回，与内脏活动有关；腹外核接受苍白球和黑质的纤维至额叶和前岛叶皮层，另外还接受脑干网状结构的上行纤维以及内髓板和中线核来的纤维，这些纤维联系表现出非特异系统的特征；丘脑腹外侧核接受小脑和苍白球的纤维至中央前回，对运动机能起重要作用。联络核只接受丘脑其他核团的信息，通过再次整合形成复合信息，再投射至联络区皮层(颞、顶、枕联络区，额叶联络区)，也有少量纤维投射至颞、枕叶。这类核位于丘脑背侧和后部，包括背内侧核、背外侧核、后外侧核和枕核。根据丘脑诸核的特点，不难看出丘脑不仅仅是信息传递的中继站，而且还是大脑皮层下除嗅觉外所有感觉的重要整合中枢。

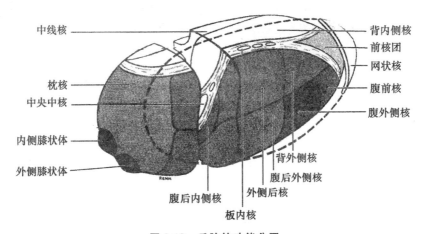

图2-18　丘脑的功能分区

(三) 脑干

脑干(brain stem)自下而上，依次由延脑、桥脑和中脑三个部分组成。脑干腹侧多为白质，由脊髓与大脑之间的上、下行纤维组成。占据脑干背侧面的多为灰质，上下排列着12对脑神经核。中脑背侧有四个凸出体组合为四叠体,包括一对上丘和一对下丘,分别对视、听信息进行加工。脑干背、腹之间称被盖,由纵横交错的神经纤维和散在纤维中的许多大小不一、形态各异的神经细胞组成,即脑干网状结构,其上、下行纤维弥散性投射,调节脑结构的兴奋性水平。此外,延脑分布着调节呼吸、血压、心率的调节中枢,是维持生命必要的脑结构。

### (四) 小脑

小脑(cerebellum)位于桥脑与延脑的背侧,其结构与大脑相似,外层是灰质,内层是白质,在白质的深部也有四对核,称之为中央核。小脑的主要功能是调节肌肉的紧张度以便维持姿势和平衡,顺利完成随意运动。近些年研究表明,小脑在程序性学习中具有重要作用。

### (五) 脊髓

脊髓(spinal cord)各节段内部的特点虽不尽相同,但概貌大体一致。在脊髓的横切上(见图2-19),中央有一小孔为中央管,中央管周围为H形灰质,外侧为白质。灰质前端膨大为前角,其内以大型运动神经元为主,该神经元的轴突组成前根(运动神经);灰质的后端狭窄为后角,其内主要聚集着感觉神经元,接受来自后根纤维的信息(感觉神经)。在胸髓和上三节腰段,在灰质的前、后角之间有侧角,其内以植物神经元为主,该细胞轴突进入前段,形成交感神经节前纤维。脊髓的白质是由密集的有髓纤维组成的,按传递方向可分为上行、下行纤维束。每束纤维都有特定的功能、起止和行程,一般纤维束均按它的起止和部位命名。脊髓是中枢神经系统的原始部分,来自躯干、四肢的各种感觉,通过脊髓上行纤维传至脑进行分析和综合,脑通过下行纤维束调节脊髓前角运动神经元的活动。因此,在一般情况下脊髓的活动是受脑控制的。不过脊髓本身也可完成一些反射活动,如膝跳反射等。

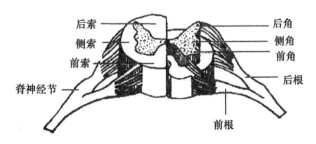

图 2-19 脊髓节模式图

### 四、外周神经系统

外周神经系统从结构上由颅神经、脊神经和自主神经三部分组成,从功能上分为感觉神经(或传入神经)、运动神经(或传出神经)和自主神经(或植物神经,或脏传出神经)。

## （一）脑（颅）神经

包括如图 2-20 所示的 12 对神经，它们分别支配头部、面部的感觉运动功能：Ⅰ．嗅神经，Ⅱ．视神经，Ⅲ．动眼神经，Ⅳ．滑车神经，Ⅴ．三叉神经，Ⅵ．外展神经，Ⅶ．面神经，Ⅷ．听神经，Ⅸ．舌咽神经，Ⅹ．迷走神经，Ⅺ．副神经，Ⅻ．舌下神经。其中Ⅲ、Ⅳ、Ⅵ三对神经与眼球运动有关，Ⅱ与视觉功能有关，Ⅴ三叉神经是头面部的感觉神经，Ⅶ面神经是面部肌肉运动神经。

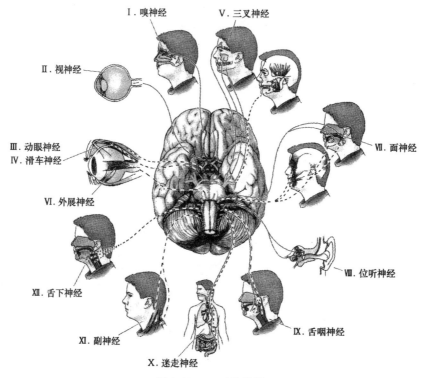

图 2-20　12 对脑神经

## （二）脊神经

包含如图 2-21 所示的 31 对神经，分布于躯干和四肢，支配躯干和四肢的感觉与运动功能。发出这些神经的神经元细胞体位于脊髓的灰质之中，其中感觉神经元收集脊髓感觉神经传来的躯干和四肢的各种感觉信息，并向脑内传入这些信息；运动神经元负责把脑的运动指令通过脊髓运动神经下达给相应的肌肉，完成运动指令。

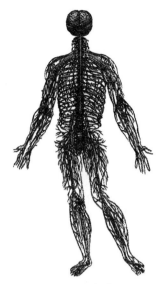

图 2-21　脊神经

## （三）植物神经（自主神经）

如图 2-22 所示，在脑、脊神经中都有支配内脏运动的纤维，分布到内脏、心血管和腺体中，称之为自主神经或植物神经（autonomic nervous system，ANS），它们调节内脏、血管和腺体的功能，维持着机体的生命过程。

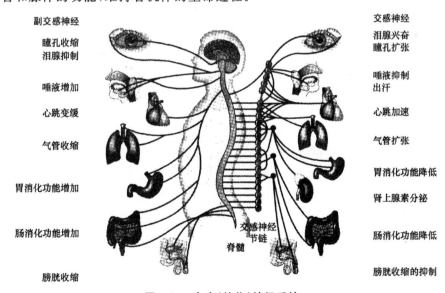

图 2-22　自主（植物）神经系统

根据自主神经中枢部位与形态的特点，将其分为交感神经与副交感神经，它们在功能上相辅相成地发挥作用（图 2-22）。交感神经支配应付紧急情况下的反应，如唤起战斗或逃避危险的准备,心率加速、呼吸急促、肌肉充血、胃肠蠕动减缓等;当危险过去后,副交感神经兴奋,减缓了这些过程。副交感神经维持正常情况下的常规活动,如排出体内的废物,通过瞳孔的收缩与流泪保护视觉系统,持久性地保护体内能量。

## 第二节 神经系统功能的整体和细胞生理学基础

概括地说,关于神经系统功能大体可分为基本功能和高级功能,前者用于维持动物机体生命活动,后者是动物机体实现心理活动的基础。神经生理学侧重于研究神经系统的基本功能,心理学特别是生理心理学侧重研究高级功能。神经生理学理论经历了反射论和信息论两种理论的发展,两种理论是分别基于脑整体水平和细胞水平实验研究得到的数据,所概括出来的理论。

### 一、经典神经生理学的反射论

经典神经生理学通过实验分析的方法证明,脑实现功能的主要形式是由刺激所引起的反射性活动。

反射活动的脑结构基础是反射弧。每种反射活动的结构基础,称为该反射的反射弧;其由传入、传出和中枢三个部分组成。反射活动分为两类:条件反射和非条件反射。机体的先天本能行为以遗传上确定的反射弧为基础,是同一种属共存的种属特异性的非条件反射活动。与此不同,后天习得行为是建立在先天本能行为基础上,由暂时联系的机制形成的条件反射,是在个体经验基础上因个体而异的反射活动。

无论是非条件反射还是条件反射活动,都是神经系统内的两种神经过程:兴奋过程和抑制过程活动的结果。抑制过程和兴奋过程都以非条件性和条件性两种方式实现其功能。任一刺激强度过大,不但不会引起兴奋过程,相反会引起抑制,称为超限抑制。当机体进行某项活动,周围出现异常可怕的刺激时,总会情不自禁地怔一下,停止正在进行的活动,这种现象就是外抑制。简言之,现时活动以外的新异刺激所引起的抑制过程就是外抑制。超限抑制和外抑制都是先天的非条件抑制过程;与此不同,消退抑制、分化抑制、延缓抑制和条件抑制,都是条件抑制过程,都需个体习得经验才能建立的抑制过程。在神经系统内兴奋和抑制两种神经过程,按照一定的规律发生运动,这就是扩散与集中和相互诱导的运动规律。脑内任何一点出现兴奋或抑制活动,都会迅速向四周扩散开来,然后再相对缓慢地集中回来。某点上出现的神经过程,总会在周围一定距离处诱导出相反的神经过程,这个相反的过程就会限制或妨碍原点的神经过程无限扩散。一百多年以前,经典神经生理学家只能靠动物反射活动的外在表现,推断脑内进行着兴奋或抑制过程。现代电生理学方法可以在头皮外记录不同部位脑的电活动,用以客观测量脑内的生理变化。神经生理学家在80多年前,就开始对动物进行细胞电生理学研究,到20世纪四五十年代,形成了细胞神经生理学的基础。

## 二、细胞神经生理学和神经信息论

如前所述,兴奋与抑制这两种基本神经过程的运动,是神经系统反射活动的基础,利用生理学技术能够记录动作电位或神经冲动的发放,作为兴奋和抑制两种神经过程在细胞水平上的表现。

**(一)"全或无"规则或"率编码"**

刺激达到一定强度,将导致动作电位的产生,神经元的兴奋过程表现为单位发放的神经脉冲频率加快;抑制过程为单位发放频率的降低。无论频率加快还是减慢,同一个神经元的每个脉冲的幅值(高度)不变。换言之,神经元对刺激强度是按照"全或无"的规律进行调频式或数字化编码。这里的"全或无"是指每个神经元都有一个刺激阈值,对阈值以下的刺激不发生反应;对阈值以上的刺激无论其强弱均给出同样幅值的脉冲发放。

**(二)级量反应**

与神经脉冲不同,还有一类级量反应,其电位的幅值随阈上刺激强度增大而变高,反应频率并不发生变化。突触后电位、感受器电位、神经动作电位或细胞单位发放后的后电位,无论是后兴奋电位还是后超级化电位都是级量反应。在这类反应中,每个级量反应电位幅值缓慢增高后缓慢下降,这一过程可持续几十毫秒,且不能向周围迅速传导出去,只能局限在突触后膜不超过 $1\,\mu m^2$ 的小点上,但能与邻近突触后膜同时或间隔几毫秒相继出现的突触后电位总和起来(时间总和与空间总和)。如果总和超过神经元发放阈值,就会导致这个神经元全部细胞膜去极化,出现整个细胞为一个单位而产生 $70\sim110\,mV$ 的短脉冲(不超过 $1\,ms$),这就是快速的单位发放,即神经元的动作电位。它可以迅速沿神经元的轴突传递到末梢的突触前膜,经突触的化学传递环节,再引起下一个神经元的突触后电位。所以,神经信息在脑内的传递过程,就是从一个神经元"全或无"的单位发放到下一个神经元突触后电位的级量反应总和后,再出现发放的过程,即"全或无"的变化和级量反应不断交替的过程。那么,这一过程的物质基础是什么呢?五十多年前,细胞电生理学家根据这种过程发生在细胞膜上,就断定细胞膜对细胞内外带电离子的选择通透性,是膜电位形成的物质基础。在静息状态下,细胞膜外钠离子($Na^+$)浓度较高,细胞膜内钾离子($K^+$)浓度较高,这类带电离子因膜内外的浓度差造成了膜内外大约 $-70\sim-90\,mV$ 的电位差,称之为静息电位(极化现象)。当这个神经元受到刺激从静息状态变为兴奋状态时,细胞膜首先出现去极化过程,即膜内的负电位迅速消失的过程,然而这种过程往往超过零点,使膜内由负电位变为正电位,这个反转过程称为反极化或超射。所以,一个神经元单位发放的神经脉冲迅速上升部分,是由膜的去极化和反极化连续的变化过程,这时细胞膜外的大量 $Na^+$ 流入细胞内,将此时的细胞膜称为钠膜;随后细胞膜又选择性地允许细胞内大量 $K^+$ 流向细胞外,称为钾膜。这就使去极化和反极化电位迅速相继下降,就构成细胞单位发放或神经干上动作电位的下降部分,又称细胞膜复极化过程。细胞的复极化过程也是个矫枉过正的过程,达到兴奋前内负外正的极化电位(-70 mV 的静息电位)后,这个过程仍继续进行,使细胞膜出现了大约-90 mV 的后超级化电位(AHP)(图 2-23)。后超极化电位是一种抑制性电位,使细胞处于短暂的抑制状态,这就决定了神经元单位发放只能是断续地脉冲,而不可能是连续恒定增高的电变化。

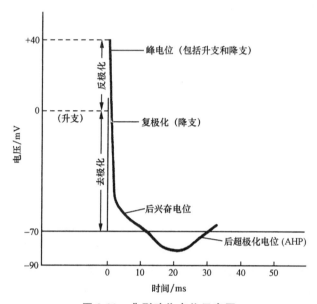

图 2-23　典型动作电位示意图

综上所述,神经元单位发放或神经干上的动作电位,其脉冲的峰电位上升部分由膜的去极化和反极化过程形成,膜处于钠膜状态;峰电位的下降部分由复极化和后超级化过程而形成,此时膜为钾膜状态。虽然在五十多年以后的今天,未能推翻这些经典假说,但现代电生理学和分子神经生物学研究表明,神经元单位发放是个机制非常复杂的过程,绝非简单膜选择通透性所能概括的复杂机制。

### 三、脑电活动及其功能意义

脑的电现象可分为自发电活动和诱发电活动两大类,两类脑电活动变化都在大脑直流电位的背景上发生。大脑的前部对后部,两侧对中线都有一恒定的负电位差,约为毫伏数量级,这就是大脑直流电现象。除病理状态,一般在心理活动中,大脑直流电并不发生相应变化,所以对其研究得较少。

**(一) 脑电图**

所谓大脑直流电背景上的自发交变电变化,经数万倍放大以后所得到的记录曲线,就是通常所说的脑电图(electroencephalogram, EEG)。当人们闭目养神,内心十分平静时记录到的 EEG 多以 8~13 Hz 的节律变化为主要成分,故将其称为基本节律或 α

波。如果您这时突然受到刺激或内心激动起来，则 EEG 的 α 波就会立即消失，被 14~30 Hz 的快波（β 波）所取代。这种现象称为 α 波阻抑或失同步化。这表明此时在脑内出现了兴奋过程。正常人类被试在高度集中注意力或工作记忆活动时，可出现 40~140 Hz 左右的高频脑电活动，称为 γ 节律。相反，当安静闭目的被试变为嗜睡或困倦时，α 波为主的脑电活动就被 4~7 Hz 的 θ 波所取代。当被试陷入深睡时，θ 波又可能为 1~3 Hz 的 δ 波所取代。这种频率变慢，波幅增高的脑电变化，称为同步化，从 β 波变为 α 波的过程亦属同步化；相反，脑电活动变为低幅、快波的变化，称为失同步化或异步化。从宏观角度，异步化表明脑内出现了兴奋过程。疲劳、困倦、脑发育不成熟的儿童和某些病理过程均可出现 θ 波为主的脑电活动。δ 波常出现在深睡、药物作用和脑严重疾病状态。

γ 节律近年受到较大重视，因为它可能是大脑神经元发放的神经冲动总和的结果，与复杂高级功能关系更为密切。Roux 和 Uhlhaas（2014）综述了近年关于 γ 节律的研究文献，认为 γ 节律震荡代表脑内工作记忆处于活动状态；θ 波-γ 节律之间的耦合代表对工作记忆内容进行整理和排序；α 波-γ 节律之间的耦合代表对与任务无关信息的主动抑制。与 γ 节律不同，传统的 α、β、θ 和 δ 波是脑静态和意识清醒或警觉状态的指针，由大量脑细胞突触后级量反应的慢电位总和而成，特别是大脑皮层锥体细胞顶树突上的突触后电位总和的结果，很难表征心理活动与脑细胞兴奋之间的精细关系。此外，由于近年通过静态功能性磁共振成像技术（R-fMRI）发现，脑的静态血氧水平相关信号（BOLD）自发波动频率极慢，小于 0.1 Hz。所以，脑电图技术的发展，面临扩展仪器频带的问题，应达到每通道的频率响应在 0.001~200 Hz 之间，这是一般现有商品很难达到的技术参数。此外，当前把自发脑电活动和平均诱发电位分割开来的研究，也带来许多问题。事实上，任何诱发活动都是在自发活动背景上产生和变化的，受刺激瞬间，各导联电活动之间的相位关系必然发生重组，脑电信号发生下面四类与事件相关的反应（event-related EEG responses）：事件相关电位（event-related potentials，ERPs）、事件相关去同步化（event-related desynchronization，ERD）、事件相关的同步化（event-related synchronization，ERS）和事件相关的相位重组（event-related phase resetting，ERPR）。如何将刺激重复呈现所引起的这四类脑电变化及其蕴涵的脑功能信息分别加以提取，正是这一技术领域的前沿课题，今后若干年的研究，对脑的事件相关反应会有更准确的分析技术问世。

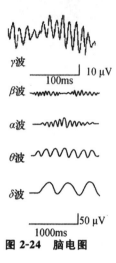

图 2-24 脑电图

**(二) 平均诱发电位**

20 世纪 60 年代以后,在计算机叠加和平均技术基础上,对大脑诱发电位变化进行了大量的研究。这种大脑平均诱发电位(averaged evoked potentials,AEP)是一组复合波,刺激以后 10 ms 之内出现的一组波称早成分,代表接受刺激的感觉器官发出的神经冲动,沿通路传导的过程;10~50 ms 的一组称中成分;50 ms 以后的一组波称晚成分(图 2-25)。根据每种成分出现的潜伏期不同,对早成分用罗马数字标定,分别命名为 Ⅰ波、Ⅱ波等;对中成分除按出现的时间顺序以及波峰极性,分别命名为 N0、Na、Nb 或 Pa、Pb 波等。按电位变化的方向性和潜伏期对晚成分进行命名,例如潜伏期 50~150 ms 之间出现的正向波称 P100 波,简称 P1 波;潜伏期约 150~250 ms 的负向波称 N200 波,简称 N2 波;潜伏期约 250~500 ms 的正向波称 P300 波,简称 P3 波。晚成分变化与心理活动的关系是当代心理生理学的热门研究课题。迄今,晚成分的每个波在脑内

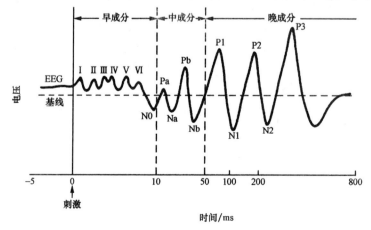

图 2-25 平均诱发电位组成波示意图

的起源仍不明了,因此脑平均诱发电位虽比自发电活动更能反映出心理活动中脑功能的瞬间变化,但对于真正揭露心理活动的机制来说,仍是十分粗糙的技术。与此相对应的是精细的细胞生理学研究。

**四、脑功能的神经生物学基础**

神经生物学是20世纪中、晚期迅速发展起来的研究领域,它综合了脑组织化学、免疫组织化学、神经生物化学和神经生物物理学的研究成果,从细胞和分子水平上揭示神经信息传递和神经组织能量代谢的许多复杂机制,为人类探索大脑奥秘打开一扇大门。

**(一)神经信息传递的生物化学机制**

神经元单位发放所形成的神经冲动,沿轴突迅速传递,随轴突分支达神经末梢之时,无法以电学机制超越20~50nm的突触间隙,将神经冲动传到突触后膜。所以,神经信息从一个神经元向另一个神经元传递时,突触的化学传递机制是必不可少的。这种机制涉及几十种相对分子质量大小不一的生物活性物质,分别称为神经递质、调质、受体、通道蛋白、细胞内信使和逆信使。凡是神经细胞间神经信息传递所中介的化学物质,统称神经递质(neurotransmitters)。神经递质大都是相对分子质量较小的简单分子,包括胆碱类、单胺类、氨基酸类和多肽类等三十多种物质。根据其生理功能可分为兴奋性和抑制性神经递质。神经递质大多在神经元胞体内合成,沿细胞内的微管和微丝滚动式传输到神经末梢,存贮在末梢内的一些囊泡中。当神经冲动传至末梢时,引起膜的去极化并伴随大量钠和钙离子流入末梢内,促使存贮神经递质的囊泡膜与突触前膜融合,随后裂开,将囊泡内的大量神经递质释放到突触间隙。被释放到突触间隙的神经递质有四种不同的命运。绝大多数分子在突触间隙中扩散到突触后膜上,与后膜上的受体结合,完成神经信息在细胞间的传递过程;一小部分神经递质被释放到突触间隙后,还来不及扩散出去,就又被突触前膜重新摄取到神经末梢内,即被再摄取;还有的神经递质在突触间隙内被降解成其它更小的分子;更有一些神经递质在突触间隙内,并不直接扩散到突触后膜,而是向周围比突触间隙距离更大的位点扩散,与那些细胞膜上的受体结合,调节神经元对神经递质合成和释放的速率,发挥神经调质(neuromodulator)的作用。神经调质并不直接传递神经信息,而是调节神经信息传递过程的效率和速率,其发生作用的距离比神经递质大,但其化学组成和结构可能与同类神经递质相同(如多巴胺),也可能与神经递质完全不同(如多肽)。神经递质的生物合成、传输、存贮、释放、结合、再摄取、降解、调节等过程,构成了神经信息在神经元之间传递的复杂机制。许多神经、精神药物作用于这一过程的不同环节。近年发现,神经信息在细胞间传递过程中,除了这类参与从突触前膜向突触后膜传递信息的递质与受体结合外,还有由突触后释放一种更小的分子,迅速逆向扩散到突触前膜,调节化学传递的过程。这类小分子物质称为逆信使(reversed messenger),已知的逆信使有腺苷(adenosine)、一氧化氮(NO)和一氧化碳(CO)。由此可知,神经细胞间信息传递的化学机制是十分精细的,但与之相比,在突触后细胞内发生的信息传导机制更为复杂,包括受体结合、细胞内信使传递和离子通道蛋白分子的变构等许多环节。受体是细胞膜上的特殊蛋白分子,可以识别和选择性地与某些物质发生特异性受体结合反应,产生相应的生物效应。能与受体蛋白结合的物质,如神经递质、调质、激素和药物等,统称为受体的配基或配体。受体蛋白大都是分子量很大的生物大分子,长长的肽链多次折叠并横跨在细胞膜的内外,在细胞质和细胞间液中浮动着。根据组成、结构和生物效应不同,又可将一些受体蛋白的大分子分成几个亚基。所以说,受体蛋白分子是由几个亚基组成的生物信息大分子。受体最早是药理学研究中的概念,20世纪60~70年代研究神经信息化学传递机制和激素调节机制时,赋予受体概念的新含义,并在20世纪70~80年代从生物化学上,分离出受体蛋白并搞清其化学结构。最初,按与受体选择性结合的配体对受体加以分类和命名,如单胺类受体、胆碱类受体、氨基酸类受体、肽类受体、激素受体和药物受体等。1987年以后,逐渐将受体按其发生的生物效应机制和作用加以分类,如G-蛋白依存性受体家族、配体门控受体、电压门控受体和自感受体等。

G-蛋白依存性受体家族包括许多种受体,这些受体发挥生理效应,除需特异的神经递质与其结合外,还必须有一类靠三磷酸鸟苷(GTP)的存在才有活性的蛋白分子(即G-蛋白),才能引发细胞内的信息传递过程,产生大量第二信使(如cAMP,cGMP,$IP_3$,DG,$Ca^{2+}$或钙调素等),再由这些第二信使激发第三信使(如蛋白激酶A、蛋白激酶C、蛋白激酶K和蛋白激酶G等)。最后由第三信使激发离子通道蛋白磷酸化,改变通道蛋白分子的构象,启闭$Ca^{2+}$,$K^+$,$Cl^-$等离子通道,造成突触后膜的突触后电位,最终这些突触后电位总和起来,导致该神经元细胞膜去极化,达到单位发放的兴奋状态,完成细胞内信息传递的使命。

综上所述,神经元之间信息传递的化学机制,可分为两大阶段,一是靠小分子的神经递质、调质和逆信使的参与而完成细胞间的传递,二是由G-蛋白依存性受体激活到离子通道蛋白磷酸化的细胞内信号转导系统。后一过程由几十种化学物质参与,除一些酶和辅酶外,第二、三信使(统称细胞内信使)最重要。更简要地说,神经细胞之间的信息传递,主要中介于神经递质、细胞内信使来完成。在细胞内信号转导系统中,蛋白激酶是由多个亚基组成,其中两个激活亚基可以进入细胞核内,激活基因调节蛋白促发基因表达,是长时记忆形成的重要环节。

神经细胞间信息传递的化学机制并非总是如此复杂,当那些电压门控受体与神经递质结合时,就会直接导致突触后膜的去极化,产生突触后电位。这是由于这类电压门控受体蛋白分子本身又是离子通道蛋白,所以受体结合过程发生蛋白分子变构作用,就会启闭离子通道,无须通过细胞内复杂的传递机制。由此可见,脑内信息传递的化学机制具有多样性、精细性的特点。某些信息可简捷而高速地快传递;某些信息则要一丝不苟地精细查对后,才能传递下去的慢传递。此外,神经细胞间的信息传递既有沿神经通路方向的正向传递信使,也有按反向传递的逆信使。脑内生成的氧化氮分子就是高效逆信使,使信息的化学传递过程高效而适度。神经信息传递的电学机制和化学机制都是如此复杂而精细,必须耗费许多生物能。分子神经生物学在过去的几十年已积累了许多科学事实,充分说明脑区域性能量代谢与神经信息加工过程是相辅相成、密不可分的。

### (二) 膜片钳技术与离子通道

20世纪70年代末期到80年代间,迅速发展起来的膜片钳(patch clamp)电生理学技术,可以用来精细地记录每种单一带电离子通过细胞膜,引起膜电流的微小变化(大体为pA变化,即$10^{-12}$A的数量级)。根据多种离子通过膜的电流变化值计算,发现细胞膜上存在着十多种离子通道门,有快速启闭的,有缓慢启闭的,有电压敏感而启闭的门,也有化学敏感而启闭的门,有两态、三态门……不一而足,十分复杂。电生理学上的这些发现与分子神经生物学的发现彼此验证,证明细胞膜上多种离子通道都是由结构形态和功能各异的蛋白大分子组成,称为离子通道蛋白。由此可见,神经生理学知识与神经生物化学知识是彼此关联的。

### (三) 脑能量代谢

虽然脑重量约占全身体重的2%,但其耗氧量与耗能量却占全身的20%,而且99%利用葡萄糖为能源代谢底物,又不像肝脏、肌肉等其他组织那样,本身不具糖原贮备,主要靠血液供应葡萄糖。所以,脑对缺氧和血流量不足十分敏感,可见脑功能与脑能量代谢有着密切的关系。然而,脑能量代谢与心理活动的关系,仅仅是在20世纪80年代利用脑区域性代谢率测定技术,对心理活动过程中脑各区代谢率分别测定之后,才发现它是人类认知活动中脑功能变化的灵敏指标。最初,利用正电子发射层描技术(PET)和放射性$^{18}$F-脱氧葡萄糖方法,可以对正常人脑区域性葡萄糖吸收率,进行无损伤性连续测定。20世纪90年代,基于血氧含量相依信号(BOLD)测定的功能性磁共振技术问世,并迅速成为主要的无创性脑成像研究手段,使脑代谢中的血氧水平成为脑功能活动的重要指针。21世纪初,利用静态人脑BOLD信号的自发波动现象进行研究,形成了一个新领域——静态功能性磁共振技术(R-fMRI)。至今,该领域已有重大发现,成为当今脑科学的一大亮点。

## 第三节 遗传信息和神经信息相互作用的分子生物学基础

围绕脑内遗传信息传递问题,形成了神经分子遗传学和神经分子进化论两个分支学科。前者从分子遗传学的基本概念出发,阐明脑功能中一些特殊蛋白质生物合成的基因调控机制;后者立于达尔文进化论的思想,比较研究神经系统结构与功能进化的分子生物学基础,特别注重阐明脑特殊蛋白和生物活性分子结构与功能的演化过程。近年进一步发展,形成了行为遗传学、脑影像行为遗传学的新领域,而去年又刚刚诞生了"大脑类器官"的全新领域。为理解这些分支学科的发展,认识遗传信息和神经信息相互作用的意义,我们首先介绍蛋白质、核酸及其与脑功能的关系。

## 一、蛋白质、核酸与脑的高级功能

蛋白质是脑的主要组成物质,它的合成代谢受核酸的控制与调节。核酸是遗传的物质基础,也是蛋白质合成的模板。蛋白质和核酸都是心理活动的物质基础。近年的研究表明,某些认知活动中,蛋白质和核酸的代谢非常活跃,因此,讨论认知活动和脑功能的分子生物学基础时,首先应了解脑蛋白质和核酸的基本知识。

### (一) 脑蛋白质

脑的蛋白质是神经组织的主要组成成分,随脑解剖部位和发育的不同阶段,其所占的重量百分比而异。大脑皮层灰质所含蛋白质最高占51%,坐骨神经的蛋白质仅占29%。脑内有许多特殊蛋白质,具有特殊结构和功能意义。如S100酸性蛋白与基本神经过程的传递和代谢物质传输有关;钙结合蛋白在神经信息传递中,与第二信使功能调节有关;纤维状蛋白质是神经元内微管和微丝的主要构成成分,与神经递质的传输有关;髓鞘蛋白质是神经纤维髓鞘的重要组成成分,与神经冲动传导功能有关。

脑的蛋白质不断进行着合成与分解代谢,其代谢率相当高,脑蛋白质转换的速度,经测定,半周期为 $13.7 \pm 4.1$ 天,也就是说,几乎平均每个月,脑内的蛋白质都更新一次。当然,蛋白质转换速率并不相同,依其化学结构和所在的脑解剖部位不同而异。大脑和小脑中的蛋白质转换速率最快,脊髓和外周神经的蛋白质转换速率较慢。此外,基本神经过程对脑蛋白质代谢率也有一定影响。兴奋过程可以加速脑蛋白质的转换率;抑制过程减慢脑蛋白质的转换率。就神经细胞的超显微结构而言,神经细胞特有的核外染色体——尼氏小体,对脑蛋白质的转换有重要意义。

蛋白质分解代谢的基本过程是肽链经水解酶作用而断裂,由蛋白分子变为肽和氨基酸,可以发挥一定生理作用,也可能被转化为糖类参与脑的能量代谢过程,还可能再为脑利用,合成新的蛋白质。脑蛋白质的合成过程较为复杂,必须在核酸的参与下,按脱氧核糖核酸(DNA)密码的模板,合成核糖核酸(RNA),再由RNA参与下合成新的蛋白质。

### (二) 核酸

核酸是由核糖(五碳糖)、磷酸和嘌呤碱或嘧啶碱组成。核酸可分成两大类:脱氧核糖核酸(DNA)和核糖核酸(RNA)。DNA分布于神经元细胞核内,是遗传的分子基础;RNA存在于细胞质内,对细胞蛋白质的合成和信息传递发生决定性作用。

DNA的分子结构,是由单核苷酸组成的双螺旋体。每个单核苷酸都是由脱氧核糖、磷酸、嘌呤或嘧啶组成。组成DNA的嘌呤和嘧啶有四种,所以形成了四种主要的脱氧单核苷酸:鸟嘌呤脱氧核苷酸(G)、胞嘧啶脱氧核苷酸(C)、腺嘌呤脱氧核苷酸(A)、胸腺嘧啶脱氧核苷酸(T)。四种碱基形成的四种脱氧单核苷酸靠其碱基之间的氢键连成方向相反的两条多核苷酸链,以磷酸-脱氧核糖作为骨架,围绕着同一轴心,形成向右旋转的双螺旋。右旋 DNA 根据其与水结合的差异,又可分为 A-DNA 和 B-DNA。在右旋 DNA 的结构中,每 10 个脱氧单核苷酸构成螺旋的一周。螺旋距为 $34\text{Å}(10^{-10}\text{m})$。

在双螺旋结构中,鸟嘌呤基和胞嘧啶基之间形成了三个氢链($G\equiv C$)。腺嘌呤和胸腺嘧啶之间形成两个氢链($A=T$)。四种脱氧单核苷酸在 DNA 分子的螺旋结构中的排列顺序就是遗传密码,如 TAGA、TGAT 等。DNA 在细胞内多与组蛋白结合成脱氧核糖核蛋白(DNP),以核蛋白的形式存在。DNP 主要存在于细胞核,是核仁与核染色体的主要成分。核染色体在细胞有丝分裂中发生复杂变化,DNA 传递着遗传密码,而遗传密码的转录和翻译决定着蛋白质的结构与特性,从而影响着机体代谢的主要方面。核仁 DNA 是蛋白质合成的密码模板,控制着蛋白质的合成。

RNA 的分子结构与 DNA 相似,也是由四种单核苷酸靠其碱基间的氢键而形成双螺旋体。它们的结构差异在于单核苷酸不是由脱氧核糖,而是由核糖所组成。RNA 分子中的核糖结构式中,第二位碳原子上比 DNA 多一个氧原子。所以,后者称为脱氧核糖。RNA 和 DNA 的结构另一个不同之处,是其中的一种碱基不同。RNA 分子中没有 DNA 中的胸腺嘧啶(T),取代它的是尿嘧啶(U)。在脑内 RNA 的四种单核苷酸中,鸟嘌呤苷酸(G)的含量最高,是脑内 RNA 与其他器官 RNA 的不同之所在。

RNA 主要分布在神经元的粗面内质网与尼氏小体中。细胞质与细胞核内也存在 RNA。根据化学结构、分布和生物功能,又可将 RNA 分为三种:核蛋白体 RNA(rRNA)、信使 RNA(mRNA)和转移 RNA(tRNA)。rRNA 占 RNA 总量的 80%,主要分布在细胞质的粗面内质网上。高等动物的细胞核和细胞质的线粒体内也存在少量 rRNA。rRNA 主要是在细胞核仁内合成的,其合成速度较慢,大约三天才能完成。每周都有新合成的 rRNA 取代原来的 rRNA。rRNA 是蛋白质合成的舞台,细胞内蛋白质的合成都是在 rRNA 参与下进行的。mRNA 是蛋白质合成的密码,这种密码是由其分子中三个核苷酸的连接顺序形成的"三联体",故又称三联体密码。这三个核苷酸分别是尿嘧啶单核苷酸(U)、腺嘌呤单核苷酸(A)、鸟嘌呤单核苷酸(G)。一方面,A、U、G 三者的排列顺序不同,决定合成蛋白质时氨基酸之间的连接顺序;另一方面,每个氨基酸可能有几种三联体密码相制约。mRNA 代谢速度较快,几十分钟内即可合成新的 mRNA,几小时之后又会为新合成的 mRNA 所取代。因此,有人推断,mRNA 可能参与学习和记忆等心理活动。tRNA 在蛋白质合成中是活性氨基酸的载体,根据与 mRNA 三联体密码碱基对应的原则,把氨基酸转运到合成蛋白质的舞台上,从而为合成蛋白质做好准备。tRNA 的分子结构中存在特征性反密码功能部位,这里的三个相邻的单核苷酸排列顺序与 mRNA 的三联体密码相对应。tRNA 可以与 mRNA 相连接。反密码决定了 tRNA 的专一性。在 tRNA 分子结构中,还有另一种功能部位,称氨基酸袢。在这里,tRNA 与活性氨基酸相连接,另一端通过反密码与 mRNA 连接,把氨基酸转移到 rRNA 的蛋白质合成舞台。

### (三) 蛋白质合成的主要途径

氨基酸是蛋白质合成的主要原料,人类机体从食物中摄取的氨基酸有 26 种。氨基酸合成蛋白质时,必须由三磷酸腺苷(ATP)提供能量,在专一氨基酸激活酶的作用下变成活性氨基酸,再与 tRNA 氨基酸袢部位结合,形成氨基酰－tRNA。每种氨基酸都有专一的激活酶,每种活性氨基酸和 tRNA 的结合也都有严格的对应关系。它们之间如何相互识别,至今尚不十分明确。以下列反应式简单概括这一过程:

氨基酸 ATP＋tRNA ＝ 氨基酰－tRNA＋AMP＋磷酸

这是合成蛋白质的准备阶段,tRNA 作为氨基酸的载体发挥作用。蛋白质合成的真正开端是作为合成蛋白密码的 mRNA 结合到合成蛋白质的舞台 rRNA 上,随即以 mRNA 的三联密码与氨基酸的载体 tRNA 的密码相结合,这样就把活性氨基酸依次拉到合成舞台 rRNA 上,不断延长肽链。肽链的延长过程中把已形成肽链末端的羧基与下一个 tRNA 的氨基袢,以肽酰－tRNA 的形式结合在 rRNA 上。这一过程必须在特殊的肽链延长因子参与下才能完成。rRNA 不断转动使已合成的肽链向前移动,当肽链延长到 mRNA 蛋白质合成密码的终点时,肽酰－tRNA 水解,多肽完全从 rRNA－mRNA 中滚动下来,完成了合成过程,rRNA 与 mRNA 也分离开。蛋白质合成过程,需要多种酶的参与和能量供应。氨基酸激活的能量由三磷酸腺苷(ATP)提供,而合成开始,肽链延长和终止必须有相应的特殊因子参与,由三磷酸鸟苷(GTP)供给能量才能完成。

mRNA 上的蛋白质合成密码是以细胞核染色体 DNA 为模板转录的,RNA 则是以核仁 DNA 为模板合成的。所以,在一定条件下,DNA 的双螺旋能水解成 DNA 自身复制和 RNA 转录的模板,在遗传和蛋白质合成中起决定性作用。

### (四) 蛋白质、核酸在脑高级功能中作用

神经元间的突触在某些心理活动中也发生不断的变化,形成新的神经网络。因而,作为突触的物质基础——蛋白质的合成代谢非常活跃。利用放射性磷($^{32}P$)标记的氨基酸,在动物建立条件反射的过程中,大量进入脑内突触的磷酸蛋白中去。脑内 RNA 中各氨基酸和多肽的排列顺序异常多,大约 19.2 万种变换。与之相比,肝脏的 RNA 只有 5.7 万种变换。这表明,脑内 RNA 的复杂性比肝脏高 3～4 倍。肯特尔(Kandel,2001)的综述也指出,肝内 RNA 分子结构的排列顺序大约 1～2 万种,脑内至少比此数多四倍,而且脑内发生作用的 mRNA 通常是其他器官所不具备的。例如,其他器官合成蛋白质的密码 mRNA 几乎总是 poly[A]$^+$－mRNA,脑内蛋白质合成时,多数 mRNA 不是 poly(A)$^+$ 的尾部游离基,而是 Poly[A]$^-$－mRNA。进一步研究发现,Poly[A]$^-$－mRNA 并不是生来就占多数,而是在出生后的生活环境影响下,在个体发育过程中逐渐增多的。这自然使人想到 Poly[A]$^-$－mRNA 负责合成的多种蛋白质,可能与复杂的行为有关。肯特尔还指出,脑内大约有 10 万个基因,在这样多的 DNA 分子排列顺列中,大约 30％是脑所特有的,是其他器官所不具备的。脑在核酸和蛋白质合成

方面还有更特殊的机制,如 mRNA 变换的处理机制;蛋白质前体变换的处理机制;蛋白质某些共价变换机制,包括磷酸化、甲基化、糖元化（glycosylation）。由于这些机制使脑内蛋白质和多肽种类增多,使神经信息传递得更准确、更精细。神经分子遗传学正是从遗传学角度试图阐明脑内蛋白质合成基因调控的根本机制。

## 二、神经分子遗传学

神经分子遗传学是研究基因控制的神经生物学过程,包括发育过程中神经元数量的基因调控,突触形成的调控,各类神经递质生物合成过程的调控,受体蛋白和离子通道蛋白生物合成的基因调控。这些蛋白分子生物合成所制约的神经元、突触形态及其神经信息传递功能,都由种属特异性的遗传基因调控机制所决定。这个机制大体由五个分子遗传学环节组成:基因组控制、转录控制、转录后修饰、翻译控制和翻译后修饰。分子遗传学研究中最常用的生物遗传原型,是原核生物（prokaryotic）和真核细胞（eukaryotic）两大类微生物。细菌、蓝绿菌都是原核生物。分子遗传学对大肠杆菌原核生物研究得最透彻,已经阐明了原核细胞基因组表达的控制机制。藻类、真菌类和原生物均是真核生物。爬行动物和哺乳动物的细胞大多数类似真核生物,对它们的分子遗传机制目前研究得还很不够。两种生物体遗传信息传递方式有所不同,原核生物遗传基因重组以无性繁殖,如接合、转化等方式进行;真核生物遗传基因重组在有性繁殖过程中,即以有丝分裂方式进行。

### （一）基因组控制

DNA 排列顺序的控制,主要发生在胚胎期或发育早期。理论上遗传基因可能发生信息放大或丢失的变化,但实际发现的基因组控制方式主要为放大作用。例如受精卵发育的早期,需要合成大量蛋白质,其基因组将信息放大四千多倍,以保证形成足够量的核糖体作为合成蛋白质的舞台。在成年的真核细胞中并未发现基因组控制环节,作为改变遗传信息的调控方式。

### （二）转录控制

由 DNA 模板转录为 mRNA 过程的控制,无论对原核细胞还是真核细胞,都是遗传信息调控的主要环节。一个机体内不同器官的细胞有不同的转录方式。由于脑是机体器官中细胞与组织分化最复杂的部位,脑内含有多种神经细胞和胶质细胞,所以脑内存在 12.5 万种转录方式,是其他器官的 3～5 倍之多。利用原核细胞做实验材料,对转录控制过程了解得较为详细。细菌 DNA 分子有四段转录功能不同的位点,即调节子基因（regulator gene）、助长子顺序（promotor sequence）、操作子顺序（operator sequence）和结构基因（structural genes）。真核细胞的生物体遗传基因比原核基因更为复杂。在不同条件下,染色体基因发生不同变化,其中某一段 DNA 变为控制转录的关键位点。神经分子遗传研究发现,神经细胞膜上的离子通道蛋白基因组含有不止一段助长子顺序。脑内不同区神经细胞的通道蛋白基因助长子顺序的数量和分布有很大差异。因此，脑遗传信息表达过程中，从 DNA 模板转录为 mRNA 的过程有很多方式。

### （三）转录后修饰

对脑和脊髓中的重要神经递质"P 物质"的生物合成中，转录后修饰机制研究得较为清楚。合成 P 物质的基因称为前原快激肽基因（preprotackykinin gene，PPT），以这一基因为模板，转录出两种 mRNA，即 α－PPTmRNA 和 β－PPTmRNA。α－PPTmRNA 可以合成 P 物质（11 肽），β－PPTmRNA 则合成一种多肽，再剪裁为两段分别是 P 物质和 K 物质。β－PPTmRNA 的功能就是通过转录后修饰环节才形成了 P 物质。转录后修饰的意义，在神经系统的降血钙素（calcitonin）和降钙素基因相关性多肽（calcitonin-gene-related peptide，CGRP）的合成中看得更清楚。这两种多肽由共同的基因控制而合成。这种基因由六个外显子和五个内隐子相间的顺序排列，经转录为 mRNA 以后，分别在甲状腺、垂体和神经细胞内发生不同的转录后修饰，结果就导致两种神经肽的出现，即降血钙素和降钙素，可见转录后修饰机制在神经系统中具有重要意义。

### （四）翻译控制

将遗传信息由 mRNA 翻译并导致多肽链的合成过程称为翻译。这一过程的复杂性不仅在于必须有三种核糖核酸，即 mRNA、rRNA、tRNA 的参与，还必须有大量的始动因子、加长因子、终止因子的参与。翻译调控可发生在任何环节上。在神经细胞内，许多蛋白质或多肽的合成受控于第二信使。第二信使激发第三信使蛋白激酶促使蛋白磷酸化。这一细胞内的信息传递过程，既是神经信息传递的基本机制，也是蛋白合成的遗传信息传递过程的机制。例如，球蛋白的合成正是通过细胞内信使的作用，激活其 mRNA 翻译的始动因子，才启动其合成过程的。

### （五）翻译后修饰

翻译过程中根据 mRNA 遗传信息而合成的蛋白质或多肽，必须经过一定的剪裁和修饰，才能成为具有特定生物活性的蛋白质或多肽分子。这一过程就是翻译后的修饰。胰岛素的合成在翻译过程中形成有 108 个氨基酸残基的多肽链，称为前元胰岛素（preproinsulin），其 N 端有 24 个氨基酸残基的多肽负载着翻译后修饰的信息，使前元胰岛素多肽链附着至红细胞膜上，并启动其插入红细胞内。完成内插过程后，N 端 24 个氨基酸残基的翻译后修饰因子完成了使命，并脱离前元胰岛素分子，使 108 个氨基酸的肽链变成由 84 个氨基酸构成的肽链，称为元胰岛素（proinsulin）。元胰岛素由于二硫链作用折叠较稳定的分子构形，再经蛋白酶作用剪裁掉 33 个氨基酸残基，并形成由二硫链连接的两个短的肽链，最终形成双链结构的 51 肽胰岛素。由此可见，从 108 肽的前元胰岛素到 51 肽的胰岛素之间，存在着复杂的翻译后修饰过程。在神经分子遗传科学研究中，发现了神经肽的形成要经过较多的复杂多变的翻译后修饰过程。在 mRNA 遗传信息的翻译过程中，形成了两个常见的脑啡肽前体，即前元脑啡肽 A 和 B。前元脑啡肽 A（prepro-enkephalin A）含有六个甲硫氨酸脑啡肽（met-enkephalin）和一个亮氨酸脑啡肽（leu-enkephalin）；前元脑啡肽 B（prepro-enkephalin B）仅含三个亮氨酸脑啡肽,在翻译后修饰过程中,由翻译后修饰酶作用下经两次剪裁后,最终生成有生物活性的脑啡肽。内啡肽合成中的翻译后修饰更为复杂,这是由于 mRNA 中所形成的阿黑皮元(pro-optomelanocortin,POMC)是较长的大肽链(265 肽)。翻译后的修饰不仅使 POMC 生成 α-内啡肽、β-内啡肽,还能生成几种脑下垂体激素,如促肾上皮质激素(ACTH)、α-促黑激素(α-MSH)和 β-促黑激素(β-MSH)。

我们从上述遗传基因表达的五个环节中不难看出,神经系统的遗传基因表达过程较为复杂,这正是神经细胞多样化、神经系统功能复杂性的分子遗传学基础之所在。

### 三、神经分子进化论

在分子水平上,特别是在某些生物活性分子结构与功能的演化中,阐明神经系统的进化过程,是神经分子进化论的基本命题。尽管在 60 多年前,神经分子进化论的思想和研究任务就已经提出,但神经分子进化论的研究领域,仅在 20 世纪八十年代以来的几十年中发展起来。这是由于核酸和蛋白分子氨基酸顺序分析方法和 DNA 重组技术为这一命题的研究,提供了可靠的方法学基础。这两项新技术的应用,使分子遗传学的基础知识在八十年代以来迅速增长。有关遗传信息的传递环节及其逆转录过程的知识,有关真核细胞 DNA 由具有遗传信息意义的外显子和无意义的内隐子相间排列的知识,有关点突变和染色体突变机制的知识,有关蛋白分子进化的知识,关于基因变异中内插顺序(insertion sequences,IS)和转移子(transposons,Tn)并存的知识,都为神经分子进化论的研究奠定了良好的基础。

#### (一) 点突变

点突变(point mutation)是指在 DNA 分子中,某一对碱基发生变化的遗传变异现象。强化学因素(如硝酸)、物理因素(如 X 射线、紫外射线)的作用可导致点突变。DNA 分子也有天然点突变的趋势。DNA 分子的点突变是生物进化的重要基础,没有点突变的变异,生物就不可能进化。现以鸟苷酸(guanine)和胞核嘧啶(cytosine)的碱基对为例,说明 DNA 分子自发的点突变性。在 DNA 分子长链内 C≡G 碱基对的重复过程中,每隔约 $10^4$ 或 $10^5$ 次,就会出现一次自发的变异,由 C≡G 经 $C^*$ = A 到完全由 T = A 取代 C≡G 碱基对。如果这种碱基对变异出现在遗传二联密码第一或第二位上,则它对新蛋白质合成的影响就很大。点突变引起具有相同物理化学性的功能基团氨基酸间替换,如一种疏水基为另一疏水基取代,则这种变异是可以接受的,称保守性替代(conservative substitutions);相反,点突变引起不同理化性质氨基酸功能基团间替换,如一个疏水基为一个亲水基氨基酸取代,则称为根本性替代(radical substitutions),这种点突变就难以被接受。所以,基因的自发性点突变发生率仅有 $1/10^9$,即亿分之一的概率。根据四种碱基替代关系,可将点突变分为两种类型:顺变(transition)和颠变(transversion),前者是嘧啶取代嘧啶,嘌呤取代嘌呤的点突变,自然发生机率较高;而后者是嘧啶与嘌呤之间的取代,自然发生率极低。除了结构基因这两种点突变外,点突变还可能发生在内段与外段之间，或它们与调节子(regulator)之间的替代。这类点突变发生机率更小，但它的出现却是生物界物种突变的基础。核苷酸聚合酶体系参与的正读码和修复机制(proof reading and repair mechanisms)对点突变自然发生率进行控制。在哺乳动物的真核细胞内存在着三种 DNA 聚合酶($\alpha$、$\beta$、$\gamma$)，其中核苷酸聚合酶 $\alpha$ 和 $\gamma$，具有 $3'\to 5'$ 和 $5'\to 3'$ 的双向聚合活性；核苷酸聚合酶 $\beta$，只具有 $3'\to 5'$ 单向聚合活性。DNA 聚合酶也具有外切酶活性，使 DNA 分子的多核苷酸链断裂。在点突变时，DNA 双螺旋链中的胞核嘧啶脱氨成为尿嘧啶；DNA 葡萄糖苷酶识别出这种脱氨的碱基，并清除糖苷键。清除后出现的无嘧啶空穴(apyrimidinic site)，再由内切酶识别，并将之切割成磷酸二酯键骨架(phosphodiester backbone)，类似"硬币"(nick)。DNA 聚合酶以这种骨架中的"硬币"为模，切下一段新的核苷酸链填充空穴，将这一过程称之为"硬币翻译"。最后，由 DNA 连接酶封装新形成的磷酸二酯键。上述这一复杂过程，就是 DNA 复制中阅读、校正和修饰机制，也是点突变的调控过程，制约于多种酶的活性。如果在 DNA 复制过程中，某点突变出现了尿嘧啶，则 DNA 葡萄苷酶就会立即识别并清除之。但是，在物种进化过程中，点突变还是以非常小的机率，逃过酶的识别而进入 DNA 的复制中。

（二）染色体突变

染色体突变(chromosomal mutations)主要发生在有丝分裂的基因复制过程。有丝分裂及交叉发生变异造成一个子核完全不会有基因，另一个子核出现双倍基因。前者无法生存下去，后者就蕴含着较大的进化可能性。

（三）跃变基因

无论点突变或染色体突变，最终都会导致遗传基因跃变。跃变的分子生物学过程有两种方式：内插顺序和转移子。内插顺序跃变发生较短 DNA 链的变异，仅使同一遗传基因组内的基因从一部分转移到另一部分；转移子则是较长 DNA 链的跃变，不仅可以改变一种遗传基因组的排列顺序，还可带来新的结构基因。典型的转移子还含有转移酶(transposase)和基因溶解酶(resolvase)，可在转移过程中对转移子自行裁剪和再插入。转移子的每一端都有可识别的核苷酸顺序(20~40 个碱基对)，以便插入适当的基因组之中。

有了上述分子遗传学知识，便可讨论神经分子进化论的基本命题，即脑内蛋白质和特殊生物活性分子的系统发生和种属差异问题。在神经系统内存在着数以千计的蛋白质和生物活性分子，至今神经分子进化论研究得较多的是球蛋白和神经肽，特别是 N 型乙酰胆碱受体球蛋白(nAchR)和阿片肽(opioids)的分子进化问题。

nAchR 是神经组织内的球蛋白超级家族(super family of protein)。这些球蛋白分子有相似的一级结构(氨基酸顺序相似性较高)和相似的四级结构(其分子均由 5 个亚单元组成)，它们均作为神经信息传递的重要受体而发挥其神经生物学功能。利用银环蛇毒素($\alpha$-bungarataxin)与 nAchR 特异性结合的特点，对 nAchR 提纯分析，发现不同种属的 nAchR 分子虽均由 5 个亚单元组成,但在进化树上,高等动物比低等动物的亚单元模式复杂多样化。例如美洲蟑螂(cockroach periplaneta americana)的神经组织内的 nAchR 蛋白分子的 5 个亚单元完全相同,都是 α 型亚单元。大白鼠脑内 nAchR 分子由 3 个 α 亚单元和两个 β 亚单元组成($α_3$、$β_2$)。人脑内的 nAchR 则由两个 α 亚单元和另外 3 种亚单元(β、γ、δ)所组成,即 $α_2$、β、γ、δ。其中 $α_2$ 亚单元是受体功能基因,β、γ、δ 亚单元发挥调节亚单元的功能。这说明随系统发生与生物进化,nAchR 分子的调节亚单元种类和数量增多。个体发育研究表明,胚胎期神经组织内的 nAchR 分子也重现着系统发生过程。从单一种 5 个 α 亚单元组成的分子,向成熟期多种亚单元组成的分子($α_2$、β、γ、δ)发展着。与 nAchR 分子不同亚单元进化过程相平行,还发生着单一基因复制的进化过程,包括简单重复或倍增、单一 DNA 链外显子的复制和外显子滑动(exon suffling)等多种方式,这些蛋白质合成基因的进化方式,造成生物体内蛋白分子的多样性。在神经系统内,G-蛋白依存性受体蛋白家族、离子通道蛋白分子和多种神经肽分子进化过程的研究,在近几年内都取得一些新的进展。

### 四、心理、行为和人格遗传问题的研究领域

#### (一) 行为遗传学

Fuller 和 Thompson 的专著《行为遗传学》(1960)是最早的行为遗传学(behavioral genetics,BG)教科书,1972 年行为遗传学学会成立。至 2012 年底,超过 85 000 对单卵双生儿,100 000 对双卵双生儿和 45 000 对普通非孪生儿的数据,用于解释大五人格特质和 IQ 的遗传因素。在自闭症谱系障碍和儿童学习障碍的症状学和遗传学研究中也取得了较大进展。

#### (二) 脑影像行为遗传学

在传统行为遗传学研究的基础上,增加了脑影像的方法学,建立环境-脑-基因相互作用的理论和研究方法学,近年形成了脑影像行为遗传学(imaging behavioral genetics,iBG)的科学分支。专门研究遗传因素、环境因素和行为,如何通过人类大脑网络和功能,发生多重相互作用。

#### (三) 大脑类器官

2013 年 9 月在《自然》杂志上 Lancaster 等发表了综合研究报告,详细报道了将人脑胚胎干细胞植入含有凝胶蛋白和葡萄糖的培养液中,人工培养出一个直径 4mm 的大脑类器官(cerebral organoids),如图 2-26 所示,它的外形和脑的基本分区与正常成人脑相似。他们利用一切可用的分子生物学和神经生物学方法,分析了这种袖珍脑的基因组、代谢和神经生理学特性。《自然》杂志评论员认为,这是研究人脑发育和疾病发生的全新途径。

**图 2-26 容量瓶中培养的"袖珍脑"**
(择自 Bae,B. I. & Walsh,C. A., 2013)

# 3

# 神经系统的感觉和运动功能

感觉和运动是所有动物机体生存能力的基础,也是神经系统适应内外环境的基本功能。随着动物界的进化,人类神经系统具有较为完善的感觉和运动装置,包括特化的感受器-传入神经-感觉中枢-运动中枢-传出神经-效应器。人类的感觉中枢至少由三级神经元组成;运动中枢由两级神经元组成。所以,运动反应比感觉形成得更快!

## 第一节 神经系统的感觉功能

感觉是人们对客观事物个别属性的反映,是客观事物个别属性作用于感官,引起感受器活动而产生的最原始的主观映象;另一方面,感觉是主体对客体个别属性的觉察,且常受主体高层次心理活动的制约,如注意、知觉、情绪、心境等,均对人们的感觉有重要影响。人体五官即眼、耳、鼻、舌、身是直观的分类,实际上可细分为视、听、嗅、味、触、温、痛、动、位置和平衡等10个感觉系统。视、听感觉系统的共同特点在于可对一定距离的事物产生感觉,统称为距离感觉系统;嗅、味感觉系统均对物质的分子及其化学性质发生反应,统称为化学感觉系统;其他感觉系统,统称躯体感觉系统。各种感觉系统均有自己特化的感官或感受小体,对其最适宜的刺激属性发生精细的反应,把刺激属性和强度转化为生物化学与生物电学信号,经感觉神经传入初级中枢,再由脑与脊髓中的相应感觉通路,将感觉信息从初级中枢传向大脑皮层中的高级中枢,完成相应的感觉过程。距离感觉系统的结构形态特化得最完美,不仅形成了结构精细而复杂的眼与耳,其感觉神经最粗大,在大脑皮层的高级中枢也最显赫(整个枕叶为视皮层,听皮层占大部颞叶)。化学感觉系统,不仅其鼻、舌感官仅对距离很近的物质分子发生反应,其传入神经和脑内的感觉通路也很短。所以,味、嗅感觉细胞很快将化学信息传到脑前端和基底部的高级感觉中枢。躯体感觉系统的感官比较隐蔽,由分布在皮肤、肌肉、关节和脏器内的许多感受小体组成;其传入神经和中枢神经系统内的感觉通路比较复杂,在丘脑以下六种属性(触、温、痛、动、位置和平衡觉)分路而行,在丘脑经过选择和整合后,按空间分布对应关系,再投向大脑皮质顶叶的中央后回,即躯体和顶叶皮层间存在着点对点的空间对应关系。距离、化学和躯体三大类感觉系统从外周到中枢至少都要经过三个神经元的信息传递,才能在头脑中出现感觉映象。神经生理学将这类特化的感觉系统,统称为特异感觉系统;与之对应的还有非特异投射系统。各种特异感觉系统向大脑皮层的上行通路均发出许多侧支达脑干被盖部的网状结构,再由脑干网状结构发出网状上行和下行纤维,向大脑皮层广泛弥散性地投射,调节大脑皮层的兴奋性水平,也向感觉乃至运动系统弥散投射,以便对各种感受刺激均可给出适度的反映。总之,许多特异的专一感觉系统和网状非特异投射系统,共同实现着对外部刺激或事物属性的感受功能。

在各种感觉系统中,不但存在着从外周向中枢和从低级中枢向高级中枢的传递过程;每一级中枢神经元之间还有通过轴突侧支发生横向作用的侧抑制机制。此外,还存在着高级中枢对低级中枢,乃至对感官的下行性抑制影响,调节着感觉系统的兴奋性水平。

利用细胞微电极记录感觉系统神经元的电活动,分析其电活动变化与所受刺激的关系;同时根据人类与动物实验中对这些刺激的反应,已概括出许多感觉系统的生理学特性。概括地说,感觉系统均有对刺激的感受阈值,即刚能引起主观感觉或细胞电活动变化的最小刺激强度。各种特异感觉系统均有自己的适宜刺激,对其感受阈值最低,即对其感受最灵敏。如眼对光线、耳对声波的反应最灵敏。随着刺激物长时间持续作用,感受灵敏度下降,感受阈值增高,这种现象称为感受器的适应。

细胞电生理实验发现,对某一感觉系统的神经细胞,总能发现外周某一范围的刺激最有效地影响其电活动。换言之,该神经细胞对这一范围的刺激最为灵敏。因此,把有效地影响某一感觉细胞兴奋性的外周部位,称为该神经元的感受野。如果把微电极插在视觉中枢的某个神经元上,记录其电活动,凡能引起其电活动显著变化的视野范围,就是该视觉神经元的感受野。近年研究发现,在中枢内彼此相邻的神经元,它们的感受野也彼此接近、重叠。感受野基本相同的神经元集在一起形成了功能柱,成为感受外部事物属性的基本功能单位。

总之,无论哪种感觉系统均由感官、感觉神经、感觉通路和多级中枢组成。中枢内的每个神经元在外周都有自己一定范围的感受野。神经元对自己感受野中的适宜刺激感受阈值最低,感受最灵敏。各感觉系统对外部刺激有一定的选择性和适应性。感觉门控机制是感觉选择性和适应性的基础,精神分裂症疾病的一大特征,就是调节感觉选择性和适应性的感觉门控发生了障碍,导致大量无关和有害的感觉信息涌入脑内,造成精神活动的紊乱。

一、视觉

视觉系统由眼、视神经、视束、皮层下中枢和视皮层等部分组成,实现着视觉信息的产生、传递和加工等三种过程。在各种感觉系统中,对视觉的研究最有成效,积累的科学事实和理论最丰富。这里先对视觉系统的解剖生理学知识进行简要的介绍,着重讨论视觉信息加工的基础知识。

## （一）视觉信息的产生

眼的基本功能就是将外部世界千变万化的视觉刺激转换为视觉信息,这种基本功能的实现,依靠两种生理机制,即眼的折光成像机制和光感受机制。前者将外部刺激清晰地投射到视网膜上,后者激发视网膜上的光生物化学和光生物物理学反应,实现能量转换的光感受功能,产生视感觉信息。

### 1. 在视网膜上折光成像的生理心理学机制

在视网膜上折光成像的机制,不仅涉及眼的结构与功能,还与脑的中枢活动有关。只有视觉系统的多种反射机制相互作用,才能保证外界客体连续而准确地在视网膜上成像。在这些反射活动中,感受器大都是视网膜的光感受细胞或眼肌的本体感受器等。靠视神经或相应传入神经将眼睛方位、运动状态或瞳孔状态向脑的高级中枢传递,由脑高级中枢传出的神经冲动,止于眼外肌、睫状肌、瞳孔括约肌和瞳孔扩大肌等,分别引起眼动、辐辏、晶状体曲率与瞳孔变化等。在视网膜上折光成像反射机制中的效应器,就是这些眼内外的肌肉装置。这些反射活动的高级中枢分别是视感觉皮质、上丘和顶盖前区。非随意性折光成像机制的高级中枢主要位于顶盖前区和上丘;在高级皮质参与下,实现随意性眼动和辐辏功能。但是,这种分工并不是绝对的,事实上脑的任何反射活动,都是在多层次脑中枢间相互作用下实现的。

对于静止的物体,由于其在视野中的位置不同,为了使其能在视网膜上清晰成像,瞳孔收缩或散大以及调节机制已能满足要求,而对于复杂的物体或运动着的物体,仅仅这些机制是不够的,尚需眼动机制的参与。下面分别讨论这两类反射活动的生理机制。

在眼球的结构中,角膜、房水、晶状体、玻璃体以及瞳孔都是它固有的眼内折光装置(见图3-1)。为保证在视网膜上清晰成像,瞳孔大小与晶状体曲率的变化起着重要作

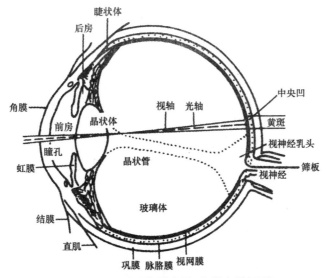

图 3-1 人眼球结构模式图(右眼水平切面)

用。瞳孔的光反射、调节反射是实现折光成像这种功能的生理基础。

(1) 瞳孔反射(pupillary reflex)，也称光反射(light reflex)。在黑暗中瞳孔扩大，光照时瞳孔缩小的反应，就是瞳孔反射。在一只眼的角膜前给光或撤光引起其瞳孔的变化，称为直接光反射；与此同时，引起的另一只眼瞳孔变化称为间接瞳孔反射或交感瞳孔反射，这是由两眼神经支配的交感关系所引起的反射活动。瞳孔反射的感受器是视网膜的视杆及视锥细胞。视觉信息经双极细胞、神经节细胞沿视神经、视交叉、视束和上丘臂到达顶盖前区，这里是瞳孔反射的中枢。由它发出的神经冲动达到同侧及对侧的缩瞳核，由缩瞳核发出的节前纤维仅部分交叉(经过后连合及中脑导水管腹侧)，所以是两侧性传出，至双侧睫状神经节，不但能引起受光刺激的同侧眼瞳孔收缩，也引起对侧眼的瞳孔收缩。

(2) 瞳孔-皮肤反射(pupillary-skin reflex)。身体任一部分的皮肤受到强刺激引起疼痛感，就会反射性地引起瞳孔扩大。这是一种交感神经兴奋的自主神经反射活动，也是人的意志无法控制的。所以，常常以刺激是否足以引起瞳孔扩大，作为是否有疼痛感的客观生理指标。

瞳孔光反射和瞳孔-皮肤反射，都是自主神经反应，它们调节瞳孔的变化，改变射入视网膜内的光强度，以保证视网膜成像的适宜光学条件。瞳孔-皮肤反射使瞳孔散大，射入视网膜的光强度增大，引起机体对痛刺激的密切注视，对个体生存与保护具有重要生物学适应意义。

(3) 调节反射(accommodation reflex)。这是一种较为复杂的反射活动，既包括不随意性自主神经反射活动，又包括眼外肌肉的随意性运动反应。人们从凝视远方景物立即改为注视眼前很近的物体时，为使近物能在视网膜上清晰成像，首先通过两眼内直肌收缩使视轴改变，睫状肌收缩引起晶状体曲率增大，从而使其折光率增大，瞳孔括约肌收缩引起瞳孔缩小。视轴、晶体曲率和瞳孔同时变化的反射活动就是调节反射，是保证外界景物在视网膜上清晰成像的重要生理机制。

2. 眼动的生理心理学机制

通过眼外肌肉的反射活动，保证使运动着的物体或复杂物体在视网膜上连续成像的机制，也就是眼动的生理心理学机制。所谓眼外肌是由三对肌肉组成：内直肌由动眼神经支配，外直肌由外展神经支配，它们相互制约引起眼的水平运动；上直肌与下直肌均由动眼神经支配，它们的活动引起眼的垂直活动(上内方向或下内方向)；上斜肌由滑车神经支配，引起眼球向下外侧运动，下斜肌由动眼神经支配，引起眼球向上外侧运动。

(1) 随意性眼动

眼睛的运动有许多种方式，当我们观察位于视野一侧的景物又不允许头动时，两眼共同转向一侧。两眼视轴发生同方向性运动，称为共轭运动(conjugate eye movement)。正前方的物体从远处移向眼前时，为使其在视网膜上成像，两眼视轴均向鼻侧靠近,称为辐合(convergence);相反,物体由眼前近处移向远处时,双眼视轴均向两颞侧分开,称为分散(divergence)。辐合与分散的共同特点是两眼视轴总是反方向运动,称为辐辏运动（vergence movement）。辐辏运动和共轭运动都是眼睛的随意运动。人们在观察客体时,有意识地使眼睛进行这些运动,以便使物像能最好的投射在视网膜上最灵敏的部位——中央窝上,从而得到最清楚的视觉。

（2）非随意性眼动

除了这种显而易见的眼球随意运动外,当我们利用科学仪器精细描记眼球运动时,又会发现许多其他运动方式。观察一个复杂的客体时,眼睛会很快进行扫视（saccades）,扫视的幅度可大可小,决定于景物的特征和观察要求。微扫视(microsaccades)的幅度只有几个分弧度或几个弧度;而较大的扫视(large saccades)则可在几十个弧度的范围之内,甚至由视野的一端向另一端迅速扫视。每次扫视持续的时间可在 10~80 ms 之间。在两次扫视之间,眼球不动,称注视(fixation),其持续时间约在 150~400 ms 之间。注视期间,眼睛并非绝对不动;事实上此时眼睛发生快速微颤（microtremor),其频率为 20~150 Hz,微颤幅度为 0.1~0.3 rad。微颤运动保证视网膜不断变换感受细胞对注视目标进行反映,从而克服了每个光感受细胞由于适应机制而引起的感受性降低。追随运动(pursuit movement)是观察缓慢运动物体时,眼睛跟随物体的运动方式,这种运动的角速度最大可达 50°/s。如果物体运动速度大于 50°/s 时,眼睛追随运动跟不上这一物体速度,则追随运动和快速扫视运动相结合,以保证运动物体在视网膜上的成像清晰可见。观察运动物体时,一般情况下是眼睛追随运动和扫视运动周期变换,眼睛出现不自主的震颤(nystagmus),眼球与物体运动方向一致的追随运动时期称为慢相;眼球与物体运动方向相反的扫视运动期称快相。观察运动物体的过程,眼睛震颤就是慢相(追随运动)和快相(扫视运动)交替的过程。人们阅读文字材料时眼睛进行着注视和扫视的周期变换,扫视速度较快约为 50°~600°/s,每次扫视历时 10~80 ms。扫视时无法形成有效知觉,只有注视时才会形成明确的知觉;但是对难度较大的文字材料的阅读,却伴有较多无意识的后向扫视。在对复杂景物的视知觉形成过程中,眼睛的注视运动不断地与扫视运动交替进行,注视点较多地投射在图形的轮廓线、轮廓线交叉处或断开处。对于有意义的景物或图形,注视点则多投射在那些对理解或分辨富有意义的部位,例如:观察照片识别人时,观察的注视点集中在眼、鼻、口和面部的轮廓线上。

（3）眼动中枢

眼动的神经中枢主要位于脑干网状结构,大脑皮层和小脑也存在眼动的高级中枢。双眼注视活动的中枢位于中脑网状结构、桥脑网状结构、上丘和顶盖前区。眼睛水平方向的运动中枢位于桥脑前部的网状结构;垂直运动的中枢存在于中脑网状结构。对于随意的眼动过程,除了脑干的这些低位中枢之外,视皮层和额叶眼区以及顶叶皮层对低位中枢发生调节作用,额叶前区直接投射脑干网状结构的传出部分,构成额叶-网状通路;顶叶-网状通路由下顶叶发出投射纤维与网状结构发生联系;额叶眼区尚有纤维经尾状核与黑质交换神经元后与上丘发生联系。这三条大脑皮层的下行纤维对眼动,特别是扫视运动发生复杂的调节作用。上丘和下丘脑的视前区接受视神经的侧支纤维,也接受大脑皮层的传出纤维,对眼的扫视运动和追随运动之间的协调性发挥神经调节作用。小脑,特别是小脑蚓垂和扁桃参与眼睛慢追随运动的中枢调节,使这种运动更准确、更精细。内耳的迷路结构及平衡感受器在头部位置变换时发出神经冲动,通过前庭-迷路反射机制参与眼动的调节,对于头部突然运动,眼睛仍能保持对客体的注视,具有重要作用。此外,眼动常与主体的情绪状态如恐惧、兴奋、兴趣和注意等复杂心理活动有关,网状结构通过内侧前脑束与边缘系统的联系发生着主要调节作用。

有许多方法可以记录和研究眼动的规律。传统的方法是以眼电图描记术(electrooculography,EOG)。在眼眶的上、下部和左、右眼外部(俗称左、右太阳穴)各附着一个小电极,输入多导仪或脑电机中,就可以记录出眼的垂直运动和水平运动情况。这是由于眼的前部即角膜对眼球后壁间存在着 5~6 mV 的电位差,眼前部为正电位。当眼动时,眼球电场的变化就可以经仪器记录出来。近些年更有许多精密的专用眼动仪,通过摄像装置和计算机采集眼动数据,使眼动的研究变得更精细。眼动已成为研究视觉生理心理学问题的重要方面。

无论是通过眼外肌引起的眼动还是眼内折光装置发生的折光调节作用,都是使外部景物在视网膜上清晰成像的重要机制。只有在视网膜上成像,才能激发起光生物化学与光生物物理学反应,产生视感觉信息。

3. 视网膜的光感受机制

视网膜的光感受机制包括光生物化学和光生物物理学两类反应。两者均发生在两类光感受细胞,即视杆细胞和视锥细胞之中。

视网膜光生物化学反应,包括光分解反应和光生化效应的放大反应两个过程。每个视杆细胞内大约含一千万个视紫红质分子,分布在细胞外段由细胞膜折叠而成的一千个膜盘上。每个视紫红质分子都由 11-顺视黄醛和视蛋白缩合而成。光照射时,折叠的 11-顺视黄醛分子链伸直变为全反视黄醛,并与视蛋白分离,造成视紫红质的漂白,这一过程称为光分解反应。光分解反应经过光生化效应放大反应后,提高了光化学反应的灵敏性。

每个视紫红质分子的光分解反应,可以直接激活几个分子的三磷酸鸟苷(GTP)与G-蛋白相结合的反应,使光生化效应放大了数倍,称为一级放大过程。GTP 与 G-蛋白的结合又激活了磷酸二酯酶(DPE),造成数以万计的第二信使分子(cGMP)的失活,形成光生化效应的二级放大。通过上述两级光生化效应的放大过程,将光分解反应的生化效应放大五万倍左右。所以,视网膜的光生化反应非常灵敏,即使是十分微弱或细腻的光化学变化,也会引起显著的光生化效应,导致光感受细胞膜电位的生物物理学变化。

视网膜光感受细胞与神经纤维不同,在暗处的静息条件下,细胞膜静息电位仅为-20 mV,神经纤维膜的静息电位是-70 mV。两者静息电位差说明,在安静状态下,光感受细胞膜的钠离子通道是开放的;光作用时,钠离子通道关闭,膜超级化电位可达-40 mV。这是光感受细胞产生兴奋的生物物理学基础,显然与神经纤维细胞膜去极化过程不同。所以,感受细胞兴奋过程的膜电位变化也不同于神经纤维的"全或无"定律。光感受器电位变化是一种级量反应,随光强度增加,感受器电位幅值增大。光感受器电位与光刺激强度的对数成比例,可用公式表示为

$$A = K\log\frac{I}{I_0}(mV)$$

式中 $I_0$ 是感受器适应后的阈值强度,$I$ 是光强度,$K$ 是常数,$V$ 为静息电位(使用毫伏级单位)。从这一公式可知光感受器电位与光的相对强度有关,而不是对绝对光强度发生级量反应。此外,只有中等强度范围内光刺激引起的感受器电位变化才符合这一公式。而人眼光感受细胞对相差一百万倍的最弱光和最强光均能发生反应。感受细胞电位对弱光刺激比较灵敏,而对强光刺激则不灵敏,强度增加很多倍而感受器电位变化较小。感受器电位对强光和弱光反应的非线性表明,它对光刺激进行着有效的信息压缩。

上述光生物物理学反应主要发生在视杆细胞之中,是产生明暗视觉信息的基础。颜色视觉的光生物化学基础在于视锥细胞内的视蛋白结构不同。现已知三种结构不同的视蛋白,分别存在于三种不同的视锥细胞中,但三者均含有与视杆细胞相似的11-顺视黄醛分子。所以,三种视锥细胞内的光化学反应过程与视杆细胞完全相同,其差异仅在于与11-顺视黄醛结合的三种视蛋白对不同波长光的敏感性不同。蓝紫色视锥细胞在420 nm 波长光下的光生物化学反应最灵敏;绿色视锥细胞对530 nm 的光最敏感;红色视锥细胞对560 nm 光最敏感。

(二)视觉信息的传递

通过眼的折光成像机制和眼动机制,将外界客体映入眼内,在视网膜上引起光生物化学和光生物物理反应,产生了视感觉信息。这些信息立即从光感受细胞向视网膜内其他四种细胞传递,再经视神经、视束和皮层下中枢,最后达视觉皮层,产生相应的视感觉。

1. 视网膜内的信息传递

视网膜分为内、外两层。外层是色素上皮层,由色素细胞组成,由此产生和储存一些光化学物质。内层是由五种神经细胞组成的神经层,从外向内依次为视感受细胞(视杆细胞和视锥细胞)、水平细胞、双极细胞、无足细胞和神经节细胞(见图3-2)。细胞联系的一般规律是几个视感受细胞与一个双极细胞联系,几个双极细胞又与一个神经节

细胞相关。因此，多个视感受细胞只引起一个神经节细胞兴奋，故视敏度较差；但在视网膜中央凹部只有视锥细胞。每个视锥细胞只与一个双极细胞相联系，而这个双极细胞又与一个神经节细胞相联系。因此，中央凹视敏度最高。视锥细胞自中央凹向周围逐渐减少，所以中央凹周围的视敏度较差。视网膜神经节细胞发出的轴突集聚于视乳头，组成视神经。由此看来，光线穿过四层细胞的间隙，达外层的视感受细胞。视感受细胞以光化学反应为基础，产生神经信息，再向内逐层传递，达神经节细胞。在视网膜五种细胞中，由视感受细胞、双极细胞和神经节细胞形成神经信息传递的垂直联系；由水平细胞和无足细胞在垂直联系之间进行横向联系，发生侧抑制等精细调节作用。人眼视网膜上的光感受细胞总数约 12 600 万个，其中视锥细胞仅为 600 万个，神经节细胞总数约 100 万个。一个神经节细胞及与其相互联系的全部其他视网膜细胞，构成视觉的最基本结构与功能单位，称之为视感受单位（receptive unit）。视网膜中央凹附近的视感受单位较小，而周边部分视网膜的感受单位较大。

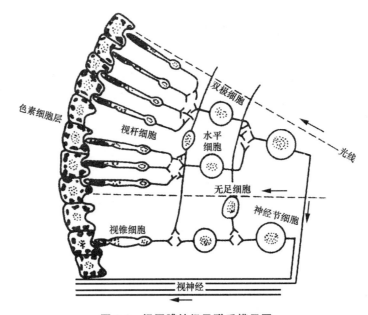

**图 3-2 视网膜神经元联系模示图**

除了神经节细胞之外，视网膜上的其他细胞对光刺激的反应均类似光感受细胞，根据光的相对强度变化给出级量反应，这种级量反应是缓慢的电变化，不能形成可传导的动作电位，但可与邻近细胞的慢变化发生时间和空间总和效应。水平细胞和无足细胞对视觉信息横向联系的作用正是以慢电位变化的总和效应为基础的。在视网膜上对光刺激的编码，只有神经节细胞才类似于脑内其他神经元，产生单位发放，对刺激强度按调频的方式给出神经编码。视网膜的横向联系中，水平细胞和无足细胞对信息的处理和从光感受细胞至双极细胞间的信息传递都是以级量反应为基础的模拟过程，只有神经节细胞的信息传递才是全或无的数字化过程。

2. 视觉通路与信息传递

视觉通路始于视网膜上的神经节细胞,其细胞轴突构成视神经,末梢止于外侧膝状体。来自两眼鼻侧的视神经左右交叉到对侧外侧膝状体;而来自两眼颞侧的视神经,不发生交叉投射到同侧外侧膝状体(见图3-3)。视交叉前视神经的纤维来自同眼的神经节细胞;在视交叉之后的视束中,神经纤维则来自两眼同侧视野的神经节细胞。外侧膝状体是大脑皮层下的视觉中枢,由6层细胞所组成视束的交叉纤维止于1,4,6层,不交叉纤维止于2,3,5层。上丘和顶盖前区也接受视皮层的传出纤维联系。视神经、外侧膝状体、视皮层和上丘及顶盖前区的关系,是前面所讨论的眼折光成像功能的神经基础。外侧膝状体细胞发出的纤维经视放射投射至大脑皮层的初级视皮层(V1),继而与二级(V2)、三级(V3)和四级(V4)等次级视皮层发生联系。V1区与简单视感觉有关,V2区与图形或客体的轮廓或运动感知有关,V4区主要与颜色觉有关。梭状回与人物面孔识别功能有关。

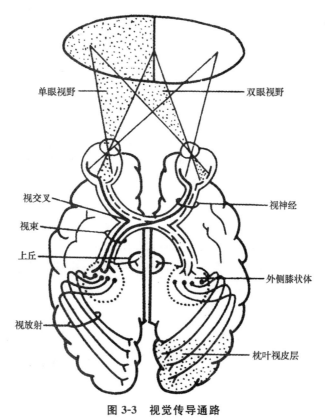

图3-3 视觉传导通路

### (三) 视觉信息加工与编码

人类视觉系统对千变万化的视觉刺激所引起的视觉信息,怎样加工和编码产生主观感觉,是视感觉生理心理学的核心问题。视觉中枢神经元感受野和视皮层的功能柱理论对此给出明确的答案。

1. 视中枢神经元的感受野

视感觉是各种空间知觉的重要基础,同样,空间编码又是视感觉中枢的重要功能基础。处于外部视野一定部位的视觉刺激,总会聚焦成像于视网膜相应位置上,与之对应的光感受细胞通过光生物学反应产生神经冲动,引起相应神经节细胞的兴奋,再将神经冲动传向外侧膝状体和视皮层的某些相应神经元。简言之,视野、视网膜和各级视中枢的某些神经元之间有着精确的空间对应关系。Hubel 和 Wiesel(1962)把细胞微电极插入视中枢的某个神经元上,记录其单位发放。与此同时,改变光刺激在视网膜上的投射部位,找出能够影响每一神经元单位发放的视网膜区域,即该神经元的感受野。这种研究发现,神经节细胞和外侧膝状体神经元的感受野的形状和特点相似,即同心圆式的感受野;视皮层神经元则可能有简单型、复杂型和超复杂型等三种不同形式的平行线或长方形式的感受野。

视网膜神经节细胞感受野的解剖学基础是视觉感受单位,其生理学基础是侧抑制的机制。前面已经介绍,视网膜感受单位就是一个神经节细胞及与之发生机能联系的全部视网膜细胞,它包括光感受细胞、双极细胞、水平细胞和无足细胞。这些细胞产生的慢电位变化引起神经节细胞单位发放频率的变化。视感受单位大的神经节细胞,从较多光感受细胞中接受视觉信息,其感受野就大;中央凹附近的神经节细胞主要接受一个视锥细胞的视觉信息,其感受野就比较小。视网膜上相邻的神经节细胞,其感受野有一定的重叠,这是由于水平细胞和无足细胞横向信息传递所引起的;但是也正是这种横向神经联系,提供了侧抑制的细胞学基础。由于这种解剖学和生理学机制,使视网膜神经节细胞的感受野呈现同心圆式,其中心区和周边区之间总是拮抗的。对感受野施予光刺激引起神经节细胞单位发放频率增加的现象称为开反应;相反,撤出光刺激引起神经节细胞单位发放频率增加的现象称为闭反应。在神经节细胞同心圆式的感受野中,其中心区光刺激引起神经节细胞开反应,周边区引起闭反应的神经节细胞称为开中心细胞;相反,其感受野中心区引起闭反应的,而周边区引出开反应的神经节细胞,称为闭中心细胞。

图 3-4 说明,开中心细胞和闭中心细胞在中心区光刺激或周边区光刺激以及两区同时受到光刺激时单位发放的情况不同。当中心区和周边区同时受到光刺激,由于在感受野中光对比度的变差,造成神经节细胞开反应和闭反应之间的差异变小。

## 3 神经系统的感觉和运动功能

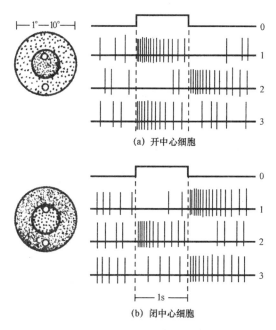

**图 3-4 神经节细胞感受野刺激及其单位发放**

0. 光刺激,1. 感受野中心光刺激引起的单位发放,2. 感受野周边刺激引起的单位发放,3. 中心与周边同时刺激引起的单位发放。

图 3-5 说明开中心细胞感受野光刺激对比度变化与神经细胞激活的关系。左图表示感受野中心区和周边区同时受到均匀的光刺激,此时用数字 8 表示感受野中心区对神经节细胞的激活强度。用 -4 表示周边区受光照对神经节细胞产生抑制效应,两效应的总和结果对神经节细胞的激活强度仅为 4;中图表示将感受野右侧 1/4 的光照遮掩,此时其遮掩部分不再引起抑制效应。中心区和周边区的效应总和造成神经节细胞激活强度为 5;在右图中感受野右侧 3/4 的光照遮掩后,神经节细胞出现了抑制性效应。这一结果说明开中心型细胞在光照对比度与光亮度感知觉中的作用。光暗对比的边界线正好与感受野中心区和周边区吻合时,神经节细胞单位发放频率最高,主观亮度觉最强。

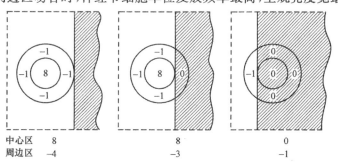

**图 3-5 开中心细胞激活程度与光、暗对比度的关系图**

图下正数表示兴奋程度,负数表示抑制程度。

外侧膝状体神经元的感受野与神经节细胞基本相似,形成中心区和周边区相互拮抗的同心圆式的感受野。皮层神经元的感受野至少可以分三种类型:简单型、复杂型、超复杂型。简单型感受野面积较小,引起开反应和闭反应的区均呈直线型,两者分离形成平行直线,但两者可以存在空间总和效应,具有这种简单型感受野的皮层神经元,主要分布在皮层第Ⅳ层。复杂型感受野较简单型大,呈长方形且不能区分出开反应区与闭反应区,可以看成是由直线型简单感受野平行移动而成,也可以看成是大量简单型皮层细胞同时兴奋而造成的。具有复杂型感受野的皮层细胞主要分布在Ⅱ、Ⅲ层或Ⅴ、Ⅵ层。超复杂型感受野的反应特性与复杂型相似,但有明显的终端抑制,即长方形的长度超过一定限度则有抑制效应。总之,简单型的细胞感受野是直线形,与图形边界线的觉察有关;复杂型和超复杂型细胞为长方形感受野,与对图形的边角或运动感知觉有关。

2. 视觉信息提取的功能柱理论

如果说中枢神经元的感受野现象反映了视中枢的空间编码规律,那么,对视野空间内各种视觉特征所形成的感觉,则主要以视皮层的功能柱为基础。具有相同感受野并具有相同功能的视皮层神经元,在垂直于皮层表面的方向上呈柱状分布,每个功能柱只对某一种视觉特征发生反应,从而形成了该种视觉特征的基本功能单位。目前,大体有两种功能柱理论,即特征提取功能柱和空间频率功能柱。

视觉生理心理学研究发现,在视皮层内存在着许多视觉特征的功能柱,如颜色柱、眼优势柱和方位柱。利用细胞微电极技术和脱氧葡萄糖组织化学技术,可以证明一些功能柱的存在。方位柱不仅存在于视皮层(枕叶 17 区),也存在于次级视皮层中。它们对视觉刺激在视野中出现的位置和方向的特征进行提取。方位柱宽约 1 mm,由简单型、复杂型和超复杂型细胞组成,不仅对边界线、边角的位置,而且对其出现的方向与运动方向均能进行特征提取。每个神经元只能对线条/边缘处在适宜的方位角,并按一定的方向移动时,才表现出最大兴奋。在方位柱内,细胞的排列与各细胞对线条/边缘的方位角最大敏感性之间,总是规则地按顺时针或反时针方向依次排列。左眼优势柱与右眼优势柱各自为 0.5 mm 宽,左右相间规则性地排列着。每个柱内的细胞均对同一只眼所看到的图像给予最大反应。在眼优势柱之内,偶尔尚可见到插入的一些小颜色柱,其圆形柱的直径为 0.1～0.15 mm。同一柱内所有细胞有相同的光谱特性。颜色特异性的变化与方位变化互不相关,说明方位柱与颜色柱是两套相互独立的机能单位,但颜色柱与眼优势柱发生重叠关系。

尽管特征提取的功能柱理论,可以很好解释颜色、方位等某些视觉特征的生理基础,但对于外界千变万化的诸多视觉特征,是否都有与之相应的功能柱呢?这些都是特征提取功能柱理论所无法肯定回答的。然而,空间频率柱理论却试图对这种难题给出一种理论解释。

与上述特征提取的功能柱模型不同,视觉空间频率分析器的理论则认为视皮层的神经元类似于傅里叶分析器,每个神经元敏感的空间频率不同。例如,在视网膜中央区

5°范围内,大脑皮层17区细胞和18区细胞之间敏感的空间频率显著不同,前者为0.3~2.2周/度,后者仅为0.1~0.5周/度。那么,什么是图像的空间频率呢?概括地说,每一种图像基本特征在单位视角中重复出现的次数就是该特征的空间频率。例如:室内暖气设备的散热片映入人的眼内时,在单位视角中出现的片数就是它的空间频率。显然同一物体中某种特征出现的空间频率与其对人的距离和方位有关。当我们观察暖气片时,随着我们站的距离和方位不同,映入眼内单位视角中的片数就有差异。一般地说,由远移近地观察同一客体时,其空间频率变小;反之,则空间频率增大。像暖气片这种以相等距离规律性重复排列的景物,类似于周期性正弦波,更多的景物特征不规则排列所形成的图形可以用傅里叶分析,将其分解为许多空间频率不同的正弦波式的规则图案,由不同的皮层神经元对其同时发生反应。换言之,任何复杂的图形均可由空间频率不同的许多神经元同时反应,对其加以感知。皮层神经元按其发生最大反应的频率不同,分成许多功能柱,称为空间频率柱。空间频率柱成为人类视觉的基本功能单位,对复杂景物各种特征的空间频率进行着并行处理和译码是视觉的基本生理心理学基础。

**二、听觉**

物体振动引起空气中传播的声波,作用于人类听觉器官并转换为神经信息,传入脑内听觉中枢,从而产生了听觉。人类口、舌等发音器的振动产生了言语声波,传入听者耳中产生的言语感知觉,是人类交际的主要手段和社会关系赖以形成的基础。物体振动与声波参数间的关系是物理声学的课题;声波参数与人类听觉之间的关系构成了心理声学或心理物理学的课题;听觉器官和听觉中枢怎样对各种声学参数进行编码与加工,则是听觉生理心理学的中心课题。物理声学和心理声学的基本概念是探讨听觉生理心理学问题的基础和前提;而听觉生理心理学研究又会加深对心理声学和物理声学问题的理解。所以本节从物理声学和心理声学参数作为讨论听觉问题的起点。

**(一) 声音刺激的物理参数和心理物理学参数**

物体振动使周围的空气分子也随之发生压缩与宽松交替变换式的振动,这种振动以 340 m/s 的速度沿其振动方向向远处传播开来。声波的物理参数主要有频率、波幅等。频率就是单位时间(s)内声波振动的次数,其度量单位是赫兹(Hz),即 1 次/秒的振动。声波的振动幅度称波幅,以其所具有的振动压强为度量单位,即每平方米面积上空气受到的压力变换值,其绝对单位是牛顿/米$^2$($N/m^2$)。声压越高,声波振幅越高,则传播得越远。人耳鼓膜所能觉察出来的最小声压大约为 $2\times10^{-5} N/m^2$。由于人耳所能感知声压的范围甚广,为了便于计算,物理声学常采用声压的对数单位——分贝(dB)作为声压水平的基本单位,计算分贝的公式为:$L=20 \lg \frac{P}{P_0}$,$P_0$ 为绝对阈值($N/m^2$),$P$ 为某一声压的绝对值 ($N/m^2$),例如 $P=2\times10^{-2} N/m^2$ 的声压水平为:

$$L=20 \lg \frac{P}{P_0}=20 \lg \frac{2\times10^{-2} N/m^2}{2\times10^{-5} N/m^2}=20\times3 \text{ dB}=60 \text{ dB}$$

声压与绝对阈值相等的声压水平为 0 dB。心理声学将人耳感知不同声压水平时产生的主观感觉差异称为响度或音强(loudness)，响度的度量单位是方(phon)。

以单一频率规律性振动的声波，称为纯音(pure tone)，生活中几乎不存在单独的纯音，大多是含有多种频率振动的复合音。对复合音进行傅里叶分析，可得到许多频率的纯音。那些振动频率成倍数变化的一系列纯音，称为谐振音，如图 3-6 所示。

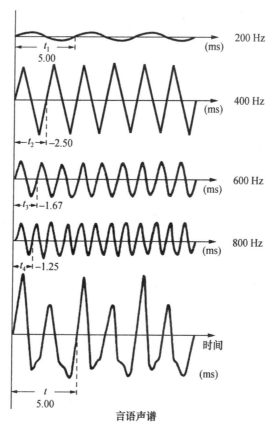

图 3-6 言语声音傅里叶分析图

一个复合音用傅里叶分析得到不同频率纯音的分布图称为声音的频谱图，如图 3-7 所示。人所能听到的频谱大约为 20～16 000 Hz 的各种振动波，对 400～1000 Hz 的声波最敏感。1000 Hz 60 phon 的声波是人耳最适宜的言语听觉声音参数。心理声学将人耳所能分辨的不同频率波，称为音高(pitch)。在 1000 Hz 最适宜音高的附近，人们可以分辨出赫兹的变化，称为频率鉴别阈限。

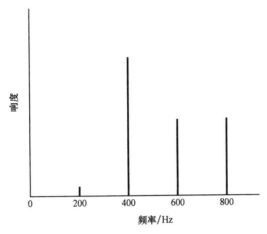

**图 3-7　言语声音频谱图**
此图中 400 Hz 声波为主要成分

物理声学分析声音的频率、振幅或声压以及复合声的频谱；心理声学考虑到这些参数与人类主观听觉间的关系，则提出相应的参数是音高、音强(响度级)和音色(trembre)。音色就是某一复合声的频谱，即构成该复合声的主要频率组成成分。听觉生理心理学的核心课题在于阐明人脑感知音高、音强和音色的生理机制，分析内耳与脑听觉中枢如何对声波的心理声学参数进行编码和加工。为此，必须对内耳和听觉系统的结构与功能特点有所了解。

**(二) 耳与听觉通路**

耳由外耳、中耳和内耳构成。外耳包括耳廓与外耳道，具有聚音和声波传导功能。中耳由鼓膜和鼓室构成，鼓室内有锤骨、砧骨和镫骨等三块听骨。三块听骨构成传导和调节声压的杠杆系统，一端由锤骨与鼓膜相接，另一端由镫骨与内耳卵圆窗相连，将声波从外耳传至内耳。中耳鼓室内还有耳咽管把鼓室和咽腔沟通起来，以调节鼓室内压力，保证鼓膜和听骨杠杆作用的适宜压力条件。内耳由前庭、耳蜗和三个半规管组成(见图 3-8)。耳蜗内主要有听觉感受器——柯蒂氏器，前庭与三个半规管内主要有平衡觉感受器。内耳的听觉感受器和平衡感受器及相关结构统称为迷路，镶嵌在颞骨形成的骨迷路腔内。在强振动的特殊情况下或外耳与中耳的声波传导与放大系统发生障碍时，骨迷路也能将声波直接传给内耳。这种途径称骨传导，一般正常情况下它并不具有重要意义。

耳蜗是由三层平行的管状组织螺旋式盘绕成二圈半的蜗牛状结构。这三层平行管状组织分别称为前庭阶、中间阶(或称耳蜗管)和鼓室阶。在前庭阶和鼓室阶内流动着外淋巴；在中间阶内流动着内淋巴。两种淋巴液的化学组成不同，外淋巴含较高浓度钠离子，类似细胞外液；内淋巴含较高钾离子，类似细胞内液。前庭阶和鼓室阶的外淋巴液在耳蜗顶部经一孔相通。中耳传导的振动声波由镫骨通过卵圆窗传给前庭阶的外淋

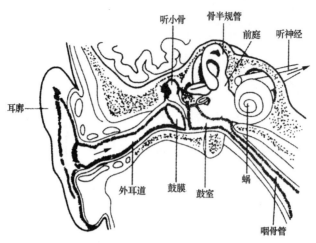

图 3-8 位听器模式图

巴液。中间阶的内淋巴以前庭膜与前庭阶的外淋巴相隔；以基膜与鼓室阶的外淋巴相隔，所以外淋巴液内的振动波分别通过前庭膜和基膜传给内淋巴。基膜上分布着声波振动的感受细胞及其支持细胞。感受细胞又称毛细胞，可分为内、外毛细胞两种。人耳蜗内含有 3400 个内毛细胞和 12 000 个外毛细胞，毛细胞的基部通过支持细胞固着于基膜上，顶部有许多纤毛，其上覆以盖膜。内淋巴中传导的声波导致盖膜与纤毛间的振动，从而使毛细胞兴奋，产生感受器电位。

听觉通路始于内耳的毛细胞，它与螺旋神经节内双极细胞的外周支神经纤维相联系。将编码后的听觉神经信息传给双极细胞。双极细胞将这些信息沿其中枢支神经纤维——听神经向脑内传递，首先到达延脑的耳蜗神经核，交换神经元后大部纤维沿外侧丘系止于同侧下丘，另一部分纤维从耳蜗核经过延脑的上橄榄核与斜方体，再达于对侧下丘。从下丘向左、右两个内侧膝状体传递信息（见图 3-9），最后由内侧膝状体将听觉信息传送到颞叶的初级听皮层（41 区）和次级听皮层（21 区，22 区，42 区）。应该指出，在听神经中，95% 的纤维来自于与内毛细胞发生突触联系的双极细胞；只有 5% 的听神经纤维来自与外毛细胞发生联系的双极细胞。前一种双极细胞与内毛细胞是一对一的联系；而后一种双极细胞可以同时与几个外毛细胞发生联系。所以，内毛细胞在听觉感受中，具有较重要的作用。

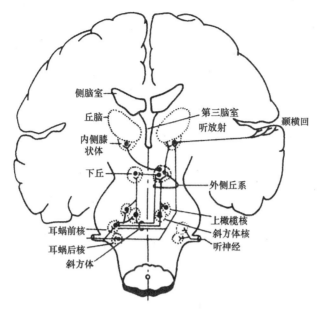

图3-9 听觉传导通路

### (三) 听觉信息的神经编码

关于听觉系统对声波的各种参数怎样编码而产生主观听觉的问题,很早就形成了几种理论假说。随着科学的发展,逐渐认识到它们各自的局限性,不断修正旧的理论形成新的理论。

1. 音高的神经编码与听觉理论

1863年,德国生理心理学家黑尔姆霍兹(H. V. Helmholtz)提出了听觉的共振假说(resonance theory)。这种理论把内耳比喻成一架钢琴,柯蒂氏器官内的基底膜、毛细胞像琴弦一样,由于长短不同振动频率不一。外部声波传入内耳后,低频声波易引起较长纤毛的毛细胞和较宽基膜的共振;高频声波引起较短纤毛的毛细胞与较窄基膜的共振。解剖学研究确实发现耳蜗基底膜宽度不同,在耳蜗基部的基底膜较窄,而在耳蜗顶部基底膜变宽。这使共振学说至今还能解释某些听觉现象,例如老年人耳蜗基底部血管硬化供血不足,常造成其对高频音听力的下降,同时低频音的听力却不发生变化。共振理论的严重不足在于机械地在内耳与钢琴间的类比。事实上,内耳中的内、外淋巴和基底膜的振动总是整体性的,无法实现像琴弦那样分离地局部振动。为克服共振假说的不足,许多学者对它作了修正,所谓位置理论(place theory)就是修正了的共振假说。这一假说认为,虽然内耳基底膜不能像钢琴弦那样进行分离的局部振动,但在基底膜整体振动时,不同部位上最大敏感振动频率却存在着微小差异。因此,在不同频率声波的感知中,耳蜗基底膜上的不同位置具有不同的作用。

与共振、位置理论不同,还存在着频率理论(frequency theory)。这一学说认为,不同频率声波引起与之频率相同的神经元单位发放,因而能感知不同音高的声刺激。这一学说遇到的困难是神经元最大单位发放频率不超过千赫兹;而人类听觉却可以感知16kHz以下的声音。为了克服这个难点,一些人修正了频率假说,提出了齐射原理(volley principle)。这一原理指出,虽然每个听觉神经元的单位发放频率不能超过千赫兹,但声波作用听觉系统,同时可以激活许多神经元的单位发放,它们各自产生一定频率神经冲动排放,叠加在一起,就会造成与高频声波相同的发放频率。提出者也不得不承认,齐放理论最多只能解释5000Hz以下的声音感知现象,对5000Hz以上声音的感知应由位置学说加以补足。

贝克西(Békésy,1969)提出了行波学说(travelling wave),以其大量精细数据和模拟研究获得了诺贝尔奖。贝克西认为声波从外耳经中耳引起卵圆窗的振动,在内耳的传播是以行波方式进行的。他设想耳蜗管的内淋巴、基底膜、毛细胞和盖膜之间发生三维振动,振动的幅度最小为 $10^{-10}$ m。因为耳蜗螺旋部的基底膜紧张度较高,耳蜗螺旋顶部的基底膜紧张度较低,行波传播的速度逐渐降低,振幅也逐渐降低,达耳蜗顶部时,行波几乎消失,可见在耳蜗管的不同点上,行波振动的最大频率逐一下降。换言之,不同频率的行波引起不同感受细胞的最大兴奋,在耳蜗内对声音频率进行着细胞分工编码。凯恩(N. Y. S. Kiang)应用细胞微电极方法,未能找到对200Hz以下声波反应的耳蜗细胞。因此,无法用细胞分工编码解释低频声波的感知机制。他进一步发现,在低频范围内耳蜗螺旋顶部的基底膜与声波发生同步化振动。还有人用各种频率声波合成的白噪声刺激,以便引起整个基底膜的同时振动。此时被试仍能报告是否有声刺激出现或消失,说明此时存在耳蜗神经冲动。

综上所述,关于内耳音高编码问题,出现过许多理论,但归结起来不外乎细胞分工编码和频率编码两种方式。可能对低频声刺激以频率编码为主,而高频声刺激以细胞分工编码为主。那么在听觉通路和听觉中枢内对音高是如何编码的呢?在听觉通路上,插入微电极记录不同水平听觉神经元对各种音高声刺激的反应。将实验数据在频率(音高)和音强坐标上记录出反应曲线,结果表明每个神经元的反应曲线均呈V字形,其底下的尖点不相重合。由此说明在听觉通路上,各个神经元有其自己最敏感的反应频率,此频率上给出单位发放频率变化所需的音强最低。据此可以认为,在听觉中枢内对音高的感知是由细胞分工编码机制完成的。在初级听皮层上,可以明确找到与耳蜗螺旋基部和顶部相对应的空间定位关系,颞横回内侧对应于耳蜗基部高音敏感区,颞横回外侧对应于耳蜗顶部低音敏感区。

2. 音强的神经编码

在外周和中枢内对音强编码的机制较为复杂。可分为级量反应式编码、调频式编码和细胞分工编码。在耳蜗管内的内淋巴与前庭阶外淋巴之间,存在着正 80 mV 的蜗管内直流电位;而在蜗管中的毛细胞(声波感受细胞)膜内与外淋巴之间,存在着 $-60\sim-80$ mV 的细胞内负直流电位。所以,在毛细胞膜内与细胞膜外(内淋巴)存在着一

140～－160 mV 的静息膜电位。当毛细胞受到刺激时,在其与盖膜毗邻的纤毛附近,大量钾离子通道门开放,内淋巴的高浓度钾离子进入毛细胞内,导致毛细胞去极化,产生了感受器电位。耳蜗内的感受器电位是一种级量反应,随声波刺激强度与波形的变化而变化,没有潜伏期和不应期,也没有适应现象。感受器电位触发毛细胞释放兴奋性氨基酸类递质(谷氨酸或天冬氨酸),这些递质达双极细胞外周纤维的突触后膜上与受体结合,引起兴奋性突触后电位。这些兴奋性突触后电位发生总和而导致双极细胞的单位发放。从上述过程可以看到,在双极细胞单位发放以前的各个环节上,均是级量反应式的编码过程。毛细胞膜电位去极化和感受器电位是级量反应,毛细胞释放兴奋性神经递质,引起兴奋性突触后电位是级量反应,这些过程均制约于声波刺激的强度。但是,在电子显微镜下的超显微结构研究发现,耳蜗毛细胞不但与双极细胞形成传递听觉信息的突触,还接受从橄榄核发出的传出纤维。这些传出纤维对毛细胞的兴奋性产生抑制性调节。所以,毛细胞的级量反应有时并不仅仅决定于声波的强度,还制约于传出性抑制机制。这种对毛细胞的传出抑制效应是通过神经末梢释放胆碱类神经递质而实现的。

在耳蜗螺旋神经节内的双极细胞至皮层下的各级听觉中枢内,均实现着调频式的编码过程,把音强的信息转换为神经元单位发放的频率变化。这种调频编码过程与其他感觉通路不同,听觉中枢神经元的单位发放频率不仅仅决定于声音刺激的强度,还制约于它的频率(音高)。各级听觉中枢的神经元只能在一定的刺激强度和频率范围内,才能进行对刺激强度的调频式编码,将这种能引起听觉某个中枢神经元单位发放频率改变的声刺激范围称为反应区。在听觉通路上从低级中枢到高级中枢,神经元的反应区基本由大变小,说明高级中枢神经元之间的细胞分工编码逐渐发挥更大作用。在大脑皮质中,细胞分工编码已完全取代了单位发放的调频式的信息编码。

谭特里(Tunturi,1952)发现在听皮质中对音强的信息编码与对音高的编码一样,都是细胞分工的空间编码。在狗听皮层的研究中,他发现在薛尔维氏回(相当人类颞横回)皮层上,对不同声音强度发生最大反应的细胞依次分布,其排列方向与对不同声音频率发生敏感反应的细胞排列方向互相垂直。听皮层由外侧向内侧的细胞感受声音的最适频率逐渐增高;对不同音强发生最大反应的听皮层细胞,在听皮层的前后方向上依次排列。

3. 音色的神经编码

对复合声刺激,特别是言语声音的刺激,听觉系统靠两种机制进行着细胞分工编码。频率自动分析的机制,使听觉系统不断对复杂声音的频谱进行傅里叶变换,由大量神经元分别对不同频率的谐波进行音高和音强的编码。另一种细胞分工编码的机制类似于视皮层的复杂细胞和超复杂细胞一样,在听皮层内也存在着特征提取的各种特殊神经元及相应的功能柱,分别对音色进行模式识别过程。应该指出,对音色的神经编码过程,至今还缺乏直接的系统性实验证据。

4. 声源空间定位的神经编码

除了心理声学的上述三个基本参数外,人与动物听觉系统对声源空间定位的功能也具有重要的生物学意义,关于它引起朝向反射的神经机制,本书在第五章非随意注意一节中加以讨论,这里仅就声源空间定位的神经编码机制进行讨论。

声源空间定位的神经编码有两种基本方式:锁相-时差编码和强度差编码。这两种编码都依靠两耳听觉差为基础,前者是由声波达两耳之间的时差所形成的空间定位;后者是由声波强度在两耳之间差异所形成的声源空间定位效应。当声源距离远时,它对于两耳之间的距离差可能较大,声波达两耳的时间差较易为听觉系统所鉴别。如果声源距离较近,其对两耳之间的距离差很小,则由于两耳听觉神经元发放的锁相机制,仍可感知其 $3 \times 10^{-5}$ s 的时差。什么是听觉神经元单位发放的锁相(phase locking)机制呢？听觉神经元在声波作用时,增加单位发放频率的现象,并不是发生在整个声波周期时间内,仅仅出现在声波周期的某一时相上。头两侧的听觉神经元中,有些对同相位声波产生同步性单位发放。神经元仅在声波某一相位时改变单位发放频率,两侧神经元对同相声波产生同步性单位发放的机制,就称为听觉神经元单位发放的锁相机制。如果声源距离很近,声波到达两耳的时差甚微,仅产生几分之一周期的位相差,此时由于两侧神经元单位发放的锁相机制,只能一侧神经元增加单位发放频率,从而造成两侧神经元单位发放的不对称性,产生了时差效应,对声源给出准确的空间定位。靠神经元单位发放锁相机制对距离较近的低频声源进行精确空间定位的神经中枢主要位于内侧上橄榄核,由此再向高位听觉中枢发出声源定位的神经信息,进行更高级的信息处理过程。

对于高频声音刺激两耳时差效应并不如低频声刺激那样有效,对此在听觉系统中还有双耳强度差效应。如果一个高频声波来自左侧或右侧,由于头部本身构成了声音传播的障碍物,使其达对侧耳中的音强受到损耗,这样在两耳之间形成了音强差,导致神经元单位发放频率的不对称性。靠双耳音强差对高频声源定位的中枢位于外侧上橄榄核。

### 三、味觉与嗅觉

味觉与嗅觉都是化学感受器,把物质的分子作用转变为神经信息,编码传递后产生主观感觉。

#### (一) 味觉感受器

味觉感受器对物质分子的作用首先进行细胞分工编码,按物质的化学性质分别由不同种味觉感受细胞进行反应。人类舌中含有甜、咸、苦、酸等四种基本味觉感受细胞,其他味觉由这四种味觉混合而成。舌尖部分布着较多的甜、咸味觉感受细胞,两侧舌边分布较多的酸、咸味觉感受细胞,舌后部分布较多的苦味觉感受细胞。这些味觉感受细胞是由上皮细胞演化而来,与支持细胞共同形成味蕾。每个味蕾所含味觉感受细胞不等,平均为50个。味蕾分布于舌的乳头中或分布在舌表面褶叠而成的沟裂中。

#### (二) 味觉通路

每个味蕾中的味觉感受细胞以朝向舌表面的一端感受溶解的物质分子,另一端与神经纤维形成联系。这种联系并不是一对一的,每个味觉细胞可以与数个神经纤维联系,反之,每根神经纤维也可能与数个味觉感受细胞联系。与舌面 2/3 区域中的味觉感受细胞联系的神经纤维形成味神经,传导舌前部的触、温、痛和味等感觉冲动。传导味觉冲动的纤维加入第七对脑神经(面神经)达脑干孤束核。与舌后 1/3 区域中的味觉感受细胞联系的神经纤维的细胞体位于岩神经节,由此再发出的味觉传入纤维加入第九对脑神经(舌咽神经),止于孤束核。与舌根及会厌等处味觉感受细胞联系的纤维经结状神经节后加入第十对脑神经(迷走神经),也止于孤束核。由此可见,舌的味觉传入冲动均达脑干孤束核,在这里交换神经元后上行至桥脑味觉区,最后达大脑皮质的前岛叶,这是最高级味觉中枢。

### (三) 味觉的信息加工

味觉神经信息,除靠味蕾感觉细胞分工编码外,感觉细胞兴奋时的感受器电位也有三种不同形式。Sato(1980)发现,大鼠味觉细胞膜静息电位约 $-50$ mV(水适应条件下),在四种基本味觉刺激时,发生三种感受器电位:去极化电位、超极化电位和超极化-去极化位相性感受器电位。这三种感受器电位均是缓慢的级量反应,随刺激物浓度而增加,但不可能形成传导的峰电位(神经冲动)。三种不同的感受器电位取决于四种基本味刺激呈现的组合方式。由此可知,每个味感觉细胞并不只是对一种味觉刺激发生反应,有些感觉细胞可分别对四种基本味刺激中的几种刺激发生反应,一种刺激引起抑制性(超极化)反应;另一种刺激可发生兴奋性反应(去极化)。味感觉细胞兴奋除靠感受器电位激发神经元产生神经冲动外,还可能靠化学传递而引发神经冲动,因为味感觉细胞与神经纤维发生联系的部位有大量囊泡存在。但是味觉细胞引起神经冲动的具体机制至今不完全明了。在味觉高级中枢的前岛叶皮层和全部中枢传导通路上,均可发现 1/3 的神经元单位发放可为多种味觉刺激所影响;另外约 1/3 的神经元能对两种味觉刺激发生反应,其余 1/3 的神经元只对一种味觉刺激发生反应。前岛叶的神经元对甜味刺激发生反应的细胞分布在一端;对酸和苦味发生反应的细胞分布在另一端;对咸味发生反应的细胞则随机分布在各处。由此可见,味觉神经信息的编码虽然主要是靠细胞分工与空间编码,但并不是绝对的。在味感觉细胞中存在三种形式的感受器电位,在中枢通路上可能存在不同模式的神经冲动编码。味觉信息编码的规律尚需进一步深入研究。

味觉除了在防止有害物质进入动物体内具有生物学意义外,对于人类的情绪调节也有一定作用。味觉引起的情绪变化能持久保存在脑内。Garcia 和 Koelling(1966)关于味-厌恶条件反射的研究发现,味觉刺激一小时以后,给动物以 X 射线或电刺激等厌恶刺激可形成牢固的条件反射。这种味觉条件反射一经建立可维持很久,比听觉和视觉条件反射保持的时间长。所以味觉对机体的习得行为具有较大的影响。

### (四) 嗅觉感受器与嗅觉通路

嗅感受器分布于鼻腔内上鼻道与鼻中隔后上部,这里的黏膜上皮分布着嗅感受细胞——支持细胞和基底细胞。嗅感觉细胞的外端膨大成为有纤毛的嗅泡,根据嗅感受细胞的形状,可分为杆状和球状两种。其中枢突组成嗅丝,穿过筛孔进入嗅球。嗅球中的僧帽细胞发出二级纤维构成嗅束,部分纤维在嗅前核与前穿质中继,这些二三级纤维主要经外侧嗅纹止于前梨状区及杏仁核的内侧部,由此转达到海马回钩皮层。嗅觉通路与其他感觉通路截然不同,传入纤维不通过丘脑而直接达大脑皮层。相反,从嗅皮层发出下行性纤维与丘脑的味觉区发生联系。正是这种联系,才使嗅觉与味觉在功能上存在着协同关系。嗅皮层与下丘脑的功能联系,使嗅觉信息影响饮食行为。在一些哺乳动物中,嗅觉对性行为的影响也是以这种神经联系为基础的。

（五）嗅觉信息加工

在嗅上皮的黏膜中可以记录到嗅电图,将特殊气味吹入鼻内时,在嗅黏膜上可观察到缓慢负电位变化,随气味增浓,这种负电位波幅增高,显然这是一种级量反应性质的感受器电位。这种感受器电位达到一定强度时,可以在嗅感受细胞的另一端,即发出嗅丝的部分产生神经冲动。嗅球上可以记录到神经冲动的节律发放。没有特殊气味时,其发放频率约 70~100 Hz,称为自发性电活动。有些气味可以增加嗅球神经元的发放频率;也有些气味却降低这种发放频率。嗅球上不同部位的神经元对不同气味的感受性不同。嗅球前部的神经元对水溶物质的气味感受性强,与嗅黏膜的背部和前部有神经联系;嗅球后部与嗅黏膜的腹前部有神经联系,对脂溶性物质的气味感受性强。由此可见,嗅觉系统的神经编码规律比较单纯,主要是从级量反应到调频反应,中枢与外周之间存在着简单对应的空间编码关系。

嗅觉信息不但与机体饮食行为有关,也常引起机体防御反应,在刺鼻的气味中甚至可抑制呼吸功能。嗅觉信息常引起人们情感活动的变化。对于其他哺乳类动物,嗅觉常是对周围环境定向反应的主要信息来源。外激素(pheromone)是动物释放的一种特殊化学物质,用它来影响其他动物的行为,特别是生殖行为。动物借助嗅到外激素的气味可以辨别出靠近的个体是何性别,以调整自身的行为。例如,雌性动物的性周期和体内激素水平能够受其他动物外激素的影响,甚至刚刚妊娠的雌鼠受到新异性雄鼠外激素作用可致流产。

## 四、躯体感觉

躯体的感觉模式是多种多样的,我们可以将它们由表及里分成三个层次:浅感觉、深感觉、内脏感觉。浅感觉包括触觉、压觉、振动觉、温度感觉等,这些感受细胞都分布在皮肤中。深感觉是对关节、肢体位置、运动及受力作用的感觉,它们的感受细胞分布在关节、肌肉、肌腱等组织中;内脏感觉与其他感觉有所不同,一般情况下这些感觉并不投射到意识中,这些感受器分布在脏器、血管壁之中,受到牵拉或触压就会引起痛觉。虽然在皮肤中存在着痛觉游离神经末梢,但各种感受细胞受到超强刺激,均可出现痛觉。痛觉、渴觉、饿觉、头部位置与身体平衡觉等是多种感受细胞活动而产生的综合感知觉。总之,躯体状态、位置的感觉比较复杂。

躯体感觉神经编码的基本规律是对各种刺激模式进行细胞分工编码,而这些细胞又以不同空间对应关系分布着;对于刺激强度则以神经元单位发放频率的改变进行编码。躯体内外的各种刺激,按其刺激性质引起相应感受细胞的兴奋,而各种感觉模式的感受细胞却分布在同一体表区,对体表区的复杂刺激同时进行能量转换,把各种适宜刺激转换成神经信息,沿同一条神经传入中枢。感觉神经将神经冲动传入脊髓感觉神经元以后,脊髓神经元和体表之间在垂直方向上呈现出脊髓节段与体表节段间的良好对应关系;在更高级中枢大脑皮质上与体表的关系呈现相应的空间对应关系。这种对应关系依体表功能不同在中央后回的代表区大小有所不同(见图3-10)。对于体表或外周而言,其感觉信息到达不同层次的中枢神经部位称之为它的各级感觉中枢或皮层代表区;反之,对感觉中枢的神经元而言,那些受到刺激能引起该神经元单位发放变化的外周区域则称为它的感受野。像视觉通路一样,脊髓感觉神经元在体表的感受野也类似同心圆,中心区为兴奋性,周边区为抑制性。在大脑皮层中的感觉神经元的分布与其在躯体中的感受野存在着点对点的空间定位关系。然而,在脊髓到丘脑的各级结构中,这种空间关系则截然不同,在每一节段的水平面上,感受野相同的各种模式的神经元彼此分离,分别存在于各自的感觉中枢内。在丘脑以上的脑高级结构中,感受野相同的神经元才聚在一起,形成超柱,对同一躯体部位的各种感觉进行综合地信息处理。

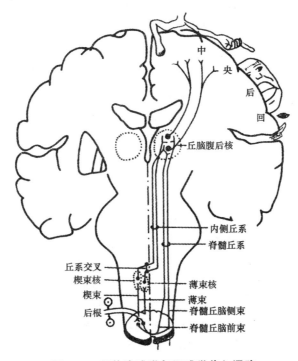

图 3-10 躯体浅感觉与深感觉传入通路

## (一) 浅感觉及其上行通路

浅感觉的感受器种类较多,都分布在皮肤内,其中最大的是柏氏小体,最小的是游离神经末梢,分别对压触、振动、温度和有害刺激发生反应。

压觉感受器(pressure receptors),又称刺激强度检测器(intensity detectors),在无毛皮肤中主要是莫克尔氏细胞(Merkel's cell),在有毛皮肤中主要是触盘(tactile disks);另一种压觉感受器(ruffini endings)既存在于无毛皮肤中,又存在于有毛的皮肤中。这些压觉感受器的共同特点是对外部刺激的适应性较差,所以恒定压力的长时间作用所引起传入神经纤维的神经冲动频率仍不降低。神经冲动的频率与压力强度间的关系符合斯蒂文斯幂函数公式。正由于它们的适应性较低,它们不仅感受压力相对强度,还对压力作用的持续时间十分敏感。与前两种压觉感受器不同,没有受到皮肤压力刺激时,也存在着低频的静息神经冲动发放,皮肤受力不同,就会使其引起的神经冲动发放频率发生变化。它不仅对垂直作用于体表的压力敏感,也对肢体或手指位置变换产生皮肤压力的变化十分敏感。

触觉感受器又称速度检测器(velocity detector),梅斯诺小体(Meissner corpuscle)存在于无毛皮肤中;毛囊感受器(hair follicle receptor)存在于有毛皮肤中。这类感受器对压力的变化速度十分敏感,对静止不动的压力不敏感。这是由于它们对压力作用的适应性较快。压力使毛发或汗毛弯曲或皮肤表面相对位移,这类感受器就引起神经冲动的出现,位移停止,神经冲动也消失。出现神经冲动的频率与皮肤相对位移的速度或压力作用的速度呈幂函数关系。如果将压力感受器对恒定压力的反应称为紧张性反应,则触觉感受器对作用速度的反应称为位相性反应。

振动觉感受器又可称为加速度检测器(acceleration detectors),是皮肤感受器中体积最大的一种,称为柏氏小体(paciniancorpuscle)。它是一个椭圆形环层结构的囊状小体,其大约 $0.5\times1.0$ mm,洋葱皮状的环层结构由结缔组织构成,其中央有一段无髓鞘神经末梢。这段末梢走出感受小体时覆盖上髓鞘。当它受到刺激时,首先产生缓慢级量反应的感受器电位,这种感受器电位随刺激强度增大而增强,最后可激发有髓鞘神经纤维出现神经冲动。如果给柏氏小体以方形波电刺激,只要是阈强度以上,无论方形波波幅多高,都只能引起神经末梢的单个神经冲动。如果电刺激是正弦波交流电,则发现神经冲动频率决定于交流电的波幅和频率两个参数。换言之,引起柏氏小体激发神经冲动的正弦交流电阈值,既决定于波幅高度,又决定于交流变化的频率,其波幅与频率之间呈双曲线关系,即波幅与频率的平方呈反比例关系,既然频率的平方具有加速度的意义,所以才将振动觉的柏氏小体看成是加速度检测器。这决定了它对刺激的适应能力很强,只有不断变化的刺激才能连续地引起它的兴奋。

每根皮肤神经都含有半数的无髓鞘神经纤维,它们的直径小,传导神经冲动的速度极慢。除构成植物性神经节的节后纤维支配皮下血管和毛囊外,还在皮肤内形成许多游离的神经末梢。这些游离神经末梢具有多种感受功能,其中大部分具有温度感觉,另一部分游离神经末梢具有痛觉感受作用,还有少部分游离神经末梢被称为"阈检测器(threshold detectors)",仅仅能反映出皮肤上是否有刺激,而对刺激的强度和性质,不能进行鉴别反应。

人类的冷觉感受器除上述游离的无髓鞘神经末梢外,还有些较细的有髓鞘神经末梢;温觉感受器则主要是游离的无髓鞘神经末梢。所以,对冷的感觉信息比温觉信息传导得快些。

浅感觉感受器兴奋所激发的神经冲动按躯体节段关系沿传入神经到达相应节段的脊髓神经节,由脊髓神经节细胞轴突的中枢支将神经冲动传入相应的脊髓感觉中枢(见图 3-10)。由此发出二级纤维,形成脊髓丘脑前束和侧束,两束上行至脑干后合并为脊髓丘系,主要传导轻触觉、痒觉、温度觉和痛觉的上行冲动,止于丘脑腹后外侧核和后核,由此发出三级纤维经内囊投射至中央后回上 2/3 部。

头面部的浅感觉通路,始于颅神经节,其细胞的中枢支止于三叉神经感觉核。三叉神经主核主要接受传递触压觉的冲动;三叉神经脊髓束核除接受传递触压觉外,还接受和传递痛觉和温度觉的冲动。三叉神经的这两个感觉核发出了二级上行纤维,组成三叉丘系,止于丘脑腹后内侧核的三级感觉神经元,由此发出三级纤维经内囊达皮质中央后回的下 1/3 部(图 3-11)。

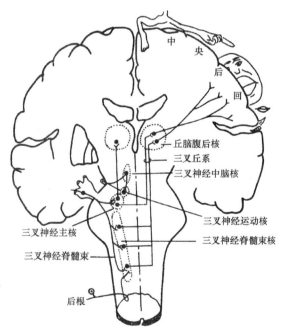

**图 3-11 头部深感觉和浅感觉传入通路**

浅感觉通路的二级纤维,除上述达丘脑者外,均发出侧支和终支止于脑干网状结构和脑神经运动核。止于脑干网状结构的纤维经几次中继后,止于丘脑板内核和中线核,形成非特异感觉投射系统。

**(二) 深感觉及其传导通路**

深感觉模式可分为三类:位置觉、动觉和受力作用的感觉。常将产生这些感觉作用的感受器统称为本体感觉器,包括关节感受器、肌梭感受器、腱感受器。此外,前庭感受器与皮肤中一些感受小体和游离神经末梢也参与深部感觉活动。

在固着于骨骼上的肌腱内,存在着腱感受器,当肌肉收缩变短时,腱感受器受到牵张,在传入神经上产生神经冲动发放。肌肉舒张以后,腱感受器不再引起神经冲动的发放。在肌肉纤维束内,一些肌纤维之间存在着一种特殊的肌梭,当肌肉收缩变短时肌梭受到的张力反而减少,反之,肌肉舒张变长时,肌梭受到的张力增加。所以,肌梭是肌肉长度变化的感受器,随肌梭长度的增减,肌梭引起传入神经冲动的频率相应地增减。肌肉收缩时腱感受器引起神经冲动发放;而肌梭引起的发放频率却下降。两者相互协调感受着肌张力变化。除肌肉这两种本体感受器之外。在关节囊内分布着许多感受小体和游离神经末梢,随关节的运动而受到牵张并沿传入神经发出神经冲动。

在肌肉和关节运动的同时,其表面的皮肤也受到牵拉,皮肤中的一些感受小体和游离神经末梢,也会引起神经冲动向脊髓传递关节或肢体状态的信息。内耳中的前庭感受器,对头部位置、运动的方向与速度发出神经信息。所以,躯体状态、位置、运动情况的感知是由这么多的感受器共同工作所完成的。中枢神经系统接受各种感受器的冲动,对其进行分析和编码,还要参考由视觉或皮肤浅部感觉的传入冲动,得到综合性的感知觉信息。

躯体状态、肢体运动和位置等感知觉中枢通路比较复杂,由几条通路组成。躯干和肢体的传入冲动达脊髓后柱核,交换神经元交叉到对侧沿薄束和楔束(在脊髓后索内)上升形成内侧丘系。头部的神经冲动沿三叉神经传入三叉神经节,行至三叉神经中脑核之后,交叉至对侧形成三叉丘系。三叉丘系和内侧丘系均达丘脑腹后核,换神经元后沿内囊达皮质中央后回。在感觉皮层中,本体感觉与浅感觉一样,按躯体的空间关系分布着相应的皮层代表区。

近年研究发现,躯体感觉皮层也像视皮层一样,感受野和功能相同的皮层细胞聚在一起,在与皮层表面垂直的方向上形成柱状分布,称为功能柱。现已知有快适应性浅感觉功能柱、慢适应性浅感觉功能柱、检测肌张力的功能柱、关节状态功能柱等。除了这些特化了的功能柱之外,在初级躯体感觉皮层中,还有未分化的感觉神经元聚在一起形成的功能柱。这些功能柱相间排列,构成一个个超柱,包括了各种相同感受野的每种功能柱在内。这样,超柱就成为躯体各种感觉的最基本功能单位,与体表点对点的空间对应关系排列着。

(三) 内脏感觉与痛觉

虽然植物性神经主要是传出性内脏神经,从脊髓和脑干部分出,支配头、胸腔、腹腔与盆腔中的内脏活动,但是在迷走神经中 80%～90% 的纤维具有传入功能,内脏交感神经中也有半数纤维是传入性的,副交感性盆神经中至少有 30% 的纤维是传入性的。与浅感觉不同,内脏性传入神经信息绝大多数并不投射到意识中来产生明确的感知觉,而是自动调节体内环境的稳定性。当然,浅感觉和深感觉在产生主观感觉的同时,也具有无意识地调节体内环境的作用。例如,在肢体运动时伴随血液供应的调节,出现寒冷感觉的同时,皮肤的血液供应也发生相应变化等。

胸腔、腹腔和盆腔的各种内脏都存在着机械感受器、温度感受器、化学感受器和游离神经末梢，体内环境的变化引起它们的兴奋，神经信息沿内脏神经向中枢神经系统传入。在延脑、下丘脑存在着各种内脏功能皮层下中枢，如呼吸中枢、血压调节中枢、渗透压调节中枢、化学感受中枢、饱食中枢、饥饿中枢、渴中枢等。边缘皮层则是内脏感觉的高级中枢，对皮层下中枢执行着复杂的调节功能。

在躯体各层次中，都分布着大量游离神经末梢，可能是产生痛觉的主要感受器，但是体内各种感受器受到超强刺激均可引起痛觉。所以痛觉是一种生物学保护性反应，使机体对有害刺激产生相应行为以排除有害刺激。痛觉与其他感觉相比，具有许多特点。首先，痛觉不仅包含感觉成分，还包含有情感成分、植物性成分和运动成分。主观疼痛感觉总伴有紧张、焦虑、不愉快，甚至恐惧等情感变化，与此同时还有血压、心率、汗腺等植物性功能变化以及畏缩、逃脱等运动反应。情感、注意和认知活动对疼痛有明显调节作用，增强或减弱疼痛感与疼痛反应。所以说疼痛感是比较复杂的感知活动。其次，疼痛感的适应性较差，在痛觉刺激持久作用的过程中，痛觉感受阈值并不增高；相反，多次重复应用痛刺激反而出现敏感化现象，这一特点是其他感觉所不具备的。最后，疼痛感的性质是多样的，可以按出现的部位、特点和方式将痛觉分为很多类型。按痛觉发生的部位，可分为体表疼痛、深部疼痛和内脏疼痛等三大类；按疼痛定位的性质不同可将之分为投射性痛、牵涉性痛两大类；按疼痛出现的时间特点可分为有害刺激作用时立即出现的刺痛、延迟出现的钝痛或灼烧样痛、痉挛性疼痛和阵发性疼痛等。常见的体表疼痛有刺痛和钝痛；深部疼痛中最常见的是肌肉痉挛性疼痛和持续性头痛、腰痛等；内脏性疼痛更为复杂，可分为局部性压痛、投射痛和牵涉痛等。内脏的炎症、内脏被膜或侧壁的牵拉、管道的阻塞等均可导致内脏痛，除偶尔可以指出脏器所在部位疼痛，一般很难准确定位。医生们常按压痛点或所涉及的体表疼痛部位确定患病的脏器。例如，阑尾炎的压疼点投射在脐与右髋骨间连线的外三分之一处。心绞痛牵涉到左侧胸部和左前臂内侧，这种沿神经分布的皮肤节段呈现的疼痛称为牵涉性痛。

（四）痛觉理论

关于痛觉的理论中较著名的是强度理论、模式理论、专一性理论、闸门学说和神经生物学理论。强度理论(intensity theory)认为各种感受细胞受到超强刺激引起神经冲动的齐射(volleys of impulses)，超常性高频神经冲动是疼痛感的生理基础。但是电生理学研究发现，产生疼痛时并不一定总伴随神经冲动的高频齐射。于是又出现了模式理论(pattern theory)，认为痛刺激引发出特殊模式的神经冲动是痛觉形成的生理基础。总之，强度理论和模式理论都从神经信息的编码方式中探求痛觉的生理机制，高频频谱或特殊模式频谱是痛觉与其他感觉的差别，这种理论符合痛觉没有特殊感觉细胞的事实。相反，专一性理论(specifity theory)则认为存在着多模有害刺激感受器(polymodal nociceptors)，这种感受器对各种刺激均可发生反应产生痛觉。这种理论所根据的事实是皮肤上存在着许多痛觉敏感点，强刺激或弱刺激均可引出痛觉。躯体各层次组织中大量游离神经末梢可能是这种多模有害刺激的感受器。这些神经末梢可分为两类:有髓鞘细纤维的末梢,其传导神经冲动的速度约 11 m/s,称为第Ⅲ类纤维;无髓鞘神经纤维的游离末梢,其传导速度为 1 m/s,称为第Ⅳ类纤维。在皮肤上,前者兴奋引起针刺样疼痛,后者兴奋引起烧样钝痛。小剂量奴夫卡因一类局部麻醉药很容易阻断第Ⅳ类纤维的传导功能,所以只引起针刺样疼痛感觉丧失,随后通常伴有的灼烧样钝痛。相反,阻断Ⅲ类有髓鞘纤维,用较强的电刺激引起Ⅳ类纤维兴奋时,则只产生灼烧样钝痛,失去针刺样感觉。深层组织和内脏器官中也存在大量Ⅲ,Ⅳ类纤维的游离末梢;但是这些末梢并不是专一性痛觉感受器,其中很大一部分对机械刺激、化学刺激和温度刺激的反应阈值更低。这些事实又不能支持专一性理论,至今尚未发现对痛刺激敏感的游离神经末梢与其他游离末梢有何组织学差异。

上述几种痛觉理论都是从感受器神经编码过程中探讨痛觉的生理机制,前两种理论从神经冲动调频编码中理解痛觉,后一种理论从细胞分工编码中理解痛觉。下面讨论的闸门学说和神经生物学理论则是从中枢神经系统的功能中理解痛觉。在讨论这两种痛觉中枢理论之前,我们简要概括一下痛觉通路。痛觉的第一级神经元位于脊神经节,轴突的周围形成了游离神经末梢,它的中枢支从脊髓后根进入脊髓后角的第二级感觉神经元,再由二级神经元发出纤维交叉到对侧脊髓侧索,沿脊髓丘脑束达丘脑的后腹外侧核的第三级神经元,由此投射到皮层第一级感觉区。

闸门控制学说认为痛觉制约于中枢控制系统与闸门控制系统的作用。从周围神经接受感觉信息的脊髓细胞起着闸门作用,控制着高一级的痛觉传递细胞。接受较粗神经纤维的传入冲动时,闸门细胞快速兴奋,继而对传递细胞产生抑制效应,相当于关闭闸门不能产生痛觉。接受较细纤维的传入冲动时,闸门细胞不能兴奋,闸门继续开放,这些冲动直接引起传递细胞的兴奋,将神经冲动传至高级中枢产生痛觉。带状疱疹的病毒使粗纤维大量受损,从而导致闸门开放引起疼痛,皮肤的振动和触摸引起粗纤维的兴奋,从而使闸门关闭出现镇痛效果。高级心理活动对痛觉的调节可以用中枢控制系统对闸门控制系统相互制约关系加以解释。

近年来电生理技术和神经生化研究的结合中,痛觉机制的理论有了突破性进展。20世纪60年代神经生理学研究发现,丘脑旁束核和板内核是痛觉的重要中枢。从丘脑背内侧核的传入冲动达前额叶皮层和边缘皮层,情感过程通过这些皮层区对痛觉产生调节作用。20世纪70年代以来的大量研究发现,中脑水管周围灰质接受下丘脑、杏仁核及前额叶皮层的神经联系,在中脑水管周围灰质中,存在大量阿片受体,鸦片类制剂的镇痛作用主要是由于它们与这里的阿片受体相结合的结果,电刺激中脑水管周围灰质也可以产生镇痛效果;但是事先应用阿片受体拮抗剂纳洛酮,则无论是对中脑水管周围灰质施以电刺激或是微量注入鸦片类制剂,均丧失其镇痛效应。这是由于纳洛酮与中脑水管周围灰质的阿片受体竞争性结合,使受体失去活性的缘故。由中脑水管周围灰质发出下行性纤维达延脑背部的缝际核,再由这里的5-羟色胺神经元发出轴突沿背外侧柱达脊髓灰质背角,释放抑制性神经递质5-羟色胺,从而实现痛觉传入环节的抑制作用。总之,近年关于阿片肽与 5-羟色胺在镇痛中的作用问题已得到公认,奠定了神经生物学痛觉理论的基石。

## 第二节 神经系统的运动功能

神经系统的运动指令始于大脑皮层的运动神经元(上运动神经元),沿锥体细胞的轴突从脑传出达脊髓的运动神经元(下运动神经元),再由下运动神经元把指令传给效应器,产生肌肉收缩或腺体分泌的生理效应。所以,神经系统的运动性传出通路只有两级神经元,能够快速实现运动功能。但是,为保证这条快速反应的通路正确无误,还有复杂的锥体外系和节段性的调控机制。

### 一、效应器

参与随意运动的横纹肌,参与内脏、腺体与血管活动的平滑肌以及维持心脏跳动的心肌,统称为传出神经的效应器,因为它们是神经兴奋或抑制赖以实现的最后的组织器官。效应器由肌肉、腺体和神经效应器接点所组成。

#### (一) 肌肉的分类与特点

根据形态学和功能特点不同,将肌肉组织分为三大类:参与随意运动的横纹肌,参与内脏、腺体与血管活动的平滑肌以及维持心脏跳动的心肌。

1. 横纹肌

横纹肌又称骨骼肌,因为除眼部和腹部的某些横纹肌以外,绝大多数横纹肌的一端或两端都通过肌腱固定在骨骼上。肌肉的收缩带动骨骼在关节上的位移。骨骼肌收缩造成的运动形式可分为许多种:伸、屈、摆动或节律运动以及序列运动与弹导式运动。其中伸和屈是最基本的运动形式。伸肌收缩导致四肢关节伸直,屈肌收缩导致四肢关节弯曲,伸肌与屈肌交替地轮流收缩就会形成节律性运动或摆动;一些肌肉按一定顺序先后逐一收缩就形成了序列性运动;对一定目标产生的某种运动,一经发起之后就按达到既定目标的进程自动调节各肌群的收缩强度,从而使该运动圆满达到目的,这是一种弹导式运动,类似火箭或导弹发射的运动。横纹肌怎样完成这些运动形式呢?主要是靠横纹肌的超显微结构变化和能量供给两个环节实现的。横纹肌由许多肌纤维束组成,而每个肌纤维束由两种平行分布的大分子蛋白质组成;较粗的肌球蛋白分子通过横桥与其周围的肌动朊相连接。正是因为横桥的存在,使肌纤维外观呈现横纹状。横桥的方向变化使肌球蛋白与肌动朊相对位置变化,造成肌肉的收缩运动。横桥变化与横纹肌收缩要耗掉一定能量,它是由三磷酸腺苷供应的。

2. 平滑肌

平滑肌分为两类,一类是能产生自发性节律运动的单一单位平滑肌,能自发形成缓慢变化的终板电位,通过它激发可传导的动作电位,产生肌肉的收缩。这种平滑肌主要分布在胃肠道、子宫和小血管。另一类是多单位平滑肌,分布在大动脉、毛囊和眼的瞳孔散大肌、括约肌等。只有受到神经兴奋或激素作用时，这种平滑肌才收缩。植物性神经支配和调节两种平滑肌的功能。

3. 心肌

心肌形态类似横纹肌，但其肌纤维较短而多分支。心肌的功能类似单一单位平滑肌，有自发的节律收缩能力。神经兴奋或化学物质均可影响其自发收缩的节律，如儿茶酚胺类物质对心肌收缩可产生显著的影响。植物性神经主要是交感神经调节着心肌节律收缩和肌张力变化。

(二) 神经肌肉接点与接点传递

神经系统怎样引起或调节肌肉的收缩功能呢？这主要是通过类似突触结构的装置——神经肌肉接点的功能而实现的。神经肌肉接点由神经末梢一再分支并膨大而成为终板(end plate)，终板与肌纤维膜以一定间隙相连接。神经末梢兴奋时终板释放神经递质乙酰胆碱，扩散到间隙后的肌膜上与受体结合产生终板电位(end plate potential, EPP)。终板电位的性质类似突触后电位，是缓慢的级量反应，但它却比突触后电位强很多。所以，终板电位总能激发肌纤维发放动作电位并沿它的全长传导，引起它的收缩。肌纤维膜的去极化使膜上的钙离子通道门开放，因而钙离子大量进入肌纤维的细胞质内，启动了能量供给机制，使肌纤维中的肌球蛋白和肌动朊之间的横桥发生变化，两者发生相对位移，产生肌收缩运动。

脊髓运动神经元的轴突一再分支，与许多肌纤维形成神经肌肉接点，该神经元兴奋发出神经冲动就可以使这些肌纤维收缩。每个脊髓运动神经元及其所支配的骨骼肌纤维称为运动单位。根据结构和功能特点，可将运动单位分为三类：大单位、小单位和中单位。运动单位越大，则它的神经纤维越粗，神经冲动传导速度越快。肌纤维越大，收缩速度也越快；反之，运动单位越大越容易疲劳。大运动单位肌纤维中的肌球蛋白浓度低，毛细血管少，血流量较低，直接从血液得到葡萄糖的能源不多。虽然它自己存储的肌糖原较多，糖酵解酶较多，但应用起来需要一定的代谢过程。一块骨骼肌肉内往往含有多种运动单位的肌纤维，各运动单位的肌纤维以一定时间顺序先后收缩。

平滑肌、腺体和心肌接受植物性神经支配。植物性神经末梢和它们之间的接点统称为神经效应器接点(neuroeffector junction)，无论是形态上还是功能上神经效应器接点、神经肌肉接点和神经元之间的突触都不相同，各有自己的特点，神经元之间突触可以存在多种神经递质，突触后神经元接受数以千计的突触前成分，即一个神经元可与大量其他神经元形成突触，这些突触的突触后电位可能是兴奋性的或抑制性的，它们之间发生时间或空间总和导致单位发放。神经肌肉接点中每个肌纤维只接受一个神经元的有髓鞘的轴突末梢，且只释放一种神经递质——乙酰胆碱，因而只能引起一种兴奋性终板电位。乙酰胆碱引起终板电位以后很快受到接点附近的胆碱酯酶作用而分解。神经效应器接点中一个效应器细胞只接受一个神经元的无髓鞘神经纤维，却可能有两类神经递质中的一种：乙酰胆碱或去甲肾上腺素。每种递质既可以引起兴奋效应，也可能引起抑制效应；主要决定于效应器组织内所含受体的性质。副交感神经节后神经末梢只释放乙酰胆碱一种神经递质，效应器上有两类受体（N型和M型）；交感神经节后纤维末梢可释放乙酰胆碱，也可能释放去甲肾上腺素，后者至少有两大类受体（α型和β型）。正是由于神经效应器接点的这种多变性才使它能接受许多药物的作用而影响内脏、腺体的功能。神经效应器接点的生理生化机制为药物治疗疾病和寻求新药提供了重要的基础理论。神经肌肉接点的知识也成为理解药物作用的主要基础。有机磷农药中毒引起的全身肌痉挛甚至惊厥状态，就是由于它降低了神经肌肉接点中的胆脂酶活性，使神经肌肉接点中的乙酰胆碱不能迅速分解，发挥持续性兴奋作用的结果。

### （三）肌梭与小运动神经元

前面我们讨论了脊髓前角大运动神经元（α运动神经元）发出有髓鞘运动纤维及其神经肌肉接点的知识；也讨论了脊髓侧角植物性神经元及其植物性神经节的节后无髓鞘神经纤维末梢所形成神经效应器接点的知识。在脊髓前角中还存在一种小运动神经元（γ运动神经元），它们发出的神经纤维末梢终止于一种特殊的肌纤维——肌梭中，对肌肉收缩力发挥着调节作用。

肌梭是一种特殊的本体感受器，即肌肉长度变化的感受器。这种感受器的感受性受小运动神经元传出神经的调节。下面简要介绍这种调节作用的神经机制及其对肌肉收缩力的调节作用。图3-12可帮助我们理解肌梭的结构和功能。肌梭由一个梭囊包围着，囊内有两种特殊的多核肌纤维：念珠状多核肌纤维和荷包状多核肌纤维。肌梭两端附着于梭外横纹肌纤维上，这些梭外肌纤维接受大运动神经元的支配，产生随意运动。肌肉收缩变短粗，分布在梭外肌纤维之间的肌梭受挤压力增高；而肌肉舒张变长时，肌梭受挤，压力降低。肌梭所受的挤压力，分别由绕在梭纤维多核部位之外的螺环状感觉神经末梢和分布在两种梭内纤维一端的花枝状感觉末梢加以感受，并沿两类不同的感觉纤维将神经冲动传入脊髓感觉神经元。螺环状感觉神经末梢和花枝感觉神经末梢的传入神经冲动既决定于梭外肌肉的长度变化，也决定于肌梭中两种梭内纤维的

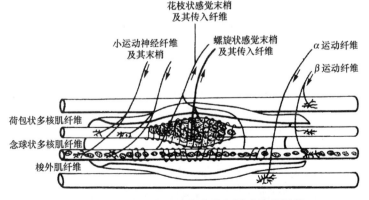

图3-12 肌梭的结构及其感觉和运动神经纤维

张力。如果梭内纤维张力很低,为引起肌梭传入冲动变化,必须使来自梭外肌的挤压力很强。换言之,梭内纤维的张力太低,它对梭外肌长度变化的敏感性就低。小运动神经元通过γ传出神经纤维在两种梭内肌纤维上形成的神经肌肉接点调节它们的张力,因而也就调节着肌梭的感受性。小运动神经元单位发放频率越高,引起肌梭梭内纤维的张力也越高,则肌梭对梭外肌纤维长度的变化也越灵敏。一般而言,小运动神经元的活动是反射性的,梭内纤维张力低,小运动神经元兴奋;而梭内纤维张力高,则小运动神经元抑制。通过小运动神经元的功能调节肌梭的适宜张力以对梭外肌长度保持较好的感受性。所以,就小运动神经元活动的最终结果而言,它实现着对大运动神经元随意运动的反馈调节作用,使中枢神经系统对肌肉运动的信息保持灵敏的感受能力。

## 二、脊髓的运动功能

脊髓运动功能,是指其反射中枢位于脊髓的简单运动过程,它是其他复杂反射活动赖以实现的基础,脊髓损伤而导致损伤部位以下的肌肉无力发生软瘫,各种反射活动消失,是脊髓损伤的重要后果,神经科称之为下运动神经元损伤。与此不同,脊髓未受损伤,大脑皮层运动神经元损伤,脊髓反射活动亢进,称之为上运动神经元损伤。

英国的谢灵顿(Sherrington,1906)经典神经生理学派对脊髓运动反射的实验研究做出了杰出的贡献。他们将脊髓运动反射分为单突触反射、二突触反射、多突触反射,还把脊髓运动神经元看成是高位脑各级中枢活动的最后传出"公路",脑对运动功能的调节与控制机制的基础。

### (一) 单突触反射

反射弧结构中,只由感觉神经元和运动神经元形成单个突触的反射,就是单突触反射。谢灵顿最早利用去脑猫的股四头肌标本,对单突触反射进行了精细的实验分析。他将猫的骨盆固定在桌上,使股四头肌与其他肌肉分离出来,保留神经游离膝盖骨并将游离端肌腱连到记纹鼓的杠杆上。他发现仅将股四头肌拉长8 mm,则肌张力迅速增加可达3~3.5 kg;将肌肉上的神经切断或仅将脊髓背根剪断,再拉长肌肉8 mm时其结果不同,肌张力增加得很少。从而证明肌张力迅速增加的现象是一种单突触的反射活动。他利用同样的动物标本进一步研究发现,拉长股四头肌引起其张力迅速增加的同时,拉长股二头肌则导致股四头肌张力迅速降低,由此他得出中枢抑制的概念。他总结大量实验材料,提出关于伸肌拉长反射的神经机制和生理学意义。这种反射的感受器是肌梭,脊髓神经节感觉神经元和脊髓大运动神经元(α-神经元)间的突触联系就是该反射的中枢。股四头肌的单突触反射存在着来自拮抗肌(股二头肌)反射中枢的抑制效应。他认为单突触反射具有重要的生理意义,是人体功能肌张力产生的最基本机制,也是姿势和步行等运动功能得以实现的生理基础。应该说明,在自然条件下,肌肉受牵拉时,腱器官也受到刺激,它引起的反射活动称腱反射,是二突触反射活动。神经科检查病人时,用叩诊锤敲膝部引出的膝跳反射是典型的单突触反射;用力将脚掌上推引出的跟腱反射是二突触反射。

（二）多突触反射

谢灵顿除了对肌梭感受器的单突触反射进行研究外，还深入分析了皮肤感受器兴奋产生的运动反射。在四肢的皮肤上施以引起疼痛的刺激，则肢体立即屈曲。他将皮肤神经传入引起的这种运动反射称为屈反射。这种反射的生理意义是机体的保护性反应，是各种防御反射的基础，包括内脏病理性保护反射。患腹痛的病人总是屈曲下肢，两臂捧腹。用气体造成动物胃扩张或用芥子油充胃，4～5 min 后动物腹直肌收缩，后肢也是屈曲状态。这时切断内脏神经，屈曲状态解除。这说明腹痛时的卷曲姿势是泛化了的屈反射，是腹部以下全部屈肌同时参与的屈反射。除了生物学保护意义外，屈反射还是节律性步行运动的基础。谢灵顿对于具有如此生理意义的屈反射进行了实验分析，指出这是一类多突触反射，除感觉和运动神经之外，还有大量中间神经元参与反射活动，故称为多突触反射。

谢灵顿利用脊髓猫的半腱肌标本，精细分析了多突触反射的规律。他对比了直接刺激肌肉的运动神经和刺激传入神经（腓腘神经）时引起半腱肌收缩的反应曲线，结果发现两点差异：刺激传入神经比直接刺激肌肉运动神经引起更强的反应；前者肌肉收缩后的恢复也相当缓慢。谢灵顿认为，这种事实正说明半腱肌反射弧的多突触性。直接刺激肌肉的运动神经时，所有的神经纤维同时兴奋，产生同步性神经冲动引起肌肉短暂的收缩。刺激传入到腓腘神经时，经脊髓的许多中间神经元再达运动神经元。因此，传出神经上各种纤维的神经冲动在时间上相当分散，这就使肌肉收缩后恢复得较缓慢。由于许多中间神经元在不同时间上加入反应，这种多突触联系就会造成运动单位的重复发放，引起比直接刺激运动神经更强的反应。利用这种标本所得到的实验数据使谢灵顿提出，在多突触反射的中枢内，实现着兴奋的空间总和和时间总和机制，使多突触反射比单突触反射复杂。

（三）最后共同公路

在分析脊髓运动反射的基础上，谢灵顿认为，脊髓运动神经元是各种传出效应的最后共同"公路"，它不但接受各种感觉神经传入的神经冲动，还接受脊髓中间神经元以及脑高位中枢发出的神经冲动。脊髓运动神经元发挥最后共同"公路"的功能时，存在着许多生理现象：聚合、发散、闭锁、易化和分数化等。

一个脊髓运动神经元或一个运动神经元堆，可以接受来自较多传入神经元和高位运动神经元的许多冲动，这种现象就是脊髓运动神经元的聚合现象；相反，一根传入神经或少数感觉神经元的神经冲动传向较多脊髓运动神经元的现象称为发散。引起屈反射的两条传入神经同时受到刺激，则在某一屈肌内产生的张力小于每条神经单独受到刺激引起肌张力之和，这种现象称为闭锁。这是由于部分脊髓运动神经元作为两条传入神经的最后共同公路而造成的。虽然每条传入神经兴奋时都引起一定数量脊髓运动神经元的活动，但部分神经元接受两者的传入冲动，所以两条传入神经同时兴奋时引起活动的运动神经元总数就会少于两者之和。易化是与闭锁相反的现象。当两个弱刺激单独作用于两条传入神经均不能引起运动神经元的兴奋时,两者同时受刺激,其传入冲动在最后共同公路上发生总和,就会引起该脊髓运动神经元的兴奋。刺激不同的传入神经均能引起同一屈肌收缩时,虽然各自引起屈肌收缩力不同,但没有一条传入神经能够引起相当于直接刺激该肌肉运动神经的肌收缩张力。将这种现象称为运动神经元堆反射的分数化,即各个传入神经引起肌收缩张力均是直接刺激运动神经引起张力的分数。这是由于作为最后共同公路的脊髓运动神经元与传入神经元之间的复杂关系所造成的。首先,每个传入神经元的冲动可以发散到许多脊髓运动神经元上,同时引起支配许多肌肉的传出冲动,因此,对某一肌肉活动来说,就会出现分数化现象。其次,同一脊髓运动神经元堆接受传入神经冲动的闭锁现象也会造成分数化现象。

总之,脊髓运动神经元作为各种传出效应的最后共同出路,存在这样多的生理现象,说明在脊髓运动中枢内,对运动功能进行多样性的调节与控制。

### 三、锥体系和锥体外系的运动功能

大脑对运动功能的控制,是由锥体外系和锥体系完成的,前者是自动性的非随意的,后者是随意性控制。锥体系和锥体外系两者自上而下地、并行性地执行脑的运动功能。

#### (一) 锥体系的运动功能

由大脑皮层运动区(4区)的大锥体细胞发出的轴突,直接止于脑干运动神经核或脊髓前角的运动神经元,形成上运动神经元(4区细胞)对下运动神经元(脊髓或脑干运动神经核的细胞)两级关系的运动调节机制,也是大脑发出随意运动指令的快速神经通路(图3-13)。如果皮层4区的上运动神经元因脑血管意外而受损伤,就会出现上运动神经元障碍,表现为四肢僵硬的硬瘫;如果脊髓的下运动神经元受损就会出现软瘫,肌肉松软无力。

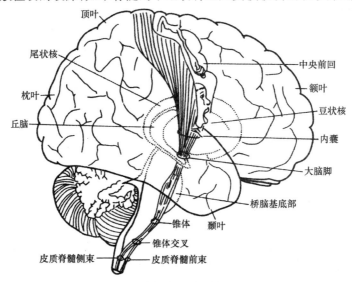

**图 3-13 皮质脊髓束(锥体束)传导通路**

### (二) 锥体外系运动功能调节

除大脑皮层运动区以外的广泛皮层区以及皮层下的基底神经节，发出下行性运动神经纤维与间脑、中脑、脑干、小脑和脊髓中的运动神经核的联系，形成了锥体外系（图3-14），负责全身适度的肌肉张力，维持运动协调性、平衡性和适度性的调控功能。这个系统发生障碍就会出现静止性震颤或小脑障碍的意向性震颤。

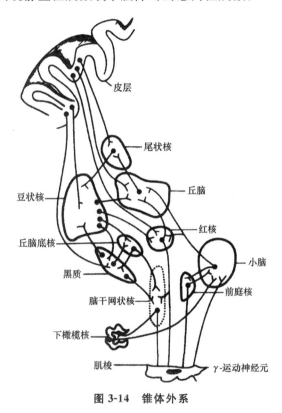

图 3-14 锥体外系

## 四、运动功能的节段性控制

从低等动物到高等动物的进化，每当生态环境复杂化，促使动物的运动功能变得更精细，就会出现新的脑高级调节结构控制原有的运动中枢，形成了自上而下的节段性控制机制。运动功能的调节不断进化，表现为高等动物神经系统对运动的节段性调节。通过手术的方法，经典神经生理学家们用猫制成许多标本，包括脊髓动物标本、脑干动物标本、去大脑皮层动物标本，就可以清楚观察到脑对运动功能节段性调节机制。

### (一) 脊髓动物

在颈椎部位将脊髓横断，使手术的颈部以下的脊髓与脑的神经联系切断、血液循环保持正常。这好像是人颈髓部位截瘫一样，四肢伸屈肌都同时收缩，肢体发硬，四肢很难弯曲，形成强直性痉挛。这说明，脱离脑的控制脊髓的运动功能亢进。

## （二）脑干动物

在中脑水平上横断脑，这时的动物失去大脑的控制，称脑干动物或去大脑动物，出现去大脑强直，颈紧张反射和迷路反射，是脑干网状结构、红核、前庭核等运动中枢脱离大脑控制所表现出的功能亢进现象。

## （三）去大脑皮层动物

在两侧内囊切断大脑皮层与间脑和基底神经节间的联系，动物会出现两上肢屈曲，下肢强直的状态，称去大脑皮层性强直。这是由于基底神经节、间脑和中脑脱离皮层控制的结果。

从这三个层次上的横断标本所发生的现象可以看出，神经系统对运动的调节是一层一层的抑制作用。换句话说，抑制性调节使下一级中枢的运动功能更适度。除了这种节段层次性调节，还有两个系统的并行平衡调节。

# 4

# 知觉的生理心理学基础

普通心理学认为,知觉是人们对客观事物各种属性的综合反映,当代认知心理学沿传统心理学理论路线,把知觉看做对客观事物的直接反映,认为知觉是将客体各种属性或感觉信息组成有意义对象和把握其意义的反映过程。同时,认知心理学也十分重视知觉的间接性,强调对感觉信息进行综合反映的知觉,必然是在头脑中已贮存的知识和经验参与下完成的。用当代计算机科学或人工智能的术语来说,在知觉信息加工中存在着由底而顶(bottom-up)和自上而下(top-down)的两种信息处理过程。由此可见,知觉的研究具有多学科意义,认知科学各分支都高度重视知觉研究。神经心理学对失认症的研究,积累了许多生动的科学事实。以脑事件相关电位为主要手段的心理生理学研究和对高等灵长类动物知觉模式及其脑机制的研究都取得了重大进展,使知觉生理心理学充实起来,特别是近年无创性脑成像研究,更加丰富了知觉脑机制的科学事实。因此,现在已有可能将这些科学成果总结起来,充实知觉的生理心理学基础知识。

## 第一节 失认症与知觉的脑结构

失认症(agnosia)是一类神经心理障碍,患者意识清晰,注意力适度,感觉系统与简单感觉功能正常无恙,但却不能通过该感觉系统识别或再认物体,对该物体不能形成正常知觉。这些失认症患者的感官、感觉神经、感觉通路和皮层初级感觉区的结构功能完全正常,但次级感觉皮层或联络区皮层存在着局部的器质性损伤。根据脑损伤的部位和程度,可出现不同类型的失认症:视觉失认症、听觉失认症和躯体失认症。现对几种常见失认症的类型及脑损伤部位简述如下:

### 一、视觉失认症

视觉失认症常见的类型有统觉性失认症、联想性失认症、颜色失认症和面孔失认症。患者的初级视皮层17区、外侧膝状体、视觉通路、视神经和眼的功能和结构正常无损;脑局灶损伤可分别在2~4视觉皮层区(V2,V3,V4)或颞下回、颞中回、颞上沟,也常见枕-颞间的联络纤维受损。

## （一）统觉性失认症

统觉性失认症（apperceptive agnosia）患者对一个复杂事物只能认知其个别属性，但不能同时认知事物的全部属性，故又称同时性视觉失认症。这种失认症可能是 V2 区皮层，以及视皮层与支配眼动的皮层结构间联系受损，如与中脑的四叠体上丘或顶盖前区眼动中枢的联系遭到破坏，不能通过眼动机制连续获得外界复杂物体的多种信息。

## （二）联想性失认症

联想性失认症（associative agnosia）患者可对复杂物体的各种属性分别得到感觉信息，也可将这些信息综合认知，很好完成复杂物体间的匹配任务，也能将物体的形状、颜色等正确地描述在纸上；但患者却不知物体的意义、用途，无法称呼物体的名称。这类患者大多数是由于颞下回或枕-颞间联系受损而致。这是视觉及其记忆功能和语言功能之间的功能解体所造成的。

## （三）颜色失认症

颜色失认症（color agnosia）是指患者不能对所见颜色命名，同时也不能根据别人口头提示的颜色，指出相应颜色的物体。根据脑损伤的部位不同，颜色失认症患者的色知觉，可分别出现全色盲性失认症（achromatopsia）、颜色命名性失认症（color anomia）和特殊颜色失语症（specific color aphasia）。全色盲失认症患者不能认知物体的颜色，只能把五光十色的外部事物，看成黑白或灰色的世界。这种失认症主要是两侧或单侧的大脑皮层枕区腹内侧，包括舌回和梭状回，大体相当于 V4 区皮层损伤所致。颜色命名性失认症，实际上是一种失语症，患者对五光十色的物体能形成知觉，能按要求把两个相同颜色的物体匹配起来，但却说不出颜色性质和名称。这类患者大多数是左颞叶或左额叶皮层语言区，或视觉和语言区皮层之间的联系受损伤所致。特殊颜色失语症与颜色命名失认症十分相似，其差异在于此类患者不仅丧失颜色视觉和语言功能之间的联系，而且关于颜色的听觉表象能力也丧失，可能是 V4 色觉皮层更广泛的损伤所致。

## （四）面孔失认症

1867 年意大利医生最早报道了面孔失认症（prosopagnosia）的病例。此后，其他国家均发现类似的病人。直至 1947 年才确定这种疾病的诊断名称。20 世纪 60～70 年代，进一步把面孔认知障碍分为两种类型：熟人面孔失认症（prosopagnosia）和陌生人面孔分辨障碍。前者对站在面前的两个陌生人可知觉或分辨，也能根据单人面孔照片，指出该人在集体照片中的位置。但病人不能单凭面孔确认亲人，却可凭借亲人的语声或熟悉的衣着加以确认。这类病人大多数是双侧或右内侧枕-颞叶皮层之间的联系受损。与此不同，陌生人面孔分辨障碍的患者，对熟人辨认正确无误，但对面前的陌生人却无法分辨。对患者来说，周围的陌生人都是一副面孔。所以，他们也不能根据单人面孔的照片，指出此人在集体照片中的位置。这类患者大多数为两侧枕叶或右侧顶叶皮层受损，近年认为颞枕间梭状回受损。

## 二、听觉失认症

听觉失认症（auditory agnosia）的患者，大脑初级听皮层（颞横回的 41 区）、内侧膝状体、听觉通路、听神经和耳的结构与功能无异常,但却不能根据语音形成语词知觉(word deafness)或不能分辨乐音的音调(amusia),也有些患者不能区别说话人的嗓音(phonagnosia)。词聋患者大多数左颞叶22区或42区次级听觉皮层损伤;乐音失认症患者,多为右颞22区、42区次级听皮层受损所致。嗓音识别障碍又可分为两种类型,陌生人嗓音分辨障碍多见于两侧颞叶次级听皮层(22区、42区)同时损伤。对患者来说,所有的陌生人都用一副腔调讲话;熟人嗓音失认症(phonagnosia)对熟人嗓音确认能力丧失,但尚能分辨陌生人说话的嗓音差异。熟人嗓音失认症多因右半球外侧下顶叶受损所致。

### 三、体觉失认症

顶叶皮层的中央后回(3-1-2区)躯体感觉区结构与功能基本正常,但此区与记忆功能和语言功能的脑结构间联系受损,则引起皮层性触觉失认症(cortical tactile disorders)、实体觉失认症(astereognosia)等多种类型的体觉失认症。实体觉失认症多为右半球顶叶感觉区与记忆中枢间的联系障碍,引起左手触觉失认症状。将患者眼睛遮起来,令其用手触摸一些小物体,如笔、剪刀、锁等,患者不能确知是何物。左半球受损所致的右手实体觉失认症并不多见,但亦时而有之。如果某一半球次级感觉皮层与记忆中枢的联系受阻,则常出现双手实体觉失认症。皮层触觉失认症比实体觉失认症更为严重,对触摸物体的空间关系也无法确认。很多学者认为是中央后回感觉皮层与中央前回运动皮层间的联系障碍所致。本体觉失认症的患者,表现为对自身不同部位的存在丧失知觉能力。如自体部位失认症(autotopsia)、手指失认症(finger agnosia)等,多因皮层感觉区与记忆中枢或语言中枢之间的联络受阻所造成的。

从上述多种类型的失认症中,可得出这样一种印象,失认症是知觉障碍,不是因该感觉系统的损伤,而是由高层次脑中枢间的联络障碍所致。从而证明知觉是许多脑结构和多种脑中枢共同活动的结果。即使是以其中一种感觉系统为主的知觉,无论是视知觉、听知觉还是躯体知觉,也是这些感觉系统与注意、记忆、语言中枢共同活动的产物。神经心理学所提供的这些科学事实,只能从大体解剖学基础上说明知觉的神经基础,为了更深入了解知觉机制,还必须对这些与知觉相关的脑结构,进行细胞生理学和脑网络连接组的研究。

## 第二节 知觉的皮层结构基础

关于知觉的细胞生理学基础知识,由两个研究领域多年积累的科学事实所组成。以胡伯尔和维赛尔(Hubel & Wiesel,1962)为代表的众多学者,从原始简单视觉功能为起点,利用微电极技术在蛙、猫、猴等多种动物标本中,都证明在大脑视中枢内存在着许多视觉特征检测细胞。在大脑视觉皮层中,具有相同感受野的多种特征检测细胞聚集在一起,形成了对各种视觉属性综合反应的基本单元——超柱。另一个领域,格罗斯等人(Gross et al.,1972)利用细胞微电极记录技术首先发现了猴脑颞下回具有复杂视觉功能。20世纪80年代以后,英国牛津大学的罗尔(E. T. Roll)等人又发现猴杏仁核、颞下回、颞上沟等处存在着面孔识别细胞。许多研究报告都证明,在颞、顶、枕区之间的联络皮层和额叶联络区皮层中,都存在着"多模式感知细胞",可以对多种信息发生反应,实现着多种感觉的综合反应过程。这些多模式感知细胞,可能是知觉的细胞生理学基础。总之,皮层中的超柱和联络区皮层多模式感知细胞,在知觉形成中具有重要作用,并可能是知觉的结构和功能单元。超柱仅实现同一种感觉模式中,各种属性的综合反应,形成简单的知觉;联络区皮层的多模式感知细胞,则将多种模式的感觉信息综合为复杂的知觉。

## 一、超柱

前面我们已介绍了视皮层中存在着特征提取功能柱,如方位柱、颜色柱和眼优势柱等。这些个别特征的功能柱之间存在什么关系呢?在一些实验事实的基础上,研究者提出了超柱的概念。超柱由感受野相同的各种特征检测功能柱组合而成,是简单知觉的基本结构与功能单位。各种功能柱在超柱中的组合方式,如图4-1所示。许多方位柱按其发生最大敏感反应的方向性顺时针或反时针地依次排列。如果落在同一视野上的一根直立的笔自然倒下去,就会引起超柱中许多方位柱的依次顺序发生最大反应。与这些方位柱呈90°的方向上规则地排列着左、右眼优势柱。颜色柱由于其体积最小,可插在方位柱或眼优势柱之间,所以超柱的每个侧面上均可见到颜色柱。视皮层中的超柱对落在同一感受野的各种特征,如颜色、方位等进行同时性或并行性信息提取,并进行初步综合,构成简单视知觉的生理基础。迄今为止,只发现了这类简单的超柱结构,它并不能解释复杂的多种视知觉过程。因此,客观的生理过程怎样形成了主观的知觉问题,对于生理心理学来说仍是未知的谜。

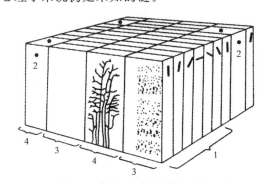

**图4-1 视皮层功能超柱结构示意图**
1. 方位柱的排列  2. 颜色柱  3. 左眼优势柱  4. 右眼优势柱

## 二、联络皮层的多模式感知细胞

格罗斯等人(Gross et al.,1972)首先报告猴颞下回皮层的多模式感知细胞与物体的复杂知觉有关。他们利用微电极技术记录清醒猴颞下回细胞对各种视觉刺激物的反应。结果发现,引起神经元最大反应的刺激物是猴爪和瓶刷;对简单的几何图形,颞下回神经元不予以反应或反应极小。两半球颞下回的损伤使猴不能识别现实刺激物。它们看见蛇也视而不见,冷若冰霜,失去了正常猴所具有的那种恐惧反应能力。因而将颞下回损伤造成的这种认知障碍,称为精神盲(psychic blindness)。这些事实使格罗斯教授认为,由生活经验而形成的复杂刺激物识别或认知过程,发生在颞下回。大量研究进一步发现,颞下回的一些神经元,不仅对复杂视觉刺激物单位发放率增加和发生最大的反应,而且对多种其他感觉刺激,如躯体觉、运动觉、食物嗅觉与味觉等刺激均可引起其单位发放率的变化。因此,将这类神经元称为多模式感知神经元(polymodal neuron),不仅在颞下回,而且在颞上沟、顶叶5,7区、额叶的8,9和46区内都发现这类多模式感知神经元(图4-2)。细胞生理学和组织化学方法相结合,发现这种多模式感觉神经元,接受来自许多皮层感觉中枢发出的联络纤维的信息,并将多种感觉信息聚合起来,对之发生综合反应。顶叶联络皮层5区的多模式感知细胞接受额叶皮层和边缘皮层发出的联络纤维,所以,当动物出现主动性运动反应,特别是操作反应和探究反应时,这些神经元的单位发放明显增强。顶叶7区的多模式感知神经元接受来自听皮层,视皮层,躯体感觉皮层和味、嗅觉皮层神经元发出的联络纤维的信息,并与皮层运动区发生侧支联系。所以,顶叶7区多模式感知神经元的单位发放,可因各种感觉与运动信息变化而发生灵敏性改变,具有精细协调各种感觉和运动功能的作用。颞下回皮层的20,37区和颞上沟的多模式感知细胞与视、听、体觉皮层,额叶运动区皮层,边缘皮层和海马、杏仁核等皮层下中枢间都有着复杂的神经联系。所以,颞下回和颞上沟的这类多模式感知神经元,具有多种知觉功能,如图形细节、面孔照片、立体知觉、知觉线索、语义分类和上下文关联等。额叶8,9区和46区接受顶叶7区和颞叶后部来的纤维与时间、空间综合知觉和运动知觉有关。

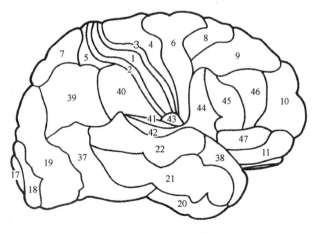

(a) 背外侧面

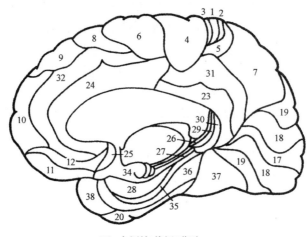

(b) 内侧(矢状切面)面

图 4-2 大脑皮层分区示意图

### 三、人脑皮层的特异性知觉区

一百多年前，神经解剖学家就已经发现，在各种感觉功能的大脑皮层中，存在着两级功能区，即初级感觉区和次级感觉区。此外，在各种性质不同的皮层感觉区之间还存在着联络区皮层。近年所积累的神经心理学的科学事实和灵长动物实验资料，都说明颞、顶、枕联络区皮层，特别是颞下回、颞上沟、顶叶背外侧区(5,7区)对物体知觉形成具有重要作用；此外，顶叶皮层，特别是下顶叶和前额叶皮层对复杂物体、运动物体和具有时间因素的知觉具有重要作用。概括地说，次级感觉皮层、联络区皮层以及与记忆功能有关的脑结构，形成了知觉的神经基础。

20世纪末采用无创性脑成像技术，对正常人类被试知觉过程进行了大量精细的实验研究，先后发现梭状回面孔知觉区(fusiform face area, FFA)、物体识别的枕外侧复合区(lateral occipital complex, LOC)、旁海马回位置知觉区(parahippocampal place area, PPA)和纹区外视皮层身体识别区(extrastriatal body area, EBA)。

1991～1995年间利用PET等脑成像技术的一批研究发现，枕叶腹侧和颞叶后区皮层可为面孔和物体的照片选择性激活，但当时未能报道其精确的定位。Kanwisher等人(1997)采用不同物体图片和面孔图片，在被试识别这些图片的同时进行功能性磁共振扫描，对不同脑激活区脑血氧水平相关的信号强度比较后发现，面孔图片在梭状回引出脑血氧水平相关的信号强度，高于其他物体图片引出脑血氧水平相关的信号两倍以上。根据这一科学事实，他们提出了梭状回面孔知觉区的概念。随后在1998～2005年间一批实验重复了他们的结果，证明梭状回面孔知觉区的激活确实是对面孔的特异反应区，并存在知觉旋转效应，也就是正位面孔图片比倒立脸能给出更强的脑激活效应。

Grill-Spector等人(1999)报道,被试观察日常生活用品的照片,能引起枕外侧复合区(LOC)的激活,该区位于梭状回(fusiform gyrus)外侧延伸到它的背侧面。随后的五六年间,一批研究进一步证明,枕外侧复合区始于枕叶外侧区向前侧和腹侧延伸至后颞区皮层,该区选择性地受到有清楚形状含义的物体照片的强烈激活,无明确形状含义的对照物则不引起这样强烈的激活。那么,该区究竟对物体的轮廓还是形状发生反应呢?库特基和堪维舍(Kourtzi & Kanwisher,2001)巧妙地设计了分离形状和轮廓特征的功能性磁共振实验方案,实验证明,枕外侧复合区对物体的形状有选择性激活的特性。

Epstein等(1999)发现旁海马回位置知觉区(PPA),可受空屋子或场地照片激活,当被试头脑中想象一个地方时,此区也会受到激活。但没有地面和墙壁仅有家具,却不能激活,动物和植物照片也不能激活该区。

Downing等(2001)利用功能性磁共振发现人类外侧枕颞皮层区,存在人体图像知觉的特异区(EBA)。Schwarzlose等人(2005)也利用fMRI发现在梭状回面孔知觉区的附近有对身体图像发生反应的区域,与梭状回面孔知觉区互不重叠,这一区就是纹外视皮层的身体识别区。随后,皮恩士(M. A. Pinsh)等利用fMRI研究了恒河猴颞叶皮层对面孔、手、身体的选择性反应。结果证明:在颞上沟前部和后部存在着范畴特异的选择性反应。后部的面孔反应区在右半球比在左半球的相应区反应强度大。在面孔反应区邻近的身体反应区,在两半球可同时激活,强度相等。这说明,对面孔知觉和对身体知觉的皮层代表区功能特性不同,是两个彼此独立的皮层知觉区。

综上所述,利用当代脑成像技术发现了上述四个特异性知觉区,但却无法回答主观意识上知觉产生的机制。因为知觉信息加工过程包含着复杂的信息流,既有由底至顶的信息流,又有自上而下的信息流,还有循环性知觉信息流。

## 第三节 知觉通路和知觉信息流

通过局部脑损伤病人知觉障碍和脑损伤部位的关系,正常人类被试通过不同知觉范式的无创性脑成像研究,以及灵长类动物的细胞电生理研究,揭示出一些脑知觉区之间如何相互作用,知觉信息如何加工,在哪一阶段上产生主体的知觉体验和清晰的知觉意识等。这一领域研究中的一个基本概念,称为信息流(information stream)。本节介绍知觉信息流在脑内是怎样传递与加工的。已有大量科学事实支持由底至顶的信息流(bottom-up stream)和自上而下的信息流(top-down stream)。随后发展出一个新的概念称为循环信息流(recurrent stream)。无论哪种信息流的传递方式,都可分为串行加工(serial processing)和并行加工(pararell processing)两类。前者是主要耗费时间资源和心理资源的加工方式,后者是主要耗费较多脑网络空间的加工方式。

### 一、底-顶加工的信息流

神经解剖学发现的各种感觉通路，是由底至顶信息流传递和加工赖以实现的结构基础。但是感觉通路只能作为产生各种感觉的基础；对于知觉过程还有更复杂的脑结构基础。在各类知觉中，对视知觉的研究较为精细。视知觉信息流，通过初级和高级两个层次的知觉通路顺序由底至顶地传递和加工。

#### （一）初级知觉通路中的皮层下知觉通路

初级知觉通路是由皮层下和皮层两级通路组成。皮层下知觉通路是来自视网膜神经节细胞的纤维，与外侧膝状体中的大细胞、小细胞和颗粒细胞发生联系，这三类细胞的纤维投射至视觉初级皮层，在这种投射过程中形成三条通路，即大细胞通路占全部投射纤维的10%（M通路）；小细胞通路占全部投射纤维的80%（P通路）；颗粒细胞通路占全部投射纤维的10%（K通路）。

#### （二）皮层初级知觉通路

皮层初级知觉通路是来自初级视皮层的纤维向次级视皮层投射过程中重新组合成的三条通路，分别为大细胞优势通路（MD），主要信息来自于皮层下的M通路；颜色优势通路（BD）和色柱间优势通路（ID），这两条通路的信息主要来源于皮层下的P和K通路。皮层的三条知觉通路与皮层下的三条知觉通路不是简单的一对一的关系，而是重新交叉组合，实现对外部世界物理属性向客体综合知觉属性过渡的初级知觉功能。一种理论认为物理属性作为产生知觉的线索，分别是方位、光谱成分、双眼视差和速度。这四种知觉线索引发的知觉成分，分别是形状、颜色、深度（立体感）和运动知觉。MD通路具有深度知觉、运动知觉和空间关系的选择性知觉功能；BD通路具有颜色知觉和空间关系的调协知觉功能；ID通路具有方位选择性、深度知觉、颜色视觉和空间关系知觉功能。由此可见，三条皮层通路与三条皮层下通路，无论在结构上还是功能上都不是一一对应的，而是彼此互补的关系。

就皮层初级通路与下面所讲的高级知觉通路之间，也并非一一对应承接和重叠的关系，这是知觉功能冗余性的生理基础。MD通路提供有关眼动和其他运动信息，参与顶叶皮层空间关系和运动视觉功能，主要承接至背侧高级知觉通路；BD和ID通路承接至腹侧高级知觉通路，与图形模式、颜色和形状识别功能有关。

#### （三）皮层高级知觉通路

如果说皮层下初级知觉通路对外部世界或客体的物理属性，作为知觉线索的编码；而皮层初级知觉通路则实现由物理属性向知觉特征的过渡；那么皮层背、腹侧两个高级知觉通路，则实现人类知觉类别的信息加工，包括空间关系和运动知觉，物体和面孔知觉等。背侧通路的信息流实现了"在哪里？"的知觉；腹侧通路实现"是什么？"的知觉（如图4-3所示）。

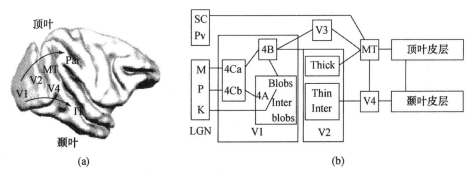

**图 4-3 猴皮层视知觉的背侧通路和腹侧通路**

(择自 Lamme, V. A. F. & Roelfsema, P. R, 2000)

(a)中,V1. 17区初级视皮层；V2. 18区次级视皮层；V4. 第四级视皮层；MT. 颞中回；IT. 颞下回；Par. 顶叶。

(b)中, SC. 上丘；Pv. 枕核；M. 大细胞；P. 小细胞；K. 颗粒细胞；LGN. 外侧膝状核；4Ca, 4Cb. 17区皮层第4层a,b亚层；4A,4B. 17区皮层A,B亚层细胞；Blobs. 17区色柱细胞区；Inter blobs. 17区色柱之间的细胞区；V3. 19区第三级视皮层；Thick. 18区内的厚带细胞区；Thin. 18区内的薄带细胞区；Inter. 厚薄带间区。

### 1. 空间知觉的背侧通路

来自初级视皮层V1区(17区)的信息,经V2区(18区)和V3区(19区)到达颞上沟的尾侧后沿和底附近的颞中回(MT区)。MT区的神经元按照与视野对应的空间拓扑关系排列着。它除了从V3区接受逐层传来的信息外,还直接接收V1区的4B层神经元和V2区厚带内的两眼视差敏感神经元传来的信息。MT区神经元的感受野比V1区神经元大60~100倍。因此,MT区神经元对物体在空间中的相对位置关系,给出大视野反应；对视野各成分的向量和,发生总体反应。此外,MT区每个神经元的感受野周围都存在一个抑制区,这使得每个神经元对与背景运动方向相反的刺激物最敏感。所以,MT区不仅对视野中物体相对空间关系形成知觉,还对图形背景反向运动最敏感,产生物体运动知觉。颞中回将空间知觉和物体运动信息加工后继续传向颞上沟内沿(MST区)和颞上沟底(FST区)的神经元,MST区和FST区神经元的感受野比MT区神经元感受野还大,故对更大视野范围的物体空间关系和相对运动产生知觉,且可将三维空间关系转换为二维图像进行信息压缩。MST区和FST区的神经元受损,使眼对运动物体平滑性追踪运动能力丧失。MST区和FST区的神经元将空间和运动知觉信息继续传至顶叶的下顶区和顶内沟外侧沿的神经元,即物体运动知觉和空间知觉的高级知觉中枢。这里神经元的感受野比MST区和FST区神经元的感受野更大,不仅对物体和背景相对运动产生最灵敏反应,还对由远及近或由近及远的物体运动发生反应。此外,下顶叶神经元是一些多模式知觉神经元,除接受视觉信息外,还同时接受从前额叶、扣带回和颞上沟深部多模式神经元传来的信息。因此,下顶叶作为空间知觉和物体运动知觉中枢,同时还整合了视觉以外的信息,形成复杂的综合知觉,并在完成视觉引导的行为反应中发生重要作用。

2. 物体知觉的腹侧通路

对物体及其细节产生完整而精细视知觉的神经通路，在猴皮层中沿着V1区→V2区→V3区→V4区，实现着物体方位、长度、宽度、空间频率和色调等信息加工过程。尽管V4神经元的感受野比V1区神经元大20~100倍，但两者本质区别却在于V4区神经元感受野周围存在着较大的抑制性"安静带"。这种生理特点赋予V4区神经元以物体及其背景分离的功能。V4区的颜色敏感神经元的感受野也具有周边抑制区的生理特性，便于将物体及其背景的色调分离开。因为神经元对其视野内物体色调的波长发生最大兴奋时，对其背景上相同波长的光，却出现最大的抑制效应。即使物体的颜色与背景颜色相似，也可以产生边界或轮廓清楚的物体知觉。V4区的信息主要传至颞下回(IT区)，对物体细微结构进行更精细的加工和识别。IT区可分为结构和机能特性不同的两个区：靠近枕叶部分为后区（TEO区）和颞下回前部的前区（TE区）。前区神经元的感受野大于后区，后区对同类物体的细微差异可以较灵敏地加以鉴别；前区对熟悉物体可较快给出确认反应，说明前区与物体的记忆功能有密切关系。

### 二、自上而下加工的信息流

知觉信息流流动于非常复杂的皮层-皮层网络之中，以视知觉功能而言，猴32个视皮层区之间，每个区平均有10个特异的传入和10个传出。目前已有实验研究报道的皮层-皮层间视功能联系三百多条，只占理论值的三分之一。这些功能联系并非都是实现由底至顶加工的信息流，其中很多实现自上而下加工的信息流。按照自上而下的信息流距离，可分为短、中和长三类反馈联系。

（一）短距反馈联系

一般而言，相互作用的皮层区之间具有双向联系，例如V1区投射至V2区是由底至顶信息流。同时也伴有V2区反馈至V1区的自上而下的信息流。这类两层间的下行信息流是短距自上而下的信息流。

（二）中距反馈联系

在背侧通路中，V3区甚至颞中回的V5区向V1区的反馈通路，终止于V1区的4B层，参与对不同空间尺度上或以不同速度运动的物体，产生空间运动知觉。这类跨过三个区以上的是中距离的自上而下的信息流。

（三）长距反馈联系

Kosslyn等人（1999）利用正电子发射层描技术（PET）和重复性经颅磁刺激（rTMS）相结合的技术，令被试闭目想象一些长度不同的条纹时，V1区视皮层出现了激活。当用rTMS刺激枕叶内侧V1区，使之功能受到抑制时，则被试不能完成想象任务。这些事实证明，即使发自视觉系统以外更高层次的自上而下的知觉想象，初级视皮层也是必要的参与者。从而证明，从最高层次到低层次初级视皮层信息流存在的重要作用。

## 三、循环信息流

跨入 21 世纪以来,对知觉信息加工过程的研究,已从定性的描述进入精细定量分析。Thorpe 等人(2001)总结大量研究报告,将猴对物体图片分类的视知觉反应中,在脑内信息加工的时间进程,归纳为一张信息流程图(图 4-4)。在这张从知觉信息的传入到传出的分类知觉反应总时间大约是 180~260 ms,时间长短取决于知觉客体的复杂程度。物体呈现在猴的眼前,大约 20~40 ms 时视网膜神经节细胞就会出现神经脉冲发放的变化。30~50 ms 在外侧膝状体,40~60 ms 在初级视皮层,50~70 ms 在 V2 区,60~80 ms 在 V4 区,70~90 ms 在颞下回后区,80~100 ms 在颞下回前区形成明确的分类视知觉反应。100~130 ms 在前额叶皮层形成知觉反应决策。140~190 ms 在中央前回运动区产生反应的指令,沿锥体束传出。160~220 ms 脊髓运动中枢兴奋,180~260 ms 之间猴前肢运动,做出分类知觉反应。这种知觉信息流实际上是由底至顶信息流。人脑的细胞层次和神经网络比猴复杂得多。因此,人类物体分类视知觉的信息流程时间可能比猴长几十毫秒。

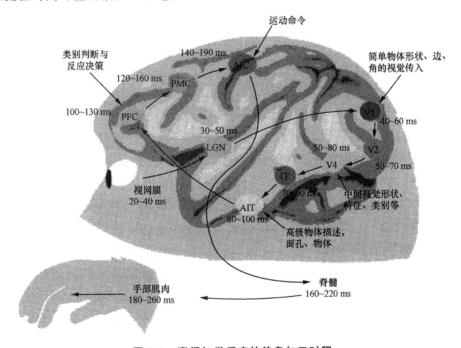

**图 4-4 猴视知觉反应的信息加工时程**
(引自 Thorpe, S. J. et al., 2001)

Lamme 和 Roelfsema(2000)提出另外一种知觉信息流。他们认为,不仅有由底至顶的加工信息流,而且还有皮层之间的横向信息流,以及距离不等的自上而下的反馈信息流参与物体分类视知觉过程。他们按照大量研究报告提供的数据,把知觉信息在脑内流程的延迟分为三种不同的性质:前向信息流(feedforward)、反馈信息流(feedback)和循环信息流(recurrent)。他们认为物体呈现 100 ms 之内视觉信息流是由底至顶的快速传递,其速度很快,称为前向快扫描(feedforward sweep),是无意识的知觉过程,并且是前注意水平的信息流。反馈信息流和循环信息流的参与才会伴有主体的知觉觉知(awareness)和主体的意识知觉(图 4-5)。存在循环信息流的证据有三点,首先,各级视知觉皮层神经元,对相应知觉刺激的反应不是恒定的,当刺激物呈现于眼前不变时,各级知觉神经元神经脉冲发放的频率却不时变化。这种可变性是各层次知觉细胞相互作用不断协调的结果。其次,是在知觉过程中,刺激客体的物理特性不断变化时,皮层知觉神经元的兴奋水平变化不完全符合经典感受野的规律,这说明皮层神经元的兴奋水平,受来自高层次或同层次其他皮层神经元循环信息流的影响所致。第三,由底至顶的信息流在 100 ms 之内即可传递完毕,但许多复杂知觉任务需要 200～300 ms,细胞知觉反应有较长的潜伏期,这说明是循环信息流作用的结果。循环信息流是知觉觉知和注意,以及主体意识知觉的生理基础。Lamme 在 2003 年又将循环信息流分为两类:一类是各层次视知觉皮层之间的循环信息流,参与现实物体的模糊性觉知,这类信息流大约发生在 100～150 ms 的时程上,实现无意识的知觉。另一类循环信息流则大大超出物体视知觉皮层,在额叶、顶叶和颞叶很多皮层区之间传递的循环信息流。实际上,人们对物体产生清晰的意识知觉,离不开人们头脑中的经验和记忆,大范围循环信息流是产生意识知觉的基础,与记忆网络间存在着复杂的信息流,这类信息流大约发生在 200～300 ms 的时程上。

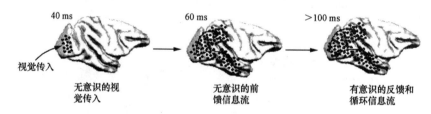

**图 4-5 视知觉的前馈、反馈和循环信息流**
(引自:Lamme, V. A. F., 2003)

本节从由底至顶、自上而下和循环信息流三个方面,说明知觉形成的脑机制。随着当代脑科学的发展,不断出现新的科学事实,深化我们对知觉脑机制的认识。例如 Hung 等人(2005)采用基于分类器的读出技术,对猴颞下回少于 100 个神经元的细胞群的知觉编码进行场电位分析,结果表明,猴颞下回一些神经元群的场电位,能以 12.5 ms 的时间尺度,对外部知觉物体的位置、尺寸、类别等特征发生反应。这一事实对高级知觉通路信息加工的背、腹通路理论,以及循环信息流的理论提出了质疑。人类对脑的认识总是在各种挑战中不断深化不断发展着。

## 第四节 面孔知觉

前一节以物体知觉为代表分析了三类知觉信息流。本节介绍面孔认知与识别的研究，首先介绍面孔知觉研究的发展历程，再着重分析面孔知觉研究中提出的理论问题，即整体加工效应和专家效应的知觉理论。

### 一、面孔认知与识别的研究进展

自从20世纪80年代以来，面孔认知与识别的研究受到许多学科的高度重视，形成了跨学科的研究热点。计算机科学对图像识别的理论研究，以及图像识别技术的研究，多以面孔图像作为实验材料。认知心理学创造了多种研究方法，形成面孔认知的理论模型。脑科学则力图揭示人类识别面孔的脑机制。所以，在这三大研究领域的文献检索中，均可用面孔识别（face recognition）作为关键词检索到数以千计的研究文献。这也是本书将面孔知觉，作为一个专题加以介绍的原因，但本书不涉及对面孔图像处理的理论和技术。

**（一）认知心理学研究**

20世纪80年代，认知心理学创造许多实验方法研究正常人面孔认知的规律。在左构脸和右构脸的研究中，发现了左侧脸负载较多信息；在正位脸与倒置脸的研究中，发现了面孔认知的倒置脸效应；在面孔旋转的研究中，发现了心理旋转效应；在正常脸与重组脸的研究中，发现了面孔认知的拓扑编码规律；在熟悉脸与陌生脸的研究中，发现了不同的编码过程和脑网络。这些研究表明，面孔认知过程至少包含七种编码：图形码、结构码、身份码、姓名码、表情码、面部言语码和视觉语义码；熟悉性判断、身份判断和姓名判断的反应时依次增长的事实，提示三者是顺序进行的信息加工过程；对熟悉人确认至少包括三种编码，即结构码、身份语义码和姓名码；对陌生人识别，则以图形码和视觉语义码为主的两种编码过程；在面孔识别中最普遍而共同的加工过程是并行处理，随加工深度要求不同，则有顺序的串行加工过程；各种编码过程中，均可并行同时提取许多特征，实现由底至顶的加工策略，也存在着自上而下的语义指导加工策略。总之，认知心理学发现的这些规律，对于深入研究人类信息加工的自动过程和控制过程的关系，提供了良好的前提。

认知心理学对面孔认知的这些研究还形成一些理论研究热点，常常以面孔认知的规律，作为整体知觉加工的原型，特别是面孔认知中的心理旋转效应和倒置脸效应。专家效应也是从面孔认知研究中引申出来的理论观点。下面着重分析这些效应及其脑机制研究所发现的科学事实。

**（二）心理生理学研究**

心理生理学以脑事件相关电位（ERPs）为基础，吸收了认知心理学对面孔认知研究的理论与方法,于20世纪80年代末开辟了对人类被试进行认知心理生理学研究的新领域。文献中积累的事实表明,从简单描述的面孔图到真实面孔照片,随复杂性增加和要求记忆功能的参与,面孔刺激引出的ERPs中较长潜伏期成分增多,面孔与非面孔刺激的ERPs差异主要反映在潜伏期为250 ms以前的成分,大体在140~240 ms之间。在熟悉人照片匹配实验中,不匹配时引起160 ms以前的负波,以右半球为主;在照片的身份、职业匹配实验中,不匹配时则引起两半球广泛性不匹配负波,潜伏期约450 ms。

笔者的实验室自1988年开始,研究了正常被试在面孔识别时的ERPs,发现以双关图为认知材料时,将其认知为面孔时比认知为非面孔时P200波的潜伏期加长,说明面孔认知比非面孔认知的加工过程复杂。以熟悉人和陌生人的正面脸照片为实验材料时,发现熟悉的正面脸较陌生脸引出较高幅值的P300波;熟悉人和陌生人左、右侧位面孔照片,对ERPs有相反效应,熟悉人左侧脸照片比陌生人照片诱发出高幅值P300波;熟悉人右侧脸照片比陌生人照片诱发出低幅值P300波。这一结果提示,熟悉人面孔负载较多的信息,伴随更高的能量耗费的控制加工过程;熟悉人左侧脸负载的信息较右侧脸多,而陌生人右侧脸负载的信息多。在另一项面孔匹配的实验中,发现两张照片不匹配较匹配时,在左、右两侧顶、颞区诱发出幅值较高的N400波,这与语义启动效应的ERPs有相似的现象。除正常人类被试的这些实验研究外,还以恒河猴为对象,研究了六种照片的ERPs诱发效应。结果表明,熟悉人与熟悉猴照片较球的照片能诱发出高幅值的P300波;熟悉人与熟悉猴照片比陌生人与猴照片,还引出更明显的N400波。

总结上述实验结果,我们得到这样的初步印象:随刺激面孔复杂性和信息量增多,人类被试ERPs潜伏期发生显著变化。从面孔与非面孔、熟悉人与陌生人一直到面孔的匹配性,发生显著差异的ERPs成分依次为P200和P300,说明加工过程逐渐复杂,信息量多的刺激引起幅值高的ERPs成分,表明有更多消耗的控制加工过程参与。猴ERPs的变化除与人类被试的上述变化相似以外,还表现出不同的规律。猴ERPs差异只发生在300 ms以后的成分,200 ms以前的成分没有显著差异,可能是这种识别过程对猴的难度比人类大的缘故。

20世纪最后几年间,面孔认知的生理心理学研究取得了一个公认的突破性进展,发现与面孔认知相关的特异性ERPs成分,即N170波。Bentin等人(1996)报道对正常人类被试呈现正面脸、汽车等不同图形时,记录ERPs发现在两侧颞叶(T5、T6区)有潜伏期为172 ms的负波(称为N170),右颞区(T6)的N172波幅值略高于左颞区(T5),将其命名为N170成分。N170波在非面孔刺激时不存在。正位面孔比倒置面孔诱发的N170波幅值高。倒置脸诱发的N170波潜伏期也有些延长。

如前所述,堪维舍1997年利用fMRI发现梭状回是面孔识别的特异性脑激活区。随后几年一批研究报告试图证明ERPs N170成分,是识别面孔时梭状回激活而产生的。

## (三) 猴脑的生理心理学研究

Rolls 等人(1987)报道猴的颞上沟和杏仁核中存在一些面孔认知单元。几年以后，研究者发现对熟悉人与熟悉猴面孔识别发生特异反应的神经元，主要分布在猴脑颞上沟上沿的皮层中。最令人惊奇的是这些面孔认知单元大体可分为两类：一种是以观察者为中心的细胞(viewer centred cells)，不论熟悉人还是陌生人，只要有面孔呈现，这类细胞就发生反应，根据观察者与被观察者相对位置关系，这类细胞又可分为五种，即正面脸、左侧脸、右侧脸、上仰45°脸和下俯45°脸；另一大类细胞称以对象为中心的细胞(object centred cells)，不管是正位、侧位、仰面还是下俯脸，只要是特定的熟悉人面孔出现，都发生同样的反应。前一类细胞似乎是以并行的自动加工过程为主，后一类细胞则是特异选择性控制加工过程的单元。Rolls 将面孔认知的细胞电生理研究的数据，用人工神经网络的并行分布处理原理进行概括，提出对熟悉面孔存在一组为数不多的神经细胞，按照编码规则，对一些熟人进行并行分布式群集编码。颞叶视觉信息加工后，输出到边缘系统的杏仁核，将视觉信息与味觉等多种信息聚合，并通过旁海马回、内嗅区皮层与海马的联系，构成自联想网络。这一网络的并行分布式加工，才是熟悉面孔认知的基本机制。笔者的实验室，利用线画面孔模式图训练猴识别面孔，沈政等(Shen et al., 2002)发现线画面孔模式图的眼睛部位有洞比无洞时，识别反应快，正确率高。陈玉翠等(Chen et al., 2002)还在猴颞下回神经细胞电活动的记录中，发现眼睛部位有洞比无洞时，颞下回细胞神经脉冲变化更大，可能是眼部有洞的面孔画像对猴具有明显生态意义：代表清醒的面孔，引起猴颞下回细胞较快的兴奋。

Connor(2010)以《面孔知觉新观点》为题，概括和评论了 Freiwald 和 Tsao(2010)对猴面孔知觉细胞单位发放的研究结果。猴颞下回皮层中有六块面孔识别功能的脑区，分别是后外侧区(PL)、中外侧区(ML)、中底区(MF)、前外侧区(AL)、前底区(AF)和前内侧区(AM)。这些脑区的神经元单位发放，与面孔刺激特性之间的关系，具有一定的层次性。如图 4-6 所示，颞下回皮层后边的几个区是面孔朝向的识别区，ML 和 MF 区神经元的单位发放只对两人左侧面孔发生反应；而对右侧面孔不反应。AL 和 AF 区神经元对左、右侧面孔都发生反应，但对正面脸不反应。最前面的 AM 区神经元主要对某一人各种朝向的面孔刺激一律发生反应。所以，颞下回皮层前区是识别个体身份的脑区。作为视知觉腹侧通路重要组成的颞下回皮层，从后向前，对面孔知觉信息加工具有一定的层次性，表现为从对面孔朝向的特征提取，实现客体类别(面孔与非面孔)的识别到面孔个体身份的识别；在面孔身份识别中，实现着并行性加工的策略。

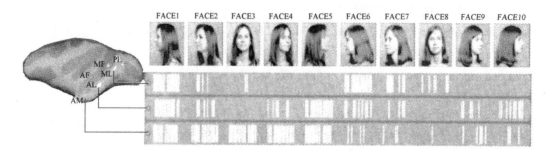

**图4-6 猴颞下回皮层六块面孔识别功能区神经元的单位发放与面孔刺激特性之间的关系**
(摘自 Connor, C. E., 2010)

左小图:猴脑左半球颞下回皮层存在六个脑区,从后至前的顺序是后外侧区(PL)、中外侧区(ML)、中底区(MF)、前外侧区(AL)、前底区(AF)和前内侧区(AM)。右下图:与左图对应区神经元单位发放的特点及其与右上图所示刺激面孔朝向性的关系。右上图:十张照片是两位女士的,左边五张是同一人的;右边五张是另一人的。两人照片的面孔朝向是一一对应的。

## 二、面孔认知的整体加工理论与专家理论

面孔的整体加工和专家理论实际上是知觉理论中的重大问题,整体加工对应局部加工,先天特征对应着专家效应,也是面孔认知研究中热烈争论的理论问题。

### (一) 整体加工理论

整体与局部加工从来都是重大的知觉理论问题。20世纪30年代,格式塔心理学关于图形与背景的研究,以及整体拓扑特性在知觉形成中的作用问题,代表着知觉的整体加工理论观点。20世纪80年代,在认知科学和神经科学研究中形成质地子理论、几何子理论、视觉感受野、功能柱理论、整体和局部特征检测等知觉理论。面孔各部有一定的结构关系,是面孔知觉的整体性;然而眼睛大小、鼻子高矮、嘴的形状等局部特征,又常常是识别不同面孔的依据之一。在识别面孔与非面孔的认知任务中,面孔的整体加工占优势;而在识别不同人的面孔时,可能局部特征检测发挥一定作用。前者是知觉类别(面孔与非面孔)识别,为层次较浅的初级知觉任务,后者是层次较深的次级认知任务。

利用fMRI对面孔识别的实验研究表明,无论是面孔与非面孔的识别任务(整体加工),还是不同面孔的识别任务(局部加工),梭状回面孔识别区(FFA)都发生较强的激活。与之对比的房屋图片,无论是其整体还是局部特征,只能引发FFA较弱的激活,两类刺激物的激活水平相差两倍之多。对ERPs N170的研究得到与此相似的结果,正常人面孔刺激诱发的N170幅值显著高于房屋图片刺激的N170。先天性面孔失认症的病人,对面孔照片和房屋照片N170的幅值和潜伏期没有差异。

利用面孔倒置效应作为其整体加工优势的证据,得到普遍的认同。当面孔倒置时,识别作业成绩明显变差,对FFA的激活作用也变弱;与之相比而言,对其他物体识别的

倒置效应并不这样明显,有助于说明,面孔认知中整体加工占优势。因为倒置破坏了整体加工过程的信息,对局部加工过程的信息影响较小。ERPs N170 成分在面孔倒置后,潜伏期延长幅值增高。Eimer（2000）认为这一事实说明,倒置面孔影响的是整体结构编码。

（二）面孔知觉的专家理论

面孔知觉的专家理论认为面孔知觉与对其他物体的知觉并没有本质的区别,梭状回的面孔识别区原本不是特异性的。面孔知觉的整体加工优势和梭状回面孔识别区都是后天习得性增强或募集的结果。因为新生儿第一眼就看到人的面孔,不断增加与母亲和亲人接触的次数和人数,使其很快积累了识别面孔的技能和专长。在这种经验习得过程中,脑内梭状回作为固定这种专家特长的脑结构,也逐渐特化起来。总之,面孔知觉的专家理论认为面孔识别能力是后天经验积累的结果。与之相反,先天模块论认为面孔知觉特性是先天遗传的,新生儿大脑内已经存在面孔识别模块,在发育过程中面孔知觉模块也不断得到发育和完善,特别是在早期发育中,募集了较多脑细胞参与面孔知觉。这一先天的面孔知觉模块是不同于其他物体的知觉模块。对于面孔知觉的先天模块论还是后天习得的专家理论,一批研究报告,利用功能性脑成像技术和特殊病例加以验证。

一批先天性白内障的病儿,从出生到 2～6 月龄进行的白内障手术,治疗之前未能获得对面孔知觉的经验,手术以后经过多年正常面孔认知的经验积累,但仍不能对面孔整体的结构特性形成正常知觉,只能识别面孔组成成分的局部特性。这一事实证明:面孔知觉早期经验的重要性,同时还说明面孔结构的整体加工优势,在早期专家经验积累的基础上形成的。另一批研究报告证明:只有面孔的整体结构加工,才能有效激活梭状回的面孔识别区和事件相关电位 N170 成分。利用功能性磁共振和事件相关电位技术进行的面孔识别实验,都发现了作为整体加工的倒置脸效应。这些研究报告都支持面孔知觉专家理论。也就是面孔整体加工优势是后天经验积累的专家效应。但还有一批学者持相反的观点,认为专家理论的证据仍不十分充分。

# 5

# 注意的生理心理学基础

　　注意是心理活动的指向性、选择性、集中性和保持的复杂过程,包括非随意注意、选择注意或集中注意以及注意的维持与调节过程。注意的主要功能是对意识的导向、警觉的维持和执行控制,以便更好地实现知觉、工作记忆、思考或动作的执行任务。无论是巴甫洛夫的经典神经生理学还是认知心理学创建的早期,都十分重视注意问题的研究。前者提出朝向反射理论,较深入地分析了非随意注意的生理基础;后者提出注意的过滤器理论。随着电生理学技术的发展,利用外周生理参数和脑事件相关电位所积累的科学事实,逐渐将两种经典的注意理论连接起来。事件相关电位的研究支持了早选择的理论观点,并把注意研究引向心理资源分配的方向。朝向反射的理论研究探讨了从外周感官到大脑皮层的许多神经通路和各级中枢,为现代脑成像技术的应用提供了基础。

　　上世纪末,注意研究采用了许多精细的认知实验范式,有利于从心理学角度分离出注意子过程或不同的功能单元;事件相关电位和其他无创性脑成像技术,在注意研究中的应用,不仅得到精细的心理学参数,同时还得到脑功能的动态变化参数;灵长类动物的实验模型提供了注意过程细胞电生理学参数;理论研究和临床研究的结合,使得在神经心理障碍和精神病的病理生理学研究中,积累了一批新的科学证据。全部这些跨学科的研究把对注意过程脑机制的认识推向新的阶段。现代认识到,注意是一种复杂的认知过程,由一些基本脑网络为基础,涵盖了由底至顶、自上而下的信息流和循环信息流以及大范围信息交流的多层次信息加工机制,并且与感知觉、记忆、意识、情感和动作执行等脑网络密切相关。

## 第一节　非随意注意

　　非随意注意是由外界较强的新异刺激或引起主体意外感的刺激所引发的不由自主的注意过程,又称被动注意。神经生理学家巴甫洛夫早在一百多年前就用狗的条件反射实验证明,非随意注意的生理基础是朝向反射。20 世纪 60 年代,苏联心理学家索科洛夫(E. N. Sokolov)将其发展为神经活动模式匹配理论。20 世纪 70 年代,认知心理学强调非随意注意的不由自主性,将之看成是一种意识控制之外的自动加工过程。波斯诺(Posner,1995)总结出三种注意网络,其中非随意注意至少涉及刺激定向和警觉两个网络。本节先从朝向反射和神经活动模式匹配理论讲起。

## 一、非随意注意与朝向反射理论

传统神经生理学和条件反射理论,把非随意注意看成是一种被动的非选择性注意过程。因此,外部刺激的强度因素在引起非随意注意中,具有重要意义。刺激的强度并不简单地决定于它的物理因素,更重要的是它的新异性,即它对机体的不寻常性、意外性和突然性。朝向反应就是由这种新异性强的刺激引起机体的一种反射活动,表现为机体现行活动的突然中止,头面部甚至整个机体转向新异刺激发出的方向。通过眼、耳的感知过程探究新异刺激的性质及其对机体的意义。朝向反应是非随意注意的生理基础。

巴甫洛夫在狗唾液条件反射实验中发现,对于已经建立起唾液条件反射的狗,给予一个突然意外的新异性声音刺激,则唾液分泌条件反射立即停止,狗将头转向声源方向,两耳竖起,两眼凝视,瞳孔散大,四肢肌肉紧张,心率和呼吸变慢,动物做出应付危险的准备。巴甫洛夫认为这种对新异刺激的朝向反射本质是脑内发展了外抑制过程。新异刺激在脑内产生的强兴奋灶对其他脑区发生明显的负诱导,因而抑制了已建立的条件反射活动。随着新异刺激的重复呈现,失去了它的新异性,在脑内逐渐发展了消退抑制过程,抑制了引起朝向反射的兴奋灶,于是朝向反射不复存在。由此可见,巴甫洛夫关于朝向反射的理论主要是根据动物的行为变化,概括出脑内抑制过程的变化规律,用他的神经过程及其运动规律加以解释。具体地讲,脑内发展的外抑制是朝向反射形成的机制,而主动性内抑制过程——消退抑制的产生,引起朝向反射的消退。

Verbaten(1983)报道,在朝向反应中,眼动变化的潜伏期仅为150～200 ms,比皮肤电变化快五倍,可能与朝向反应早期的信息收集功能有关。眼动变化的习惯过程也较快,且与刺激的复杂程度和不确定性有关。刺激的信息含量多,不确定性大时,习惯化过程较慢。皮肤电反应的习惯化过程则不受刺激复杂程度的影响。所以,眼动和皮肤电在朝向反应中的变化规律和机能意义并不完全相同。此外,在朝向反射中,皮肤电反应、血管运动反应和脑电 $\alpha$ 波阻抑反应也都有不同的变化规律。重复刺激时,首先消退的是皮肤电反应,随后消退的是血管运动反应;脑电 $\alpha$ 波阻抑反应并不完全消退,只是弥散的 $\alpha$ 波阻抑反应逐渐缩小,仅在某一皮层区出现局限性反应。在头皮上记录平均诱发电位时发现,重复呈现刺激36次以上,其P3波仍未消退;而皮肤电反应在10～20次重复刺激时,即完全消退。这些事实说明,在朝向反应中,外周生理变化与中枢神经系统的生理变化有不同的规律和机能意义。

20世纪60年代开端的事件电位研究中,最早的著名经典实验范式称之"怪球范式"(oddball paradigm),即在以85%大概率呈现的刺激序列中,呈现概率小于15%的偶然刺激会引起"意外感"。因此,小概率事件构成了新异刺激,在额叶引出较明显的高幅值正波,其潜伏期在250～500 ms之间,称之为P3a波。随后,在脑额叶损伤的病人中发现,视觉、听觉和躯体感觉刺激的"怪球范式"均不能有效引出 P3a 成分。进一步利用动物实验损毁额叶皮层,也证明小概率事件引发的高幅值 P3a 波,是其新异性引发朝向反射的有用的脑中枢生理指标。在"怪球范式"中除了额区记录到作为朝向反射的中枢成分 P3a 外,还在许多头皮记录部位,如顶区和颞区记录到较明显的正波,其潜伏期比 P3a 波略长,也是 250～500 ms,称之为 P3b 波。一些实验证明,P3b 波已超出朝向反射的范围,与更复杂的心理活动有关。

### 二、神经活动模式匹配理论

索科洛夫(Sokolov,1963)在朝向反应的研究中发现,它的基础是一个包括许多脑结构在内的复杂功能系统。这一功能系统的最显著特点是,它在新刺激作用下形成的新异刺激模式与神经系统的活动模式之间不匹配。刚刚发生的外部刺激在神经系统内形成了某些神经元组合的固定反应模式。如果同一刺激重复呈现,传入信息与已形成的反应模式相匹配,朝向反应就会消退。所以在一串重复刺激中,只有前几次刺激才能最有效地引出朝向反应。几次刺激之后或几秒钟之后,朝向反射就会消退;但刺激因素发生变化,新的传入信息与已形成的神经活动模式不相匹配,则朝向反应又重新建立起来。索科洛夫认为,无论是第一次应用新异刺激引起的朝向反应,还是它在消退以后刺激模式变化所再次引起的朝向反应,都由同一神经活动模式不匹配的机制所实现。具体地讲,这种机制发生在对刺激信息反应的传出神经元中,在这里将感觉神经元传入的信息模式和中间神经元保存的以前刺激痕迹的模式加以匹配,如果两个模式完全匹配,传出神经元不再发生反应。两种模式不匹配就会导致传出神经元从不反应状态转变为反应状态。进一步实验分析表明,不匹配机制引起神经系统反应性增加的效应,可以发生在中枢神经系统的许多结构和功能环节上,其结果是大大提高对外部刺激的分析能力或反应能力。

既然朝向反应是一种短暂的反应过程,随着刺激的重复或刺激的延长,它就会消退;采用精细的分析和记录手段,对这一过程进行时相性分析是十分必要的。事件相关电位的记录和分析,是一种较为理想的手段。一些研究者发现,初次应用新异刺激引起的初始性朝向反应和消退之后刺激模式变化引起的易变性朝向反应不同,两者的脑事件相关电位变化不一,神经机制也不相似。在易变性朝向反应中,存在着特异性脑事件相关电位波——不匹配负波(mismatch negativity, MMN);而在初始性朝向反应中,存在着较大的顶负波,这两种负波的潜伏期均在 150～250 ms 之间,是 N200 波的不同成分。

顶负波是初始性朝向反应的恒定成分,在初次应用新异刺激时出现于顶颞区,是潜伏期约为 200 ms 的负波,简称 N200 波。有时 N200 波分成两个波峰,分别称 N2a 和 N2b。N2b 波峰是在 N2a 的基础上进一步增大而形成的。当 N2b 波下降以后形成了正相波称为 P3a,N2b-P3a 构成一个复合波。N2a 则常常就是不匹配负波(MMN),所以 N2b-P3a 复合波是 MMN 波扩展的后继成分。

MMN 对各种性质不同和心理学意义不同的刺激,均给出相似的反应,它只反映出刺激模式的变化,不论是声、光或电刺激,只要这种模式在重复应用时发生一定的变化就能有效地引起 MMN 波。但是 MMN 波出现的潜伏期和持续时间则与刺激强度变化的幅度有关。外部刺激强度变化的幅度越大,则 MMN 波出现的潜伏期越短,持续时间短,负波峰值也较高。反之,外部刺激强度变化越小,MMN 波出现的潜伏期长,持续时间长,负波峰值低。从刺激变化时起,MMN 达到峰值所需的潜伏期约 200～300 ms。一般而言,潜伏期短,MMN 峰值高;潜伏期长,则峰值低。MMN 波常常出现于额区或额-中央区。当 MMN 波之后伴随一个正波或负正双相 N2b-P3a 复合波时,就会出现朝向反应;相反,如果刺激模式变化引起的 MMN 波之后不伴有 N2b-P3a 复合波或一个正波,不会出现朝向反应。平均诱发电位的这些变化说明了大脑皮层在注意中发生了复杂变化。

## 第二节 选择注意

选择注意就是在众多外界刺激中,选择性注意某刺激,而忽视其他刺激的过程。认知心理学创立了许多研究选择注意的实验范式,分别研究了颜色、形状、物体、空间等刺激,以及听觉和语词等刺激因素的选择注意。各类认知实验范式中,令被试选择注意的刺激称为靶子,令被试忽视的刺激称分心项目或干扰项目。此外,还有一类对靶子出现有提示作用的线索,根据线索与靶子的关系,又将其分为有效提示和无效提示的线索。选择注意研究就是控制线索、靶子和分心刺激呈现的时间和空间关系,在被试对靶子选择反应的反应时和正确率的差异中,总结出选择注意形成的理论,并通过事件相关电位和动物模型对选择注意的脑机制进行研究。

### 一、早选择和晚选择的经典理论

在认知心理学中,较早的选择注意理论称为过滤器的瓶颈理论,认为选择注意是由于大量外界刺激信息在感知觉通道上,向脑内传入时存在着竞争性,注意的选择在每一瞬间只能让有限的刺激进入脑内。这一理论带来的问题是何时发生的注意选择,是在大量刺激感知过程的早期,还是产生明确知觉对刺激给出反应的选择,分别被称为早选择模型和晚选择模型。无论是人类被试的实验研究,还是动物模型研究,生理心理学分别积累了许多科学事实,有些支持早选择,另一些证据却支持晚选择。生理心理学中关于丘脑网状核闸门学说和前运动中枢理论,分别支持了认知心理学中的早、晚选择理论。

#### (一) 丘脑网状核闸门学说

脑损伤病人和动物实验研究发现,丘脑网状核在选择注意过程中,对干扰项的抑制发挥重要作用。解剖学研究表明,丘脑网状核只接受从额叶-内侧丘脑来的下行纤维,当大量高位反馈的下行冲动引起它的兴奋，就会对脑干网状结构产生抑制功能，使大量干扰项的刺激信息很难传入脑高级中枢。因此，这一理论称为注意的丘脑网状核闸门学说。对脑损伤病人进行平均诱发电位的中成分分析的研究报告，为丘脑网状核闸门理论提供了有力支持。背侧额叶皮层受损的病人，其听觉平均诱发反应 P50 和体感刺激的平均诱发反应 P50 均比正常人显著增高；而听觉和体觉初级皮层受损的病人，分别只出现与受损皮层相应的诱发电位的中成分选择性幅值降低。这说明：背侧额叶皮层受损不能向丘脑网状核发出兴奋冲动，丘脑网状核无法对脑干网状结构发挥抑制作用。当然也不排除背侧额叶皮层直接抑制各种初级感觉皮层对干扰项的反应。总之，无论对正常人的平均诱发电位的中成分分析，还是对脑损伤病人的中成分分析，乃至对动物的实验研究，都说明选择注意的选择作用，发生于潜伏期短于 100 ms 的早期阶段。然而生理心理学研究文献中，也有一些事实支持晚选择。

（二）注意的前运动中枢理论

与前面所讲的从感知信息传递过程中，寻求早选择不同；前运动中枢理论从注意引起的运动环节寻求晚选择的注意理论。首先，视觉注意过程常常伴随眼动，在猴的选择性视觉注意实验中，发现与眼动有关的皮层运动区 7、8 区和皮层下眼动中枢上丘，有明显的神经元单位发放增强现象。除视觉选择注意之外，与猴取食运动反应，以及咬食运动活动相关的大脑皮层前运动中枢（6 区）损毁时，猴对食物的选择性注意功能丧失。根据这些事实，注意的前运动中枢理论认为，注意是前运动中枢的晚选择性反应，其反应增强效应就是选择注意的基础。

## 二、多环节上的选择

上世纪 90 年代以来利用功能性磁共振成像的研究，发现对靶子的检测伴随最明显的脑激活区是前扣带回，特别是无效线索提示的信息与靶子呈现的信息不一致时激活最强。对干扰项的忽视，伴随眶额皮层、纹状体和丘脑的多个脑区激活；在空间注意作业中，除前扣带回和背侧前额叶激活外，还有顶叶特别是右侧顶叶皮层的激活。这些科学事实说明，早选择理论仅仅从感知信息的传入环节，寻求选择注意的脑机制；晚选择理论则从注意的运动效应环节中寻求选择注意的证据。两者各有所长，都只能提供选择注意脑机制的一个侧面。事实上选择注意是多个脑区参与的复杂动态机制，不仅是感觉传入环节的早选择和运动传出环节的晚选择，还有更多复杂脑高级中枢的参与，并且是与知觉、记忆和意识密切相关的选择。所以，特征整合理论、注意约定理论等又重新被提起。

（一）特征整合理论

Treisman 等人（1980，1986）提出特征整合理论，将注意和知觉过程关联起来。在视觉搜索的实验研究中，Treisman 将注意过程分为两个阶段：前注意阶段和选择注意阶段。她认为前注意阶段对视野中各种特征进行并行加工，是一种非意识活动。随后一些特征整合起来形成客体知觉，选择注意正是在从并行到串行的特征整合中发挥作用。也就是说，选择注意的选择发生在知觉形成之中。最初，这个理论建立在由底至顶信息加工的概念基础上，在以后的十年之中不断吸收自上而下的信息加工概念，逐渐强调高层次知觉经验在特征整合中的作用，并认为在刺激呈现的几百毫秒内，选择注意对潜在靶子的强化和对潜在干扰的抑制是同时进行的，这就是选择注意的特征整合理论。

### （二）注意约定理论

有研究者主张将注意和记忆关联起来，认为选择注意介入之前，个别特征结合为知觉的过程已经完成，选择注意的作用在于把知觉信息与工作记忆约定起来，选择发生在完成明确意识知觉的环节上。Gazzaley 和 Nobre(2012)综述了近年的有关文献，证明选择注意和工作记忆之间存在着重叠的共同脑机制，源自前额叶和顶叶的自上而下的信息流在选择注意和工作记忆之间连接起来。

### （三）注意的情感偏置论

Todd 等(2012)认为在很多情境中，选择注意制约于主体的情感状态，在由底至顶的注意选择中，刺激物属性的突显性受到主体情感的影响；在自上而下的选择注意中，更是决定主体的情感状态。反之，注意对主体的情感也有调节作用。

从上述注意选择可能分别发生在知觉决策、工作记忆和情感等不同环节中的事实，说明注意是一类非常活跃的心理过程，可能参与多种心理过程，调节和分配着心理资源。

## 三、选择性注意的心理资源分配理论

前面已经介绍索科洛夫的联想性模式匹配理论，是在 60 年代朝向反应研究的基础上形成的。1991 年美国心理生理学会成立 30 周年学术会议的总结报告，系统阐述了非随意注意、朝向反射、习惯化和心理资源分配的联想理论，分析了选择注意研究的发展趋势。该报告概述了索科洛夫模式匹配理论的实验依据，在此基础上提出配对刺激实验范式，以及次级任务反应时分析的原则。该报告认为易变性朝向反射比初始性朝向反射具有更明显的模式间效应，这类科学数据有利于说明心理资源分配概念在注意理论发展中的重要意义。这里先简要地介绍心理资源分配实验范式，再介绍注意研究中的电生理学指标。

### （一）次级任务探测反应时实验

在 S1-S2 刺激模式连续重复的过程中，以一定时间的刺激间隔(inter-trial intervals)重复 24 次的实验序列，其中某几次刺激呈现时，遗漏 S1-S2 模式中的 S2 成分，从而使这一实验系列刺激中，发生了模式间的变易(inter modality change)。此外，24 次 S1-S2 刺激序列中，还安排两类持续时间长短不同的 S1-S2 刺激。在 S1-S2 刺激呈现时或在刺激间隔期，不定期地使用另一种探测刺激，与 S1 和 S2 均不相同，并同时记录对探测刺激的反应时（按键）和皮肤电变化。被试的主要任务是暗自计数刺激系列中的刺激时间较长者出现的次数；被试的次级任务是对探测刺激给出按键反应。这种实验范式，称为次级任务探测反应时实验（the experiment with secondary task probe reaction time）。利用这一实验范式的具体参数，S1-S2 刺激对的持续时为 4 s，但持续时间较长（6 s）者出现概率为 0.25。换言之，总数 24 次的重复序列中，S1-S2 为 4 s 者 18 次，6 s 者 6 次。被试主要任务是辨别并暗自心数在 24 次中，持续时间较长的 S1-S2 呈现的次数。在 S1-S2 的刺激序列间，任何处均可能出现一个 70 dB 的声音探测刺激，可出现在 S1 呈现时，或 S2 呈现时，或刺激间隔期。每当 70 dB 声音信号出现时，被试按下的电键，记录反应时及此时皮肤电变化。最主要的参数是比较在 S1-S2 刺激对中，漏掉 S2 后的反应时和下一次刺激中 S2 再呈现时的反应时，以及被试对探测刺激的反应时和皮肤电反应幅值。结果表明，在 S2 漏掉或再现时，均造成反应变慢的行为效应；皮肤电幅值明显增加，特别是 S2 再现时，皮肤电反应幅值更高。这一结果说明：S2 漏掉和再现时引起的反应时和皮肤电生理参数的变化，是心理资源分配所引起的，特别是 S2 再现引出的高幅值皮肤电反应，表明这时被试动员了较多的心理资源。

**（二）心理资源分配与脑事件相关电位**

除了反应时和皮肤电的上述变化，在注意机制的研究中，自 20 世纪 80 年代，较多采用脑事件相关电位作为生理指标。这里先介绍与心理资源有关的脑事件相关电位注意指标，包括 N1 或 N2 波、Nd 成分和 CNV 波。

1. N1 波及其慢复合波

在引起人们注意时（朝向反应），常可观察到在声音呈现后 120～150 ms 之间出现一个负波，随后出现一个慢波，一直延续到声音终止。这种短暂的负波及其后的晚慢电位波（late sustained potentials），在两半球间的颅顶区（Cz）最大。如果用一个视觉刺激，则引出的晚慢成分主要在两侧枕区，无论听觉刺激还是视觉刺激，引出的 N1 和其后的慢波都随刺激延长而向附近脑区扩展。深入研究发现，晚慢波之前瞬时变化的 N1-P1 波幅值，仅在其出现后 30～50 ms 内逐渐增高，随后就为后慢负波所取代。后者可持续恒定幅值达 3.5 s，甚至其幅值在 5～9 s 内才逐渐下降。这种 N1 波及其晚慢电位与被试非随意朝向反射有关，不受选择注意的影响，说明它是一个自动加工过程，不存在心理资源分配问题。

2. N2 波成分与非随意注意

N2 成分具有通道特异性，即不同感觉通道获得的刺激，其诱发电位在头皮上的分布不同。分别用声音和闪光作为刺激物，听觉诱发 N2 成分最大峰值出现颅顶区，而视觉刺激诱发 N2 主要表现在枕区。N2 成分的另一个明显的特点是它在随意注意和不随意注意情况下产生相同的反应。在双耳分听的实验中，也发现对注意耳中音调的变化和非注意耳中音调的变化，诱发出同样的 N2 成分。Näätänen 等人（1983）的实验发现，当被试对差别细微的声音刺激作选择反应时（如 1000 Hz 对 1010 Hz，要求对后者作反应），尽管被试在主观上未觉察到二者的差别，但也表现出 N2 成分。实验结果显示出正确觉察和未觉察到声音刺激的差别,二者所诱发出的 N2 成分的波幅是相等的。因此,Näätänen 等提出:N2 波表现了以自动方式对环境的变化作出反应的过程,可能参与到定向反应活动中,是一种自动加工过程,不耗费心理资源。

3. Nd 成分

采用两种频率的调幅音,音强均为 80 dB,声音呈现长度为 51 ms 或 102 ms 两种,通过立体声耳机分别在左耳或右耳呈现。在 160 s 内多次变化频率和持续时间的长短音(51 ms 或 102 ms)在左、右耳中呈现。请被试注意听一种频率的或某一持续时间的声音,对其他声音不去理会,同时记录和分析脑事件相关电位。对所得结果计算出的注意声音和非注意声音引起的负向波之差(Nd),即两种声音诱发的事件相关电位成分相减后得到的差异负波。计算结果表明,注意与非注意的脑事件相关电位之差由三个成分组成:注意的事件相关电位中 100~270 ms 间的负波;非注意的事件相关电位中 170 ms 至声音终止间的正波;注意的事件相关电位中 270~700 ms 的第二负波。随注意与非注意声音鉴别难度逐渐增大(如由 2000 Hz 与 900 Hz 间的区别,变为 960 与 900 Hz 间的区别),Nd 出现的时间延迟。这说明,随心理资源的耗费,Nd 波与非注意声音引起的正波关系也发生变化。

4. CNV 波

伴随负慢电变化(contengent negative variation,CNV),也称期待波。Walter 等(1964)最早报道了这类事件相关电位。他们在研究声-光刺激相互作用时发现,如果第一个刺激($S_1$)作为一定间隔时间后出现的第二刺激($S_2$)的警告信号,并要求被试在 $S_2$ 呈现时完成一个动作。$S_1$ 呈现后 200 ms,在大脑皮层尤其是前额显著地出现负慢电位变化,这种变化持续到被试完成动作以后,但很少超过 2 s。负慢电变化的波幅很低,只有几微伏到 10 μV 之间,而且重叠在大脑自发电活动之上很难辨认。因此,只有经过直流放大,并通过计算机叠加,方能记录出来。

## 第三节 注意的脑网络和信息流

当代认知神经科学利用多种无创性脑成像技术和有创性动物细胞电生理学记录方法相结合,对注意的脑机制进行了多方面的研究。可以把这些研究概括为三方面问题。首先,把注意作为一种心理过程,它由非随意注意、选择性注意和注意保持三个环节,组成统一的注意过程。其次,注意过程由许多层次不同的脑结构参与,形成了多种脑功能网络作为结构基础。第三,在这些网络中进行着由底至顶、自上而下、循环和大范围交互的信息流,实现着注意对意识的导向作用,保持适度警觉和决策执行等功能。

### 一、注意的功能网络和功能系统

著名学者鲍斯诺(M. I. Posner)在 1995 年出版的《认知神经科学》一书中,根据人类无创性脑成像研究和灵长类动物细胞电生理研究所发现的科学事实,将注意的脑机制概括为三个功能网络:定向网络、执行网络和警觉网络。这三个网络构成脑内统一的注意系统,每个网络在注意过程中具有不同的作用。

### (一) 定向网络

猴细胞电活动的证据以及脑损伤病人的研究表明,后顶叶皮层、上丘和丘脑枕核参与感觉刺激和空间位置的定向功能。不随意注意和选择注意过程伴随眼动和内隐朝向反应,这些脑结构的细胞发放活动增强。当无效线索提示与靶子呈现不一致时,注意必须从原有的位置上解除,再转向新位置时,还需要有颞-顶联络区皮层的参与。这些脑结构损伤,就会导致不随意注意和注意转移的障碍。

### (二) 执行网络

执行网络实现选择注意的执行,包括对目标和靶子搜索和觉察,对干扰项的忽视、错误检测处理,无效提示线索引起的冲突和反应抑制等进行调控。主要脑结构是中额叶皮层,包括前扣带回和辅助运动区,有时基底神经节也参与这一功能网络。

### (三) 警觉网络

警觉网络实现注意保持和持久维持的调节功能。因此,相应的脑结构应该是能维持注意所需的高唤醒和警觉状态,中脑蓝斑的去甲肾上腺能神经元的活动,可以保持较高的警觉状态和唤醒水平。大脑皮层右顶叶和右前额叶参与注意持久维持的调节功能。

尽管三个注意网络功能关系的许多细节,以及注意、知觉和记忆的相互关系问题都没有解释清楚;但注意三个网络的概念,把注意作为一种复杂认知过程的思路,成为21世纪注意研究的主流,并且在此基础上总结出背、腹侧两个注意系统的理论,成为当今脑科学中的主导理论。

## 二、背、腹侧注意系统

以往的注意研究侧重于分析实验室中被试的反应(因变量)对呈现给被试的感知觉刺激(自变量)之间的依赖性,主要注重于控制自变量。既然注意过程是一种复杂的心理活动,选择性注意的选择可能发生在许多环节上,而这些环节还可能彼此相互作用。所以,近年的注意研究把整个实验环境、刺激、反应、任务等诸多因素统称为注意集(attentional set),不仅包含着知觉集(perceptual set)、运动集(motor set)、任务集(task set)等,还包括被试主观的期望和准备状态。基于这种观点,形成了额-顶皮层的背侧注意系统和腹侧注意系统的理论,背侧注意系统是建立在自上而下和由底至顶的综合信息加工过程之上,腹侧注意系统建立在对刺激驱动的信息加工过程之上。

Corbetta 和 Shulman(2002)系统综述了猴细胞电生理学研究和忽视症病人的实验研究文献,提出了人类大脑皮层中,存在着背、腹侧两个注意系统。如图 5-1 所示,背侧注意系统主要由两半球的额叶眼区(FEF)和内顶沟(IPs)组成,称背侧额-顶注意网络(dorsal frontoparietal networks);腹侧注意系统主要由右半球的颞-顶结合部(TPJ)和腹侧额叶皮层(VFC)组成,称右半球腹侧额-顶注意网络(ventral right frontoparietal networks)。

背侧注意系统的主要功能在于,对注意目标的刺激特性和反应动作进行认知选择,动态关注刺激-反应间的关系。特别是在刺激和反应动作之间关系的维持或变动时,更要有左后顶叶皮层的加入。背侧额-顶叶皮层不但对注意的视觉空间特性,而且对注意物体的各种属性和特征,以及注意选择集和任务集在工作记忆中的状态发生调节作用。因此,背侧额-顶叶皮层注意系统不但实现自上而下(top-down)的全方位的注意认知选择,还实现着由底至顶(bottom-up)的注意空间特性和物体属性的检测。可见,背侧额-顶注意网络功能的实施离不开右半球腹侧额-顶注意网络的参与,特别是对注意空间属性和刺激集属性的由底至顶的信息传递。

右半球腹侧额-顶注意网络不断地实时监测注意集的各种变换,包括刺激集(注意目标、线索、呈现序列和呈现频率等),反应集(反应动作要求和实现方式等),以及任务集(选择目标和任务要求)的变化。特别是非注意事件的新变化和意外的小概率呈现事件的变化时,右半球腹侧额-顶注意网络受到高度激活,作为终止任务集的信号,发出中断由背侧注意系统实施的注意活动的指令,采用新的注意举措。在右半球腹侧额-顶注意网络中,腹侧额叶皮层(VFC)的主要功能是评估注意集发生变化的新异性;而颞-顶结合部(TPJ)皮层的功能主要是检测这种新异性对行为反应的价值。

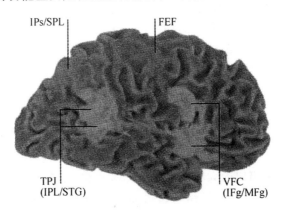

**图 5-1 背、腹两个注意系统关键结构解剖分布**

(择自 Corbetta, M. & Shulman, G. L., 2002)

图中左上结构是内顶沟(intraparietal sulcus, IPs)和上顶叶(superior parietal lobule, SPL);右上结构是额叶眼区(frontal eye field, FEF);这些结构形成注意的背侧系统,主要运行自上而下(top-down)信息流,执行自上而下的注意控制(top-down control)。

左下结构是颞-顶结合部(temporo-parietal junction, TPJ)包括下顶叶(inferior parietal lobule, IPL)和颞上回(superior temporal gyrus, STG);右下结构是腹侧额叶皮层(ventral frontal cortex, VFC),包括额下回(inferior frontal gyrus, IFg)和额中回(meddle frontal gyrus, MFg)。这些结构形成腹侧注意系统,完成刺激驱动的信息控制(stimulus-driven control)。

Fox等人（2006）利用静态功能性磁共振技术（R-fMRI）对正常成年被试在没有注意任务条件下，让被试保持安静状态，无拘束地睁、闭眼或注视前方。在此状态下，采集被试脑血氧水平相依信号（BOLD）的自发波动数据。经过信号处理后发现，根据BOLD自发波动的相关性分析，可以较好地得到大脑皮层分区；并且内顶沟（IPs）和上顶叶（SPL）之间BOLD自发波动的相关系数很高；颞-顶结合部（TPJ）和腹侧额叶皮层（VFC）之间BOLD自发波动的相关性也很高。这种脑BOLD信号的功能性自发波动图，支持了背、腹两个注意系统关键结构的解剖分布，同时说明背、腹两个注意网络是脑遗传保守性和后天习得的系统，无论被试是否负有注意任务，都为注意功能的实施，准备好了脑基本网络。下面介绍的非人灵长动物的细胞电生理学实验数据，也支持这种背、腹两个注意系统的理论。

Ekstrom等（2008）在两只猴脑中埋置了微电极，以弱电流刺激额叶眼区。在功能性磁共振实验室中，首先测定能引发猴眼动的额叶眼区刺激阈值，并测出眼动的范围（movement feild）。训练猴学会注视固定目标，在正式实验时，通过埋藏微电极对额叶眼区有刺激和无刺激时，比较全脑激活区分布的差异。随后再进行视觉刺激（注视不同光对比度下的目标）并同时给予微电极电刺激额叶眼区（用阈下刺激，不引发眼动的刺激强度），比较全脑激活区的分布。结果发现，没有视觉刺激，仅有额叶眼区的电刺激，只在一些高级视觉区如V4等引起激活水平的增强，对V1区不发生影响；或相反，当同时给视觉刺激和微电极电刺激，V1区出现抑制效应。额叶眼区的这种调节效应，决定于视野中刺激的对比度和干扰刺激的存在。基于这一些发现，作者认为高层次视觉功能区（额叶眼区），对初级视皮层自上而下的调节作用，需要有由底至顶的激活信息；反之，自上而下的调节作用强度，决定了选择注意的刺激突显程度。换言之，额叶高级调节信息依赖于由底至顶信息的门控因素。这一细胞生理学事实，有力地支持了背、腹侧额-顶皮层注意系统的相互关系。

Yeo等（2011）系统总结了近年利用R-fMRI技术对人类大脑皮层功能分区和和功能系统的研究，并利用1000名正常成人被试的数据，在人脑皮层中分割出17个皮层功能区，并在此基础上，分离出七大功能网络（图5-2），包括：视觉网络（visual）、体干运动网络（somatomotor）、背侧注意网络（dorsal attention）、腹侧注意网络（ventral attention）、边缘网络（limbic）、额顶网络（frontoparietal）和预置网络（default）。可见，背侧注意网络和腹侧注意网络作为大脑基本功能系统，已经得到当代脑科学的普遍接受。

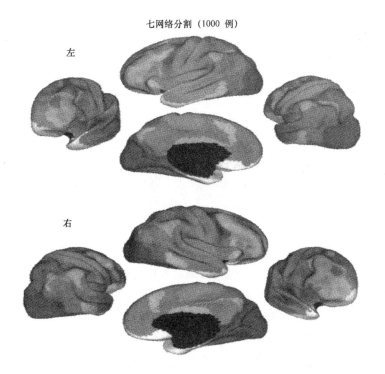

**图 5-2 基于 1000 名被试 R-fMRI 数据得到大脑皮层七个功能系统**
(择自 Yeo, B. T. T. et al., 2011)
图中:上四个小图是左半球,下四个小图为右半球;每半球的四个小图中,上下小图分别是背外侧面观和中央内侧面观;每半球的四个小图中,左、右两小图分别是顶、底侧面观。

### 三、多重信息流

尽管 15 年前通过事件相关电位的时程分析,为注意的早选择理论提供了证据;但是注意晚选择理也从未退出历史舞台。按探照灯的注意比喻本身,就蕴涵着晚选择发生在执行环节。视觉注意研究,从未放松眼动调节中枢机制的研究,McDowell 等(2008)发现随意眼动引起许多脑区的激活,如图 5-3 所示,有额叶眼区、辅助眼区、下顶沟、楔前核、前扣带回、纹状体、丘脑、楔状核和中枕回等,其中额叶眼区是最高中枢。2008~2009 年将猴细胞微电极记录技术和功能性磁共振成像技术相结合的研究报告,为注意过程中多重动态信息流的理论观点,提供了新的科学证据。具体地说,在眼动的多级中枢调节中,以较高层次的额叶眼区(FEF)为代表,以初级视皮层(V1)作为初级视中枢的代表,发现两者间不仅存在着由底至顶(bottom-up)的信息流和自上而下(top-down)的信息流,以及循环信息流(concurrent),还存在着 FEF 和 V1 区之间的大范围信息交流的机制。

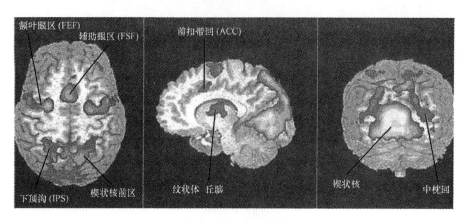

**图 5-3　随意眼动激活的脑区**
（摘自 McDowell, J. E. et al., 2008）

Khayat 等人（2009）对两只成年猴利用细胞外微电极记录技术,在曲线轨迹追踪的眼动实验中,分析了猴额叶眼区和初级视皮层场电位发放间的时间关系。训练猴保持两眼注视点于视屏正中 1°视角的方窗内,维持视角变化在窗内中心的 0.2°视角范围之内。刺激由两条白色曲线组成;每条曲线末端有一个红色小圆圈。其中一条曲线的末端红圈搭在屏幕中央的注视点,作为靶刺激;另一条曲线末端的红圈与注视点不连接,作为干扰刺激。训练猴眼动跟踪靶曲线。通过微电极记录两只猴的额叶眼区（FEF）的细胞电活动,其中一只猴还单独记录初级视皮层 V1 区的场电位,记录电极的阻抗为 2 MΩ。记录电极插入额叶眼区,通过它导入 400 Hz 双相脉冲,串长 70 ms 的电刺激。如果刺激电流在 100 μA 以下（通常为 50 μA）就能引发眼动,就认为电极位于额叶眼区。结果发现,无论是视觉刺激出现时相,还是对靶刺激的选择注意时相,初级视皮层（V1 区）和额叶眼区细胞电活动潜伏期相近,没有显著差异。所以,作者认为视觉信息从视网膜到 V1 区和 FEF 区是并行的且几乎同时的（41 ms:50ms）;选择注意时相,V1 区和 FEF 区反应潜伏期也没有显著差异（144 ms:147ms）。他们最后的结论是在选择注意中,高层次皮层和低层次皮层形成统一的系统,彼此不断大范围地交流信息。循环信息流的分析将三者联结在一起,在 Lamme（2000）的综述中,也引证了 4~5 篇关于在视觉掩盖效应中,初级视皮层（V1）和额叶眼区（FEF）之间的细胞电活动潜伏期仅差 10 ms 的研究报告,并给出了如图 5-4 所示的结果：V1 区潜伏期 40~80 ms,FEF 区潜伏期 50~90 ms,颞下回（ITG）的潜伏期 80~150 ms。

**图 5-4 V1 区和 FEF 区 细胞电活动潜伏期的比较**
(摘自 Lamme, V. A. F., & Roelfsema P. R., 2000)

Lamme(2003)进一步论证了循环信息流的概念,并将选择性注意与意识过程联系起来。如图 5-5 所示,外界多种刺激分别用刺激 A 和 B 代表,它们在呈现后的 40 ms 已经投射到初级视皮层,成为感觉过程的起点;60～80 ms 时,视觉信息可以前馈到纹区外视皮层,进行无意识知觉的信息加工;约 100～150 ms 时视觉信息已前馈至额叶皮

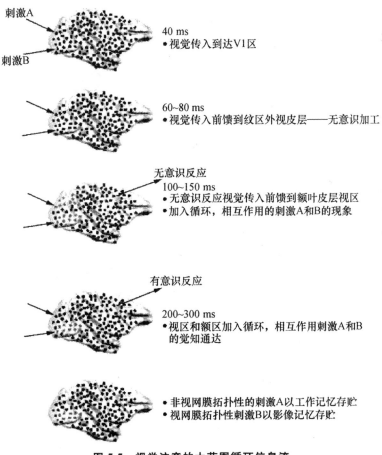

**图 5-5 视觉注意的大范围循环信息流**
(引自 Lamme, V. A. F., 2003)

层,同时视觉皮层开始加入循环流的相互作用之中,这时主体出现对刺激的无意识反应。200~300 ms 时视皮层和额叶皮层同时加入循环信息流的相互作用中,产生了主体的意识知觉,即使现实刺激消逝,也会保存在工作记忆之中。也就是说,在 200~300 ms 之内额叶与视皮层之间相互作用的循环信息流完全形成,不仅是意识知觉形成的基础,也是选择注意和工作记忆的神经基础。

## 第四节 儿童注意缺陷

### 一、临床症状与分类

有些儿童的注意力难以集中、冲动任性、学习困难、暴发性情绪变换,甚至出现一些严重的行为问题,如打架、逃学、说谎、诈骗等。人类对这类问题的认识,经历了一段历程。一百多年前就曾经把这类儿童行为问题确定为多动症。50 年后,发现活动过度和冲动行为并不是这类儿童行为问题中的重要共性,有人提出这些行为问题可能是由于儿童早期或产程中,脑受到轻度损伤而造成的,所以又将之称为"轻度脑损伤"。然而,世界各国的研究资料表明,在这些儿童中,真正能发现脑轻度损伤病史的为数不多。因此,又以轻度脑功能失调(minimal brain dysfunction,MBD)的名称取而代之。美国《精神疾病分类和诊断手册》(第三版)(DSM-Ⅲ),1980 年将这类儿童行为问题归类为注意缺陷障碍(attention deficit disorder,ADD),认为注意缺陷是这类儿童共同的突出问题。美国精神病学会 1994 年公布的 DSM-Ⅳ,将这类疾病统称为儿童注意缺陷多动障碍(attention deficit/hyperactivity disorder,ADHD),包括三种临床类型:注意缺陷型、多动型和混合型。《中国精神障碍分类与诊断标准》(第三版)(CCMD-3)将 ADHD 称为"儿童多动症",发生于儿童时期,与同龄儿童相比,表现为明显注意集中困难,注意持续时间短暂,以及活动过度或冲动的一组综合征,包括注意障碍型、多动型以及多动症合并品行障碍型。注意障碍型表现为学习分心、不注意听讲、作业拖拉、粗心大意、丢三落四、做事有始无终、心不在焉、不遵守规则或指令。多动型表现为课堂上小动作多、静坐不持久、平时话多、干扰他人活动、不能安静玩耍、打架斗殴、冲动过火或冒险行为、不遵守纪律、秩序和游戏规则等。

### 二、对病因的经典认识

导致注意缺陷的原因至今尚不十分清楚。20 世纪 50 年代,曾认为妊娠期、围产期或新生儿时期轻度脑损伤,可能是这类儿童行为问题的原因。虽然 70 年代积累的大量资料未能证明这种设想,但也不能否认脑功能轻度异常是注意缺陷障碍的基础。为什么会发生脑功能轻度异常呢?有人认为工业发展中环境污染使儿童受害是原因之一。例如,汽车增多,所用汽油成倍增加,在汽油中为防止爆炸而加入的四乙铅随燃烧不完全的废气排出,可能导致儿童慢性铅中毒。以醋酸铅溶液渗入食物饲养小白鼠40~60日以后,可发现其活动性明显增高,说明铅中毒可能与过度活动有关。除铅中毒之外,铜、锌等微量元素代谢失常,都与脑功能轻度失常有关。遗传、教育和环境因素对ADHD的形成,也有一定影响。统计学研究表明,注意缺陷多动障碍儿童的父母或兄弟姐妹在幼年期亦有注意缺陷多动者为数不少,也有报道同卵双生儿同时出现注意缺陷多动障碍。

对ADHD儿童进行脑生化研究,发现这些儿童脑内多巴胺β羟化酶(DBH)含量较低。多巴胺β羟化酶促进脑内多巴胺生成去甲肾上腺素的生化反应,它的不足自然导致脑内去甲肾上腺素功能低下。Chamberlain等(2006)将5-羟色胺重摄取抑制剂埃托莫噻烃(atomoxetine)和去甲肾上腺重摄取抑制剂氢酞氟苯胺(citalopram)注射入ADHD病人和正常同龄被试,结果发现:去甲肾上腺素代谢的改善比5-羟色胺更有效地提高ADHD儿童的认知作业成绩,进一步证明了去甲肾上腺素功能低下是ADHD病理基础之一。

### 三、研究进展

20世纪80年代利用事件相关电位技术对ADHD病理生理学的研究发现,ADHD的患儿与同龄儿童相比,其头部顶区的事件相关电位P300波潜伏期长、幅值低;额区N200波和P300波幅值低;事件相关电位潜伏期100~400 ms间成分的源分析表明,外侧额叶功能异常。随后大量无创性脑成像研究,揭示了更多科学事实,出现了不同的病理模型。

#### (一) 前额叶-纹状体病理模型

上世纪90年代以后,多种脑功能成像研究表明,ADHD的脑功能异常主要发生在外侧前额叶、背侧前扣带回、尾状核和壳核,并形成了ADHD的前额叶-纹状体病理模型。该模型认为,这些脑结构都与动作的执行监控有关。但是,随后又发现ADHD病人的枕叶和颞叶皮层也有病理变化,于是该病理模型又受到质疑。

#### (二) 广泛性脑功能发育障碍模型

Bush(2010)综述了近年脑成像研究进展和神经生物学成果,认为ADHD的病理机制应包括注意网络(attention networks)、基于奖励/反馈的信息加工系统(reward/feedback based processing systems)和脑预置静态网络(default mode resting state network)。与这些网络相关的重要脑结构(如图5-6所示):背外侧前额叶皮层(DLPFC)、腹外侧前额叶皮层(VLPFC)、顶叶皮层(parietal cortex)、背前侧中扣带回/背侧前扣带回(daMCC/dACC)、纹状体(尾状核和壳核)和小脑。该文综述了许多关于ADHD病理研究报告,指出病人的这些脑结构容积小,皮层(灰质)较薄,与相关脑结构联系的纤维传导束(白质)发育不良。该作者还引述了自己实验室对ADHD病人服用治疗药物哌甲酯(methylphenidate)后,检查R-fMRI的研究结果。他们发现用药六周后病人与服安慰药对照病人相比,上述脑结构静态 BOLD 信号波动幅度增高,得到显著改善。

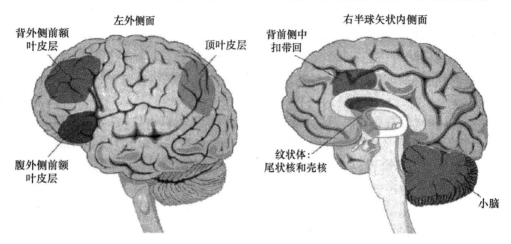

**图 5-6 ADHD 相关的脑结构**

(择自 Bush,G.,2010)

　　Castellanos 和 Proal(2012)以《ADHD 中超出额叶-纹状体模型的大范围脑功能系统》为标题,发表了长篇文献综述,总结了近年采用 R-fMRI 技术对 ADHD 研究的病理学新发现。他认为,近年应用 R-fMRI 技术于千名人脑功能解剖研究中,所发现的七大功能系统,几乎都不能完全排除与 ADHD 疾病有关,至少在 ADHD 病人中发现了,额顶网络、背侧注意网络、预置网络、视觉网络和体干运动网络都有 ADHD 的相应病理改变。额顶网络又称执行控制网络或前额叶-纹状体系统,包括外侧额极(lateral frontal pole)、前扣带回(anterior cingulate cortex,ACC),背外侧前额叶皮层(dorsolateral prefrontal cortex,dlPFC)、前额叶皮层前部(anterior PFC,aPFC)、外侧小脑(lateral cerebellum)、前岛叶(anterior insula)、尾状核(caudate)和下顶叶(inferior parietal lobe)。ADHD 儿童在完成运动控制任务、抑制任务、Go/Nogo 任务和依靠工作记忆完成鉴别任务时,这些脑结构的激活水平明显低于同龄正常儿童。尽管如前面所述,背、腹侧注意网络是最主要实施选择注意的脑结构;但目前对 ADHD 病人的研究并未见腹侧注意网络有明显病理改变的文献,可能是由于它的作用是通过背侧注意网络而实现的。ADHD 儿童在完成抑制任务、工作记忆任务和注意任务时,背侧注意网络的反应模式不同于正常儿童。视觉网络中,纹区外视皮层的中颞叶与空间知觉相关。多年来认为,由于背侧注意系统对非注意视野刺激反应的抑制不足,是引起注意障碍的原因之一;但在一位自幼患 ADHD 的 33 岁病人中发现,他的内侧枕叶皮层总容积明显变小,皮层变薄。这说明视觉系统的变化不只限于空间视觉的皮层区。在 ADHD 病人中,体干运动网络功能异常,主要表现为运动抑制或节拍性运动任务中,运动皮层活动不足。预置网络是个新的概念,这里着重加以说明,然后再点出它在 ADHD 病理中的意义。

### (三) 脑预置网络

近年依靠 R-fMRI 技术发现一种脑功能网络，其特点在于被试处于安静状态时，这些脑结构表现出较高幅度的 BOLD 信号低频波动(<0.1 Hz)；反之，当被试执行认知任务条件下，它们的 BOLD 信号低频波动幅度变小。如图 5-7 所示，这些结构包括两个路由器或集线器(hubs)：前额叶皮层的前内侧区(the anterior medial PFC, aMPFC) 和后扣带回皮层(the posterior cingulate cortex, PCC)，以及两个子系统：背内侧前额叶皮层子系统(the dorsomedial prefrontal cortex, dMPFC) 和内侧颞叶子系统(the medial temporal lobe, MTL)。背内侧前额叶皮层子系统负责自我参照系统认知任务；内侧颞叶子系统负责与未来相关的认知任务。预置网络与其他网络对刺激的反应相差 180 度，与其他网络的功能存在着相干性，随时与各种功能发生相反相成的作用。因此，在 ADHD 病人中，预置网络对背、腹侧注意系统和执行控制网络的变化不发生相干反应，或出现不应期，就会成为对注意和执行控制的干扰。

总之，ADHD 不是脑局部结构和功能障碍，是多个脑网络或功能系统的综合紊乱。

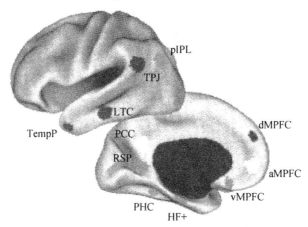

**图 5-7 脑内静态预置网络的相关结构**

(择自 Castellanos, F. S. & Proal, E., 2012)

dMPFC 背内侧前额叶皮层，aMPFC 前内侧前额叶皮层，vMPFC 腹内侧前额叶皮层，PHC 旁海马回，HF+ 海马结构，pIPL 后下顶叶，TPJ 颞顶结合部，LTC 外侧颞叶皮层，TempP 颞极，PCC 后扣带回，RSP 纹旁皮层。

### 四、治疗和行为干预

目前还缺乏对 ADHD 病人有效的治疗办法。一般采用小剂量精神运动兴奋剂，如苯丙胺(amphetamine)、哌甲酯(methylphenidate)或匹莫林(magnesium pemoline)等，这些药物能促进神经元突触前末梢释放较多的单胺类神经递质，提高中枢神经系统的兴奋性。特别是利他灵(Ritalin)能增强 5-羟色胺递质的释放，提高病人的反应抑制能力。一项对照研究表明，利他灵在 ADHD 儿童和正常儿童中的作用不同，该药在病儿中增强纹状体的激活,却降低正常儿童纹状体的激活水平。丙咪嗪等三环类抗抑郁药物有时也用于治疗 ADHD 儿童。因为这些药物防止突触前末梢对神经递质的再摄取过程,从而使突触间隙保持浓度较高的神经递质,有助于提高中枢神经系统的兴奋性。这些药物对部分 ADHD 儿童能起到治疗作用,但有时也会出现相反的效果,使病情加重。此外,这些药物过量会出现许多副作用,苯丙胺等长期服用还会成瘾。所以,没有医生的处方,万万不可随意给患儿服用这些药物。

系统行为训练和校正,是改善病人状态的一种途径。近年来一批有影响的国际学术刊物发表了对 ADHD 儿童行为训练的总结报告,推荐对运动和执行监控功能以及工作记忆进行训练等。

# 6

# 学习及其神经生物学基础

　　广义地说,学习是发现或把握外界事物变化发展规律的过程,也是经验获得和积累过程。从行为水平上,可将人和动物的学习概括为不同的学习模式,包括联想式学习、非联想式学习和奖励式学习等许多模式。这些不同模式的学习过程,既有其共同性又有其各自的特点。它们共同的脑机制可从三个层次上加以分析,在整体水平上,脑的定位论与等位论的对立统一;在细胞水平上,异源性突触易化是其共同的机制;在分子水平上,蛋白质的变构作用是其最基本的机制。各种模式学习的神经生物学基础,除了上述共性外,还有各自不同的特点,不仅表现为参与各种模式的脑结构不同,作为其基础的神经递质、受体蛋白分子、通道蛋白分子的变构机制也有很大差异。

## 第一节 学 习 模 式

　　人类和动物的学习行为,由于环境条件的不同,学习面对的任务不同和学习的规则不同,可分为许多模式。最常见的是由于外部事物重复呈现,在个体经验基础上所进行的学习过程,可称为经验式学习;与之对应的是一次性观察、洞察或模仿而形成的认知学习,并不依赖于多次重复的个体经验,这种学习模式在人类和高等灵长类动物中最发达;还有一种常见的学习模式,就是与个体生存或种族延续直接相关的因素所引起的奖励性学习。

### 一、联想式学习

　　联想式学习是指由两种或两种以上刺激所引起的脑内两个以上的中枢兴奋之间形成的联结而实现的学习过程。根据外部条件和实验研究方法不同,可将联想式学习再分为三种类型:尝试与错误学习、经典条件反射和操作式条件反射。三者共同的特点是,环境条件中那些变化着的动因在时间和空间上的接近性,造成脑内两个或多个中枢兴奋性的同时变化,从而形成脑内中枢的暂时连接。因此,这三种学习模式统称为联想式学习,包含着外部动因(CS 和 US)间的连接、刺激-反应(S-R)连接和脑内中枢间的连接(暂时连接)。与这三种学习模式相对应的是非联想式学习。

### (一) 尝试与错误学习

桑代克(Thorndike,1911)首先应用问题箱的实验装置,研究猫的学习规律。Small(1899)首先使用迷宫研究老鼠学习。迷宫和问题箱都是进行联想式学习行为研究的工具。学习行为形成的指标是动物通过尝试与错误的经验积累,使正确反应所需要的时间逐渐缩短,反应的正确率提高。T形与Y形迷宫是最常用的实验装置,在T形迷宫中起始箱与两个鉴别反应臂之间呈90°,两个鉴别臂成一直线,动物运动方向相反。因此,在T形迷宫实验中,每次需将动物放在起始箱,起始箱与另一臂的灯光同时亮,约5 s后有灯光的两臂均有电击,动物跑向无灯光的一臂才避开电击。经过训练后,每当灯光一出现,动物就立即跑向无灯光的安全区,则表明习得行为建成。Y形迷宫中,两臂间夹角可以改变,夹角越小,鉴别学习的难度越大,其用法与T迷宫基本相似。桑代克在动物迷宫和问题箱学习实验基础上,发展了哲学中三条联想律的传统观念,提出了效果律和练习律。在人与动物的许多反应中,那些伴有满足效果的或最终导致满足的反应容易巩固下来。简言之,在尝试与错误式学习中,具有生物学或社会强化效果的联想能较快形成与巩固,这就是效果律。对某一类情境的各种反应中,只有那些与情境多次重复发生的行为才能得到巩固和加强,这就是练习律。两条学习规律结合起来表明,重复发生并得到强化的行为才能巩固下来。强化与练习是尝试与错误式学习的基本规则。

20世纪60年代以来,积累了一大批关于大白鼠多臂迷宫和水迷宫学习的研究报告,证明鼠脑海马中存在一种位置细胞(place cell),是此种学习的神经基础。早期研究工作大都利用T形迷宫或双向主动躲避条件反应箱,但最有说服力的实验模式就是辐射形八臂迷宫。将大鼠放入八臂迷宫中心小室,大鼠随机跑向任一臂,都能得到食物。然后依次跑向另一臂均可得到食物,但两次进入同一臂则不能得到食物。这样训练21次,大鼠即可习得这种行为模式:大鼠进入八臂迷宫中很快依次进入每臂取食,不会再进入刚刚取过食的那一臂。但是海马结构损伤的大白鼠则不能建立这种行为模式。这种动物只能学会寻找食物的行为,但却记不住刚刚取食的地方。这种动物有时再次或多次进入刚刚取食的地方,说明丧失了空间位置的暂时性记忆能力。利用17臂的放射形迷宫实验,发现正常大白鼠可以习得不进入没有食物的九个臂中,海马损伤的大白鼠也丧失了空间定位的记忆能力。细胞电生理学实验发现,海马的不同神经元中有不同的空间感受野。有些海马神经元只有当大鼠进入方向指向北方的一臂时才发生最大频率的单位发放。由此推论,海马结构的功能类似于"空间处理器"(spatial processor)。更多的资料表明,海马在空间辨别学习中的作用并不是唯一的。从枕区视皮层经过V1—V4区再到后顶叶皮层的空间知觉,对灵长类和人类的空间辨别学习更为重要。曾认为在海马中保存着"认知地图",记录着动物短期内曾到过地方的方位关系。更多事实表明,脑内的认知图比想象得更复杂。它并不存在于某一个脑结构中,而是根据属性不同,分别保存在不同的脑结构中。对自我中心空间关系的习得,更多地靠尾状核和前额叶皮层参与;它物为中心的空间关系由海马和后顶叶皮层参与才能获得。

## (二) 经典条件反射

巴甫洛夫在消化腺生理学研究获得诺贝尔奖之后,立即发表了狗的心理性唾液分泌现象,并很快建立了经典条件反射理论(Pavlov,1927)。狗吃食物分泌唾液是一种天生固有的生理反应,他称之为非条件反射(unconditioning reflex,UR),食物为非条件刺激物(US)。当狗看到食物还没吃就流口水的现象,他称之为心理性唾液分泌反应。这是由食物的形状、颜色或气味刺激引起的唾液分泌反应,是一种自然条件反射(conditioned reflex,CR),食物的形状、颜色或气味是条件刺激物(CS)。可见,食物的属性构成条件刺激是因为它们总是伴随食物而出现,而且是在吃到食物之前就已感受到的刺激。由此可以看出,建立人工条件反射的基本原理在于,与食物无关的刺激——铃声本来是无关动因,可是多次与食物同时出现,就成为食物的信号或条件刺激(CS)。从铃声出现到食物达到口内的短暂的时间内,狗所分泌的唾液就是条件反射(CR)。CS和US相隔短暂的时间,顺序地多次重复呈现,是建立经典条件反射的基本学习规则。如果CS和US的顺序颠倒或间隔时间太久,则不能建立经典条件反射。按照CS和US呈现的顺序和一定限度的间隔期,多次重复呈现,建成条件反射后,在巩固的条件反射基础上,可逐渐延长CS和US的间隔时间,建成延缓或痕迹条件反射。如果没有巩固的条件反射为基础,则不能建成延缓条件反射。由此可见,经典条件反射的学习规则比尝试与错误式学习规则更为严格、具体,受到各国学者的普遍重视,并称之为经典条件反射(classical conditioning)。

## (三) 操作条件反射

1938年,斯金纳(Skinner,B.F.)在他的专著中,系统地总结了称之为操作条件反射(operant conditioning)的动物学习模式和学习规则。这种学习模式形成的基本要点是,刺激(S)与反应(R)之间的连接,即S-R连接,并在脑中枢间伴随着连接的出现。操作反应箱本身就是一种外部刺激,反应箱中的食盘也是一种外部刺激;动物机体的驱力,如饥、渴等,则是引起反应的内部刺激。动物作出按杠杆等操作反应,就会得到奖励或强化,则操作行为就能建立起来。为了控制S-R的关系,斯金纳提出强化时间表(schedule of reinforcement)的技术,包括固定比率和可变比率强化以及固定时间间隔和可变时间间隔强化等方法。食物和水对动物操作行为的强化作用既决定于所采用的强化时间表,又决定于动物的内驱力(drive),也就是生物需求和动机。20世纪70年代,脑内化学通路的确定,使操作条件反射的动机-强化效应得到了神经生物学的理论支持。

## 二、非联想式学习

虽然心理学家早在20世纪40~50年代,已经发现动物学习中会对刺激物出现习惯化或敏感化现象,而且巴甫洛夫学派对单一刺激重复呈现引起的朝向反射消退现象,做了大量系统的研究,并在20世纪60年代形成了以索克洛夫为代表的朝向反射理论;但把单一刺激重复呈现引起的行为变化,作为一种学习模式,却是美国学者肯特尔

(Kandel E. R.)的贡献。他选择海生软体动物海兔为对象,系统研究了单一刺激重复呈现引起的行为变化规律,并记录其神经元的单位发放。在这类实验研究的基础上,他总结出两种非联想式学习模式:习惯化与敏感化。之所以称为非联想式学习,是因为行为变化仅由单一模式的刺激重复呈现而引起,与之相应在脑内引起单一感受系统的兴奋性变化。两种非联想式学习模式的区别在于,习惯化刺激是由生物学意义不明确的无关刺激重复作用而引起,例如轻触体表刺激;敏感化则有显著生物学意义的刺激,例如痛觉刺激重复作用所造成。

### (一) 习惯化学习

肯特尔利用一个轻微触刺激作用于海兔体表,开始仅引起它的缩腮反应,但重复应用几十次,则发现反应逐渐减弱,直到消失。这种习惯化现象可持续几十分钟,甚至一小时之久。如再重复这种刺激,可延长习惯化持续的时间达数日乃至数周之久。

### (二) 敏感化学习

假如对海兔头部用一个能引起痛或损伤性的强刺激,不但立即引起缩腮反应,而且对已经习惯化的轻触刺激,也会引起敏感的缩腮反应。痛觉与其他感觉相比有许多特点,不仅伴有情绪成分、植物性神经反应成分、运动成分,而且缺乏适应性。重复刺激不但感觉阈值不再增高,反而有所下降,这就是敏感化。对同一刺激重复呈现引起的感受性变化,也是动物和人类适应外部环境的重要机制,是在个体经验基础上实现的一种习得行为。

肯特尔利用海兔实验模型,证明非联想学习和联想学习细胞生理学基础是一致的,两者不同仅是量的差异,这点将在学习的分子生物学基础中加以介绍。

## 三、监督式学习

无论是联想式学习还是非联想式学习,经过多次程序性学习训练可以达到非常熟练的程度,形成了快速技能,如运动员的起跑技能或投掷运动技能等。这时的学习模式出现了新的特点,即短潜伏期自动化行为模式。这种短潜伏期的快速反应是一种新的学习模式,称为监督式学习(supervised learning,SL),其脑机制中最必要的中枢是小脑。生理心理学早期研究以兔瞬眼条件反射为其典型代表,近年扩展到精确的序列运动模式学习或监督式学习。

### (一) 瞬眼条件反射

20世纪80年代以前,小脑在共济运动、平衡和姿势等运动功能中的调节作用,已成为公认的事实。然而,80年代细胞神经生理学研究却证明,小脑也是简单运动条件反射和快速α条件反射形成中最基本和最必要的脑结构。

### (二) 序列运动监督式学习

瞬眼运动对人类来说较为简单,但复杂的序列运动确是人类生产活动中经常出现的行为模式。20世纪80年代以后,由微机控制的序列运动训练程序的应用,使快速的序列动作学习成为研究人类熟练技能学习的实验范式,对它的神经回路研究取得较大进展。速度和正确率的要求成为其学习效率的标志,训练中的错误信息不断地加以反馈,成为学习的监督,所以这类学习模式称为监督学习。近年认为,实现监督功能的脑中枢位于小脑。

### 四、知觉学习

知觉学习是通过持续多日反复系统训练,目的在于提高对物体特征精细差异识别能力的学习。这种学习模式对人类社会生活十分重要,具有很大现实生活意义,例如识别空中飞过的鸟类品种,马路上跑过的汽车型号等。20世纪40~50年代,曾经将这类学习称作感觉-感觉学习(sensory-sensory learning),因为不需要学习者做外表的行为反应。后来利用脑电图记录的变化作为学习训练效果的判断。直到90年代,心理物理学的介入,才使这类学习模式成为跨学科的研究课题。又过了十几年,由于脑-机接口(brain computer interface, BCI)的研究兴趣,使知觉学习更受到重视。知觉学习引发的大脑皮层可塑性变化,究竟发生在初级感觉皮层还是高层次知觉皮层,是至今未决的科学问题。一种观点认为取决于知觉学习材料的精细性,高精度分辨特性的学习引发的皮层可塑性变化发生在初级感觉皮层;分辨特性精度不高的知觉学习引发高级知觉皮层的可塑性变化。

### 五、认知学习

与上述经验式学习不同,高等灵长类和人类的许多学习过程,并不总是建立在重复的个体经验基础之上,往往一次性观察或模仿就会完成。克勒(Köhler,1925)报道了他对猿类模仿学习的观察,并将这类学习称为"顿悟式学习"。普里布拉姆(K. Pribram)认为,猴通过观察把握了外部事件的前后关系,所以将之称为前后关联式学习。班杜拉(Bandura,1977)在对青少年攻击行为形成的研究中,发现观察与模仿是青少年得到这种行为类型的主要学习方式。因此,他提出了社会学习理论,实际上也是一种非经验式的观察模仿学习模式。这种学习模式建立在视觉认知过程的基础之上,又可称之为认知学习。

### 六、情绪性学习

#### (一)躲避反应

给实验箱底的栅栏通电,使动物足底受到电击,为非条件刺激,可引起动物疼痛与痛苦体验。在此基础上,以光和声为条件刺激,建立动物躲避条件反应。这是生理心理学研究中最常用的阴性情绪行为模式。根据实验条件不同,又可分为主动性躲避反应(active avoidance response)和被动性躲避反应(passive avoidance response)。当声或光刺激呈现后,动物必须停留在实验箱内的一定部位(如一个小跳台上),才能躲避随后的电击;反之,当声、光信号呈现时动物逃离这个部位,就会受到电击。由于动物必须被动地保持在某处不动时,才能避免电击,故称为被动躲避反应。声、光刺激呈现后,动物必须尽快跑向动物箱的另一端,才能避免随后的电击,这种行为模式称主动性躲避反应。一个长度为50~60 cm的动物箱,其一端总是作为实验程序起始时动物所在的部位,这种动物行为模式称单程主动躲避反应。在连续多次实验过程中,必须每次将动物放在起始部位,才可进行下次实验。与此不同,在双程躲避反应程序中,动物在实验箱的任一端均可,当呈现声、光刺激,只要它越过箱的中间跑向另一端,即可避免电击或使电击立即停止。

### (二) 冲突性情绪反应

冲突性情绪反应是在实验程序中同时引出动物的阳性情绪和阴性情绪,使之产生冲突。将饥饿的动物放在动物箱的一端,每当光或声呈现时,在箱的另一端呈现食物,动物在跑去吃食物的途中又会遇到足底电击。这样,食物阳性情绪与足底电击的阴性情绪间就会产生冲突,对比哪一种情绪行为占优势。控制电击强度和记录动物食物运动反应的反应时间,是这类实验的要点。

### (三) 味-厌恶式学习

味-厌恶式学习与一般情绪性行为模式相比,具有新的特点。加西亚等(Garcia, et al., 1966)发现味觉刺激发生后一小时,再给厌恶刺激(如X线照射或其他厌恶的味觉物质,如锂盐)仍可形成条件反射,说明味觉刺激具有长时间延缓的学习效应。他还发现,对大白鼠的味觉刺激更易与毒物间形成连接,而声或光刺激则容易与足底或皮肤电击刺激间形成连接。换言之,味觉刺激与毒物间的学习效应强度大于味觉与皮肤痛刺激间的学习效应。正因为这些特点,使味-厌恶学习行为模式,既具有联想式学习的特点,也具有非联想式学习(味觉和毒物间的学习效应)的特点。

## 第二节 学习的脑网络基础

20世纪初叶,经典神经生理学家巴甫洛夫和心理学家拉施里在大脑皮层中寻求学习中枢,均未能发现大脑皮层内存在着特异的学习中枢。20世纪中叶,大量研究报告表明,不同性质的学习或不同行为模式的学习,发生关键作用的脑结构不同。例如,短潜伏期的快速反应的学习模式,其脑机制中最必要的中枢是小脑。因此,到21世纪初,普遍接受的理论观点是:学习是脑组织的普遍功能;但是,不同行为模式的学习,脑功能回路不同。

在上述各类学习模式中,都存在一种强化因素,因此学习的脑网络基础首先要考虑强化作用的脑结构和功能系统;其次,学习效果的行为表达直接关系到学习目标和学习效率的评价,也是学习脑网络的重要因素;最后,学习材料或刺激物呈现所涉及的感知觉或相应的脑结构功能特点,也是影响学习的不可或缺的因素。这里就此三个环节,分析学习脑网络的生理心理学基础。近两年刚发展起来的脑连接组(connectome)研究,可能在未来真正勾画出人脑的学习网络。

## 一、脑内的奖励/强化系统

### (一) 脑内的自我刺激

奥尔兹和米尔纳(Olds & Milner, 1954)利用慢性埋藏电极刺激动物脑,以考查是否像外周电击一样引起"惩罚"效应。他们意外地发现了许多动物在脑结构受到刺激时,抬起头来四处搜寻,似乎在寻找这种刺激的现象。将刺激电路的开关放在动物笼内的杠杆之下,每当动物按压杠杆就会接通电路,使脑内受到一次电刺激,随后电路自动切断,动物必须重新按压杠杆才能再得到电刺激。他们发现由于埋藏电极在脑内部位不同,可能出现两种不同行为效果。边缘系统某些脑结构的刺激可引出阳性自我刺激行为。动物持续性地反复按压杠杆以便不断得到脑内的电刺激,动物数小时不吃、不喝、不顾及性对象或幼仔,连续按压杠杆以追求脑内自我刺激,甚至可达每小时8000多次的自我刺激行为反应。另外一些脑结构偶然受到电刺激后,动物就逃离杠杆,避免再次受到刺激。他们把前一种脑结构称为"奖励中枢",把后一类脑结构称为"惩罚中枢"。这种实验结果在社会上引起轰动,似乎发现了脑内的"愉快中枢"和"痛苦中枢"。大量研究发现,只有5%的脑结构会引出阴性自我刺激行为。能引起阳性反应率最高的脑内自我刺激区,主要是内侧前脑束通过的部位以及多巴胺能通路和去甲肾上腺素能通路经过的部位,包括大脑皮层的额叶、内嗅区、隔区、纹状体、下丘脑、中脑、黑质、桥脑等。其中以内侧前脑束后部的阳性自我刺激反应率最高,因为多巴胺能神经通路和去甲肾上腺素能通路在这里会合。这里的电刺激可以同时引起两类化学通路的兴奋。

自我刺激行为是否产生某种愉快感或满足感,所积累的科学事实越多,就越发现阳性自我刺激的脑结构并非愉快中枢或阳性情绪体验中枢,少数脑手术病人的口头报告,多称是一种性质不明的感觉。任何其他脑结构的切除都不影响自我刺激行为,所以不存在其他的特定中枢。动物压杠杆的自我刺激行为与驱力状态的性质无关。无论食物、水或性等任一种驱力均可同样影响某一脑区的自我刺激行为。反之,自我刺激现象引起本能行为的增强也没有特异性,决定于环境中存在着的客体,哪种客体存在就会增强哪种本能行为。更多的生理学家和生理心理学家们认为,脑结构的电刺激可以作为感觉神经元和运动神经元之间联系的强化因素。换言之,脑的自我电刺激可以易化给定环境条件下出现的行为模式,不论其行为的生物学意义如何。脑组织受到电刺激的时刻,动物正在按压杠杆,动物看见的也是杠杆,脑的自我刺激就会强化这种行为,所以把这些能引发阳性自我刺激的脑结构称作脑强化(奖励)系统。20世纪70年代脑化学通路研究进一步确定脑内的强化系统,实际是中脑-边缘脑多巴胺能神经通路,所以现在还保持着这种名称;但实际上在20世纪末,电生理学研究发现,该系统更精确的功能是对奖励预测误差的检测。

### (二) 中脑腹侧被盖区-伏隔核多巴胺通路

位于中脑腹侧被盖区(ventral tegmental area, VTA)的多巴胺神经元合成大量神经递质多巴胺(dopamine, DA),沿着神经元轴突传输到伏隔核(accumbens),再投射至额叶皮层。20世纪80年代,将中脑到前脑的多巴胺能神经通路称之为:脑内的奖励/强化系统(如图6-1所示)。

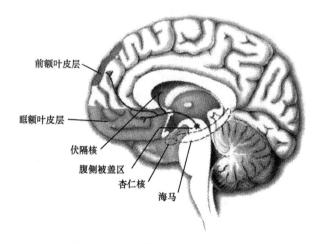

图6-1 中脑-前脑强化/奖励系统解剖分布

(择自 Holden, C., 2001)

大量研究报告指出,在运动学习行为如穿梭箱学习或主动躲避条件反应中,脑内儿茶酚胺系统发生重要作用。腹侧被盖区发出的多巴胺通路向头侧投射止于前额叶皮层。前额叶皮层的损伤,不能接受自下而上的儿茶酚胺神经通路的影响,也不能发出下行性冲动去调节这些脑结构的功能。将海人酸注入大白鼠的前额叶皮层,破坏前额叶主沟附近的神经元细胞体,利用轴突溃变的组织学方法证明,这些前额叶皮层的神经元轴突投射至基底神经节、黑质、中脑网状结构和围导水管灰质;还有少数轴突止于内侧丘脑、下丘脑外侧区和中脑腹侧被盖区。因此,电刺激前额叶皮层通过其与基底神经节的神经联系,可以易化与运动功能有关的学习行为。中脑到前脑的多巴胺能神经通路,特别是腹侧被盖区(VTA)到伏隔核(Nacc)通路不仅对正常生态环境下的学习行为具有强化作用,而且在毒瘾和行为瘾的形成中具有更强的强化作用。

(三)中脑黑质-纹体多巴胺通路

中脑黑质(substantia nigra, SN)含有大量多巴胺神经元,合成的多巴胺沿轴突传输到纹状体(striatum)。这条通路在锥体外系运动功能中具有重要作用,黑质神经元合成多巴胺能力的下降,导致纹状体突触前神经末梢可释放的多巴胺减少,造成纹状体内乙酰胆碱能亢进,是帕金森氏症的病理学基础。但是,近年发现黑质-纹体通路具有和额叶皮层、尾状核和壳核等结构的双向联系,而且这些结构的突触后膜上分布着多种多巴胺受体,所以在正常生态环境中发挥较大的学习强化效应。

(四)厌恶、逃避和防御系统

厌恶、逃避、防御和攻击行为是生物学阴性情绪支配下的行为,有利于个体或种属的保存和延续。它们与生物学阳性行为不同,长期以来被认为是由杏仁核作为其快速反应的皮层下重要中枢;但是近年一批文献支持生物学阴性行为的学习也是由脑内的强化/奖励系统所调节。具体地说,是由中脑腹侧被盖区的腹侧到伏隔核的皮质再到眶额皮层的外侧区所完成。

Brooks 和 Berns(2013)对 206 篇人类被试脑成像研究报告的分析,认为中脑边缘多巴胺系统是需求刺激和厌恶刺激以及得失评估的集线器(hub),它以多巴胺为主要神经递质,不限于只评估某一种本能需求的信号,而是对所有刺激分辨其是否比所期望的结果更好,或者是否比所预料的后果更差。各种需求的或厌恶的信号都在眶额皮层内、外侧区和伏隔核的髓质和皮质中有所表达;电生理学研究也确定,在中脑腹侧被盖区的背侧和腹侧存在着分离的细胞群,分别负责对需求刺激和厌恶刺激发生反应。此外,有文献表明在岛叶、杏仁核以及顶叶皮层都参与对需求和厌恶刺激进行评估并调节趋、避行为反应。

由此可见,关于脑内的强化(奖励)系统的功能有两种观点:一种观点认为它与杏仁核厌恶反应中枢对应,只强化或奖励生物学阳性动机支持的学习行为;另一种观点是这些脑结构中包含着对厌恶性刺激的评估,实际上奖励-惩罚、喜欢-厌恶和趋-避,是统一维度的两个极端,都由强化/奖励系统加以评估。

## 二、关于学习行为表达和监督的脑结构与功能基础

关于学习行为表达和监督的脑结构与功能系统的知识,是进入 21 世纪以来科学文献所积累起来的新认识,从 Doya(2000)提出大脑、小脑和基底神经节在三种不同学习模式中作用机理的文献综述,到 Brooks 与 Berns(2013)关于中脑边缘多巴胺系统是需求刺激和厌恶刺激以及得、失评估的集线器的综述,这十多年间不少于十篇评论和综述文章,所涵盖的相关原始研究报告不少于 1000 篇。之所以是新知识,是由于传统神经科学把小脑和基底神经节看做是运动调节系统,并不参与认知功能和学习过程;而近年大量关于人类被试完成不同认知任务的无创性脑成像研究报告,大多揭示了其中有小脑和基底神经节的激活。这些无可争辩地事实,证明小脑和基底神经节参与脑高级功能活动。虽然研究者对它们参与学习过程的网络结构细节还存在不同看法;但在人类学习过程中它们是不可或缺的脑结构。

### (一)纹状体和伏隔核在经典条件反射和操作条件反射中的作用

Liljeholm 和 O'Deherty(2012)吸收了一批人类无创性脑成像的研究文献,总结了近年关于纹状体和伏隔核的解剖分区和神经联系及其与两种条件反射的关系。简言之,纹状体和伏隔核在学习行为的下列三个环节中均具重要作用:获得奖励(或强化)的动作调节,学习行为的表达,反应动机的控制;但是纹状体的不同结构,对不同学习模式的关系不同。如图 6-2 所示,背内侧纹状体(DMS)又称尾状核,与操作条件反射式学习行为中获得奖励的动作有关,特别是与源自目标导向的行为模式相关,因为它接受前额

叶和顶叶联络区皮层的调控；背外侧纹状体（DLS）又称壳核，与多次重复训练获得的习惯行为作业有关，它接受感觉运动区皮层的调控；伏隔核与经典条件反射式学习行为表达和获得奖励的动作有关，而与动机本身无关，因为它接受内侧眶额皮层和前扣带回皮层的影响；伏隔核对操作条件反射也有一定的调节作用，主要通过对总体兴奋性、动作选择和目标导向行为后果评估而间接实现。最后一点表明，伏隔核既具有对经典条件反射行为表达的调节功能，又具有对操作条件反射行为的调节功能。

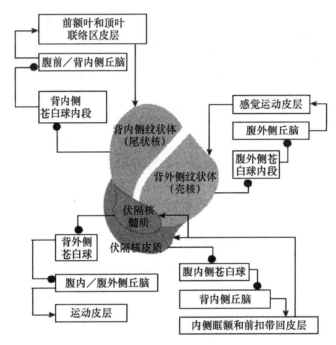

图 6-2　纹状体的神经连接

（择自 Liljeholm，M. & O'Doherty，J. P.，2012）

**（二）小脑在监督学习中的作用**

20 世纪 80 年代以前认为小脑的功能主要是维持身体平衡和共济运动协调，并不参与脑高级功能。小脑在学习行为中的重要作用，最初由汤姆逊教授在 20 世纪 80 年代意外发现，21 世纪以来许多研究报告，包括大量无创性脑成像研究报告表明，小脑参与多种认知功能，包括心理表象、感觉加工、注意、言语和规划等。这里着重介绍它在学习中的作用。

20 世纪 70 年代，汤姆逊（Thompson，R. F.）最初为研究海马在经典条件反射中的作用而引用了家兔瞬眼条件反射的学习行为模式，采用金属微电极，记录清醒家兔在建立条件反射过程中的海马锥体细胞电活动。结果发现，瞬眼条件反射建立过程，与海马锥体细胞的单位发放率之间存在着平行关系；同时也发现，锥体细胞发放率的变化与长时程增强效应（LTP）之间也有一些相似的规律。80 年代初，汤姆逊在总结瞬眼条件反射的脑通路时,却意外地发现了许多证据,表明小脑皮层和它的中位核是建立这种学习行为的最必要的脑结构。在条件刺激后出现学习行为反应的潜伏期约 100 ms,而小脑皮层和中位核单位发放的变化的潜伏期为 60 ms。损毁大脑皮层、海马等结构,并不影响已建成的瞬眼条件反射;但损毁小脑皮层或中位核,则完全不可能建立瞬眼条件反射,已训练好的反射也会消失。因此,瞬眼条件反射建立的早期由海马参与,但高级中枢则是小脑。这种高级中枢内的记忆痕迹对条件反射的传出性影响,是通过小脑上脚到对侧红核,再到脑干和脊髓的运动神经元。条件刺激(CS)的传入通路,是由耳蜗核神经元通过桥核发出的苔状纤维投射到小脑;非条件刺激(US)是通过下橄榄核,沿小脑下脚的祥缘纤维到达小脑皮层的浦肯野氏细胞。在建成条件反射之前,非条件刺激(吹入眼的气流)通过 US 通路引起小脑浦肯野氏细胞的棘复合波发放。建成条件反射后,CS 单独就可以引起浦肯野氏细胞的这种发放。20 世纪 80 年代中期以后,许多实验室大量重复经典的生物学阴性条件反射实验,均证明小脑具有重要作用。为了深入理解小脑在经典条件反射中的作用,神经生物学家们研究了小脑的神经联系和分子生物学特征。结果发现,小脑细胞的突触后膜上存在许多受体蛋白分子,可以和单胺类递质、兴奋性氨基酸递质和抑制性 γ-氨基丁酸(GABA)递质发生受体结合反应,是其参与学习过程的重要物质基础。

小脑神经网络比大脑皮层简单得多,只有三种传入纤维和一种传出纤维。第一种传入纤维是来自脊髓和桥核的苔状纤维,终止于小脑内的颗粒细胞。此细胞发出大量平行纤维,其末梢以兴奋性谷氨酸神经递质与小脑皮层中的浦肯野氏细胞远端树突形成突触,突触后膜上的受体多为 QA 型。第二种传入纤维是来自下橄榄体等脑干结构中的祥缘纤维,其轴突直接终止于浦肯野氏细胞的近端树突,也以兴奋性谷氨酸或天冬氨酸为神经递质,突触后膜上的受体多为 QA 型或 NMDA 型。第三种传入纤维来自脑干的蓝斑和缝际核中的单胺类神经元,其末梢终止于浦肯野氏细胞体形成单胺能突触,突触后膜存在 β-肾上腺素能受体。小脑唯一的传出纤维来自浦肯野氏细胞,其末梢含有大量的 GABA 抑制性神经递质,终止于小脑深部核和脑干。除此之外,小脑皮层还有三种中间神经元,它们接受颗粒细胞的平行纤维,也直接接受苔状纤维,都是以兴奋性氨基酸递质为中介的兴奋性影响,但传给浦肯野氏细胞的却是抑制性影响,均以 GABA 为递质,突触后膜上有 B 型 GABA 受体。中间神经元也有反馈纤维达颗粒细胞形成 GABA 突触,其后膜上以 A 型 GABA 受体为主,这是一种配体门控受体,也是离子通道蛋白,所以作用快,直接调节颗粒细胞膜上的离子通道。由此可见,小脑皮层上唯一有传出功能的浦肯野氏细胞,汇集了多种传入纤维和中间神经元的大量异源性突触,并在突触后膜上分布着多种受体蛋白分子。人类小脑内一个浦肯野氏细胞的胞体和树突上分布着大约 20 万个突触,这样多的突触发生异源性突触易化作用,是小脑完成短潜伏期反应的重要基础。

基于无创性脑成像研究中一批关于大脑皮层、小脑和基底神经节同时被激活的事实和基于神经计算模型理论,Doya(2000)提出大脑、小脑和基底神经节在三种不同学习模式中的作用机理。该综述在过去十多年间不断被引用,如图 6-3 所示,大脑皮层是无监督学习的基础,纹状体是基于奖励预测的强化学习的基础,小脑是基于错误纠正的监督学习的基础。在强化学习中,大脑皮层负责分析刺激给出的感觉传入,纹状体负责学习行为的产出,这种行为改变是建立在多巴胺奖励预测和皮层传入信号整合的基础之上。对于强化学习,最重要的是中脑黑质多巴胺神经元编码的奖励信号到达纹状体所发挥的作用。大脑皮层对无监督学习的作用,制约于传入信号的统计学特性,并受到上行神经调质的调节作用;专门负责监督学习的小脑,制约于来自下橄榄体发出的传入性祥缘纤维所携带的有关错误信号的编码。尽管在一些复杂的序列运动学习过程中,大脑皮层和基底神经节回路在学习初期参与活动的水平较高;但随着训练进程,被试行为出现自动化和快速化,伴随着从视觉空间知觉为主到以自身运动空间知觉为主的过渡,从而导致小脑参与活动的水平迅速增高。例如,人类被试根据信号进行序列按键学习,最初被试特别关注视觉信号,以便根据视觉信号线索确定手的空间定位按键;但随训练多次重复,被试不再特别关注视觉信号。

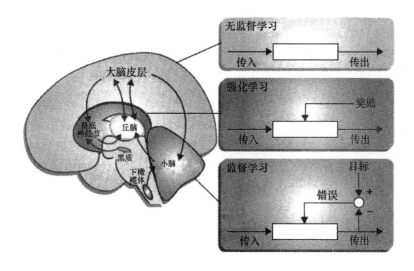

图 6-3　大脑皮层、小脑和基底神经节对不同学习类型的特化
(择自 Doya,K.,2000)

### 三、与学习材料或刺激呈现相关的脑功能基础

在低等动物的学习模式中,刺激呈现的时间和空间关系都比较简单;在灵长动物和人类被试学习实验中,所使用的学习材料或刺激呈现的方式和序列比较复杂,视觉鉴别学习、物体分类学习和知觉学习是常见的实验范式。其中知觉学习中刺激特性的精细差异最为典型,其学习效果具有特异性和持续性等特点,例如对左眼训练识别图形朝向

差异的能力,不能迁移到右眼,而且左眼的这种习得能力可以保存数月至一年以上。经过数十年的研究,知觉学习的效应,究竟发生在初级感觉皮层还是发生在高级知觉皮层区,至今各有实验事实依据,无法统一。以面孔朝向识别能力的学习模式为例,习得能力的提高是由于初级视皮层 17 区分辨阈值降低的结果,还是高级面孔知觉区(如梭状回皮层)的分辨阈值降低的结果。一种看法是不同层次的大脑皮层在知觉学习中都会发生可塑性变化,刺激材料或刺激呈现相关的脑结构就是大脑皮层,至于以哪级皮层为主的问题,取决于刺激复杂性和精细性的程度。越是简单而精细分辨特性的学习,越是以低层次感觉皮层的变化为主;相反复杂而整体性强的特性分辨学习,则以高层次知觉皮层区的变化为主。

## 第三节 大脑皮层在学习中的作用

经典条件反射理论的奠基人巴甫洛夫一直认为,必须有大脑皮层参与,条件反射才能形成。条件反射赖以形成的暂时连接,是大脑皮层的特殊功能。暂时连接只能发生在皮层-皮层、皮层-皮层下或皮层下-皮层的中枢之间。所以他提出,健康的、功能正常的大脑皮层,是动物建立条件反射的重要前提。拉施里(Lashley,1929)作为行为主义心理学奠基人华生的学生,着手研究动物联想式学习的脑定位问题,以寻求一些脑结构在联想式学习中的作用,即脑的机能定位关系。然而,几十年的研究结果使他得出了相反的结论,即大脑的等位性、整体性机能原则。不论损毁或切除的皮层部位有何不同,只要 10%～50% 的大脑皮层遭到损坏,动物学习行为就会受到影响。动物学习障碍程度与损毁皮层部位的大小成正比。损毁 50% 皮层就使动物完全丧失学习能力。拉施里的研究方法较为简单,存在许多不足,然而他的脑等位论思想却延续至今。

20 世纪 40～60 年代的大量实验表明,没有大脑皮层的动物,甚至低等软体动物都能建立条件反射。Thompson(1986)在总结学习记忆的生物学基础时指出,切除大脑的动物仍可建立经典的瞬眼条件反射。这种条件反射建立的重要脑结构是小脑。因此,现在已经公认经典条件反射建立的基础,即暂时连接的接通是神经系统的普遍特性,并不是大脑皮层的特殊功能。由此可见,尽管暂时连接的形成是神经系统的普遍功能,符合脑等位论思想,但因学习类型和复杂程度不同,完成学习过程的脑区域也就有所不同,这又符合机能定位的思想。脑机能的整体性和等位性与机能定位性同时存在于学习过程,是脑功能对立统一体的两个方面。

除与感觉、运动有关的特异皮层区,人类大脑皮层的 80% 属于联络区,其中最大的是前额叶联络皮层,其次是颞顶枕区联络皮层。生理心理学家们以灵长类动物为实验材料,积累了一些科学事实,并参照人类临床观察的特殊案例,总结出联络区皮层与学习的关系。概括地讲,前额叶联络区皮层与运动学习行为、复杂时-空间关系的学习有关;颞顶枕联络区皮层与感觉学习、知觉学习和空间关系的学习有关。前额叶皮层的抑制调节作用不仅与时间和空间综合学习行为有关,还参与运动反应及与之相关的学习行为的调节。联络区皮层与纹状体、苍白球、杏仁核、海马等端脑结构有着多重神经联系。下面介绍脑损伤实验、电刺激实验、电生理学和脑化学研究证明,联络区皮层及其与许多皮层下结构的联系,对学习具有重要作用。

## 一、前额叶皮层与延缓反应

前额叶皮层指初级运动皮层和次级运动皮层以外的全部额叶皮层,电刺激前额叶皮层不引起任何运动反应,故称为非运动额叶区。根据解剖位置和功能特点,可将前额叶皮层分为两部分:背外侧前额皮层(dorsolateral prefrontal area,DLPF)和眶前额皮层(orbital prefrontal area,ORPF)。前额叶皮层与丘脑、纹状体、苍白球、杏仁核和海马之间有着复杂的直接神经联系,再通过这些结构与下丘脑、中脑之间实现着间接的神经联系。这些神经联系,是前额叶皮层多种生理心理功能的重要基础。关于前额叶皮层与学习记忆的关系问题,Jacobsen(1936)的延缓反应实验,一直被誉为经典研究的范例。

让猴观察眼前的两个食盘,其中一盘内有食物,然后先将两食盘盖起来,再用幕布将它们遮起,以避免猴盯视食盘。几秒或几分钟后将幕布拿开,观察猴子首先打开哪个食盘盖。如果猴打开原先放好食物的食盘盖,它就会得到食物奖励。对实验程序稍加修改,只有当猴记住前一次获得奖励食盘的位置(左或右),下一次打开另一位置食盘的盖,才能再次得到奖励。这种行为模式称为交替延缓反应。延缓反应和交替延缓反应既是空间辨别学习模式,又是短时记忆的行为模型,即是时间-空间相结合的学习模式。正常猴对于不同延缓时间的延缓反应,甚至是几分钟的延缓反应,也很容易建立起来。但是,对双侧前额叶皮层损伤的猴即使是建立 $1\sim 2$ s 的延缓反应,也十分困难。前额叶皮层损伤引起短时记忆障碍,是导致延缓反应或交替延缓反应困难的主要原因。仔细分析延缓反应的行为模式,可以将之归纳为两个不同的因素:空间辨别反应和时间延迟反应。只有两个因素同时存在,前额叶皮层损伤的行为障碍才能表现出来。如果仅仅要求动物进行空间辨别反应,则前额叶皮层损伤并不影响这种行为模式的训练;对动物仅进行延缓条件反应不伴有空间辨别,这种行为模式也不受前额叶皮层损伤的影响。由此可以认为,前额叶皮层与时间和空间关系的复杂综合功能有关。虽各国教科书仍在引用延缓反应和交替延缓反应的经典实验及其结论,但许多新发现不断冲击这一结论,例如应用镇静药、降低环境温度、降低环境照明、食物剥夺和过度训练等许多措施,均可能改善双侧前额叶皮层受损猴的延缓反应。此外,前额叶皮层损伤的动物,对新异刺激朝向反射过度亢进且难以消退。因此,又有人认为双侧前额叶皮层受损造成动物注意涣散是引起延缓反应困难的重要因素。还有许多研究报道,双侧前额叶皮层损伤的动物在手术后早期阶段出现明显的运动功能障碍,表现为活动过度和活动降低交替出现。有时爆发性活动增强,如无目的重复性刻板运动、上下运动或往返运动、节律性的刻板活动等。连续抓取食物却不能顺利吃,术前建立的食物运动条件反射完全丧失,信号刺激失去意义,动物乱抓食物。这说明前额皮层具有抑制功能,它的损伤引起了抑制的解除。据此认为,前额叶皮层损伤所引起的延缓反应障碍,可能与前额叶皮层的抑制解除有关,并不一定表明是对短时记忆和学习过程的直接作用。

## 二、颞顶枕联络区皮层与延缓不匹配学习

在颞叶、顶叶和枕叶皮层相毗邻的部位,形成了仅次于前额叶的较大的联络区。躯体感觉、听觉和视觉的高级整合功能发生于这一联络区皮层,它是人们复杂认知过程的生理基础。枕叶次级视皮层接受初级视皮层的联络纤维,又发出向顶下回和颞下回的联络纤维。次级视皮层、顶下叶和颞下叶共同构成颞顶枕联络区并与皮层下的杏仁核、海马形成密切的神经联系。识别或认知现实外部刺激物的学习活动和短时记忆活动是这一联络区皮层及其与海马、杏仁核联系的基本功能。此外,颞下回的前端还与内侧丘脑和尾状核存在着下行性联系,与特殊刺激物的鉴别学习活动有关。延缓不匹配学习(delayed non-matching to sample task)和视觉鉴别学习是最经典的实验模型。

### (一)延缓不匹配学习

颞顶枕联络区皮层损伤的病人,由于损坏的具体部位不同,可出现多种认知障碍。灵长类动物中这一联络区的损坏,也导致对复杂刺激物或三维立体物的认知障碍。进一步研究表明,颞下回又可分为两部分:远离枕叶的部分与三维物体的认知学习有关,与枕叶距离较近的部分与二维图形鉴别学习有关。米什金(Mishkin,1954)对猴进行了延缓不匹配训练。首先让猴观察一个圆柱体,当它将圆柱体移开就会发现下面有一小块食物。间隔10 s以后,猴的面前出现两个物体,一种是刚刚见过的圆柱体,另一个是未见过的长方形。这时猴移动长方体也会得到一小块食物,如果它移动曾见过的圆柱体,则得不到食物。训练几日,这种行为模式就得到巩固。然后对猴进行手术,损毁与枕叶相邻的两半球颞下回。手术后则需对之进行73次训练才能重新习得这种行为;若是损毁与枕叶远隔部位的颞下回,则训练1500次仍不能重新学会这种行为模式。将行为训练中匹配时间间隔从10 s逐渐延长至120 s,损毁与枕叶相邻的颞下回,不影响这种逐渐延长的延缓反应;若损毁与枕叶远隔的颞下回,则猴不能学习这种延缓的不匹配行为。根据这一实验结果,米什金认为在认知学习和物体记忆中,远隔枕叶的颞下回具有重要作用。电刺激颞中回和记录颞下回神经元单位发放的实验研究,也证明了颞下回在不同颜色物体匹配学习和延缓记忆中具有重要作用。

颞下回在物体认知学习中的作用,必须以其与枕叶初级视皮层的神经联系为必要前提。如果切断颞下回和初级视皮层之间的神经联系,则动物不能习得延缓的不匹配行为模式。除与视皮层的联系,颞下回与杏仁核和海马的神经联系对认知学习也是必要的条件。切断颞下回与两者的联系,动物的认知学习不能实现;但单独切断颞下回与海马的联系或颞下回与杏仁核的联系则不影响认知学习行为模式的建立。海马、杏仁核不仅参与视觉认知或辨别学习,也参与触觉认知学习过程。切断海马、杏仁核与颞顶

枕联络区皮层的联系,就会破坏触觉认知学习过程,动物不能识别刚刚触摸过的物体。

### (二) 视觉鉴别学习

颞下回前端与尾状核和内侧丘脑间的神经联系对于视觉鉴别学习具有重要作用。让猴学习简单图形的鉴别反应,如在正方形和加号之间或字母 N 和 W 之间进行选择性反应,损坏颞下回或颞下回与尾状核、内侧丘脑之间的联系,猴则无法习得这一行为;损毁海马和杏仁核则不影响这一行为模式的建立。由此可见,对复杂物体或现实刺激物的认知学习和对简单图形的鉴别学习是两种不同的过程,以不同的神经联系为基础。前者以颞下回与海马、杏仁核间的联系为基础,后者以颞下回与尾状核、内侧丘脑之间的联系为基础。

### 三、前额叶和内侧额叶皮层与情绪性学习

伴有情绪体验或情绪反应成分的学习模式不但建立快,而且形成以后很容易巩固。皮肤电击的主动躲避反应、味觉厌恶情绪性条件反应和嗅条件反射,就是这类通过前额叶和内侧额叶而实现的学习行为。

自主反应性条件反射是一类发生呼吸、心率、血压、皮肤电等自主神经功能变化的学习行为。这类伴有情绪色彩的自主反应性学习行为,以皮层下感觉中枢和内侧前额叶-边缘系统为其神经网络基础,其生理特征是非特异性信息的快速加工,甚至在条件刺激呈现后 15 ms 内,在皮层下感觉神经核的神经元中,诱发出条件反应性单位发放。在此基础上,形成的全身运动性学习行为-鉴别性主动躲避反应,可作为一般操作式条件反射的典型代表。这时,作为行为变化的神经网络除上述丘脑-边缘系统的神经网络外,还有海马网络。前者快速接受和加工非特异信息,发动躲避反应;后者对不断呈现的刺激和环境条件与工作记忆中的内容加以比较。两种功能并行地发生作用是这种学习行为的基础。除了神经生物学的这些科学事实之外,Gabriel 和 Schmajuk(1990)还总结了关于条件反射仿真研究的理论和方法,提出躲避学习的计算神经科学模型,并将之称为边缘系统内相互作用模型(limbic interaction model),即 LI 模型。

Gabriel 和 Schmajuk 以兔蹬跑轮主动躲避学习作为行为模型。在行为训练过程中,$CS^+$ 和 $CS^-$ 是音高不同的 500 ms 声音信号;$CS^+$ 之后 5 s 给予足底电击作为 US,$CS^-$ 则不伴有 US,并利用细胞微电极记录一些脑边缘结构的细胞电活动。训练后 $CS^+$ 信号引起兔蹬跑轮以躲避随后出现的电击;$CS^-$ 信号时,兔不必蹬跑轮,因不会出现电击。他们发现,学习行为稳定后,每当 $CS^+$ 呈现之后 15 ms,即可在丘脑、前额叶和内侧额叶结构内引出细胞单位活动;70 ms 可在扣带回引出单位发放;$CS^-$ 则不引起这种变化。此外,他们还切除或损毁海马、海马下脚和扣带回等不同脑结构,观察其后的学习行为和细胞单位发放的变化,积累了一些实验事实,并以此作为学习行为神经网络的生物学基础。他们认为,$CS^+$ 和 $CS^-$ 引起的鉴别学习以扣带回为基本中枢,在这里聚集了丘脑-前额叶和内侧额叶结构的神经信息。

## 第四节 脑可塑性与学习的神经生物学基础

关于学习的脑机制理论应回答三个基本问题:哪些脑结构参与学习？这些脑结构是怎样建立突触联系？学习过程中,突触连接的物质基础是什么？对第一个问题,我们已在前面讨论,这里讨论后面两个问题。

神经元之间以突触的微细结构作为连接的形式,所以通常所说神经可塑性就是突触的可塑性变化。我们已经讨论暂时连接的概念,它的形成是学习的细胞学基础；反之,学习的效果又体现在突触的变化上。然而近年发现,学习过程不仅伴有突触的变化,还伴有脑白质的微细结构改变。所以,脑可塑性和学习的关系是双向的,包括学习的效应是引起脑结构和功能的改变,而这类改变又是学习得以完成的脑结构和功能基础,包括神经连接(突触)的变化和神经纤维(白质)的变化。

### 一、暂时连接和异源性突触易化

前面已经讨论了一些脑结构参与学习的问题,但这些结构怎样构成了条件反射的生理基础呢？巴甫洛夫认为,条件反射建立的基础是条件刺激和非条件刺激在脑内引起的兴奋灶间形成了暂时连接。最初,无关动因在相应脑结构中(如听觉中枢)引起较弱的兴奋灶,而随后出现的非条件刺激(食物)由于其较强的生物学意义,在脑内食物中枢引起较强的兴奋灶,强兴奋灶对弱兴奋灶的吸引是暂时连接形成的机制。这是由于兴奋和抑制作为两种对立的基本神经过程,一经产生就按照扩散、集中和相互诱导的规律不停地运动。巴甫洛夫通过生理学实验数据的分析,证明大脑皮层中神经过程的运动使其具备很强的分析综合能力,对兴奋灶之间的强度十分敏感,总是以强兴奋灶对弱兴奋灶的吸引实现暂时连接的接通。20世纪50~60年代,细胞电生理学研究与电子显微镜的超微结构研究表明,无论是大脑皮层还是其他脑结构中,每个神经元都接受数以千计、来源不同的神经末梢,形成大量异源性突触连接。在一个神经元中,这种来源不同的突触同时兴奋或以较短的时间间隔顺序兴奋,多次重复就会使该神经元把两种刺激聚合在一起,形成暂时连接。20世纪80年代末期,脑生物化学研究发现,在一个神经元突触后膜上,分布着多种受体蛋白分子与神经递质或调质进行选择性结合,引起突触后膜的兴奋。如果两种神经递质同时作用于一个神经元,则引起该神经元两类突触后成分的兴奋,重复几次就会形成联结功能,只要其中一种突触兴奋,就会使另一个突触乃至整个突触后神经元兴奋起来。因此,当代神经科学认识到暂时连接的形成,是神经元的普遍机能特性,它的组织形态和生理学基础是大量异性突触间的易化——异源性突触易化。现在已知异源性突触易化至少有两种方式,分别称突触前成分间的活动依存性强化机制和突触前-后间强化机制。如图6-4所示,前一种机制是条件刺激与非条件刺激传入神经元发出的突触前成分相互易化,两者互为活动依存性关系,只有两者极短时间相继兴奋,才能最有效地引起突触后条件反射神经元的兴奋,所以称之为活动依存性强化机制,异源性突触易化发生在突触前成分之间。两突触前成分共同作用于突触后成分上,异源性易化发生在突触后成分上,称之为突触前-后间强化机制。长时程增强效应(LTP)就是突触前和突触后成分重复性同时激活的结果。学习的分子生物学基础,则是在突触后膜上并存的多种受体蛋白,与来源和性质不同的神经递质发生顺序性或并行性的受体结合以及受体蛋白分子的变构作用。

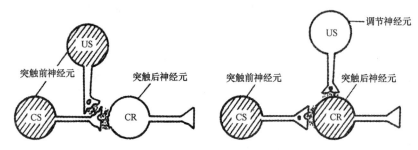

图6-4 学习机制的两类突触设想图

(引自 Abrams & Kandel,1988)

## 二、学习引起的大脑白质微结构变化

皮层传导通路髓鞘化,最终使神经兴奋的传导更加精确、迅速。髓鞘化的发育依次为感觉通路髓鞘化,运动通路髓鞘化,与智力活动有关的额、颞、顶叶间纤维髓鞘化。出生时,大脑细胞轴突基本开始髓鞘化,但大部分其他神经轴突还未完成髓鞘化。6~7月龄的婴儿脑,基本感觉通路已髓鞘化。大约6岁时,神经纤维深入到各个皮层,逐渐完成纤维髓鞘化。但额叶皮层的神经纤维髓鞘化,可延续到30多岁才全部完成。成人的脑重量约占体重的2%,但消耗体内的葡萄糖却占了总数的20%。与成人相比,婴儿期脑发育的耗氧量以及葡萄糖的消耗量,占全身耗氧量以及葡萄糖消耗总量的60%。因为轴突髓鞘化过程需要合成大量脂肪和蛋白质,这是消耗大量葡萄糖的主要原因之一。

Fields(2010)证明,人脑神经纤维的髓鞘化从胚胎期一直延续到成年期。最后髓鞘化的,是额叶皮层神经元所发出的神经纤维,它们参与高级认知活动的执行监控功能。

### (一)复杂学习作业后,白质的变化

在利用磁共振脑成像技术的认知神经科学实验中发现,人们进行复杂学习作业后,不仅儿童的脑白质会发生变化,成年人的白质结构也会发生变化。20世纪80年代,已有一些研究利用传统组织化学方法总结出人脑髓鞘化过程的基本规律,揭示出神经纤维髓鞘化最快的时期是在1岁的婴儿期,随后变慢,延续到成年期,不仅有年龄差异和个体差异,还有不同脑区之间髓鞘化进程的差异。一般而言,后头部的脑结构髓鞘化早于前头部脑结构。出生前到出生后一年之内,脊髓和脑干的神经纤维就完成了髓鞘化过程,前部脑结构的神经纤维髓鞘化延续到成年期。短距离的投射纤维髓鞘化早于距

离远的投射纤维,更早于联络区皮层间的联络纤维髓鞘化。同时还发现,伴随白质微结构的变化,也就是髓鞘化的发育过程,神经元轴突也发生变化,表现为其粗细的变化。而锥体束中的神经纤维(轴突)的直径不再变化。这说明传导神经冲动速度的调节功能已不再单独依靠神经纤维的直径变化,而是由神经纤维直径和髓鞘厚度的比率变化,进行细微的调节。

Scholz等(2009)将48名18～33岁的年轻人,分成实验组和对照组各24名,实验组被试每人领取抛、接球杂耍器具和用于学习杂耍的练习指导书。随后六周,每周五天,每天半小时练习,并记录学习成绩。练习前、练习六周后以及停止杂耍后四周,各进行一次磁共振弥散张力成像检测,并计算出脑白质微结构参数。结果发现,这类复杂的视觉运动技能训练,引起顶下沟附近的白质各向异性分形(FA)增高,表明这种杂耍训练在成年人中,也能引起枕-顶叶皮层间联系的白质发生微结构的改变。

在图6-5a中分别从z,y,x三个切面的五张图中,可见到在顶-枕沟(POS)和下顶沟(IPS)附近有两条各向异性分形标准分(T-score)的变化区。在b图横坐标分别为对照组六周后扫描、杂耍训练组六周后扫描(Jugglers scan 2)和杂耍组停止训练四周后扫描(Jugglers scan 3),纵坐标是各向异性分形值(FA)与实验前(scan 1)相比发育变化的百分比,由图b可见六周的杂耍训练引起约6%的分形值增加,停止训练四周返至4%,四周恢复了2%。

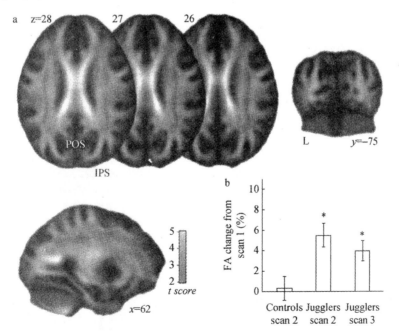

**图6-5 成年人杂耍训练引起枕-顶联系的白质发育微结构变化图**
(引自 Scholz,J.,2009)

## (二) 练习弹钢琴的儿童和成年职业钢琴家的脑白质高度发达

进入21世纪的最近十多年间,利用磁共振成像的几种技术,对人脑白质的研究发生了根本变化,这种方法可以研究正常人不同状态下的脑白质微结构的变化及其与高级认知功能的关系。例如前额叶区的白质密度与一般智力、工作记忆、注意和抑制功能发展水平相平行;胼胝体的纤维髓鞘化程度增高,伴随儿童认知功能和感觉运动控制功能以及双手协调功能的发展;锥体束和弓状束的发育程度与手的精细运动技能和语言发展相关;总智商与白质的总容积,特别是与额-顶联络纤维束发育程度密切相关;前额叶皮质的容积与认知功能以及毫秒数量级自动化运动技能发展相关。一批研究报告均指出,不同脑区白质的各向异性分形参数(FA)与许多高级功能相关。颞-顶间白质的FA和阅读能力相关;放射冠前部白质的FA与工作记忆容量相关;视觉-空间注意通路的FA与反应时相关;胼胝体的FA与双手协调功能相关;内侧纵束的FA与记忆提取功能相关;额-顶通路的FA与视觉平均诱发电位潜伏期之间呈负相关。

乌伦(Ullén,2009)利用磁共振技术研究了成年职业钢琴家的脑白质,结果发现,职业钢琴家脑内胼胝体较大,这可能是由于他们大多数在7岁之前就开始学琴,此后不停地运用双手进行弹琴作业的结果。也有些研究发现学习钢琴的儿童除了脑胼胝体外,脑锥体束也比一般同龄儿童发达。由此可以推论,从小就不断操作计算机键盘的儿童,也会有类似的脑白质发育特点。11~16岁儿童弹钢琴对脑白质(内囊)结构的作用如图6-6所示。

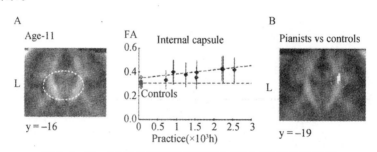

**图6-6　11~16岁儿童弹钢琴对脑白质(内囊)结构的作用**
(修改自 Ullén,F.,2009)
　　横坐标:练习时间(单位1000小时);纵坐标:弥散张力磁共振成像所测定的各向异性的分形值(FA);在中间的坐标图内水平虚线是对照儿童的FA值;向上递增的虚线是11~16岁儿童弹钢琴3000小时练习过程中脑白质(内囊)的FA值增加斜线。

# 第五节　学习的分子生物学基础

多少年来,神经生物学家、心理学家和医生们都热切地希望,在人脑中分离出学习过程的特异性分子。它是学习的物质基础,自然可以用于促进正常人的学习过程和治疗智力障碍的病人。怀着这样一个美好的愿望,20世纪50~60年代,曾掀起一个记忆物质转移的研究热潮,从经过训练的大白鼠脑中提取核糖核酸,给未训练的大白鼠注射,希望能加快后者的学习速度,因为注射物中可能含有信使核糖核酸。这类研究得到了似是而非的结果。70年代初,许多实验室致力于神经递质这类小分子物质的研究,结果也未能发现哪种递质与学习过程具有特异性关系。80年代初,中分子量的神经肽成为研究的热点,但也未得到明确的结论。80年代中期以来,大分子的受体蛋白、离子通道蛋白与学习过程的关系受到更多的重视。总结这种研究历程,使我们得到这样一种认识:学习过程是脑的高级机能,不是某一种特殊分子变化的结果,而是有多种物质经过复杂的代谢环节参与学习过程。当代积累的科学事实表明,由几个亚基组成的受体蛋白或酶蛋白,可以同时接受条件刺激和非条件刺激的影响发生变构作用,实现两种刺激间的联结。所以,蛋白分子变构作用是学习记忆的基本机制。只有中小分子的神经递质、调质和激素的激发并与之结合,受体蛋白或离子通道蛋白才会发生这类变构作用,成为受环境制约的学习过程的物质基础。神经生物学研究发现两大类受体蛋白分子,即配体门控受体家族和G-蛋白相关的受体家族,均是参与学习机制的主要分子。配体门控受体蛋白家族中的N-甲基-D-天冬氨酸敏感型兴奋性氨基酸受体(NMDA受体),在海马内LTP中具有重要作用。与G-蛋白相关的受体家族中的5-羟色胺受体分子,在经典条件反射和非联想学习机制中具有重要作用。

### 一、配体门控受体蛋白在学习中的作用

如图6-7所示,在条件反射性LTP现象形成中,一方面,条件刺激单独作用,可引起突触前神经末梢释放大量谷氨酸,继而与突触后膜上的NMDA受体相结合,使NMDA受体发生变构作用,从而造成$Ca^{2+}$通道门开放(图6-7a),另一方面,非条件刺激造成突触后膜的去极化,清除了NMDA受体调节通道上的$Mg^{2+}$,可使$Ca^{2+}$通道畅通(图6-7b)。当条件刺激与非条件刺激结合时,上述两种过程相继发生。条件刺激引起NMDA受体蛋白分子变构,$Ca^{2+}$通道门打开,非条件刺激清除通道门附近的$Mg^{2+}$,这时条件反射性LTP现象就会建立起来(图6-7c)。所以,NMDA受体蛋白分子可以将条件和非条件刺激聚合在一起,触发$Ca^{2+}$在细胞内发挥第二信使的作用,继续传递习得的神经信息,完成经典条件反射建立的基本过程。

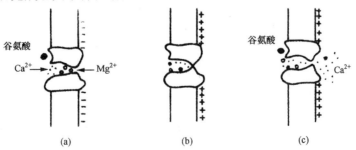

**图6-7 NMDA受体变构作用示意图**

(引自 Abrams & Kandel,1988)

## 二、G-蛋白相关的受体蛋白在学习中的作用

除了 NMDA 受体蛋白分子的这种聚合两种刺激信息的功能外,在海兔学习模型研究中,发现了 5-羟色胺受体分子激活的腺苷酸环化酶也有这种聚合功能。单独条件刺激的信息传到突触后膜,可以引起其膜电位的去极化,继而可使适量 Ca²⁺ 流入细胞膜内(图 6-8a),只能造成腺苷酸环化酶分子轻度活化,形成少量第二信使环磷酸腺苷(cAMP);非条件刺激引起突触前末梢释放大量神经递质 5-羟色胺,并与突触后膜上的 G-蛋白相关性受体蛋白分子结合,通过 GTP 耦联引起腺苷酸环化酶的激活,合成较多的 cAMP(图 6-8b)。如果条件刺激和非条件刺激以一定时间间隔顺序呈现,上述两个过程就会引起腺苷酸环化酶分子的高度激活,合成大量 cAMP(图 6-8c)。由此可见,腺苷酸环化酶分子可以受到双重激活,这一特性使它具备了能够实现经典条件反射中,暂时联系形成的机制。虽然腺苷酸环化酶分子并不是受体蛋白,但它参与学习机制的变构作用,其中必要的前提是 5-羟色胺受体蛋白的激活。因此,这种学习机制也是由受体蛋白分子变构作用所制约的。

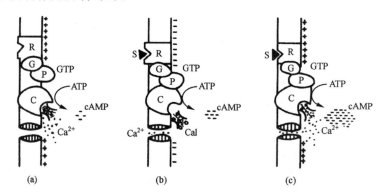

**图 6-8 腺苷酸环化酶参与学习机制示意图**
(引自 Abrams & Kandel,1988)

从上述两种蛋白分子聚合两类刺激信息的特性中,可以看出学习的分子生物学基础,正是这类蛋白分子在变构基础上产生的聚合信息特性。随着科学的发展,可能会发现更多蛋白分子的变构作用参与学习机制的调节。

## 第六节 学习障碍和成瘾行为

将学习障碍和成瘾行为放在一个标题下介绍,除了因为它们是少年儿童发展中常遇到的社会问题,更主要的是它们都存在学习的脑科学基础理论问题,或者说脑的强化/奖励系统是它们共同的生理心理学基础。

一、学习障碍

根据美国政府 1999 年关于学习障碍(learning disability)的定义:"累及一种或多种理解或使用语言基本心理过程的障碍,表现为对口头或书面语言的听、说、读、写、拼音和思考等以及数值计算能力的缺陷。根据英国学者 Butterworth 和 Kovas(2013)的报告,这种障碍的发生率为人口总数的 10%,其中最常见的是失读症(dyslexia)、计算障碍(dyscalculia)、特殊语言障碍(specific language impairment)、自闭症谱系障碍和注意缺陷多动障碍,这里着重介绍前两种学习障碍,其他的分别在本书相关部分介绍。

(一) 失读症

成年人因中风等疾病引起的脑中枢障碍所导致的失读症叫做获得性失读症。而少年儿童期的失读障碍,称发展性失读症。发展性失读症具有遗传分子生物学基础,人类第 6 对染色体上的 DCDC 2 基因组,丢失了短链 DNA,可能是导致失读症的物质基础;第 3 对染色体上的 ROBO 1 基因组,被第 8 对染色体上的基因片段歧变插入,是造成失读的原因。这三类基因突变导致脑发育不足,特别是大脑皮层内的长距离神经纤维发育不足,最终表现为失读症。所以,大脑皮层各区之间长距离纤维发育不足,可能是失读症、自闭症和精神分裂症的共同原因,因为这些疾病共同的行为表现是语言交际方面的障碍。

(二) 计算障碍

包括对数量、数值和数字比较和计算等能力的缺陷,不仅表现在学校中数学课程的学习障碍,也表现在日常生活问题准确计算和思考的缺陷,并且常伴有书面语言运用能力不足。通常用数感(subitizing)缺失作为研究计算障碍的基础概念,并采用非符号数的比较实验范式。请被试操作两个拟比较的点阵,改变点之间的距离反复比较两个点阵的数值大小。Heine 等(2013)通过这种实验方法对 8 岁的计算障碍儿童和正常发育儿童各 20 名,进行了脑事件相关电位的源分析研究,结果发现点阵距离效应在计算障碍儿童脑的右下顶区与正常儿童有显著差异。Dehaene 等(1999)通过设计的精确计算和近似计算不同作业,根据脑事件相关电位源分析和功能性磁共振分析相结合的实验数据,证明近似计算激活两半球的枕-顶皮层大范围的活动,精确计算由语言加工的脑区活动完成,两者有不同的脑机制。Chan 等(2013)的研究报告发现,自幼生长在中文环境中的中国儿童除了有基于非符号数感缺陷的计算障碍,还有一类符号数字计算能力低下的儿童。他们认为这是两类性质不同的计算障碍。

二、成瘾行为

这里所讨论的成瘾行为包括毒瘾和行为瘾,两者成瘾虽有不同的起点,但最终在人脑内都是通过成瘾的共同脑通路而造成的祸根,而且这个祸根形成的基本过程和普通学习和记忆形成的脑机制相同。

### (一) 毒瘾

毒品是一类能引起人们产生心理依赖、生理依赖或戒断症状的化学物质,它会导致人们丧失其应有的社会角色和社会职能,甚至丧失人格与人性,因而将之称为毒品。在我国危害最大的毒品是鸦片类制剂海洛因和化学合成的生物胺,如摇头丸等,此外,可卡因、致幻剂和大麻等毒品也常有之。海洛因、吗啡等鸦片制剂主要通过分布在中脑导水管周围灰质的阿片受体发挥其药效,其他一些毒品主要通过中脑-边缘多巴胺神经系统而发挥毒品药效。这些毒品能刺激相应脑结构神经元的突触后膜,产生异常多的受体及增高其活性,这种效应很快造成这些神经元树突形态的改变。由于树突上受体蛋白大分子迅速增多,导致树突上棘突密度增大。这种结构上的改变是毒品成瘾难以戒断和易复吸的脑细胞结构性因素。此外,还存在着分子生物学变化机制。毒品引起树突形态改变,以其细胞质和细胞核内的分子生物学变化为基础,这个过程与本书所描述的学习的脑强化/奖励机制和长时记忆的分子生物学机制完全相同。简言之,毒品作为配体与受体相结合,通过G-蛋白受体家族所诱发的细胞内信号转导系统,再通过蛋白激酶催化亚基进入细胞核,使那里的基因调节蛋白激活,引起基因表达,合成更多的受体蛋白质,分布在崤突之中。这一过程与毒瘾的关系有下列要点:

(1) 各种毒品成瘾的基本生物学机制是相同的,不同之处仅在于药物进入脑内最初的靶神经细胞在脑内的部位不同。如图6-9所示,可卡因和摇头丸等生物胺类毒品最初的靶神经元,是脑干内单胺类神经元,特别是多巴胺神经元。海洛因等鸦片类物质首先击中中脑导水管周围灰质内那些树突上分布着阿片受体的神经元。

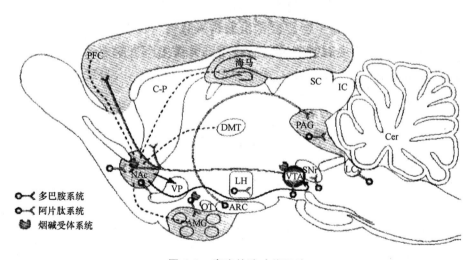

图6-9 毒瘾的脑功能回路

(引自:Nestler, E. J., 2004)

(2) 当吸毒成瘾后,不论哪种毒品引起的分子生物学和细胞学变化(树突上棘突增多)都不停留在最初的靶部位,而是扩展到前脑基底部的伏隔核中,从而导致全脑强化/

奖励系统活动的异常增强。

（3）毒品引起的这些变化和学习记忆过程以及长时程增强的机制基本相同，不同之处在于脑回路分布的差异。药物成瘾回路主要在中脑腹侧被盖-伏隔核通路，而一般学习、记忆在黑质-纹状体、海马、杏仁核和相应大脑皮层之间形成的回路中实现。

（4）复吸与药物渴求的最后共同通路：从前额叶皮层到伏隔核的谷氨酸能投射通路发生的细胞适应性变化及其大量密集的棘突，保持终生。甚至在成功戒毒若干年后，遇到与从前吸毒有关的线索、轻度应激状态或再一次得到的微量药物等三个因素之一，都可能立即导致最后共同通路的激活，毒瘾再次发作。成功戒断若干年后，再度复吸和对毒品的渴求是戒毒工作的最大难点，就在于图 6-10 中 4-5-6 构成的最后共同公路中，脑结构的改变保持终生。

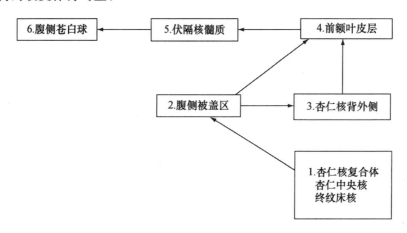

**图 6-10　成瘾行为的最后共同公路和复吸诱因作用回路**
（摘自 Kalivas，P. W. & Volkow，N. D. J.，2007）
4-5-6 最后共同公路，1-2-4 线索，2-3 应激

**（二）行为瘾**

这里指的是某些强迫性重复行为，包括上网行为、赌博行为、过食行为、购物行为和某些性变态行为等。随着对毒瘾脑机制的认识，对行为瘾的理解提供了科学基础。毒品成瘾的中脑腹侧被盖-前脑伏隔核回路与自我刺激行为的脑强化系统完全吻合，一些重复行为一旦使多巴胺强化系统兴奋性增高，就会巩固这种行为模式所对应的神经回路，导致感觉神经元和运动神经元之间联系的强化。

这一强化系统所发生的分子神经生物学和细胞学变化与药瘾相似，还与长时程增强和长时记忆形成的机制相似。图 6-11 所示，类似人类网络赌博的猴子，面对获奖的概率是 1，不确定性为零的条件下（上数第三条线），中脑多巴胺神经元在条件刺激出现时（第一条线向上的方形波），立即发生强反应，但反应很快停止；当获奖的概率是 0.5，不确定性最大（1.0）的条件下（上数第四条线），在条件刺激出现时（第一条线向上的方形波),中脑多巴胺神经元立即发生中等反应,并保持较长时间的发放,直到条件刺激终止并出现奖励时还能给出反应;当获奖的概率是零,不确定性也是零的条件下(上数第五条线),中脑多巴胺神经元对条件刺激不发生反应,只对奖励出现(在第二条线上的小方波)给出反应。比较三种条件下中脑多巴胺神经元的反应,可以说明,赌博性质最强的第四条线,细胞发放时间长,兴奋性最高,这种行为的强化作用大,易成瘾。无论是药瘾还是行为瘾,除与环境条件相关还与个体的遗传因素有关,据西方流行病学调查的结果表明,近半数毒品成瘾的人都有家族史。然而,至今尚未找到与毒品成瘾有关的基因组。在禁毒工作中,能找到预测成瘾的易感性素质或生理心理学参数,是一项极有意义的工作。

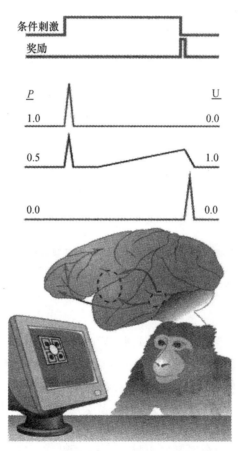

图 6-11　网瘾形成中猴中脑多巴胺神经元预期奖励的电生理反应
(择自 Shizgal, P. et al., 2003)
P 为奖励出现的概率,U 为奖励的不确定性。

# 记忆的生理心理学基础

无论是记忆的心理学研究,还是记忆的生理心理学研究,在上世纪80年代,都取得了较大的进展。已经使记忆与记忆的生理心理学理论,发生了重大变迁,从经典的单一记忆理论发展为多重记忆理论,从单一记忆的脑结构——海马,发展为多重脑记忆系统。记忆理论的这种变迁早已被广泛接受;然而,20世纪60~70年代盛行的记忆痕迹理论和将海马作为主要记忆功能的脑结构观点,仍为许多通俗读物所引用。所以,本章仍从介绍这些传统理论开始,但更注重于讨论记忆的新理论和新的科学事实,特别关注近年的最新发展,如无创性脑成像积累的新科学事实和睡眠在记忆巩固中的作用。

## 第一节 传统的记忆痕迹理论

20世纪60~70年代形成的记忆痕迹理论(engram),将人脑内的记忆过程大体分为两类,即短时记忆和长时记忆。前者的脑机制为神经回路中生物电反响振荡;后者的神经生物学基础,是生物化学与突触结构形态的变化。这就是盛行三十多年的记忆痕迹理论。那么,这种记忆的痕迹发生在脑的哪一结构中呢?海马作为记忆功能的脑结构,不仅在当时广为接受,而且流传至今。

### 一、短时记忆的反响回路

记忆痕迹理论认为短时记忆是脑内神经元回路中,电活动的自我兴奋作用所造成的反响振荡;这种反响振荡可能很快消退,也可能因外界条件促成脑内逐渐发生化学的或结构的变化,从而使短时记忆发展为长时记忆。这一理论必须回答一系列问题:作为短时记忆的反响回路存在于什么脑结构中,有什么特点?长时记忆的化学变化与重要物质是什么?脑形态学改变的含义是什么?从短时记忆向长时记忆过渡的脑内外条件是什么?电活动反响怎样转化为脑化学或结构改变?近二三十年来,生理心理学家们作了许多努力,对其中一些问题作了很好的回答,然而绝大多数问题还得不到真正的答案。虽然这个理论仍是生理心理学解释记忆机制的主要传统理论,但20世纪70年代对神经信息传递机制的研究，已经显示出记忆痕迹理论的历史局限性。

精神科医生们早就发现，不少患有严重精神分裂症的病人会逐渐出现癫痫症状，此时其精神分裂症状会明显好转。于是他们就试图用引起癫痫发作的方法治疗精神分裂症，终于在20世纪30年代中期先后发明了电休克治疗和胰岛素休克治疗。头部通以电流或静脉内注入一定剂量的胰岛素，均能使病人陷入休克状态；在进入休克过程中又会出现癫痫大发作的全身性抽搐。电休克治疗有许多缺点，其中之一就是容易引起病人的逆行性遗忘症。病人对早年发生过的事情仍保持良好的记忆，而对电休克治疗之前发生的事情却完全遗忘，这种仅对最近事情的选择性遗忘称为逆行性遗忘症。由以上研究启发，生理心理学家们将电休克对短时记忆的影响，作为研究动物记忆模型的一种手段。首先训练动物完成主动躲避条件反应或被动躲避条件反应，然后对动物进行电休克处理，再检查电抽搐之前，习得行为保持的程度。改变习得行为训练和电抽搐处理之间的时间间隔，从数秒钟至数十秒乃至几小时，考察间隔时间不同与短时记忆丧失之间的关系。结果发现，随着两者间隔时间的延长，电抽搐对短时记忆的干扰作用明显变弱，间隔一小时以上则电抽搐已不影响记忆。这种结果成为记忆痕迹理论最初的有力证据。它说明短时记忆很不稳定，易受电抽搐的干扰，经过40～60 min以后，记忆已经巩固，不再受电抽搐的影响，此时发生了质的变化，从短时记忆变为长时记忆。一小时的时间是短时记忆痕迹转变为长时记忆痕迹的必需时间。那么电抽搐为什么会干扰短时记忆呢？20世纪70年代以前大多数生理心理学家认为，这是由于短时记忆是神经元反响回路中的电活动，在强烈电抽搐作用以后，这种反响受到阻断或消失，打断了反响回路引起生化改变的过程。反响回路40～60 min以上的连续振荡引起回路的化学变化，形成稳定的长时记忆痕迹，就不再受电休克的影响。

20世纪70年代发现，海马结构中存在着三突触回路(trisynaptic circuit)，在三突触回路中还存在着长时程增强效应(LTP)，可能是从短时记忆痕迹转化为长时记忆痕迹机制之一。在长时程增强效应中，有一系列复杂的生物化学反应参与，而且任何一个突触传递都包括复杂的化学传递机制。所以，就短时记忆痕迹的本质来讲，把它仅仅归结为神经元回路反响的电学活动，是20世纪60年代记忆痕迹理论的历史局限性。

### 二、长时记忆的生化基础

记忆痕迹理论对长时记忆痕迹本质的设想得到哪些科学事实的支持呢？20世纪60年代，记忆痕迹理论形成时，生物化学家们首先想到核糖核酸(RNA)与长时记忆的关系。与此同时，也对蛋白质合成进行了大量研究。信使核糖核酸(mRNA)携带着蛋白质合成密码，其代谢速度较快，几十分钟内即可合成新的mRNA。这与短时记忆痕迹转化为长时记忆痕迹所需时间大体相符。从60年代至今，生理心理学和神经科学的研究者们一直试图从 RNA 的研究中,找到长时记忆的物质基础。

Hyden(1960)最早报道了关于记忆与核糖核酸(RNA)关系的实验结果及其理论设想。他提出,动物学习行为巩固后,脑内 RNA 含量显著增加,而且 RNA 分子的化学组成也发生改变。他认为,每种长时记忆都对应于脑内一种特殊结构的 RNA,当相同记忆内容再现时,神经元中这种 RNA 分子立即发生反应。他的这种设想从 20 世纪 60 年代到 70 年代中期,激励了许多学者进行记忆物质转移的动物实验。直到 70 年代末,记忆物质转移实验才冷落下来。但对 RNA 的分子生物学及其与长时记忆关系的研究仍以更精细的方式进行着。

RNA 的重要功能就是合成蛋白质,RNA 与长时记忆痕迹的关系问题,自然包含着蛋白质合成与记忆关系的问题。20 世纪 60 年代以来,生理心理学家和生物化学家们,通过两种途径探讨长时记忆与蛋白质代谢的关系。一种研究路线是注重蛋白质合成抑制剂干扰蛋白质合成,考查动物的记忆障碍;另一条研究途径是在记忆形成时,分析动物脑内出现了哪些特殊蛋白质,或哪些蛋白质的合成最活跃。通常采用放射免疫法定量分析脑内蛋白质的变化。在动物完成学习任务习得行为模式稳定之后,注入蛋白质合成抑制剂,隔几小时后检查动物的长期记忆,则发现显著的破坏效果。许多实验研究都表明,随着蛋白质合成抑制剂应用的剂量和次数的增加,对长时记忆的破坏作用就增强,脑内蛋白质合成的抑制作用也更明显。这些抑制剂只影响长时记忆,而不影响短时记忆和学习过程。这说明对于长时记忆痕迹的形成,合成新的蛋白质是必需的。那么在长时记忆形成中,合成了哪种蛋白质呢?换言之,哪些蛋白质是长时记忆的物质基础呢?这个问题引起许多生物化学家和神经科学家的浓厚兴趣。他们尽可能采用新的生化分析技术,在动物形成长时记忆之后立即处死,取脑分析。结果发现,一些相对分子质量较小的糖蛋白或酸性蛋白质,如 S100 和 14-3-2 等代谢快、更新快的蛋白质,在记忆痕迹形成中作用最明显。

脑内 S100 酸性蛋白质的含量比其他脏器高万倍左右,特别是海马 CA3 区,在动物出生后 10 天内其含量迅速增加。因此,S100 酸性蛋白与学习记忆的关系引起了一些学者的注意。现已知 S100 蛋白分子含有 $\alpha,\beta$ 两种亚基。这两种亚基可以组成两种 S100 蛋白分子:一种是 S100A 分子,为异源二聚体,即由 $\alpha\text{-}\beta$ 亚基组成;另一种是 S100B 分子,为同源二聚体,即由 $\beta\text{-}\beta$ 亚基组成。S100 酸性蛋白分子中含有两个能与 $Ca^{2+}$ 结合的部位,称为效应臂。它们与 $Ca^{2+}$ 结合就会引起 S100 蛋白分子变构,暴露其两个疏水基(N 端和 C 端各有一个疏水基),从而使 S100 蛋白吸引附近的效应蛋白,并与之结合,形成具有生物活性的 S100 效应蛋白复合体,并产生生物效应。这种钙依存性变构作用与钙调素十分相似,可能是其参与神经信息传递和记忆过程的基本机制。

### 三、记忆痕迹的脑形态学基础

传统记忆痕迹的最后一个观点,即长时记忆痕迹是突触或细胞的变化。虽然记忆痕迹理论形成时,人们对突触化学传递的知识还很少,但根据当代积累的科学知识,我们可以把这一论断归结为三方面含义:突触前的变化包括神经递质的合成、储存、释放等环节;突触后变化包括受体密度、受体活性、离子通道蛋白和细胞内信使的变化;形态结构变化包括突触的增多或增大。对比生活环境、学习能力和脑结构变化的关系,结果表明:在优越箱中成长的大白鼠大脑发育得好,神经元树突分支多,突触平均尺寸增大,脑内胆碱乙酰化酶和胆碱酯酶量均高。说明乙酰胆碱类神经递质合成代谢与分解代谢均很活跃。这一研究足以说明脑形态结构与功能均具有很大的可塑性,学习记忆能力与脑结构变化有一定关系,但并不能精确说明长时记忆痕迹究竟与哪几项脑结构或突触变化有关。突触前合成、存储和释放递质的功能以及突触后受体的变化虽与学习记忆有一定关系,但对长时记忆痕迹来说也不是特异性的机制。神经信息在突触传递中的化学机制是神经系统的各种功能基础,当然也包括长时记忆痕迹的形成;但并不是特异性的。

## 第二节 海马的记忆功能

海马(hippocampus)是端脑内的一个特殊古皮层结构,位于侧脑室下角的底壁,因其外形酷似动物海马而得名。20世纪50年代临床观察发现海马损伤的病人发生顺行性遗忘症,因而引起生理心理学家们的重视。在过去的半个世纪中,海马与学习记忆的关系,一直是生理心理学研究的热门课题。这些研究发现,海马的生理心理功能极为复杂,不仅与学习记忆有关,还参与注意、感知觉信息处理、情绪和运动等多种生理心理过程的脑调节机制,并且还发现海马附近的内嗅区皮层、围嗅区皮层和旁海马回皮层在记忆形成中也十分重要,所以统称为内侧颞叶系统(medial temporal lobe, MTL)。本节主要讨论海马与记忆的关系。

### 一、海马的形态与功能特点

与新皮层不同,海马与其附近的齿状回是古皮层,仅有三层细胞结构,即分子层、锥体细胞层和多形细胞层。根据海马的组织结构特点,又可将之分为CA1、CA2、CA3和CA4四个区域。CA1和CA2位于海马背侧;CA3和CA4位于海马腹侧。海马与其附近的齿状回、下脚、胼胝上回和束状回形成一个结构和功能的整体,合称海马结构(hippocampal formation)。海马结构通过穹窿、海马伞和穿通回路与隔区、内嗅区和下丘脑的乳头体发生直接的纤维联系。海马结构的齿状回直接通过由内嗅区皮层发出的穿通回路(perforant path),接受杏仁核、其他边缘皮层和新皮层发出的神经信息。接受这些脑结构的神经信息之后,齿状回发出纤维止于 CA3 和 CA4;再由 CA3 和 CA4 神经元的轴突发出侧支(schaffer collateral fiber),止于海马 CA1 和 CA2。虽然穹窿主要由海马结构的传出纤维组成,但其中也含有从内侧隔核来的胆碱能传入纤维以及从脑干发出的 5-羟色胺能神经纤维和去甲肾上腺素能神经纤维。海马结构的主要传出纤维从 CA1 和 CA2 区发出,经穹窿达下丘脑乳头体、丘脑前核和外侧隔核。CA1 和 CA2 区的传出纤维也止于下脚。在海马结构的这些联系中,绝大多数突触以氨基酸类物质作为神经递质,特别是谷氨酸和 GABA 为主。值得特别指出的有两种回路,一个是经典的帕帕兹环路(Papaz's circuit),另一个是三突触回路(trisynaptic circuit)。

## 二、海马的两个记忆回路

### (一) 帕帕兹环路

海马→穹窿→乳头体→乳头丘脑束→丘脑前核→扣带回→海马,这条环路是 20 世纪 30 年代就认识到的边缘系统的主要回路,称为帕帕兹环路。在这条环路中,海马结构是中心环节。所以,在 40~50 年代曾认为海马结构与情绪体验有关。

### (二) 三突触回路

罗莫(Lomo,1966)首先报道了他称之为长时程增强效应(LTP)的现象发生在海马的三突触回路,随后在内侧嗅回与海马结构之间存在着的三突触回路引起广泛关注,因为它与记忆脑机制有关。三突触回路始于内嗅区皮层,这里神经元轴突形成穿通回路,止于齿状回颗粒细胞树突,形成第一个突触联系。齿状回颗粒细胞的轴突形成苔状纤维(mossy fibers)与海马 CA3 区的锥体细胞的树突形成第二个突触联系。CA3 区锥体细胞轴突发出侧支与 CA1 区的锥体细胞发生第三个突触联系,再由 CA1 区锥体细胞发出向内侧嗅区的联系。这种三突触回路是海马齿状回、内嗅区与海马之间的联系,具有特殊的机能特性,当时被认为是支持长时记忆机制的证据。

### (三) 长时程增强效应

电刺激内嗅区皮层向海马结构发出的穿通回路时,在海马齿状回可记录出细胞外的诱发反应。如果电刺激由约 100 个电脉冲组成,在 1~10 s 内给出,则齿状回诱发性细胞外电活动在 5~25 min 之后增强了 2.5 倍,说明电刺激穿通回路引起齿状回神经元突触后兴奋电位的长时程增强效应(LTP),因而这些神经元单位发放的频率增加。后来他们又报道,海马齿状回神经元突触电活动的 LTP 现象可持续数月的时间。他们认为,由短暂电刺激穿通回路所引起的三突触神经回路持续性变化,可能是记忆的重要基础。

每侧的海马齿状回都接受两侧内嗅区发出的穿通纤维,但以同侧联系为主,对侧联系较少。如果在单侧刺激内嗅区,则发现在同侧海马齿状回内很容易引起 LTP 现象,而在对侧海马齿状回内则很难引起这种现象。如果用建立经典条件反射的程序对两侧内嗅区施以刺激,就会发现 LTP 效应的呈现也符合经典条件反射建立的基本规律,从而证明LTP现象可能是一种学习的脑机制。此类实验是这样进行的,如果先刺激对侧内嗅区,随后以不到20 ms的间隔期实施同侧内嗅区刺激,这样的处理重复几次以后就会发现,单独应用对侧内嗅区的刺激,也会很容易引起同侧海马齿状回的LTP现象。这就是说,把对侧内嗅区刺激当做条件刺激,同侧内嗅区刺激作为非条件刺激(强化),可以建立海马齿状回的LTP现象条件反射。如果把条件刺激和非条件刺激呈现的顺序颠倒过来,或者延长条件刺激与非条件刺激呈现间的时间间隔至200 ms以上,则发现齿状回的突触兴奋性明显降低。这表明,两侧内嗅区穿通回路的神经末梢在同一海马齿状回颗粒细胞上所形成的突触(异源性突触),只有按条件反射建立的规则,才能形成易化,建成LTP现象的条件反射。

## 第三节 现代的多重记忆系统理论及其脑结构基础

传统心理学把记忆分为识记、保持、再认和再现等记忆过程;又按时间关系分为短时记忆和长时记忆等几种形式。20世纪60~70年代,认知心理学发现了时间约为1 s的感觉记忆、几秒钟的初级记忆和几十秒钟的次级记忆过程。与此同时,还有一种记忆的分类模式:工作记忆和参考记忆。工作记忆又称发生作用的记忆,是指与当前任务有关的多种短时记忆共同活动而发挥作用的记忆;与之对应的是在脑内长期存贮的参考记忆。80年代以来,认知心理学与神经心理学一方面吸收了临床医学和临床神经心理学的研究成果;另一方面运用无创性脑成像技术设计了更精细的记忆实验范式,形成了当代心理学对记忆研究的主流。这种研究得到了多重记忆系统及其脑功能模块的理论,使我们认识到人类记忆是十分复杂的多功能系统,每个系统又进行着动态的记忆过程。这样,现代心理学把形态各异的记忆系统展示在我们面前。

### 一、记忆过程与记忆系统的分离

正如一套计算机及所控制的自动系统,记忆系统也由多重功能组块接插起来,每个组块的功能不同,在正常人类记忆活动中彼此相互补充。研究者一方面利用脑损伤病人的各种记忆异常表现;另一方面设计精细的记忆实验,揭示这些功能组块的特点。记忆的功能组块和脑结构间存在一定关系。正常人的记忆,既有编码和存贮信息的过程,又有回忆或提取信息的过程。海马损伤的病人只能回忆和提取信息,不能形成新的长时记忆;相反,有些脑外伤病人,在伤后的一段时间里,可以形成新的记忆,却不能回忆起伤前的近事。这些都说明,记忆可以分离为不同过程。这种双重分离现象能最可靠地证明,编码、存贮和提取是三个不同的记忆过程。

双重分离技术和双重任务法是多重记忆系统研究的重要途径。比如,请被试看一封信,并告诉他看完后要详细讲出信中的内容。在被试看信的同时,室内放音乐。当被试讲完信的内容时,顺便问他对听到的音乐有何看法。这时,这个人实际上完成了双重记忆任务。一个主要任务是理解和记忆信的内容,另一个次要任务是记住听到了什么音乐。这种实验称为双重任务法。在双重任务的记忆研究中,次要任务大多数都不事先告诉被试。采用双分离技术和双重任务实验方案,在脑损伤病人和正常人中发现多种形态的记忆系统。

## 二、工作记忆及其脑回路

工作记忆(working memory)的认知心理学模型是 Baddeley(2000)提出并且修订的,它由四部分组成:中央执行器(central executive system)、语音回路(phonological loop)、视觉空间板(visual-spatial sketchpad)和情节缓冲器(episodic buffer)。它是一种高级记忆系统,把短时记忆、知觉、注意和多种长时记忆活动融为一体,在一个人完成当前面对的认知任务中,发挥重要作用。

工作记忆中的中央执行器,由两类脑结构组成,对于知识和事实的存取,由前额叶皮层激活相应域特异性的语义记忆脑回路加以实现;相反,情节缓冲器实现着非域特异性(不分类的)信息缓存功能。对于右利手的人来说,这种情节缓冲器由右侧额中回、辅助运动前区(Pre-SMA)和两半球额叶弓状区和沿顶下沟前部和中部的皮层所形成的复杂功能回路所组成。视觉空间板功能是从额上沟后区激活,沿顶下沟到视皮层的自上而下的脑信息加工过程;与语音相关的工作记忆是前额叶向下顶叶的自上而下的脑回路活动;如果包括语言复述的工作记忆活动,对右利手的人,首先是左半球前运动区皮层激活再到顶区皮层,两者形成的额-顶皮层回路实现着语言复述的工作记忆功能。Cabeza等(2011)和 Manginelli等(2013)根据脑成像的激活区的分析结果,认为人脑后顶叶皮层分为背、腹两个工作记忆系统,背侧工作记忆系统由上顶叶和内顶沟的内外沿皮层组成,负责自上而下信息的交流;腹侧工作记忆系统由缘上回、角回和颞-顶结合区皮层所组成,负责由底至顶的信息交流。两个工作记忆系统分别对新-老刺激线索或突显特征-普通特征,以及内隐-外显信息同时反应,共同实施工作记忆任务。这种理论与背、腹侧两个注意系统的概念有一定呼应关系。

## 三、多重长时记忆系统

如图 7-1 所示,一大类记忆是可以用口头或笔头陈述的,与之对应的是难以言传的非陈述性记忆。前者称陈述性记忆或外显记忆(declarative or explicit);后者称非陈述记忆或内隐记忆(nondeclarative or implicit),当你向别人讲述昨天参加的朋友婚礼时,你脑海里会浮现出婚礼的一幕幕情景,这就是情景性或情节性陈述记忆(episodic memory);假如你帮助同学补数学课,这是一种语义性陈述记忆(semantic memory)。一些人形象性的情景记忆能力很强,讲起过去的事来活灵活现;但对干巴巴的哲学理论或数学问题的陈述能力就差一些。我们说此人情景性记忆力强,语义记忆较差。一些思维型个性特征的人,语义记忆能力强,情景性记忆稍差些。可见,两种记忆系统是可以分离开的。非陈述记忆有更多的表现形态,包括程序性记忆、习惯性记忆、间接性事物的联想记忆和内隐性记忆等。随着熟练程度的提高,使一个个孤立的动作变成连续的、协调的、自动化的运动旋律,例如跳舞、体操等这种熟练技巧的记忆,就是非陈述性程序记忆。单一刺激重复出现,仅引起脑内单一中枢的适应性反应的记忆,称为习惯性记忆,如一些婴儿只吃自己母亲的奶,不吃其他人的奶,就是由于母乳和母体的特殊味道在味觉中枢发生的习惯性记忆所致。与这种记忆相并行的还有一种联想性记忆,指两个无关的事几乎总是同时发生,重复次数多了,这两件事在脑子里就形成了稳定的联系,其中一件事一出现,自然就想起另一件事。最后一种非陈述记忆是内隐性记忆,指本人并未觉得已经记住的事,经过测查证明在脑内留下了深刻印象。比如,要求被试记住计算机屏幕中央的汉字,同时这个字的周围还出现一些带"扌"偏旁的字,如"打""扒""挂"等随机呈现,并没要求被试注意这些字。事后,除了请被试复述屏幕中央呈现的字外,给被试一些缺笔画的字和偏旁,如"十""丁",要求他补上几笔,成为完整的字。结果发现,被试写出的是"挂""打"等字,很少写成"博""顶"等字。这就证明了随机呈现的字,在被试脑内形成了内隐记忆。这种潜在性记忆对补笔测验发生的影响,称之为启动效应。

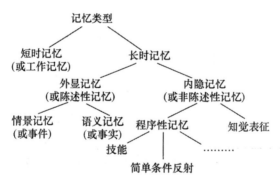

**图 7-1 人类的多重记忆系统**

(摘自 Miyashita,Y.,2004)

依记忆过程和记忆系统为框架,心理学家设计了许多研究记忆的实验范式,对其中一些人类实验范式,进行了猴的相应实验研究,并将无创性脑成像技术和猴脑细胞电生理研究所得到的结果加以比较。研究发现,某些脑结构参与多项记忆过程或多种记忆系统,但不同记忆过程和记忆系统的脑功能回路不同。因此,无论是哪种记忆过程或记忆系统都不是由单一脑结构完成的。至今对于记忆的脑功能回路及其相互关系所知甚少,有待今后有更多的科学发现加以补充,这里只能总结出各种记忆系统的脑结构基础。

**(一)情景记忆或自传记忆的脑结构基础**

内侧颞叶(medial temporal lobe,MTL)组成的回路,实现着情景记忆信息的存贮,已经成为公认的概念。个人经历的事件、情节,主要存贮在内侧颞叶的相关脑结构,包括内嗅区皮层(entorhinal cortex)、围嗅区皮层(perirhinal cortex)、旁海马回皮层(parahippocampal cortex)和海马(hippocampus)之中。Miyashita(2004)认为,当有意识地主动回忆这些事件或经历时,额叶皮层触发并激活内侧颞叶中的记忆并加以表征。当自发地想起这些事件或经历时,是以内侧颞叶自动激活并从内向外,从后向前地扩散,从而实现了事件或经历信息的自动提取。这些事件所涉及的物体或空间场景,则是由内侧颞叶向颞下回以及顶叶皮层,自上而下的后向传播所实现的。

Eichenbaum(2013)认为,既然科学界已公认内侧颞叶—海马在自传记忆和情景记忆中的作用,它是如何记录这类记忆中事件的时间关系呢?此外,海马中存在着位置细胞(place cell),服务于个体经历过的位置记录;那么,必然也存在时间细胞(time cell),这样才能完成空间-时间框架,进行自传记忆和情景记忆的存储和提取。他总结的科学事实表明,时间细胞和空间细胞并不是两类显著不同的细胞,而是同一群海马细胞对时间和空间信息的编码方式不同。这些编码方式决定于学习或最初经历这些事件或情节的背景条件。

虽然内侧颞叶—海马在自传记忆和情景记忆中的作用,已经成为公认的观点;但是MTL内的上述四个结构之间的功能差异还存在较大的争议,多数文献主张海马在编码中发挥较大作用;存储功能由上述三个皮层区完成,因为海马和新皮层的结构相差很大,其存储容量有限。另一种意见是海马在回忆中发挥作用;围嗅区皮层在熟悉性辨认中作用较大。Lech和Suchan(2013)综述和比较现有的文献,虽然可以重复出海马和围嗅区皮层在回忆和熟悉性再认的分离效应;但改变实验范式得到的结果不同。所以,他们认为内侧颞叶的情景记忆功能不是唯一的,还有复杂高级知觉功能和表征方式的功能,是值得进一步设计实验深入研究的问题。

(二)语义记忆的脑结构基础

由于大脑皮层的神经元非常密集地排列在厚度平均约2.4 mm的灰质中,具备着巨大的存储容量,对知识或事实的语义性陈述记忆,只占用其中一小部分存储空间,通过相应知觉系统编码后进行分门别类地以"域特异性"的物体知识或事实的类别存贮。例如,视知觉的域特异性存贮包括生物类、非生物类;生物类又分为动物、植物、微生物和人类等亚类;在非生物类物体中,又可分为工具、家具、食物等亚类。这种域特异性的记忆信息存贮是在相应域特异的脑知觉区实现。例如,视觉物体或事实的记忆信息存贮在颞下回和枕颞联络区皮层;与空间知识、概念相关的记忆信息存贮在顶-枕联络区皮层。这种域特异信息存储和工作记忆中情节缓冲器实现的非域特异性(不分类的)信息缓存,形成明显的不同。

Binder等(2009)对120篇关于语义记忆的脑成像研究报告进行了元分析,并得到了脑内语义记忆功能分布图,可将之大体分为成三类:后部多模式和异模式联络皮层、异模式前额叶皮层和内侧边缘皮层。具体包括如图7-2所示的八个脑结构:缘上回(supramarginal gyrus,SMG),角回(angular gyrus,AG),中颞回(middle temporal gyrus,MTG),下额回(inferior frontal gyrus,IFG),梭状回(fusiform gyrus,FG),上额回(superior frontal gyrus,SFG),后扣带回(posterior cingulate gyrus,PC)和腹内侧前额叶皮层(ventramedial prefrontal cortex,VMPFC)。

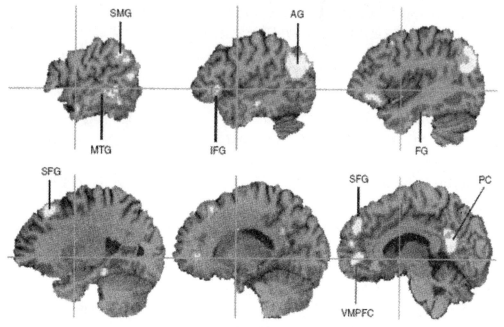

图 7-2 脑内语义记忆功能分布图

(择自 Binder, J. R. et al. ,2009)

图中,SMG 缘上回,AG 角回,MTG 中颞回,IFG 下额回,FG 梭状回,SFG 上额回,PC 后扣带回,VMPFC 腹内侧前额叶。

### (三) 额叶皮层触发存贮信息的主动回忆

无论是情境记忆、自传记忆还是语义记忆的主动回忆,都是额叶皮层触发和激活的结果。如图 7-3 所示,单独内侧颞叶的活动,这些存储的信息只能自动的活跃起来;只有额叶皮层才能触发对这些存储的信息的主动提取。Hikosaka 和 Isoda(2010)在文献综述中提出人脑额叶皮层中存在两类开关功能的结构。一种是反馈控制开关,由前扣带回负责检测错误或执行误差,以便执行过程正确无误;另一种原动性开关,由额叶皮层辅助运动前区(the pre-supplementary)启动个体主动性原动行为,包括记忆中的信息提取。Tang 等(2012)综述有关脑内存在着不同心态维持和转换开关的文献,发现额叶皮层中的岛叶发挥着不同心态转换开关的功能。然而,这些文献都是间接性的,尚需更直接的实验证据或神经心理学案例的支持。

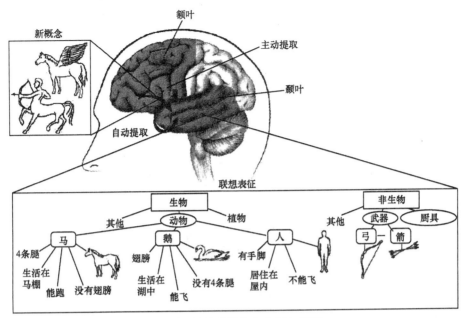

图 7-3 域特异性信息存储与提取

(引自 Miyashita，Y.，2004)

**(四) 内隐记忆的脑结构基础**

对于多种形式的内隐记忆系统而言，参与脑回路的不仅有大脑皮层，还有相应皮层下脑结构共同实现内隐记忆功能。内隐记忆不存在主动性提取过程，所以，由相应脑结构自动激活或兴奋扩散机制参与记忆功能。下面可以看到两类内隐记忆的脑回路不同。

1. 程序性记忆

日常生活或工作中不断重复的作业所形成的长时记忆，例如一些职业技能和习惯行为的记忆信息，存贮在大脑皮层运动区、运动前区皮层和大脑基底神经节的回路中；运动员的快速运动技能或普通人一些精细快速反应的运动技能的信息，则存贮在大脑和小脑之间的功能回路。

2. 知觉表征性记忆

复杂的知觉表征性记忆信息是以联络皮层之间自动联想性联结方式存贮；简单的联想性记忆信息贮存在大脑皮层之间的回路。

## 四、睡眠对记忆的巩固作用

从短时记忆向长时记忆的过度必须有足够的复述或一定的时间，是传统的理论知识；但记忆研究的著名专家斯夸尔(Squire，2007)认为，最近一些实验事实为传统的记忆图式理论增添了新的活力。随后在2008～2013年间，一批研究报告证明，人类睡眠有助于记忆的巩固。

### (一) 对味觉-空间联想记忆的促进作用

特别是 Tse 等(2007)证明大鼠在味觉空间定位的联想学习之后,进一步训练使之形成了味觉-空间联想图式,这种组织化的知识结构能够支持单次快速学习形成的新联想,并迅速形成它的巩固记忆。斯夸尔认为海马在学习记忆之后的功能是,引导新皮层包括前额叶、颞叶和前扣带回皮层,在新发展的记忆存贮中形成复杂性、分布性和相互连接性。

当人们处于慢波睡眠期,给予入睡之前经历的味觉学习中使用过的味觉刺激物,就可以在无意识状态下,隐性再激活入眠前习得的经验,从而使依赖于海马的陈述性记忆得到较好的巩固;但是对于独立于海马的程序性记忆,则没有易化或促进巩固的作用。根据这一实验事实,Rasch 等(2007)认为,慢波睡眠中的味觉线索等可以促进陈述性记忆的巩固,这一实验研究采用功能性磁共振技术,记录了被试味觉学习之后 45 min 处于慢波睡眠中,再给予相应的味觉刺激,发现左侧海马前区和后区 BOLD 信号显著增强($P<0.005$),与之对照的是学习之后同样间隔(约 45 min)处于清醒状态,同一脑区在受到味觉刺激之后 BOLD 的强度,如图 7-4 所示。

### (二) 人类睡眠对记忆巩固的实验证据

Rudoy 等(2009)通过实验证明记忆形成之初比较脆弱,经过巩固后才形成稳定的长时记忆。而在记忆刚形成后就进入睡眠期,并给予与记忆形成相联系的听觉刺激,当醒来之后记忆的巩固程度,显著优于未经睡眠者。他们请一些被试在计算机屏幕上看 50 个物体图形,并且分别定位在显示屏不同的部位上,并且每个物体的图形呈现时,都伴有不同的强度的声音(dB),与之相结合。随后请被试午睡,当被试在短暂的午睡过程中进入非快速眼动睡眠期,给予 25 个不同声音刺激,历经 3.5 min。醒后请被试看 50 个物体的图片,并请他们回忆在第一次学习时他们呈现的位置。结果发现,在午睡时给予声音刺激的相应物体图片呈现位置的回忆成绩,明显优于未接受声音再刺激的物体。从而说明睡眠中如果呈现记忆形成的某些线索刺激时,对脑功能有再激活作用,是睡眠中巩固记忆的中介因素。Wamsley 等(2010)系统研究了与睡眠相关的记忆巩固作用,认为睡眠中出现与学习任务相关的梦,有记忆巩固作用,而且是与非快速眼动期睡眠中海马的活动有关。他请被试学习虚拟的迷宫导航任务,学习后请他们入睡,五小时后再请他们重新测试虚拟导航任务的作业成绩。另一组被试学习虚拟的迷宫导航任务后保持清醒,五小时后重测虚拟迷宫导航作业成绩。比较两组被试的重测成绩发现,睡眠组显著优于未睡眠组,也优于初次学习时的作业成绩,证明睡眠巩固了学习中形成的记忆。Stickgold(2013)对比儿童和成年人的睡眠差异,并引述了近年的一些实验事实,得到了睡眠特别是慢波睡眠,有利于陈述性记忆的巩固的结论。一组 8~11 岁儿童,另一组 18~35 岁成年人,进行相同的序列运动训练,在 8 个顺序闪亮的小灯中选择灭后立即重亮的灯,作为按键的位置信号,每次只有一个位置信号,要求被试觉察信号并尽快做出按键反应。按 8 个键的序列总共重复 50 次(总共有 400 次按键),分配在 10 组训练中,每组按键 40 次,组间短暂休息。经过训练,按键速度普遍提高 25%。完

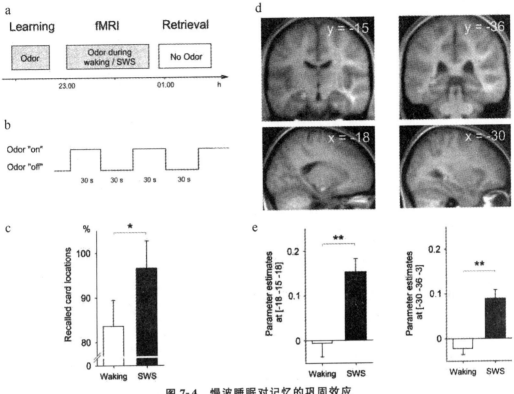

图 7-4 慢波睡眠对记忆的巩固效应

(引自 Rasch,B. et al.,2007)

  a 学习过程或处于慢波睡眠期以及学习之后 45 min 清醒状态下,味觉刺激呈现的方法。图中 Learning 学习,Odor 味觉刺激,fMRI 采集 fMRI 信号,Odor during 有味觉刺激,waking/SWS 觉醒和慢波睡眠,Retrieval 回忆,No odor 无味觉刺激。

  b 每隔 5.61 s 进行一次功能性磁共振扫描。Odor on 给味觉刺激,Odor off 撤消味觉刺激。

  c fMRI 扫描之后,进行记忆内容提取测试,结果表明,对二维物体定位作业任务,睡眠巩固处理的被试成绩显著优先于对照组($P<0.05$),Recalled card locations 被回忆的卡片位置,waking 清醒,SWS 慢波睡眠中。

  d 味觉刺激引起 BOLD 信号(血氧水平相关信号)的变化作为指标,发现左前海马区(左小图)和左后海马区(右小图)激活水平显著增高。

  e 对经过慢波睡眠和清醒处理的实验结果进行参数估计表明,左前海马区和左后海马区回归系数显著高于其他脑区($P<0.01$)。parameter estimates 参数估计,waking 清醒,SWS 慢波睡眠中。

成全部训练后,分别在一天工作或一夜睡眠后要求被试准确说出训练中按键的顺序和键的位置,结果发现睡眠后的儿童组最佳,15 名儿童中的两人能正确说出全部 8 个键的位置和顺序;而全部成年组和训练后保持清醒的儿童组,最多只能说出 4～5 个键的位置和顺序。作者认为这一结果有利于说明儿童睡眠时间长,有助于将程序性训练的知识提取和转化为陈述性知识。Oudiette 和 Paller(2013)采用目标化记忆激活法(TMR),如图 7-5 所示,可以有效地增强睡眠中对记忆的巩固作用。

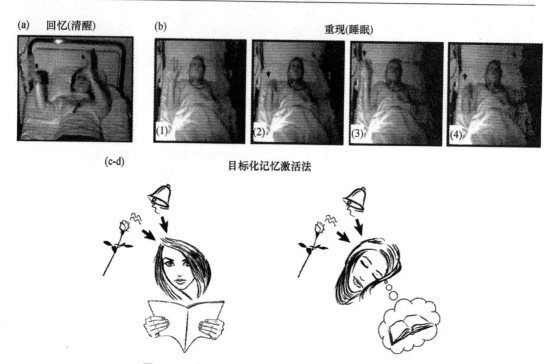

**图 7-5　记忆的自发激活和睡眠中目标化记忆激活法**
(择自 Oudiette, D. & Paller, K. A., 2013)

(a) 请被试在清醒状态下学习上肢的动作序列后躺到床上,在听到学习时给出的声音信号和花的香味以及视觉信号时,主动回忆并重复学习所要求的上肢序列动作及最后姿势;(b) 随后请被试入睡,在睡眠状态下发出学习时给出的声音信号和花(d),可见到被试上肢重复出所学习的动作序列并最终停止到学习所要求的上肢姿势。这种方法称睡眠的"目标化记忆激活法"(targeted memory reactivation, TMR)。

总之,不论动物实验还是人类的实验都一致证明,睡眠对刚形成的记忆,具有巩固作用,不论记忆与何种感觉通道有关。如果在睡眠中呈现记忆形成过程中的有关线索,则这种巩固效果更加明显。

## 第四节　记忆的分子和细胞生物学基础

对外部刺激如何转化为脑内的记忆信息,并如何存贮这些信息的问题,在过去十几年间取得了突破性研究进展。20世纪90年代已证明,从低等动物到高等动物乃至人类的脑,尽管其大小和结构有天壤之别;但记忆的分子和细胞学基本机制,在生物进化中却是相对恒定的。可以概括地讲,短时记忆发生在神经细胞联结的突触之中,主要是突触后膜已有的蛋白大分子的变构作用,包括离子通道蛋白分子快速反应(数毫秒)和受体蛋白分子的变构作用(数秒至几分钟),是以局部细胞膜及其邻近的细胞质中的生物化学反应为基础。与此不同,长时记忆是整个神经细胞的反应,从细胞膜上的突触到细胞质内的信号转导系统,再到细胞核内的基因表达,其结果是合成新的蛋白质和新突触的生长。如图 7-6 所示,左下角局部变化是短时记忆的基础,全图表达的全部分子生物学变化是长时记忆的基础。本节简要介绍这些记忆的分子和细胞学基础知识。

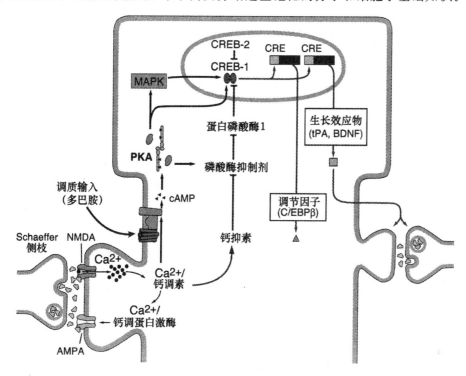

**图 7-6　记忆的分子生物学基础示意图**
(修改自 Kandel,E.R.,2001)
　　图示一个神经细胞从其左下角的突触中得到大量神经递质,与突触后膜上的 NMDA 敏感的受体结合,触发了细胞内信号转导系统大量生物活性分子激活,依次传递信息,最终引起细胞核内的基因表达,合成蛋白质,在细胞的右下角形成新突触,使信息得到长时记忆的保存。

## 一、短时记忆的分子和细胞生物学

　　1951 年,卡茨(Katz)和法特(Fatt)报道的神经递质门控的离子通道蛋白,也是氨基酸类递质的受体,在接受神经递质后的快速突触变化(仅持续几毫秒的短暂变化),后来将其称为神经信息的快传递机制。几十年后,许多实验室都发现突触后膜上有七个跨膜的大受体蛋白,接受神经递质后发生蛋白变构作用,并导致细胞内第二信使通路的激活,引起持续几分钟的慢突触变化,称为神经信息的慢传递过程。发生在神经细胞的一部分突触后膜及其邻近细胞质的变化,持续时间数毫秒至数分钟的过程,是短时记忆的神经生物学基础,按其时程长短又可分为两类分子变化机制。

### (一) 离子通道受体蛋白

它是镶嵌在突触后膜上,具有三个跨膜段的蛋白分子,既是氨基酸类神经递质的受体(如 N-甲基-D-天冬氨酸受体,NMDA),又是钙离子通道蛋白,当接受氨基酸递质(如谷氨酸)后,立即变构使钙离子通道开启,使细胞外的钙离子能够流入细胞内,产生毫秒数量级的突触兴奋性快速变化。

### (二) G-蛋白依存受体蛋白

G-蛋白依存受体蛋白是一类蛋白大分子,在突触后膜上有七个横跨膜内外的跨膜段,当其接受突触前神经末梢释放的神经递质后,依赖一种称 G-蛋白的小活性蛋白,其活性依赖于高能磷酸化合物三磷酸鸟苷(GTP)的存在。G-蛋白所运载的高能磷酸键为腺苷酸环化酶(AC)提供能量;使其激活,从而使突触后膜内的三磷酸腺苷(ATP)环化生成第二信使环磷酸腺苷(cAMP),随后 cAMP 激活另一类蛋白激酶分子(如蛋白激酶 A、蛋白激酶 C),蛋白激酶可以作用在镶嵌在一定距离的突触后膜上的离子通道蛋白,引起磷酸化,发生变构,开启离子通道,使钙离子进入细胞内,造成局部兴奋效应。当然蛋白激酶激活后,形成催化亚基,也可以进入细胞核引起基因调节蛋白的激活。

### (三) 局部膜蛋白变构作用在记忆过程中的意义

2000 年诺贝尔生理学或医学奖得主,肯德尔(E. R. Kandel),将上述两类短时记忆分子神经生物学基础的突触信号传递概括出三种功能意义。首先,它能激活第二信使转导的蛋白激酶,后者可进入细胞核内,发动长时记忆所需要的突触和新蛋白质的生成。其次,它们可以标记邻近的特殊突触,用以捕捉长时记忆过程的形成,并调节局部蛋白成分。第三,中介于注意过程,以便于记忆的形成或回忆。至今,对于第三种功能意义仅是推论性的,其具体的分子生物学过程一无所知。

## 二、长时记忆的分子生物学基础

仅仅经过 2~3 年的时光(1990~1993),世界上许多实验室利用转基因小鼠实验证明了长时记忆的细胞和分子生物学基础是细胞核和突触间的对话。作为长时记忆基础的突触可塑性的持续变化,不仅取决于该突触自身活动的经历(短时记忆活动),并且还取决于细胞核内基因转录的激活历史,把认知过程的记忆信息和遗传过程中基因负载的信息统一起来。

### (一) 长时记忆的分子生物学过程

如图 7-6 所示:引起短时记忆的刺激,不仅激活细胞内信号转导系统中的第二信使钙-钙调素($Ca^{2+}$/calmodulin);随重复刺激会出现三种过程:① 激活腺苷酸环化酶,从而导致 cAMP-依存性蛋白激酶(如 PKA)的激活,PKA 的四个亚基分离,其中催化亚基携带高能量进入细胞核,使核内的基因调节蛋白激活(CREB-1)。② PKA 的催化亚基还募集分裂素激活的蛋白激酶(mitogen-activated protein kinase, MAPK)与之一道进入细胞核,在激活 CREB-1 的同时,移除 CREB-2。CREB-2 对 CREB-1 具有抑制作用。当 CREB-1 激活后,首先触发即刻早基因表达形成 C/EBP,由 C/EBP 诱导基因晚表达合成新蛋白质,并导致新突触联系的生长。③ 基因表达的抑制作用,包括钙抑素(calcineurin)和磷酸化酶抑制素,后者作用于细胞核内的 CREB-2,使其抑制和约束长时记忆过程的形成。由此可见,在长时记忆的分子生物学机制中,存在着抑制性的约束机制,CREB-2 的激活和移除的两种环节:一方面,当钙调素过剩,在细胞质内引起钙抑素形成,导致细胞质磷酸化酶Ⅰ激活。当其移入细胞核内,不是激活 CREB-1 的活性,而是激活 CREB-2,从而抑制 CREB-1 的活性。另一方面,PKA 与 MAPK 协同作用于细胞核,不仅激活 CREB-1,还移除 CREB-2。

## (二) 记忆分子生物学变化的意义

无论是大鼠海马离体脑片的 LTP 实验,还是转基因小鼠的基因调节蛋白 CREB-1 的实验研究,都与 50 年前,大鼠电抽搐对学习记忆影响的行为效应十分吻合,说明短时记忆形成巩固的长时记忆需要至少 40 min 的经历。例如,在海马离体切片的实验中,如果 1 s 内给出 100 Hz 的一串脉冲刺激,引出的 LTP 不超过两小时;但如果每隔 10 min 给一串 100 Hz 的脉冲刺激,连续四串刺激诱导的 LTP 长于 24 小时(Kandel, 2003)。

在转基因小鼠中,对基因调节蛋白 CREB-1 的实验研究发现,从突触前的刺激或神经递质的注入,到突触后细胞核的 CREB-1 激活,大体也需要 40 min。记忆分子生物学的变化过程支持了四十多年前行为实验的发现。但是,有一种结构类似血管收缩素(somatostatin)的 18 肽分子,可以迅速穿过细胞膜,并直达细胞核激活 CREB-1,并不需要 40 min 的时间。这说明,这种神经激素类物质与神经递质的作用不同,并不遵循一般记忆分子生物学的基本规律,它避开了细胞内信号传导系统的几个分子反应过程。

德奎尔渥恩和帕帕索提洛彼勒斯(deQuervain & Papassotiropoulos, 2006)报道了对 336 名正常人的研究结果。他们利用与记忆分子生物学过程相关的上述生物活性物质,如谷氨酸递质的 N-甲基-D-天冬氨酸受体、腺苷酸环化酶、蛋白激酶 PKA 和 PKC 等,分离出 47 个基因,测量被试的情景记忆作业成绩并利用情景记忆过程的 fMRI,特别分析了与记忆相关的海马和旁海马回脑结构激活强度。结果发现与记忆分子生物学过程相关的基因表达、情景记忆成绩和海马与旁海马回的 fMRI 激活强度之间是正相关。这一研究在记忆功能、脑结构和基因表达的分子生物学之间得到了跨学科多层次的研究结果。

# 第五节 人类的记忆障碍

内科学、神经病学、精神病学和神经外科学,在几个世纪以前,一直密切关注着各种疾病中,人类记忆障碍的多种表现形式。然而,直到 1887 年俄国精神病学家柯萨可夫

(S. Korsakoff)才第一次系统而精细地描述因慢性酒精中毒而产生的记忆障碍。20世纪40~50年代,加拿大蒙特利尔学派在癫痫与人脑机能解剖学的研究中,积累了关于记忆障碍及其脑解剖学基础的许多有益资料。从50年代起,神经病学家们对一些脑手术病人进行了长期随访性研究,直到70年代,确立了现代神经心理学体系;80年代中期以后,认知神经心理学的发展,都为人类记忆障碍及其脑机制问题提供了坚实的科学基础。

### 一、间脑与柯萨可夫氏记忆障碍

1887年俄国精神病学家柯萨可夫,将长期酗酒而造成的记忆障碍特点归结为:遗忘加虚构。慢性酒精中毒者最初出现轻微的顺行性遗忘(anterograde amnesia),即对刚刚发生的事不能形成新的记忆;随后又出现逆行性遗忘(retrograde amnesia),即对病前近期发生的事选择性遗忘,对早年的事情仍保持良好记忆。由于他们既不能形成新的记忆,又丧失了对某些往事的记忆,而且对自己记忆力的这种严重变化又缺乏自知之明,面对别人提问时,竟不自觉编造谎言以虚构内容填补记忆空白。一般而言,这些谎言大都是他们过去的记忆内容,即与其以往的经验相联系。病情继续恶化的人,脑子里的记忆几乎成了空白,连自己过去经历的重大事件也忘得一干二净。最后病人变得情感淡漠,对周围发生的事置若罔闻、麻木不仁。现代心理学将人们对自己记忆力的自知之明,称为元记忆(metamemory)。所以,嗜酒说谎癖者还发生元记忆障碍。

对这类病人尸体解剖发现,在下丘脑乳头体和内侧丘脑有突出的病变,其次80%的病人额叶皮层萎缩。乳头体是海马与间脑等其他脑结构的重要中继站。它通过穹窿接受海马的信息,再发出纤维投射到丘脑前核或其他脑结构。过去曾认为乳头体和内侧丘脑损伤阻断了海马的传出联系,是造成遗忘的原因,事实上乳头体或间脑损伤造成的遗忘症比海马遗忘症要复杂得多。两者最大差别是对远事记忆的影响。间脑损伤的病人远事记忆也遭到破坏,而海马损伤的病人,远事记忆却保持良好。

间脑在记忆中的作用并不是孤立的,神经外科学家们证明,间脑和颞叶皮层的联系是其记忆功能的重要基础。1954年,加拿大神经外科学家潘菲尔德(W. Penfield)出版了一本著名的专著,记述了蒙特利尔大学神经外科学系多年临床研究所发现的科学事实,并在此基础上提出了记忆和意识的"中央脑系统学说",也由此形成了蒙特利尔学派。对一些顽固性癫痫病人进行手术治疗,切除异质性癫痫病灶时,由于手术切除前需要测定病灶周围脑组织的功能状态,为此蒙特利尔学派积累了大批资料。他们发现,由于癫痫病灶对周围组织的刺激作用,常使之兴奋性水平增高。有些病人的癫痫病灶位于颞叶,虽然颞叶皮层与间脑的神经联系正常无损,却由于颞叶病灶的刺激作用,使其兴奋性水平处于比正常人高的异常状态。在这种前提下,给病人颞叶皮层极弱的电流刺激,就会引起病人回忆起多年前的生活琐事。例如,一位六十多岁的病人,居然童声童气地唱起一支已在加拿大失传三四十年之久的童歌,说起他童年住处的情景。微弱电流刺激一停止,病人也立即停止说唱,并且记不得刚才说了什么、唱了什么。据此,潘菲尔德认为,颞叶和间脑的环路是人类记忆的场所,好比是记录磁带,将每个人所经历的一切事情毫不遗失地记录下来,不论主观是否意识到这种记忆的发生,它总是客观地记录下来。尽管间脑-颞叶环路的理论设想如此动人,但一个1953年做过颞叶、海马切除手术并多年随访研究的病历,却为记忆的海马学说提供了更加令人信服的科学事实。

## 二、海马与顺行性遗忘症

这是一例被医生们随访研究达35年之久的病例,曾做了多项神经心理测验,对记忆的脑机制和遗忘症发展变化规律提供了新的科学事实,这在人类心理学研究中是十分难得的病例。

病人H.M.因顽固性癫痫发作,经大量抗癫痫药物治疗后,不但无效,发作反而更加频繁。为了终止癫痫发作,1953年8月23日为病人手术,切除了大脑两半球的内侧颞叶和海马。术后该人智力测验成绩正常(韦氏智力测验的智商为118分);对手术前的近事和远事记忆良好;衣着整洁,能与人交谈,虽然说话的语调平淡,但词汇的使用、句子的表达和发音都很正确;对别人的话,甚至笑话都能正确理解。这位病人智能正常,也没有知觉障碍,最突出的问题是难以形成新的长时记忆。对他来说,每天的每件事都与过去无关。例如,让他阅读一段惊险故事,每天重复读一遍,他都感到格外新奇;每天重复做一件游艺活动,也总是兴致勃勃,觉得十分好玩,并总说过去从未玩过;对一些重大事情必须经过多次重复,方可形成一种似是而非的记忆。例如,在术后的13年中,母亲形影不离地照料他的生活。1966年母亲因病住院治疗,其父连续多日带他去医院看望母亲。事后问他为什么母亲不照料其生活时,他竟说不清原因,把去医院看望母亲的事忘得一干二净。经再三追问,他才说可能母亲发生了什么事了,否则不会不在自己身边。1967年他的父亲突然去世,当时他很悲哀,但两个月后再问起他父亲,他首先感到奇怪,自言自语地说"是啊!父亲哪去了?好像是病故了吧?!"可见,即使对重大事件也不能形成明确而巩固的长时记忆。这就是海马和内侧颞叶损伤所形成的顺行性遗忘症。

海马对记忆的重要性在于从短时记忆向长时记忆的过渡中发挥重要作用。这是由于海马与其他几个与记忆功能有关的脑结构,存在着直接或间接的神经联系,即接收一些脑结构的传入信息,又将短时记忆的信息传向颞叶内嗅区皮层、间脑、杏仁核和其他前脑基部的结构形成长时记忆。应该指出,海马除了记忆功能之外,在注意、学习、运动和情绪等功能中,也有一定的作用,所以说海马并不是专管记忆的特异性结构。

## 三、脑震荡与逆行性遗忘症

脑震荡以后,首先出现短时期的逆行性遗忘症,无法回忆受伤的原因和经过,但几天后这种逆行性遗忘症状就会缓解。也有些人,逆行性遗忘症还没缓解,又出现顺行性遗忘现象。大约10%的病人,在一周之内,这种顺行性遗忘现象就会自动缓解;30%的病人,需2~3周之后,顺行性遗忘症突然消失;其余60%的病人顺行性遗忘症可持续三周以上。无论顺行性遗忘症持续的时间长短,一般都可在一觉醒来时,突然发现记忆完全恢复。所以,脑震荡后患有遗忘症的人,不必过分担忧,只要好好休息,总会突然好起来。还应该说明,脑震荡后的记忆问题,几乎不会出现远事记忆障碍,对自己的童年或经历不会丧失回忆能力;即使在外伤后出现顺行性遗忘状态时,也不会像海马损伤那么严重,仍可形成某些孤立性的、新的长时记忆,特别是对这段时间发生的不寻常事情,仍可形成新的记忆,所以,脑震荡的遗忘症并不可怕。

### 四、短时记忆障碍——老年退行性痴呆的先兆

老年退行性痴呆又称阿尔采默兹症(Alzheimer's disease,AD),是对人类危害很大的神经退行性疾病,其缓慢进行性恶化的疾病过程,可迁延十多年。脑神经细胞内的蛋白质发生淀粉样变性,从而形成神经炎性斑块,神经纤维发生缠结,是其病理学基础。作为蛋白质淀粉样变性的可测定生化指标,称 A$\beta$ 42 肽,即 42 肽链在 $\beta$ 位发生淀粉样变化的病理性产物,其含量大于 3 nmol/g 脑组织,即可确诊为 AD。其含量高达 10 nmol/g,即可导致死亡。注入血液中放射性同位素标记的淀粉样变性配体,经正电子发射层描技术(PET)所做的脑成像研究发现,AD 人顶叶和额叶皮层,特别是后扣带回皮层淀粉样变性的 A$\beta$ 42 肽含量显著增高。近年研究发现,A$\beta$ 42 肽随老化过程在脑内含量有所增高,但正常老年人脑内存在清除机制。由于早老基因(presenilin 1 或 2)的突变,或由于其他因素,如免疫力下降或感染引起 A$\beta$ 42 肽清除机制的受损造成其累积。特别是在边缘皮层和联络皮层的积累,导致细胞间突触传递效能的降低,对短时记忆功能产生明显的影响。这种行为水平的精细变化可持续多年。A$\beta$ 42 肽进一步累积才会形成神经炎斑块。因此,短时记忆障碍是淀粉样变性产生神经炎斑块的先兆。如果在这一阶段发现病人的其他病理变化,包括海马的明显萎缩和阿朴脂蛋白(APOE4)的免疫反应阳性,应采取早期预防措施;增强免疫力、抗炎治疗和功能训练等,可以有效延缓神经炎斑块的形成。如果在做出 AD 临床诊断之前一年采取这些干预措施,就可以延缓病程 10%~15%,临床诊断之前三年干预,可延缓 50%的进程,可使遗传基因突变而注定发生 AD 疾病推迟 5~10 年出现,这也是病人及其亲属的莫大福音。然而,目前关于 AD 对短时记忆的哪类记忆特性或工作记忆哪一环节影响最大,文献报道却很少。

### 五、心因性和原因不明的遗忘症

所谓心因性遗忘症,其含义比较广,包括不良的个性特点、重大精神创伤、心理暗示作用和赔偿心态等多种心理因素造成的遗忘症。这些心理因素可能同时发生作用,也可能仅其中一个发生作用,造成一段时间或一时性遗忘状态。不良的个性是指歇斯底

里发作的特性,内心充满矛盾和痛苦的情况下容易导致遗忘状态,以摆脱内心的苦闷。这种遗忘在医学上称之为癔病性遗忘症。与此对应的是反应性遗忘症,是指在精神上受到重大创伤后产生的遗忘症状。这种反应性遗忘状态持续的时间与周围环境因素有关,如改变环境减弱精神创伤的作用,可使遗忘症早日缓解。某些人易受暗示作用影响,过分相信命运、天意、神灵启示,最易因暗示作用出现心因性遗忘症。对任何一种心因性遗忘症,都必须谨慎对待,只有排除器质性脑病之后才可确认为是心因性遗忘症。即使排除了脑器质性病变,也还有一种原因不明的短暂性全面遗忘症,应注意与心因性遗忘症加以区别。

自 1958 年费希尔(C. M. Fisher)和亚当斯(R. O. Adams)医生报道了第一例原因不明的短暂全面性遗忘病以来,许多国家的医生都报道了一些病例。这些人没有任何心理上和脑疾病因素,突然丧失记忆能力,不能从近事记忆和远事记忆中提取所需的信息,也不能形成新的长时记忆。即有顺行性遗忘也有逆行性遗忘症的症状,一时间脑子成了空白,茫茫然不记得自己的身份和经历,忘记刚刚办完的事,别人告诉他的事当时似乎明白,可一转身就忘了……好在这种完全性遗忘持续时间短,很快会恢复正常。这种遗忘在脑中未留下印象,所以,病人察觉不到自己的记忆有过问题。只是发作后,在场的人讲给病人听,他才知道自己的记忆出了故障。

人类记忆障碍的复杂性与多样性,自然使人会意识到,仅仅用单一记忆过程的概念是无法理解这样多姿多态的记忆活动。因此,多重记忆系统和多重编码理论为当代心理学所广为接受。

# 8

# 言语、思维的脑功能基础

在心理学中,语言和言语是一对相互联系的不同概念。语言是由词和语法规则组成的符号系统。言语则是运用语言表达思想进行交际的过程。思维则是利用语言表达的概念进行判断、推理和解决问题的过程,也可以说是一种内部语言的运用过程。正因为语言和言语思维活动是人与动物的主要差异,所以对语言和言语思维的脑机制问题,难以利用动物模型进行实验研究。过去几百年间,主要靠一些脑疾患引起的失语症,对语言脑机制进行研究。乔姆斯基(Chomsky,1957)发表《句法结构》一书成为心理语言学开世之著,开创了新的历史篇章,随后认知心理学的诞生,对语言的认知过程进行了有效的研究。而言语思维脑机制的研究过去进展得却较缓慢。仅在近20年间,由于科学技术的发展,从两个方面解决了研究的方法学,才使语言和言语思维的脑机制研究出现了新局面,积累了一批有价值的科学资料。一方面由于语言声学分析技术和计算机口头语言合成等技术,可以找到某些重要的语音参数,建立了动物模型和仿真方法,取得了一些进展;另一方面,由于无创性脑成像和生理记录技术的发展,提供了研究正常人类言语思维的脑功能新手段,并已积累了一些有益的新科学事实。因此,现在有可能在生理心理学中,填补言语思维脑机制的空白。然而,它与学习、记忆相比还显得十分幼稚,是个有待进一步发展的研究领域。

人与动物的本质差异就在于语言、思维和高度发达的智力。尽管它们是高级心理过程,但高级心理过程必然以低级心理过程为基础。例如,语言作为一种心理过程它既包括先天遗传的人类种属本能的言语发声成分,也包括个体后天习得的语义生成机制。即使在后天习得成分中,例如习惯的语言表达方式是通过内隐学习,无意识积累起来的。因此,无论是言语还是思维,它们的脑功能基础都是多层次的,决非某一脑结构所能单独完成的功能。通常语言是思维的表达形式,但除了语言表达的思维之外,还有非语言表达的内隐思维活动。对于这类复杂的高级心理过程的研究,生理心理学虽然取得了较大进展,但存在的问题远远多于已知的科学事实。

## 第一节 言语和脑

言语是个体运用语言与其他社会成员,通过话语、书信等进行交往的过程;语言是语音或字形相结合的词汇和语法体系。通过言语障碍的发生,人类在150多年之前才认识到言语与人脑的关系,包括不同部位脑损伤与不同类型失语症、失读症的关系。20世纪50年代已经积累了大量脑损伤的病例,总结出言语理解和产出的脑结构,分别是大脑视、听和体感区以及运动区(如图8-1所示);但近年利用无创性脑成像技术研究正常人语言过程,发现参与言语理解和产出的脑结构几乎分布于全脑。只是最近20年,才发现言语过程的脑层次性和包容性功能模块。这里首先介绍失语症等语言障碍的脑基础,再介绍语言理解和产出的基本过程及其脑功能系统。

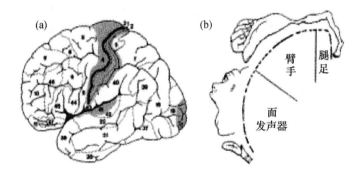

**图 8-1 20世纪50年代 Penfield 教授对语言知觉和产出的脑结构的认识**
(择自 Pulvermuller,F.,2001)
图(a)中阴影部分均与语言知觉和产出相关,包括中央前回(4区)、中央后回(3-1-2区)、听觉(41区)、视觉(17区);图(b)将相当于a图中的中央前回(4区)放大。

### 一、言语障碍

几个世纪以前,人类就积累了一些脑损伤病人言语障碍的科学资料,1861年和1875年,布罗卡和维尔尼克分别发现大脑额叶的语言运动区和颞横回的语言感觉区。前者受损伤出现语言产出障碍,称为运动性失语症;后者受损伤发生语言理解障碍,称为感觉性失语症。因此,这两个大脑的语言功能区分别以两位学者的名字命名,标志着对脑和言语障碍的经典研究。1892年,德热里纳(J. Dejerine)医生在脑中风的病人中发现了和失语症不同的一类疾病,病人在中风后虽然听和说的能力正常,但不能阅读或不能书写,称之为失读症或失写症。经过一百多年的实验研究,生理心理学家发现,大脑的言语功能并非如此简单,除了布罗卡区和维尔尼克区外,联络区皮层、皮层下结构,特别是基底神经节和丘脑底部都与言语功能有关。

## (一)失语症

失语症(aphasia)是一类由于脑局部损伤而出现的语言理解和产出障碍。这类病人意识清晰、智能正常,与语言有关的外周感觉和运动系统结构与功能无恙。所以,失语症不同于智能障碍、意识障碍和外周神经系统的感觉或运动障碍。它是语言中枢局部损伤所造成的一类疾病。语言理解障碍又可分为口头语言理解和书面语言理解障碍;语言产出障碍分为语词发音、语用、语法和书写功能障碍,以及口头言语的流畅性和韵律异常。

### 1. 运动性失语症

传统分类把语言产出障碍,统称为运动性失语症。除书写困难的失写症(agraphia)是左额中回受损伤所引起外,其他类型语言产出障碍均被看成是左额下回语言运动区(布罗卡区)受损伤所致。这类病人说话很慢,似乎像初用外语讲话的人,边说边寻找单词,句子结构错乱或用词不当,常常用一些零散的名词作为主题词,缺乏谓语的正常表达方式。

### 2. 感觉性失语症

与运动性失语症相对应的是感觉性失语症。病人主动性语言产出功能基本正常,但听不懂别人的口头言语,称为听觉性失语症,是维尔尼克区受损所致。

### 3. 视觉失语症

看不懂书面语言称为失读症(dyslexia),又称视觉失语症,是顶叶皮层的顶下小叶和角回受损所致。

### 4. 传导性失语症

除了感觉、运动性失语症以外,还有传导性失语症(conductive aphasia),病人既能听懂别人的话,又能正常讲话和叫出物体的名称,但却不能重复别人的话,也不能按照别人的命令作出相应反应。这类传导性失语症被认为是布罗卡区和维尔尼克区间的联络纤维-弓形束受损所致,是语言理解与语言产出功能之间联系的障碍。

### 5. 皮层间失语症

皮层间失语症(transcortical aphasia)病人与传导性失语症症状恰好相反,可以复述别人的话,但却不理解其含义,也不能自发地用正确语言表达自己的意思。虽然他们也能叫出物体的名称,但却不理解其含义。这是许多次级感觉皮层受损所致,使语言理解和产出功能与其他认知活动间的功能联系遭到破坏。

### 6. 命名性失语症

命名性失语症(anomic aphasia)病人可以正常理解语言,并能产出有意义的语言;但往往不能正确叫出物体的名称,只能用语言描述该物体的属性或功能。这种命名性失语症是颞叶皮层受损所致,颞叶前、中部皮层功能与具体物体的名词表征有关;左颞叶后部与普通概念及名词表征功能有关。

7. 完全型失语症

完全型失语症(global aphasia)病人既有语言理解障碍,又有语言运动障碍,还有传导性失语症的症状,是由大面积的皮层损伤所致。

失语症是人类的一大不幸,但也是大自然赋予脑科学家们探讨言语思维问题的难得模型。失语症研究所提供的事实,有助于对言语思维脑机制的认识;但应该说,这些建立在临床观察和研究基础上所得到的认识较为粗放,缺乏精细定位和不同层次实验研究的支持。

(二) 失读症

一个世纪以前,对失读症的认识,只限于纯失读症(pure alexia)和失读失写症(alexia with agraphia)。前者无法阅读单词或句子;后者不仅不能读出来,也不能写出来。因此,设想脑内存在一个存贮字词的中枢。纯失读症病人的这个中枢未发生病变,所以还能主动写出一些字词,但视觉与读中枢间的传入环节发生障碍,导致病人看见字词却读不出来,失读失写症病人不仅字词的视觉传入环节发生病变,字词的存贮中枢也发生病变,所以既不能读又不能写。

20世纪70年代以后,由于认知神经心理学的发展,加深了对失读症的认识,发现失读症之间有更精细的差异。具体词汇与抽象词汇、规则性拼音词和不规则拼音词的分离和选择性失读症,以及由于字词视知觉和注意功能不足引起的周边性失读症(peripheral dyslexia)与中枢性失读症(central dyslexia)。就中枢性失读症而言,又可分为表层失读症(surface dyslexia)和深层失读症(deep dyslexia)。表层失读症不能在一些特殊字形和读音之间很好地完成转化。如,在英文阅读时,能够读出规则拼音的单词和非词汇的无意义英文字母,但对不规则拼音的英文单词则读不出来。深层失读症在词形和词的语义之间的转化中发生障碍。病人对语义具体的单词能够正确读出来,但对语义抽象的单词却读不出来。由此可见,单词视觉的词形不能正常转化为语音,或词形与词义之间转化障碍,是表层和深层失读症的语言学命名的基础。

失语症和失读症病人,都有正常的环境意识和自我意识,有正常的记忆功能。他们的语言障碍可能是语言理解或产出障碍,以及理解和产出之间的联系障碍(失语症);也可能是字词形、音、义之间的转换障碍(失读症)。这两种疾病的语言障碍是在意识清晰、智能正常、记忆力完好的背景上,从表层(形、音)到深层(语义)的加工过程或语言不同功能(产出或理解)发生的障碍。越是低层次的语言功能障碍,越具有较明确的脑结构对应关系;高层次的语言功能障碍的脑结构对应关系不明确。例如,失语症的语言障碍都与左半球外侧裂周围区的损伤有关,但其原发性损伤也可能发生在颞叶、颞顶区和感觉区的大脑皮层之中,甚至延伸到皮层下脑结构。由此可见,即使是低层次的语言产出(语音)过程中,语言加工系统也是一个复杂的网络,即存在着低级脑结构向高级脑结构的前馈回路,也存在着高级脑结构向低级脑结构的反馈回路,乃至前馈-反馈的循环网络。

## 二、言语理解的脑功能系统

这里所说的言语理解是个体交往中,对别人话语或书信的感知与理解。因此,根据言语产物不同,分为书面语言理解与口头语言理解。

### (一) 言语理解过程

从感知与理解的心理过程来说,言语理解过程可分为由简到繁的四个阶段:语音或字型的感知、字词知觉与理解、句子理解、话语或课文理解。对口头语言和书面语言的感知,由不同感觉通道完成并有不同的规律,但对其语法和语义理解,却有基本相同的规律。无论是对词汇、句子还是课文与话语的理解,都经过语音、语法和语义三个不同水平的加工过程。

1. 字词理解

无论是中文还是西文词汇都有形、音、义三种成分。人们自幼学习语言文字时,就受到形、音、义为一体的语言文字教育,致使人们的头脑总是在形、音、义间相互激活的过程中,回忆或再认某些字词。字词识别与理解中的一系列特殊效应,包括词长效应、词频效应、词汇效应、可读效应、启动效应、同音词效应和视觉优势效应。语言认知心理学家通过字词识别中的这些特殊效应,研究字词理解的规律。心理语言学和认知心理学通过实验,对字词识别与理解过程提出了一些著名理论模型,单词产生器模型、字词通达搜索模型、群激活模型和并行分布加工模型,为语言理解的心理过程和机制提供了重要基础。

2. 句子的理解

句子是表达意思的最基本单元,句子理解是言语理解的核心。正因如此,乔姆斯基的经典心理语言学理论以句法研究为核心。现代心理语言学认为,句子的理解是析句(parsing)和语义解释(semantic interpretation)两者紧密结合的加工过程。

析句,又称句法分析,首先对句子成分进行切分,分出词汇、短语等不同的成分,然后对各成分间的关系进行加工或运算。如何切分,如何加工,加工原则和策略,都是句法分析不可缺少的。除按标准句法规则对句子切分和处理外,还可采用启发式策略,如与标准句类比、功能词检索、后决策等都是一些启发式句法分析的有效策略。

语义解释,句子理解过程在完成上述句法分析之后进入语义解释阶段,这时语用(pragmatics)语境因素对语义解释发生一定的制约作用。语境因素是拟理解的句子与前后句子的上下文关联;语用、语境因素恰当合理的句子很容易为分析者所理解。

3. 话语与课文理解

话语(discourse)又称语段,是几个句子构成的段落,它能够较为完整地表达一种命题(proposition)或描写环境中景物的图式(schema)。这里所说的课文是话语的书面语言表达。在句子理解的讨论中,曾指出同一瞬间只能解析1~2个句子。因此,对话语的理解是在一定时间内发生的动态过程。听者在理解别人所说的话时,在自己头脑中构建出话语蕴含的命题图式或命题推理,并搞清一段话中所含多个命题或图式间的连贯性,是正确理解话语的基础。语用条件对话语理解具有重要意义,话语产生的背景条件,听者头脑中的知识结构,是正确理解话语的前提。

### (二) 言语理解的认知理论

人类言语与其他声学信号相比有许多特点,首先是任何一段口头语言中,都包含许多分离的音素,每个词都是由音素连续起来所构成的。所以,每个音素和词都对应一类声能的模式。这种声能模式具有双重性,即节段性和恒常性。节段性表现为在音素之间有一段段的分离,这种分离在言语声频谱图上可以直观地看到。恒常性表现为不依说话人不同而异,同一词不论什么人发音,频谱特征都大体相似。当然,发音人不同,频谱可能相差较大,但对同一词发音,其频谱模式是相似的。这是由于同一音素是由相似发音器官的空间状态所制约的。这样,在言语知觉形成中,不但靠听觉分辨音素和词的声学特征,还由视觉对讲话人发音器官的空间状态进行图像分析。因此,人类言语知觉实际是听觉和视觉协同工作的结果。不仅聋哑人的言语知觉是靠视觉分析完成的,对正常人的实验研究也发现了相似的规律。Massaro 和 Cohen(1983)以唇辅音"b"和齿龈辅音"d"为实验材料,由计算机合成音节"ba"和"da"以及"ba"变为"da"的七个中间音节,让正常被试倾听等概率呈现的九个音,并判断呈现"ba"和"da"的次数。在三种条件下重复同样的音节识别测验。一种条件是只靠听觉判断;另两种条件是呈现音节时,总伴有发出"ba"音节或"da"音节的口唇运动的闭路电视。结果发现,从录像中得到的视觉信息显著提高了"ba"和"da"音节的正确判断率。这个实验有力地证明了言语知觉是视觉和听觉信息并行处理的结果。米勒(J. D. Miller)总结出关于人类言语知觉机制的两种认知理论:运动理论和听觉理论。

#### 1. 言语知觉的运动理论

利伯曼和马丁利(Liberman & Mattingly, 1985)提出的运动理论,其基本观点可以归纳为以下三点(1)言语知觉系统和发音的言语运动系统之间是密切联结在一起的。因此,人在听音素和词(元音和辅音音节)时,本身的发音运动系统也在不自觉地、默默地进行发音运动。(2)言语知觉是人类特有的,因为只有人类才具有出生以后经过长期学习所积累的语言知识。(3)言语知觉能力是人类先天所具备的,因为人类生来就具备言语发生和言语知觉相互联结在一起的机能系统。视觉信息参与言语知觉的实验事实,对言语知觉运动理论提供了有力的支持,因为视觉信息可以帮助人们掌握发音时的口、唇、舌等运动状态,便于人们默默地重复这些发音动作,提高言语知觉的正确率。

#### 2. 言语知觉的听觉理论

与上述运动理论三个方面不同。听觉理论首先认为知觉并不是言语运动的产物,而是听觉系统对各种声音信号进行自动解码,对说话人有意发出音素的规则序列发生知觉的过程；其次，言语知觉并不是人类特有的现象，许多动物的听觉系统与人类听觉系统十分相似，动物也可能具有相似的言语听觉机制；最后，言语知觉不是先天的，虽然婴儿听觉系统就已经十分发达，但婴儿早期必须经过学习和作业之后，才能获得言语知觉能力。

在"b"、"p"等辅音音素研究中，将从辅音释放到声道出现振动之间的时差，称为嗓声发声时(VOT)，对于区别有声辅音与无声辅音具有重要价值。"ba"音的 VOT 为 25 ms 以下，表明"b"是有声辅音，"pa"音的 VOT 为 80 ms，表明"p"是无声辅音。VOT 为 25 ms 以下时，知觉为有声辅音，VOT 大于 25 ms 时，知觉为无声辅音。所以，VOT 25 ms 为两类辅音的分类边界。在"ba"和"pa"两音素 VOT 研究中发现许多事实，对两种言语知觉理论从不同方面提供了不同的支持。首先，关于言语知觉是否是人类特有的问题，VOT 研究对言语知觉的听觉理论提供了有力的支持，而不利于运动理论。灰鼠(chinchillas)的听觉系统的生理解剖特点与人类十分相似。Kuhl 和 Miller(1978)对灰鼠进行躲避电击的学习行为训练，信号分别是 VOT 为 0 ms 的"ba"和 VOT 80 ms 的"pa"音。不给灰鼠饮水，使其产生口渴感，然后放入实验笼内，笼一端有水管可以饮水。在饮水过程中，每隔 10～15 s 随机发出一个音节"ba"或"pa"。对一部分鼠出现"ba"时必须停止饮水，跑向笼的另一端，否则遭到足底电击，出现"pa"时则可继续饮水；对另一部分鼠，"pa"和"ba"的意义相反。两群灰鼠分别对"pa"或"ba"建立了躲避学习行为模式。然后分别用 VOT 从 0～80 ms 之间的不同音素，观察两组灰鼠的鉴别反应与 VOT 的关系。结果发现，对"ba"建立躲避反应的灰鼠，对 VOT 为 30 ms 以下的几个音素给出同样的躲避反应，这说明，灰鼠对"ba"和"pa"的鉴别反应与 VOT 的边界效应和人类完全一致。从而证明，音素鉴别的言语知觉并不是人类所特有的。在新生婴儿的研究中，利用异常声音引起婴儿吸吮奶嘴的动作增强的现象，对比了 VOT 为 －20 ms 和 0 ms 的两个音素、VOT 为 60 ms 和 80 ms 的两个音素，以及 VOT 为 20 ms 和 40 ms 的两个音素对婴儿吸吮动作的影响。结果表明，仅 VOT 为 20 ms 和 40 ms 的两个音素出现时吸吮反应增强。这说明新生儿与成年人一样对音素鉴别的 VOT 边界效应发生在 20 ms 和 40 ms，言语知觉能力是生来就有的。这又有利于言语知觉的运动理论。由此可见，VOT 的研究既有利于听觉理论，又有利于运动理论。

**（三）言语理解的脑网络**

1. 听、视觉并行加工理论

Scott 和 Johnsrude(2003)综述了言语知觉的神经解剖学和功能基础研究进展，并提出听、视觉并行加工的理论。言语知觉主要依靠基于声学-语音学的特征提取，但基于口唇和手势等视知觉信息的加工也是不可缺少的。因此，把长期争论的言语知觉的听觉说和运动说统一起来。人类听觉皮层核心区的听觉神经细胞按音高的同声带排列，从核心向周围带状排列，将得到的听觉信息传向脑的颞叶以外的结构，分成腹前向信息流和背后向信息流。腹前向信息流通过前同声带和副带的腹侧到达颞上回前部和颞上沟的多模式感知神经元,并向额叶皮层的腹外侧和背外侧区扩展。背后向信息流沿初级听觉皮层的背侧向后传送,通过后同声带和副带到颞上沟后部的多模式感知神经元,经顶叶皮层向额叶扩展并与前向信息流会合。腹前向信息流与言语的声学和语音学特征提取以及词汇表征有关;背后向信息流与言语视觉和运动信息加工有关,对讲话人口唇运动和手势的信息进行言语动作的表征。前后信息加工流彼此互动。说话人口唇运动信息较快到达脑内,启动了随后到达的听觉言语信息加工,从而产生词汇知觉。经典的言语运动区(布罗卡区)扩展到前额叶和运动前区皮层,对言语信息加工主要是外显的言语声音信息节段性加工,经典言语感知区(维尔尼克区)扩展到顶-颞区精细结构不同的一些脑区,既有言语识别的知觉功能也含有言语产出的表达信息。所以,言语知觉和理解既包含声音的加工,也是言语动作的加工。

2. 言语理解的背侧和腹侧信息流

Hickok 和 Poeppel(2004)进一步总结了文献资料,提出一种理解语言机能解剖学的框架,如图 8-2 所示,把语言信息加工分为背侧信息流和腹侧信息流,两侧颞上回的听觉皮层是言语听觉知觉中枢,从这里分出背、腹两个信息流,腹侧信息流从颞上回听

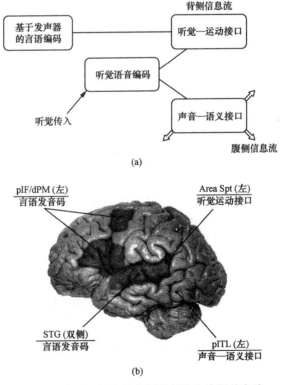

**图 8-2 言语理解中的背侧信息流和腹侧信息流**

(摘自 Hickok, G. & Poeppel, D., 2004)

皮层到颞中回后区,最后广泛分布到概念表征的脑区。腹侧信息流是将语音表达转换到语义表达的信息加工过程。背侧信息流从听觉皮层向背后方向投射到外侧裂后部的顶、颞、额联络区,其功能是维持言语的听觉表达和运动表达之间的协调。

Scott 和 Wise(2004)在总结语言知觉研究文献的基础上,也提出了言语知觉中的听觉通路和信息加工流的概念,并认为它是言语知觉的前词汇加工的基础。如图 8-3 所示,这个信息加工流由下列九个部分组成:

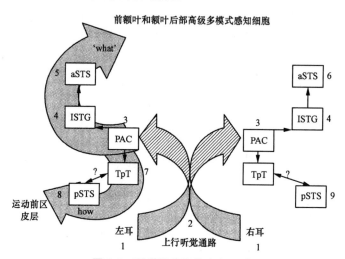

**图 8-3 听觉通路和信息加工流**
(摘自 Scott,S. K. & Wise,R. J. S.,2004)

(1) 左、右耳,在外耳和中耳水平对言语信号滤波并引入一个声音的强带通滤波作用,使声音的机械能转变为耳蜗听神经活动。

(2) 上行听觉通路,听神经投射到上橄榄核、下丘和内侧膝状体,声音的空间特性在下丘表达,保持两耳时差和强度差的整合分析。对慢声波(ISI 100 ms 和 500 ms)在初级听皮层引出不同的波峰,而对高频声以相位差反应。

(3) 在左、右初级听觉皮层(PAC)的带状区,接受从内侧膝状体来的投射,在其核心区实现频率特性的等高分布的功能。

(4) 同侧颞上回(lSTG),依前-后维度分别加工前-后信息流。对语音线索和特征的反应是两侧性的,对调频信号和频谱分析是在前部实现的。

(5) 左前颞上沟(aSTS),实现复杂言语语音信号的加工,经外侧向前达前额叶和内侧颞叶完成语义加工。

(6) 右前颞上沟(aSTS)对语音或乐音实现意义和韵律的知觉加工。

(7) 颞极皮层(TpT)发挥听觉信息和言语运动信息的接口作用,再从这里通向前运动皮层,实现"如何"说的言语产出功能。

(8) 左后颞上沟(pSTS),保存维尔尼克区语音线索、特征和自我生成的言语信息。

(9) 右后颞上沟(pSTS)和颞极(TpT)皮层在正常条件功能不详；但在左侧 pSTS 和 TpT 损伤后，右侧发生代偿功能。

Friederici(2012)总结出人类大脑皮层对听觉语义理解的神经回路(如图 8-4 所示)，语音中的句法信息从听觉皮层沿颞-额腹侧通路上传至下额叶后区，语义信息从听觉皮层沿颞-额腹侧通路上传至下额叶前区；可能下额叶前区实现由底至顶和自上而下的语义通达的交汇，由颞中回控制着心理词汇和语义通达，沿腹侧通路传递至后颞回，在这里语义和从额下回后区的句法信息再沿背侧通路整合，对语义信息理解。

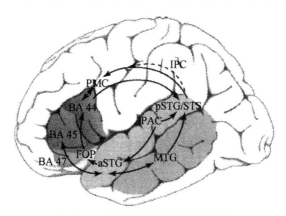

**图 8-4　听觉语义理解的皮层回路**

(择自 Friederici, 2012)

IFG 额下回，STG 颞上回，MTG 颞中回，PAC 初级听觉皮层，FOP 额叶弓状回，BA44 布罗德曼 44 区(额弓部)，BA45 布罗德曼 45 区(额三角部)，BA47 布罗德曼 47 区(眶额部)，PMC 运动前区，IPC 下顶区。

### 三、语言产出的脑功能系统

语言产出的层次理论和社会语言产出回路是这个领域中有代表性的理论，两者又是密切相关的，后者是前者的发展。

#### (一) 语言产出的层次理论

Garrett(1982)在总结前人研究的大量实验事实的基础上，将语言的产出过程分为信息层次(massage level)、句子层次(sentence level)和发音层次(articulator level)。这三个层次的关系如图 8-5 所示，在这三个层次上的言语产出机制中，发音层次的信息加工，较多涉及心理声学和生理学问题。

1. 信息层次的内部结构

Garrett(1982)指出信息层次的加工有四个特性：(1) 它是一个实时的概念构建过程；(2) 它是简单概念通过概念句法(conceptual syntax)而实现的组成成分构建；(3) 它利用语用和语义的知识；(4) 组成它的基础词汇的那些原始成分，是字词的大小单元(word-sized units)，而不是语义特征。

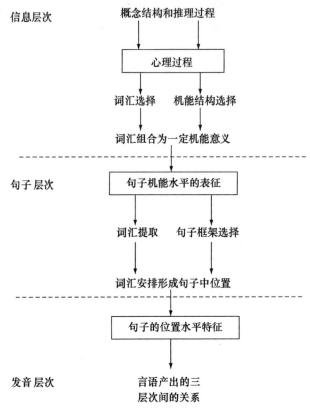

图 8-5 言语产出的层次

(择自 Garrett, M. F., 1982)

由此可见,信息水平的言语产出加工,实际上是言语产出的思维与推理的过程。从认知心理学有关思维问题的讨论中,我们已经知道逻辑思维是命题表征及其操作过程;形象思维是心理表象及其操作过程。因此,言语产出的信息加工过程,实际上是怎样从思维转化并生成语言的过程。应该承认,我们对这一过程了解得甚少,除了已知少数外显的心理语言学过程外,还有大量的内隐过程有待于今后探讨。根据目前的科学认识水平,我们得到的基本概念可以概括地说,言语产出源于心理模式或状态,它可直接通过词汇通达产生命题表征,也可以通过心理表象再转变为命题,命题间的推理过程导致一些句子的产出。词汇选择和提取是沟通信息层次和句子层次间的关系要素。

2. 句子层次的内部结构

Garrett 将句子层次又划分为两个水平的结构:机能水平和位置水平。机能水平由句子框架的选择和词汇提取两个环节实现,然后将提取出来的词汇按句子框架配置起来,转化为句子中词汇位置的表征,由发音器官或书写功能系统按位置表征依次发音或依次书写出来。在这个层次中,词的贮存是以两种方式实现的。一是词干库,另一种是词的前后缀贮存库。词汇提取从两个库中同时进行,与词汇提取的同时还进行着句子框架的选择。按句子框架把词汇排列起来,则形成位置水平的加工。所以句子产出的句法成分,既含有机能水平的句子结构框架选择,又包括词汇在句子框架中的位置分布。

3. 发音层次

对发音层次,Sörös 等人(2006)利用功能性磁共振成像技术对九名被试进行言语产出实验,发现当被试发单个音节,主要激活的脑区是辅助运动区和中脑红核等少数具有运动功能的脑结构;但发出三个以上音节时,则激活的脑结构共有六个区域,包括两侧小脑半球、基底神经节、丘脑、扣带回运动区、初级运动皮层和辅助运动区。

三个层次加工的语言产出理论,最初强调三层间的串行加工过程。只有高层次加工完成之后,才能进行低层次的信息加工过程。但 1986 年以来,并行分布的联结理论盛行之后,用并行分布式加工原则修饰了三层次理论。这一趋势的主要表现是注重词汇加工在语言产出各层次上的作用。因此,在每个层次上都有词汇与句法相互联系的问题。Garman(1990)引用的一些研究报告说明,在言语产出中既有大量并行加工过程在 0.25~0.5 s 之内同时进行着,又有 0.5 s 以上的言语成分间的串行加工过程。

Sörös 等人(2006)将这些激活的脑结构间的功能关系用图 8-6 语言产出的神经回路表示。图中标记数字的椭圆形区均是讲话时激活的脑区,各区之间的连线和箭头表示神经信息传递的方向和路径。在皮层中包含辅助运动区与扣带回运动区以及初级运动皮层之间的联系,此外初级运动皮层的激活,还激活了颞上回皮层。皮层和皮层下之间的联系也有多条通路,包括丘脑和基底神经节以及红核、小脑蚓部和旁蚓部。脑干运动神经核,如舌下神经核的激活,与发声器的肌肉运动有关系。

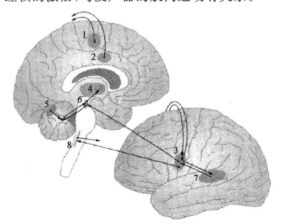

**图 8-6 言语产出的神经回路**

(摘自 Sörös, P. et al., 2006)

(1)辅助运动区,(2)扣带回运动区,(3)初级运动皮层口唇代表区,(4)丘脑,(5)小脑蚓部和旁蚓部,(6)红核,(7)颞上回,(8)基底神经节。

## (二) 社会语言产出回路

与图 8-6 不同, Holstege 等 (2004) 附加了与情绪和情感变化有关的声音发出机制 (图 8-7 中左侧所表达的神经通路)。从前额皮层发出社会言语的信息, 通过边缘系统到中脑导水管周围灰质, 将情绪色彩附加到即将发出的声音中, 所以才将这一侧的神经通路称情绪语言产出子回路, 它与图中右侧的认知言语产出的经典通路结合到一起, 并接受基底神经节和小脑来的信息, 使情绪声音和语言音节共同组合社会语言的产出。

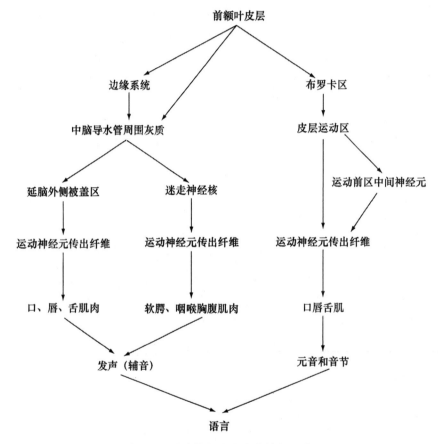

图 8-7 社会性语言产出的神经回路
(选自: Holstege, G. C. et al., 2004)

## 第二节 脑与思维

人类的思维活动包括思维过程、思维形式和思维内容相互制约的三方面。思维过程由概念形成、判断推理和问题解决等几个阶段构成, 其中问题解决是最普遍的思维过程, 它是在概念形成和判断推理过程基础上进行的。思维内容是思维过程的结果或产物,概念、观念、思想都是具体的思维内容,这些内容用书面或口头语言表达出来,就是思维形式。正常人的思维活动是思维过程、思维内容和思维形式三者的统一体。

一、内隐思维与外显思维

内隐思维和外显思维在问题解决或创造性思维过程中的作用,不仅是心理学的研究课题,也是教育学所关注的问题。心理学特别是认知心理学在20世纪80年代以来,所揭示的内隐思维和外显思维两种思维过程及其在问题解决中的作用,对心理学的发展具有重要历史意义。

(一)内隐思维

内隐思维(implicit thinking)是不受意识控制的自发的思维过程。它以反身推理为主,往往难以用语言和逻辑关系加以表达。内隐思维以内隐学习记忆和内隐知觉为基础,常常使人对问题的理解或问题解决豁然开朗,达到"顿悟"的境界。内隐知觉、内隐学习、内隐记忆和内隐思维等内隐认知(implicit cognition)所积累的知识称内隐知识。外显思维(explicit thinking)利用和操作外显知识(explicit knowledge)进行判断、推理和解决问题。两类思维的比较可以发现,内隐认知系统比外显认知系统具有更强的鲁棒性(robust);不易受脑损伤、疾病或其他障碍所影响;内隐认知系统没有外显认知系统的年龄差异,与智力水平无关,内隐认知系统在人种之间和个体之间的差异较小;内隐认知是人类与其他高等动物共存的认知过程;对内隐认知的这些特点,Reber(1992)进行了详细论述,并引用了一批实验证据。内隐思维与外显思维在人类与环境的关系上各有不同的功能。外显思维帮助我们去改造和改变外部环境,使环境适应我们;内隐思维使我们适应外环境的微小变化。在创造性思维过程中,外显思维和内隐思维均不可缺少。内隐思维往往会使我们豁然开朗,创造性灵感由然而生。关于内隐思维的研究为时尚短,许多问题有待于认知心理学通过精细的实验分析与验证,这是当代心理学的前沿研究课题。

(二)内侧前额叶在内隐认知中的功能

Reverberi等(2009)总结了思维推理过程的两大理论观点,即心理逻辑理论和心理模式理论。前者认为推理过程借助心理逻辑规则,例如,经典的三段论法规则,是从前提条件得到结论的过程。因此推理的思维过程借助语言的外显过程。心理模式理论认为推理过程是对现实事物的镜像模拟构建,并不一定需要逻辑规则的操作,两个人之间谈话内容的彼此理解,故事情节的理解,首先是一种自动和自发的模仿映射过程,随后才通过努力推论其深层含义。他们在脑损伤病人中进行了神经心理学研究,通过实验证明,日常生活中的基本的初级演绎推理,既含有外显思维活动,也含有内隐思维活动,还必然有工作记忆的参与。他们将日常生活中演绎推理能力分解成三种认知成分:运用推理规则构建证据的成分,证据构建的监控成分和执行证据构建所必需的中间表征。他们的实验数据证明,内侧前额叶和工作记忆机制是实现基本演绎推理的重要环节。

Pollmann 与 Manginelli(2009)总结了有关前额叶皮层参与高级认知过程的研究文献，指出前额叶皮层不仅参与执行过程的监控，还支持内部思维过程，以及外部驱动因素和内部心理过程之间的整合，特别是直接参与视空间特征三段论法的形象推理任务，使奇异的目标瞬时突显出来。在这一认识的基础上，设计了对视觉目标和干扰刺激的实验控制，并采用 fMRI 技术证明前额叶皮层前端不仅具有执行功能和监控功能，还对刺激呈现过程中某些精细特征变化进行内隐的检测。所以，内侧前额叶在内隐认知中的功能，也是其参与基本演绎推理过程的重要基础。

### (三) 外显的演绎推理过程及其脑机制

Rodriguez-Moreno 与 Hirsch(2009)利用功能性磁共振成像技术研究了正常被试外显的演绎推理过程及其脑机制。将逻辑学上经典的三段论法中的两个前提，先后依序呈现给被试，请他们做出推论。然后再给出结论，回答下面的推理的结论是对还是错。作为线索提示句子呈现 4 s，随后屏幕上出现 4 s 的黑十字，下面两个前提句各重现 4 s。前提句 1："每个警察都收集马路上的玻璃瓶"，紧跟着出现第二个前提句："收集玻璃瓶的人都爱护野生小动物"，再有一个黑十字 4 s 后出现结论句子："每个警察都爱护野生小动物"。这个句子之后出现一个黑十字 2 s，接着是单词"下雨"呈现 2 s，又是一个黑十字(2 s)，被试选择按键反应，结论是对或错。这个例子应该选择"对"键。下面例子应选择"错"键，线索提示：请判断下面的推理结论是对还是错！前提句 1："一些成年人做雪人"；前提句 2："做雪人的人喜欢滑雪"；推理结论句："成年人不喜欢滑雪"，后插入词："世界"。对照任务如下，指示语 4 s：请对单词是否出现做选择按键反应，单词出现按"是"键；单词不出现按"不"键。前提句子 1："各国的语言都有一个共同的起源"；前提句子 2："这个班的孩子做集邮"；句子 3："所有的警察都受训 2 年"，单词："孩子们"。指示语：请注意单词是否出现，单词不出现做"不"按键反应。句子 1："母亲喜欢打扫房间"；句子 2："一些建筑需要爱心维护"；句子 3："调味剂影响孩子的健康"；单词："诗人"。对照任务均由三个彼此无关的句子组成，因此不存在推理过程被试按指示语做，只注意最后是否出现单词。对每个被试的 fMRI 采样数据进行推理-对照任务间五段对比-分析：① 线索句子(指示语呈现期)，② 前提句子 1，③ 前提句子 2，④ 结论句子，⑤ 反应。以最小聚类体元为 40 的 SPM99 平均值差异显著性水平 $P$ 小于或等于 0.005，进行统计处理。

以视觉和听觉两种方式呈现句子，比较之间的效果。被试对句子的反应正确率虽然视觉呈现优于听觉呈现；但两种呈现方式之间没有显著差异。fMRI 的结果分为两类：支持脑区和核心区。作者将推理阶段直接激活的相关脑区称核心区；支持区是在推理任务和对照任务时均激活的脑结构，推理和对照任务之间仅有激活程度上的差异，对前提句子和推理结论句子之间没有显著差异。这些支持区是左半球额上回、额中回(BA6/9/10 区)。相关推理的核心区是额下回(BA47 区)，左额上回(BA6/8 区)，右半球内侧额叶(BA8 区)，两侧顶叶(BA39/40/7 区)。推理相关的核心激活区特点是仅在前提句子 2 呈现之后或推理结论句呈现期才激活。作者参照数据表得到的结论是,当推理前提句子 2 呈现时,主要激活的脑区是额中回(BA8/6 区);左额上回皮层(BA6,8 区)和左顶区(BA40,39,7 区)表现为从前提句子 2 到结论句子呈现之间的持续性激活;仅在结论句子呈现时才激活的脑区有左额中回(BA9,10 区)和两半球内额和下额回(BA9,10,47 区)以及两侧尾状核。前提句子 1 的脑激活水平与对照任务没有差异。基于实验结果,作者提出了高级网络模型理论。这一理论认为,人们面对演绎推理的任务时,忽略了视觉还是听觉的传入差异,很快组建了动态推理网络,不同阶段动员的脑结构不同。但是由于 fMRI 的时间分辨率所限,还不能揭示推理的两个前提句子结合的过程与推理结论出现之间的变化细节。从行为反应数据中发现对第二个前提句子的反应时长于第一个句子的反应时,以及对第二个前提句子编码比对照任务引发较强的BOLD 信号的事实,可以说两个前提句整合为一个统一的高级推理网络。

## 二、形象思维和抽象思维的脑功能基础

思维是人脑的高级认知活动,它是揭示事物间关系及其变化规律的认知过程。20 世纪 50 年代以前,心理学认为只有以语言为交流工具的人类,才能借助语词和概念进行思维活动。1958 年在研究智力的个体差异中,统计了大量数据,提出了是否存在不借助语言和概念所进行的思维活动。经过对"表象"的深入研究后,特别是面孔照片的心理旋转实验的科学数据,有力地证明脑内进行着表象的操作。所以,20 世纪 70 年代在心理学中两类思维的观点得到确认,一种是借助概念"字词"所进行的抽象思维;另一种是运作表象的形象思维。抽象思维以语言为中介,通过字词所表达的概念和语义记忆中所存储的知识由表及里,由浅入深的加工,进行比较判断和推理,最终对事物得到较全面深入的认识和理解。形象思维以表象为中介,通过外界物体和场景直接在头脑内的映射,以及情景记忆与自传记忆的参与,对事物和外界环境进行生动、活泼地比较和判断。两类思维之别,显而易见。教育科学重视两类思维的研究,希望以此为基础,推进教育学和教育工作的发展,为此,提出了以脑科学知识加深认识两类思维的问题。

### (一)巴甫洛夫高级神经活动学说与两类思维的生理学基础

巴甫洛夫利用研究消化生理学对实验动物进行唾液腺手术的技术,开创了心理性唾液分泌的高级神经活动研究领域,至今被广泛认定为经典条件反射。以狗为主要实验对象的大量研究中,巴甫洛夫根据两类基本神经过程(兴奋与抑制)的强度、均衡性和灵活性,他把狗分为四种类型:兴奋型、活泼型、安静型和抑制型。在人类实验中,他认为除与动物具有相似的两类基本神经过程之外,人类还独具第二信号系统——语言,因此人类高级神经活动类型既有类似动物的四种类型之分,又按第二信号系统的强弱分为思想型、艺术型和中间型三大类,其中每类都可再分为上述四种类型。巴甫洛夫关于思想型和艺术型的人类高级神经活动类型学说,实际上是关于以抽象思维(思想型)和形象思维(艺术型)为优势的神经类型。因此,我们这里对两种信号系统的理论稍加

说明。

两种信号系统指第一信号系统和第二信号系统,第一信号系统是现实事物自然属性的集合,例如苹果的气味或外形、电铃的外形及其工作时所发出的铃声。在自然环境中,电铃和苹果之间没有必然联系,对于人或高等动物第一次听到电铃的声音,只是个新异刺激,必然引起注意,随着铃声的几次重复出现,并未发生任何其他事情,铃声就变成无关刺激。建立条件反射时,首先要重复几次铃声,消除其新异性。当铃声变成中性的无关刺激后,跟着铃声就出现苹果。这样将铃声与苹果几次结合后,单独出现铃声,也会引起苹果带来的食欲或唾液分泌反应。像这种单独由铃声引出的苹果或其他食物反应,就是一种条件反射。铃声这类现实事物的属性,就成为实现条件反射的第一信号系统。人和高等动物可以共享第一信号系统;但人类还独具语言形成的第二信号系统。

对人类被试建立苹果食物条件反射时,既可用真实的铃声作为条件刺激,也可用"铃声"一词作为条件刺激。在这个例子,铃声一词代替现实中真的铃声,所以第二信号系统是第一信号系统的信号,是现实物体或事物属性的信号。第一信号系统占优势的人偏重于使用物体直观形象或具体物体属性进行形象思维,而第二信号系统占优势的人擅长运用语言进行抽象思维。巴甫洛夫于20世纪30年代建立两种信号系统学说时,脑科学尚未形成,脑的解剖和生理学知识很有限,他未能更多涉足于脑功能解剖学基础。这一问题50年后由美国教授斯培理给出了答案。

### (二)裂脑人的大脑两半球功能不对称性

诺贝尔生理学和医学奖获得者斯培里(R. W. Sperry),利用脑手术后大脑两半球间神经纤维割断的病人进行认知实验。采用速示器单视野呈现的视觉刺激,或双耳分听的听觉刺激,让病人作出准确的知觉反应,或让病人口头描绘所见的图片和字词。结果发现,右侧视野投射到左半球的字词反应正确率高于左侧视野投射到右半球的反应。相反,图片刺激呈现在左侧视野投射到右半球时,病人正确反应率较高。由此证明,左半球的语言功能优势;视觉形象知觉右半球为优势。类似实验进一步采用稍复杂的视觉刺激,比如有几个物体和一个人同时出现在一个画面上,请病人按他所理解的解释画面。例如,画面上的人在做什么,或该人的身份等。结果也证明右半球以形象思维(判断、推理)为优势;左半球借助语言和概念进行抽象思维占优势。这一理论与经典的脑功能定位理论较为一致,因为150年前布罗卡医生发现语言运动障碍的病人左额中回受损,说明左半球存在着语言运动中枢,右利手的人左半球语言功能占优势。由于这一发现进一步验证和丰富了经典脑功能定位理论,又是首创性的在现实生活着的人脑中,进行功能定位的实验研究,使得这项研究获得诺贝尔生理学和医学奖;然而并不应将其当做放之四海而皆准的脑科学真理。首先,实验利用脑手术后的病人进行,由此得到的结果未必能是正常人脑活动的唯一规律。其次,后人的大量研究报告并不能全部重复出这一结果,正常人脑的许多思维活动由两半球协同工作。第三,左右对称性两半球分工协作是脑发育发展中的古老维度,从低等动物形成脑之前,头节已经出现左右对称结构。这种古老的维度可以使动物在环境中捕获食物或逃避天敌时进行准确的空间定位。左、右侧视听信号,左、右方向捕捉或逃跑,对动物生存都十分重要。由高级神经中枢活动水平在左右维度间的精细差值确定空间防卫,这就是通常所说两眼视差,双耳声波相位差等。人类大脑除左、右维度,还有深部(髓质)与浅层(皮质)的维度,也是非常古老的维度,与生命活动和本能行为相关的脑中枢位于脑深部;高级功能中枢位于大脑皮层。此外,从高等动物到人类的大脑进化中还有后头-前头维度,即简单视、听觉在后头部,高级复杂智能更多与前头部有关,即高级功能的额侧化进化,与猴、猿相比,人类的额叶皮层异常发达。近年脑科学揭示,大脑内侧面和外侧面也有较明确的功能差异,即内-外维度。此外,还有背-腹侧功能系统的维度,包括高级视知觉、注意、思维的脑背、腹通路或系统。简言之,两半球间左、右维度是古老维度,不可能成为形象与抽象思维这样高级功能的唯一脑结构基础。尤其是把传统教育说成是"只开发了儿童的左脑,荒废了右脑",是对教育工作的误导。

### (三)空间作业没有半球一侧化,语言作业的半球优势源于语言习得过程

Ray等人(2008)对33位被试通过功能性磁共振成像的研究发现,空间信息工作记忆任务中,两半球的脑激活区没有显著区别;但在语言信息的工作记忆任务中,左半球的激活区显著大于右半球。所以他们认为,空间记忆任务是进化中从祖先(猿)继承下来的,没有左右一侧化现象;语言记忆具有后天习得性,增加了左半球的优势。

## 三、问题解决的生理心理学基础

问题解决是思维心理学研究的一个重要领域,也是人工智能研究的重要课题。人类面对眼前要解决的问题,首先要对问题加以理解,分析它的已知条件和问题之所在,搞清拟解决的属于哪类性质问题,这些都可以用问题表征加以概括。随后要选择解决问题的策略或算法,如采用一些前提和结果的推论,称作产生式问题解决的策略;也可以采用逻辑网络的推理关系,称作逻辑推理的策略。决定解决问题的策略之后还要进行验证,可通过算法的应用或科学实验,还可能是试制样品等。最后,就是对结果进行评价。

### (一)河内塔问题解决

Unterrainer与Owen(2006)总结了神经心理学和脑成像研究中的问题解决和策划功能的脑机制,以河内塔问题解决为模型。有1、2、3三个直立的柱子,其中柱1上穿有$n$个依直径从大到小由下而上地叠成一摞的空心圆盘,形成塔状。拟解决的问题是将圆盘移到柱3,每次只准移一个,可利用柱2作为中间缓冲的过渡跳板。经过尽可能少的几步,完全将其移到柱3,要求在转移过程中,绝对不能出现小盘在下大盘在上的现象。如$n$为圆盘数,完成河内塔作业的最少次数为$2^n-1$。如果只有3个圆盘,则需$2^3-1=7$次。实验结果表明,在策划解决河内塔任务时,背外侧中额区激活,没有发现半球优势效应。此外,还发现背外侧中额区与辅助运动区、运动前区之前的前额区、后

顶叶皮层以及与许多皮层下结构,包括尾状核和小脑等,有着复杂的功能联系。这说明在解决河内塔一类问题中,背外侧额叶发挥主导作用,计划这一问题的解决,并与一系列皮层与皮层下脑结构形成功能回路。

### (二) 高、低 g 因子问题的解决

Duncan 等人(2000)利用正电子发射层描技术(PET)研究了正常被试完成三类认知任务中脑的激活规律。这三项认知作业分别是与空间、文字和知觉运动等有关的问题解决任务,如图 8-8 所示。除了三类需要高 g 相关因子的问题解决任务,他们还设计出与之相对应的低 g 相关因子任务,作为对照实验。高 g 与低 g 相关因子作业,使用同样的材料,由同一些被试完成,在预先四轮实验得到完善对比的行为实验数据之后,再通过 PET 进行两轮实验,以便得到脑激活的数据。

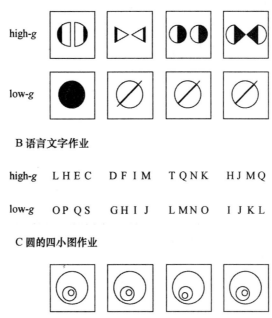

图 8-8　三项认知作业材料

(摘自 Duncan, J. et al., 2000)

如图 8-8 所示三类任务的问题解决,同时提供四张小图或四个字母组成的刺激材料,要求被试尽快从中找出一张与其他三张不同的图或字母序列。要求被试在固定的时间内尽可能多的完成图片作业。以正确完成的图片套数作为问题解决的总作业成绩。图中 A 是空间作业能力测验,取自卡特尔文化公司标准智力测验用的材料,其中高 g 相关因子图片,四张小图中第三小张与其他三张不同,除第三小张外均是对称性加黑图形,第三小张是偏右侧加黑图形。低 g 相关因子图片组中,差别是显而易见的,第

一小图是黑圆与其他小图不同。这类四个一组的图片中,总有一张分别在形状、纹理、大小、方向及其组合与其他三张不同。图中 B 为语言文字作业,四个字母为一组,在四组中总有一组的四个字母排列规则与其他三组不同,例如,在高 g 相关因子作业中,第三组四个字母间是等距的,相邻字母之间均有两个字母的间距,在 T 和 Q 之间有 S、R;在 Q、N 之间,有 P、O;在 N、K 之间有 M、L;而其他三组四个字母间不是等距的,第一组四个字母间距是 3、2、1;第二组四个字母间距是 1、2、3;第四组四个字母间距也是 1、2、3。在低 g 相关因子测验材料中,第一组四个字母在字母顺序表上是不连续的;其他三组四个字母均是连续的。在图 C 圆的四小图作业中,第三张小图与其他三张不同,它的小圆的圆心是偏向大圆周边的;其他三小图中小圆圆心偏向大圆的圆心。刺激图在计算机显示屏上呈现,被试观察空间作业时视角 12°,文字作业时 19°视角。用两手的食指和中指按选择性按键作为作业的答案(特别的小图或字母序列是第几位的)。每次按键给出答案之后间隔 0.5 s,又会呈现下一次测试刺激。要求被试尽可能经过仔细分析,给出准确答案,不要凭猜测给出答案。另请 60 名被试平均 42 岁(29~51 岁)每人进行三次实验,正确完成的作业数,分别是空间问题解决 34~46 项;文字问题解决 43~65 项。又在另外 46 名被试中进行,4 min 之内完成高 g 相关因子问题平均 12 项,低 g 空间问题 198 项;高 g 相关因子文字问题解决 7 项,低 g 相关因子文字问题解决 42 项。

随后对 13 名右利手的被试进行 PET 的局域性脑血流(rCBF)测定,高 g 相关因子空间问题解决的局域性脑血流减掉低 g 相关因子空间问题解决的局域性脑血流变化之后,右半球的激活区大于左半球,主要差别是右半球的顶叶也有所激活。两半球共存的激活区是枕叶和背外侧前额叶。文字问题解决作业中高 g 与低 g 相关因子任务的局域性脑血流之差是右半球没有明显激活区,仅右背外侧前额叶激活。圆问题解决的脑局域性血流减掉低 g 相关因子空间任务解决的脑血流之后,发现除两半球枕部激活区,在右背外侧前额叶也有激活区,根据这一结果,作者认为对心理学中争论很久的一般智力 g 相关因子是某一脑区的功能特性还是分散在大量脑区普遍特性之中,该研究结果证明解决问题的一般智力相关因子 g,主要反映了脑背外侧前额叶和内侧前额叶的功能特性。

## 第三节 精神分裂症的言语、思维障碍及其脑功能基础

思维过程、思维内容和思维形式,三者的统一是正常思维的重要特征。在精神分裂症病人中,虽然存在多层次"分裂";但思维破裂是最为突出的核心症状,表现为思维过程、思维内容和思维形式三者的分裂以及思维和外界环境的分裂。

## 一、精神分裂症的思维障碍

### （一）思维过程障碍

思维过程的特点之一，在于它的目的性。如果思维过程缺乏这种鲜明的目的性，就是不正常的思维。联想散漫，主题不突出，中心思想不断变化，使人无法理解谈话内容和目的。这种思维散漫现象进一步严重化，就出现思维破裂。这时，不但每一段话之间缺乏内在逻辑，甚至每句话之间的关系也不够紧密，结果就形成了句子的杂乱堆积，语无论次，支离破碎。思维散漫、破裂性思维都是在意识清醒的背景上呈现的，是精神分裂症的显著特征。此外，思维过程的突然中断，或者在思维过程中突然出现不相干的概念和思维插入，也是精神分裂症的常见症状。

### （二）思维形式障碍

逻辑倒错、语词新作和象征性思维是精神分裂症的常见思维形式障碍。语词新作是比较特殊的一种逻辑障碍，以自己特殊的古怪逻辑杜撰出新的文字，只有他自己才能解释和理解。把很多不相干的概念凝缩在一起，称为思维凝缩。例如，某病人造一字代表他本人（羊字放在圆圈中），表示他自己是羊年生的，在娘肚子里长大的。语词新作这种特殊的逻辑障碍是精神分裂症的特征性症状。与此相近的一种逻辑障碍称为象征性思维，即用一个非本质的普通概念去代替另一类本质不同的事物。这种代替是荒谬的、不可理解的。例如，某病人把辽宁产的扣子缝到上海产的衣服上，称之为"辽海两地一线牵"。

### （三）思维内容障碍

思维内容障碍对于精神病学来说是非常重要而常见的问题。这类障碍不如思维形式上的改变那么容易鉴别，往往要根据对很多现象和背景材料的分析，才能做出最后的结论。思维内容障碍有强迫观念和妄想等几种形式，其中以妄想最为常见。根据妄想的内容，又可分为关系妄想、嫉妒妄想、钟情妄想、被害妄想、影响妄想、夸大妄想、罪恶（自罪）妄想、疑病妄想、虚无妄想、变兽妄想、特殊意义妄想、被窃妄想等。妄想是一种与现实相脱离而又荒唐的固执想法。这种想法很顽固且与病人文化程度、社会背景及平时思想很不相干，又不能通过说服、教育和各种验证途径加以动摇。具有妄想的人对妄想内容坚信不疑，缺乏认识和批判能力。原发性妄想是突然出现的，不需任何解释，突如其来的想法，如见到一张圆桌面立即意识到世界末日的来临。这种妄想没有其他心理上的原因可以解释和理解。根据其出现的内容，可分为妄想心境、妄想知觉与妄想回忆。这是精神分裂症特有的思维内容障碍。

## 二、精神分裂症的脑功能基础

1911年精神分裂症作为一个疾病单元，由于并未能通过病理解剖发现脑形态学改变，确定为机能性疾病；20世纪60~80年代对精神分裂症疾病本质的认识取得了突破行进展,发现精神分裂症是神经信息化学传递机制上的障碍。具体地说,阳性症状的精神分裂症是多巴胺能神经递质功能亢进的结果。与此同时,应用CT技术发现,阴性症状的精神分裂症伴有脑内旁海马回皮层萎缩。这些发现并未动摇机能性疾病性质的认识。直到最近几年,磁共振成像技术的发展,揭示了一批新的科学事实,动摇了对机能性疾病的认识。目前,多源性病理学说已得到普遍地接受,并且精神分裂症的遗传内表型研究成为热点,正孕育着更大的科学突破。

### (一) 多源性病理学基础

现在普遍认为,精神分裂症是一大类多源性病理基础的复杂疾病,含有多种神经递质及其多种受体功能异常。包括氨基酸递质,如谷氨酸、丝氨酸、环丝氨酸、甘氨酸和γ-氨基丁酸(GABA),以及谷氨酸的NMDA受体;还有多种单胺类递质及其多种受体,如多巴胺D2受体、5-羟色胺2型受体(5-HT2);脑内胆碱类递质及其受体的异常,也在精神分裂症中具有重要作用。分子遗传神经生物学研究已经发现,精神分裂症有多染色体、多位点基因突变,包括 lq21.22, lq32.42, 6p24, 8p21, 10p14, 13q32, 18p11, 22q11.13。所以,现在认为精神分裂症是一种复杂的疾病,具有多位点基因突变导致的多种递质及其受体功能失调的多源病理基础。

### (二) 精神分裂症的脑形态学改变

慢性阴性精神分裂症病人的侧脑室比正常人大两倍之多,这些病人的脑脊液压力正常,说明脑室扩大并不是由于脑压增高所致,而是由于脑萎缩所造成的。除这些普遍性变化外,颞中回、旁海马回和苍白球等结构丧失更为严重。左颞叶皮层丧失21%,右颞叶皮层丧失18%。这些结构的丧失程度与疾病症状严重性相平行。利用PET成像技术研究精神分裂症病人脑区域性糖代谢率,许多报告基本一致,发现脑额叶皮层糖代谢率显著低于正常人,旁海马回和额叶的脑区域性血流量也显著降低。

近十多年,又有三种磁共振脑成像技术可用于对精神病人的脑形态学检查。弥散张力成像法(diffusion tress imaging, DTI),主要用于测量脑白质;基于体元的形态测量法(voxel-based morphometry, VBM),是快速测量脑灰质密度的方法;对某一感兴趣脑区(ROI)局部脑灰质密度测量法。虽然VBM的精确度低于ROI局部脑灰质密度测量法,但可以比较大范围脑结构的灰质密度,所以在精神分裂症诊断中可以同时观察较多脑区灰质密度,更有实用价值。一批研究报告,一致报道精神分裂症病人颞上回和内侧前额叶以及前扣带回、杏仁核和岛叶等脑结构中的灰质密度明显降低,说明脑细胞明显少于正常对照组。2005年,利用DTI技术,对精神分裂症、自闭症和失读症病人的研究发现,这类病人脑白质中深层长距离纤维明显少于正常人,从而认为脑各区间长距离纤维发育不足是这些疾病重要基础。长距离纤维发育不足可能是由基因突变决定的。

### (三) 分裂症的脑代谢和脑形态改变间的关系

许多精神分裂阳性症状的病人，如妄想型和青春型病人，患病早期存在大量阳性症状，丰富的幻觉、妄想、破裂性思维和荒谬的行为变幻莫测，经过数年反复发作，疾病的阳性症状逐渐减轻，代之以情感淡漠、意志衰退，出现了阴性症状群。当然也有些精神分裂症如单纯型病人，原因不明地潜隐发病，孤独退缩症状逐渐加重，从始至终都是阴性精神分裂症的症状。那么，这两类不同的精神分裂症是否有共同的脑机制呢？目前虽然缺乏系统的证据，但也有些科学家认为多巴胺受体亢进和脑萎缩及代谢率降低之间存在着密切关系。有研究者提出，精神分裂症病理过程最初发生在中脑的多巴胺神经元和大脑皮层的谷氨酸神经元之间的功能平衡性破坏。多巴胺含量增多或多巴胺受体亢进为一方；谷氨酸缺乏或兴奋性氨基酸受体功能低下为另一方；或者其中单独一方变化，或者两方发生相反的变化，都是精神分裂症阳性症状的病理基础。由于这种代谢过程在大脑皮层中的变化，引起兴奋性氨基酸为神经递质的神经元大量衰退，伴随着区域性糖代谢率下降，脑萎缩也逐渐变得显著起来，这种变化在颞叶、边缘结构和额叶皮层最明显，于是阳性症状逐渐变为衰退的阴性症状。对于那些潜隐性渐进型衰退的阴性精神分裂症，其疾病可能源于胚胎期或个体发育的早期，如3～15岁间神经元间关系修饰或重组阶段出现了病变，以旁海马回损伤为主要部位。

### (四) 精神分裂症的遗传内表型

遗传内表型(endophenotype)的概念最初是20世纪70年代精神分裂症遗传研究中所采用的术语，是指对精神分裂症家族研究中，生化测试或显微镜观察的阳性所见。只要这些参数或性状在精神分裂症家族成员中，与其精神分裂症临床发病率相比高出10倍的，均可视为精神分裂的"遗传内表型"。2003年，这一概念扩展到神经生理学、生物化学、内分泌学、神经解剖学、认知功能和神经心理学检查所见，它是指精神分裂症临床诊断与其基因型之间的中介因子，或者说是精神分裂症发病的危险因子。当代分子遗传学和精神病学正是通过精神病的这些遗传内表型，才逐渐发现它们相对应的动物模型及其基因型。

Price等人(2006)报道了对具有60个遗传家庭背景的53名被试所进行的四项电生理学遗传内表型实验分析，包括失匹配负波(MMN)、P50波、P300波和逆向眼动电位的电生理学指标，结果如图8-9所示。这篇研究报告的分量在于从跨学科高度审视了以往20多年对精神病电生理学的研究成果。对经过严格遗传学标准选定的53名被试，分别进行了四种电生理指标的实验研究，对所得数据进行对数回归模型分析的结果表明，四项指标的共同使用，不仅回归系数达显著水平，也使诊断精确度达80%以上。

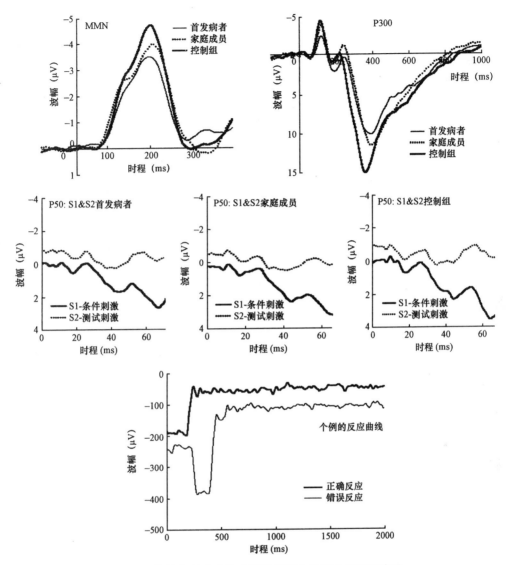

**图 8-9　精神分裂症遗传家谱的四项电生理内表型示意图**
(择自 Price, J. L. et al., 2006)

　　Clapcote 等人(2007)进一步揭示在重症精神病研究中所发现的 130 个基因中,被列为首位的 Disc1 基因,与电生理学前脉冲抑制(PPI)的内表型指标存在着密切关系。前脉冲抑制(prepulse inhibition,PPI)在精神病研究领域中,已有 20～30 年的历史渊源。它来源于大白鼠的惊跳反射(startle response),一个意外的强声刺激,引起惊跳反射,事先用了苯丙胺的大鼠这一反射更强,这种现象曾被 20 世纪 70～80 年代视为精神分裂症的动物模型。90 年代,在此基础上,发现若在强声之前有一短的弱声脉冲

(前脉冲),则惊跳反射就受到抑制,称之为前脉冲抑制 PPI。几乎与行为研究的同时,发现人类被试的 PPI 伴有十分精细的电生理指标.在强声之前 0.5 s 先发出的短声刺激,能有效地抑制强声刺激的听觉诱发反应。精神分裂症病人惊跳反射强于正常人,但 PPI 现象却很差。如图 8-10 所示,间隔 0.5 s 的两个强度相同的短双声刺激,分别诱发出两个潜伏期为 50 ms 的 P50 波,右侧的第二个短声诱发的 P50 波幅仅是第一个声诱发波(左侧)的 12%,称为 P50 抑制现象。精神分裂症病人的 P50 抑制很差,如下图右侧第二个波是第一个波(左侧)的 84%。PPI 和 P50 抑制缺失的科学事实,共同支持了精神分裂症的感觉门控理论(sensory gating theory)。概括地说,感觉门控理论认为,精神分裂症的病理基础是感觉门控缺失,导致大量无关的信息进入脑中,搅乱了脑功能。

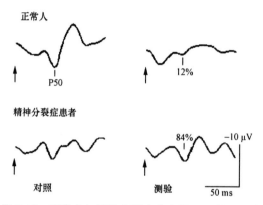

**图 8-10　正常人与精神分裂症病人的 P50 抑制现象**

(引自 Adler,L.E. et al.,1990)

对照是第一声条件刺激,测验是第二声测试刺激,带标记的向下的波峰是 P50 波,上下两个标记的波峰差就是 P50 波幅值;12% 和 84% 是以左侧 P50 波幅值为 100% 的比较值。

# 9

# 本能、需求和动机的生理心理学基础

本能是指通过遗传机制固定下来的先天行为,包括饮食行为、性行为、防御行为、睡眠与觉醒等能力,都是满足人类种族延续和个体生存需求的基本行为类型。正是在这些基本行为类型基础之上,人们才能习得许多知识和技能并产生社会动机和情感等高级社会心理活动;反之,本能行为又接受习得的高层次心理活动的调节与控制。所以,人类的动机是一类高级心理活动,是本能、需求和更高级心理活动,包括智能、情绪和情感的复合体。

对种族发展和个体生存有利的刺激物,如食物、水、性伴侣和安逸的生态环境,引起个体接近、追求或获取的行为反应,称为生物学阳性行为;反之,疼痛、厌恶、危险和有害的刺激物,常引起个体远离或躲避的生物学阴性行为反应。对生物学阳性和阴性刺激物的反应强度,不仅决定于刺激的强度,还制约于机体的内驱力或动机水平。睡眠与觉醒是一类特殊的本能行为,也是一种生物学自我保护性行为。言语和意识是人类的种属特异性本能行为;但语言和意识的内涵则是社会习得的。因此,言语、意识和动机一样,也是本能与习得行为的复合体。

## 第一节 作为人类本能的意识和言语

一个人只有在意识清晰的背景下,才能进行正常的心理活动;处于睡眠状态或从睡眠中还未完全过渡到清醒状态,都不能进行正常心理活动。人类意识清晰性的维持,有赖于脑干网状结构或它的上行激活系统对大脑皮层唤醒水平(arousal level)的激活。但在这种弥散性激活中,哪些大脑皮层区的激活状态对意识清晰性具有决定性作用,是长期未决的科学难题。Yeo 等(2011)基于 1000 例人脑静态功能性磁共振(R-fMRI)数据对人类大脑皮层固有神经连接的聚类分析,进一步证实了 Raichle(2001)提出的人脑皮层预置模式网络(default mode network)的概念,为此难题提供了一种解题思路。

### 一、意识

人类个体意识具有清晰性、觉知性、层次性和复杂性,前两种属性是先天遗传的本能属性，后两种属性中的低层次内容也是本能属性；只有高层次的复杂的意识内容，才是制约于社会文化和个人经验基础之上的高级意识内涵，如社会价值观、宇宙观等，是非本能的习得性心理现象。

### （一）意识的清晰性

清醒或意识清晰，是指某人处于正常的自我意识和环境意识状态之中。神经精神科医生接待就诊病人，首先必须对其神志清晰性做出准确判断。一个人的意识清晰性可由其姿势、衣着、面貌、表情、对话等加以判断。坐立自如，步态稳健，年貌相称，衣着适切，谈吐适切，是意识清晰的外观表现。在对这类关于意识清晰度的一般观察和描述之后，医生还必须对病人的自我意识和环境意识的清晰度分别进行检查。

（1）自我意识的清晰性。通常从问其年龄、职业、家庭住址开始，随后请其说有何不适，为何来见医生，请其叙述个人既往病史、现病史等。

（2）环境意识的清晰性。环境意识清晰度判断，首先通过定向力检查，包括时间定向力、空间定向力和人物定向力。

① 时间定向力：指某人对现在所处的年份、月份、季节、上下午，乃至从住处到医院的路程经过多少时间等的回答情况。

② 环境定向力：是指该人对目前所处环境的描述是否正常准确，对所处场所在省、市或地区中的方位判定是否正确。

③ 人物定向力：指能否正确说出周围人的身份及其与自己的关系。

（3）睡眠状态和催眠相。睡眠状态下的人，意识不清晰；从睡眠中尚未完全醒来的人或入睡过程中的人，也处于意识清晰度不佳状态，可能处于催眠相状态，包括均等相、反常相、超反常相和抑制相。

（4）意识清晰度异常。不同病理状态下均可出现意识清晰度异常，表现为意识混浊、朦胧、谵妄、昏厥、昏迷等多种形式，是严重躯体和感染性疾病或脑器质性疾病、乃至癔症发作的显著体征。无论何种病源，出现意识清晰度障碍，总是脑功能严重异常。受损的关键脑结构常常是脑干网状结构、间脑、下丘脑、边缘系统或大脑皮层兴奋性水平低下所致。

（5）缄默症。缄默症（mutism）的病人意识不正常，情感和记忆空白。病人睁着眼睛偶尔会随着外界物体变化而转动，偶尔用手去抓身旁的物体；面部平淡无情，问话不答，并且没有主动性语言，多次问话偶尔能回答一次，只是极简单的语音，随后又陷入缄默之中。缄默症是扣带回皮层、扣带回内侧和周围的顶叶皮层以及基底前脑和丘脑病变的结果，具有明显的核心意识障碍。其语音反应的丧失和意识障碍有关，并且是意识障碍的表现。

### （二）意识的觉知性

意识的觉知性是意识主体的内在属性，但可通过言语、手势、面部表情或行为反应等表达出来。当代认知心理学已创造了许多实验范式，可以客观定量地研究意识的觉知性。首先意识的觉知性是建立在意识清晰性基础之上的属性。意识与非意识状态正是由觉知水平加以分界。

(1) 外显(explicit)和内隐(implicit)的觉知。有主体觉知的认知活动称为外显认知或意识过程；无觉知的认知过程称为内隐的或无意识过程。意识和无意识认知过程间如何相互转化，及其制约的脑功能基础，是当代脑科学、心理科学和认知科学交叉研究的重大理论焦点。

脑事件相关电位技术由于其较高的时间分辨率，已用于从脑整体水平研究意识觉知的电生理相关参数。顶-枕区 N200 负波及随后的额 P300 正波与视觉运动知觉相关，说明视运动觉知的意识活动几乎覆盖顶-枕-额区全部大脑皮层的功能作用(Haarmeier & Their, 1998)。记忆过程的觉知研究发现，在最高层次上的情景记忆中，至少存在两类觉知，参与其中的脑功能模块不同。

(2) 语义觉知(noetic awareness)和自我觉知(autonoetic awareness)。语义觉知在颞-顶皮层伴随潜伏期 325～600ms 的 N400 波的正向变化，以及更晚的(600～1000ms)额-中央区负向变化；自我觉知在两侧额区和左顶-颞区伴随着广泛的正向变化。两类觉知过程均在 1300～1900ms 的时间窗上伴随右侧额区的正向变化(Düzel et al., 1997)。

由此可见，即使对于记忆而言，觉知性是许多脑结构参与的复杂动态过程，绝非某一特异脑中枢活动的结果。利用简单的意识活动实验范式，如双眼竞争的视知觉反应，面孔识别反应建立了猴的"觉知"实验模型并研究其细胞电生理参数。例如研究发现，觉知的双眼竞争效应并非常识所说的与眼动有关，或者它是双眼之间竞争活动的结果；相反，实验证明，它恰恰是许多相关脑区神经细胞发放或抑制变化的结果。这一结果从细胞生理学水平上说明意识的觉知性，不是感官活动或少数细胞活动的结果，而是一种复杂的动态过程。

(三) 意识的层次性

无论是弗洛伊德的精神分析理论著作中，还是美国医学科学院院士达马西奥(Damasio,1999)的专著，都把人类的意识分为层次不同的几个部分。达马西奥将自我意识看做是意识的始端，再将自我区分为原始自我、核心自我、自传式自我，正是在自我意识的基础上，特别是在核心自我的基础上，形成扩展意识。他定义的原始自我是对自身机体当前状态的一系列无意识的表征；核心自我是把发生在机体自身事件短暂而有意识地联系起来的过程；自传式自我是对机体过去经验有组织的记录；扩展意识则是建立在核心意识的基础之上，并时时刻刻都在发展变化。他说："扩展意识确实有着独特的功能和作用，并且其最高点是人类所独有的"，他认为核心自我的产生是在基因的强力控制下，基因组把身体和脑之间的神经与体液联系确定下来，规定好必要的神经回路。在该书的第八章关于意识的脑科学基础中，他概括出原始自我的脑功能基础，是脑干上部及下丘脑水平上，聚合各种感觉信息和身体内环境变化的脑回路，这些回路与顶叶皮层和岛叶皮层也有密切关系。丘脑一些核团和扣带回皮层与其相联系的回路,是核心自我(核心意识)的神经回路;颞叶皮层和额叶皮层是自传式自我的脑基础,这两个脑区的损伤,会削弱自传式记忆的激活,从而导致扩展意识范围的缩小。他认为扩展意识也会通过基因组得以形成;但社会文化因素会对它在每一个个体发展中产生重大影响。

**(四)意识的复杂性**

对意识的觉知性研究,已经如此困难,那么对于意识的复杂性,实证科学家就更感到束手无策。意识的复杂性至少应研究意识活动个体差异的脑功能基础,意识活动对于人类文明发展的制约性等。当代无创性脑成像研究虽然提供了研究意识脑机制的有效手段,但至少目前尚难于用其进行高层次意识活动的实验研究。已有的研究报告主要集中在意识的觉知性、清晰性及其与选择性注意、记忆和知觉过程间的关系。因此,当代意识研究与哲学之间还存在相当大的鸿沟。有待更多新方法学的问世,才可能有所改观。

## 二、言语

既然意识作为人类生来具有的一种心理现象,本质上是遗传下来的人类作为生物物种的本能行为,意识形成所依赖的身体和脑的关系,以及脑内神经回路都是生来固定的;但头脑中的社会意识内容则是后天习得的。同理,每个人的语言也是先天本能和后天习得的复合体,人类生来就具备了正常语言发展的脑结构基础。语言运动区、语言感觉区等都是人类种系发展中,逐渐保存下来的脑结构,它们协调着参与语言产出和语言理解的各种器官,包括声带、声道、舌、唇和耳蜗内听感觉器等。正因为它们的活动是人类共有的语言本能行为的基础。我们说话或与他人交流时,只需考虑要说的内容,不必思考如何支配这些器官的活动。我们要说的内容或能否了解他人所讲的复杂内容,则是高级思维和意识活动的内涵,是语言和意识的非本能特性。

# 第二节 睡眠与觉醒

人一生三分之一的时间用于睡眠,大多数人在睡眠中都有梦的体验。因此睡眠与梦的生理心理学问题,很久以前就引起人们极大关注。弗洛伊德对梦的解释曾引起人们的兴趣,巴甫洛夫睡眠理论也广为流传。然而,人类对睡眠与梦的生理心理学机制的现代科学认识,仅仅只有60年的历史。1950年代,在大量细胞电生理学和动物行为实验数据的基础上,无可争议地证明,脑干网状结构在人和动物的睡眠和觉醒中发挥重要作用;1960年代,借助成熟的电生理学技术找到了人类睡眠类型和周期的生理指标,为人类睡眠科学迈出坚实的步伐;1970年代,脑化学通路理论的成熟为睡眠与梦的研究提供了许多新的科学事实。1990年代以来,神经科学跨学科的研究,从器官水平、细胞水平和分子水平上加深了对睡眠与梦机制的认识。然而,关于睡眠与梦的许多问题至今仍是科学之谜,尚需深入研究。

Palagini 和 Rosenlicht(2011)综述了关于人类睡眠、梦和心理健康研究的历史和现状。他认为从中世纪到19世纪之间虽然许多国家都出现了关于睡眠、梦的论著,但都缺乏科学基础,不能将之列入科学领域。它们不是建立在神学的假设基础上,就是建立在思辨哲学基础上,要不就是建立在经验与推论相结合的基础之上。弗洛伊德的德文专著《释梦》,成为对睡眠与梦进行心理学和精神病学基础研究的里程碑。这类研究主要以神经症患者,如焦虑症、恐怖症和心因性抑郁症病人为研究对象,通过梦的分析,发现病人受压抑的本能欲求;然后给予疏导宣泄,以达到治疗神经症的效果。19世纪末,一批梦的研究者还对梦的内容进行了大样本的统计分析。例如,法国医生莫里(A. Maury)分析3000多个不同的梦境,结果发现全部这些梦境都有其相应的外界触发刺激。这使他自问:梦的内容是醒来之后对睡眠中心理过程的回忆,还是从睡眠中被唤醒过程产生的?"我们梦见的是我们被唤醒过程产生的心理活动"或者说:"我们被唤醒时报告的梦境,可能是我们清醒过程发生的心理活动"。

### 一、睡眠的神经科学理论

对睡眠进行科学研究并形成可以客观验证的理论,是由神经生理学家们开始的,从经典神经生理学到细胞神经生理学和神经生物学,都为揭示睡眠的本质及其脑功能基础作出了杰出贡献。

#### (一) 巴甫洛夫睡眠理论

巴甫洛夫(Pavlov,1927)在狗的条件反射实验研究过程中发现,分化条件反射的任务难度增大,会使受训练的狗从清醒进入睡眠状态。在大量实验资料的基础上,他提出了经典睡眠生理学假说。睡眠的本质是大脑皮层起源的广泛扩散的抑制;这种抑制在皮层中和向皮层下脑结构扩散过程中存在一定的时相,构成从觉醒到完全睡眠的过渡,即催眠相;梦是由于内外环境因素的影响,在大脑普遍抑制背景上,细胞群局部兴奋活动的结果。

睡眠和条件反射过程中其他内抑制相同,包括消退抑制、延缓抑制、条件抑制和分化抑制等,诸多内抑制不仅与睡眠可以相互转化和替代,这些抑制的总和也可以导致睡眠。睡眠和内抑制也有许多不同之处。内抑制是在觉醒状态下,个别皮层细胞群的抑制,是分散的、局部的抑制过程;睡眠则是广大皮层区、皮层下脑结构,直至中脑的广泛性抑制过程。睡眠时不能保持直立的姿势,肌肉张力大大降低,说明抑制过程波及中脑以下运动系统的功能。睡眠抑制在脑内并不均匀,常常存在某些易兴奋点在警卫着睡眠,哺乳期的母亲在熟睡中不能为雷鸣般巨大声响所唤醒,却极易为婴儿的啼哭声所唤醒。睡眠中脑抑制的不均匀性还成为梦的基础,在广泛抑制的背景上,某些脑细胞群摆脱抑制而兴奋起来,产生了梦的现象。梦的内容可以反映出内外环境刺激因素的性质,睡眠时身体不舒适或心肺功能不畅，常出现噩梦；膀胱充盈常有到处寻找厕所的梦境等。巴甫洛夫的睡眠理论不仅阐明了睡眠的本质、睡眠的起源和一些常见的睡眠现象，如梦等的生理基础，还揭示了从清醒到深睡之间催眠相，并以此为根据，解释了多种神经精神病的病理机制，还提出了睡眠的保护性医疗作用。

随后，他又研究了从清醒到睡眠过程的发展阶段，提出了催眠相的理论。在正常清醒状态下，条件反射的强弱与刺激强度间存在着一定的关系；但从清醒到睡眠的过渡期内，这种强度关系发生了变化。根据强度关系的不同，巴甫洛夫将催眠相分为正常相、均等相、反常相、超反常相和抑制相等五个时相。强刺激引出强反应，弱刺激引出弱反应，阴性刺激不引起反应，这是正常相的强度规律；强刺激和弱刺激引出同样的反应，阴性刺激不引起反应是均等相的强度规律；在反常相中，强刺激引出弱反应，弱刺激引出强反应，阴性刺激不引起反应；在超反常相中，无论是强刺激还是弱刺激均不引起反应，相反，阴性刺激却引起反应；最后，在抑制相中各种刺激均不引起机体的反应，机体进入完全睡眠状态。正常人的睡眠过程，从正常相到抑制相的各催眠相发展是很快的，有些催眠相很难观察到，特别是从睡眠到清醒的过渡时，催眠相更难以观察。但是，在许多病理条件下，大脑停滞在某一催眠相可达数月或数年之久。例如，精神分裂症紧张状态的病人存在着违拗症状，让其伸手而缩回，反之，让其缩回手则伸出，类似于超反常相。

巴甫洛夫睡眠理论形成于20世纪初，虽然他天才地概括出睡眠发展过程中脑的宏观生理机制，并解释了许多与睡眠有关的日常性和病理性现象。然而，由于历史的局限性，他不可能从神经细胞水平和分子水平上进一步揭示睡眠的本质。1950年代确立的现代神经生理学，用电生理技术揭示了睡眠起源于皮层下脑干网状结构的重要发现，使人类对睡眠与觉醒机制的认识推进了一步。

**（二）细胞神经生理学对睡眠和觉醒的理论贡献**

1937年，著名生理学家布雷默(F.Bremer)建立了猫的孤立脑(isolated brain)标本和孤立头(isolated head)标本。前者在中脑四叠体的上丘和下丘之间横断猫脑，此后猫陷入永久睡眠状态；后者在脊髓和延脑之间横断猫脑，则猫保持正常的睡眠与觉醒周期。他以此证明在延脑至中脑的脑干中，存在着调节睡眠与觉醒的脑中枢。Moruzzi和Magoun(1949)发现，电刺激脑干网状结构引起动物的觉醒反应。此后大量实验研究表明，无论是各种外部刺激还是感觉通路的电刺激，均沿传入通路的侧支引起脑干网状结构的兴奋，然后再引起大脑皮层广泛区域的觉醒反应。因此，把脑干上部的网状结构称为上行网状激活系统(ascending reticular activating system)。微电极电生理学技术的应用，也积累了许多科学事实，证明脑干上行网状激活系统的神经元单位活动可受多种刺激的影响，提高其发放频率。行为的觉醒水平、脑电图觉醒反应与脑干网状上行激活系统的神经元单位发放频率之间存在着确定的一致关系。这些事实证明，脑干网状结构在睡眠与觉醒的机制中具有重要作用。

1960年代在桥脑中部横断脑实验后，研究者发现猫绝大部分时间（每日的70％～

90%时间)处于觉醒状态,这说明桥脑中部以下的脑干网状结构对睡眠具有重要作用。麦格尼等人(Magni et al.,1959)将脑干上部和下部的脑血供应分离开,给脑干上部注入麻醉剂引起动物陷入睡眠状态;但将麻醉药注入脑干下部,则使睡眠的动物很快觉醒。这说明脑干下部正常对睡眠是重要的。当用麻醉剂使其活动减弱,动物的睡眠就会中止;相反将脑干上部的上行激活系统麻醉之后,由于脑干下部功能亢进,动物就会睡眠。正常状态下,脑干上部和下部之间对睡眠与觉醒的变化有相反的作用。现将20世纪60年代以前关于脑干网状结构在睡眠与觉醒中作用的研究结果以图9-1加以总结。脑干以上横断脑(孤立脑标本),动物陷入永久睡眠状态,脑干中间横断脑(桥脑中部横断),动物70%~90%时间处于觉醒状态;脑干下位横断脑(孤立头标本),动物维持正常的睡眠与觉醒周期。脑干上部的网状上行激活系统对维持大脑皮层的觉醒状态起重要作用;桥脑下部的网状结构对大脑的睡眠状态起着重要作用;脑干上部与下部的网状结构相互作用于大脑皮层,此消彼长,维持着人类正常的睡眠与觉醒周期变化。这就是20世纪60年代对睡眠机制的认识水平。

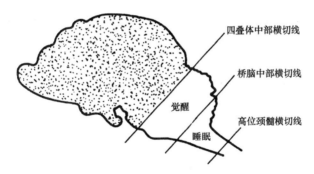

图9-1 睡眠觉醒中网状结构作用的示意图

### (三)神经生物学对睡眠理论的贡献

Aserinsky和Kleitman(1953)在睡眠脑电图研究中,发现了人类快速眼动期睡眠(REM睡眠),开创了对人类睡眠与梦研究的新纪元。利用脑电图技术研究睡眠阶段、睡眠周期、梦和各类精神障碍的关系至今已有半个多世纪,成为脑科学、精神病学的重要研究领域。

#### 1. 睡眠类型

人类的睡眠可以分为两种类型,慢波睡眠(slow wave sleep)和异相睡眠(paradoxical sleep)。在慢波睡眠中,脑电活动以慢波为主,脑电活动的变化与行为变化相平行,从入睡期至深睡期,脑电活动逐渐变慢并伴随着逐渐加深的行为变化,表现为肌张力逐渐减弱,呼吸节律和心率逐渐变慢。在异相睡眠中,脑电变化与行为变化相分离,脑电活动类似慢波睡眠的入睡期,以肌张力为代表的行为变化却比深睡期还深,肌张力完全丧失,还伴有快速眼动现象和桥脑-膝状体-枕叶(PGO波)周期性高幅放电等特殊变化。所以,异相睡眠又常称为快速眼动睡眠(rapid eye movement sleep,REM),这种类型睡眠与做梦的关系比慢波睡眠更为密切。

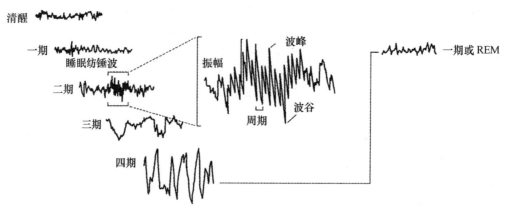

图 9-2 睡眠各阶段的典型脑电波反应

根据脑电活动和行为变化的平行性,将慢波睡眠分为四个发展阶段(如图 9-2 所示),睡眠一期(入睡期),行为上安静困倦开始进入睡眠状态,清醒安静状态下的脑电活动(以 8~13 Hz 的 α 波为主)变得不规则,α 波和不规则快波交替出现。大约 10 min 以后进入慢波睡眠的二期(浅睡期),脑电活动更不规则,在 4~7 Hz θ 波的背景上出现 13~16 Hz 的睡眠纺锤波,环境中出现意外声音,此时脑电图上可出现高幅的 K 复合波,代表脑电活动的短暂唤醒反应。在浅睡期中,被试已经入睡,并出现鼾声,但将被试叫醒后却常自称尚未睡着。慢波睡眠二期大约持续 15 min 后转入慢波睡眠三期(中睡期),脑电活动在 θ 波背景上出现 20%~50% 的 δ 波(0.5~3 Hz)。再经 15 min 左右,慢波睡眠三期为四期(深睡期)所取代,脑电活动 50% 以上为高幅 δ 波。处于中睡期,被试已经睡熟,但尚易叫醒,处于深睡期的被试不但睡熟还难以叫醒。慢波睡眠一至四期过渡中,颈部肌肉和四肢肌肉张力逐渐降低,心率和呼吸逐渐变慢,体温、脑温降低,闭眼、缩瞳,脑血流量较清醒安静时为多,脑下垂体分泌的生长激素和促肾上腺皮质激素以及肾上腺分泌的肾上腺皮质激素在慢波睡眠中比在白天清醒时增多。特别是生长激素,分泌的高峰在慢波睡眠的四期。在慢波睡眠各期中被唤醒后,报告做梦者人数极少。即使做梦者报告,其梦境也平淡、生动性弱,概念性和思维性较强。但梦魇或噩梦惊醒者多发生在慢波睡眠第四期。此时睡梦者醒后只能陈述恐惧感,被追捕或掉入深渊等危险境界,不能陈述梦境的全部故事情节。

在慢波睡眠之后,常出现异相睡眠。此期睡眠者肌肉呈完全松弛状态,甚至肌肉电活动完全消失,睡眠深度似乎比慢波四期更深,体温仍较低,对外部刺激的感觉功能进一步降低,难以将睡眠者从此期立即唤醒。与行为变化相反,脑电活动为极不规律的低幅快波,类似清醒期和慢波睡眠一期的脑电变化。脑的温度、脑血流量、脑耗氧量迅速增加,呼吸心率也时而突然加快,甚至一些支气管哮喘病在此期睡眠中可突然发作哮喘;心脏病人也可能发作心绞痛,内分泌活动的特点是生长激素分泌迅速降低,性腺和肾上腺皮质分泌活动增强。生殖器充血,分泌物增多或阴茎勃起、遗精等。在异相睡眠中,最有特征性的行为变化是眼球快速运动,约每分钟60次左右。正是由于这一特点,常将此期睡眠又称为快速眼动睡眠。与之相应,眼电现象显著加强,在桥脑、外侧膝状体和枕叶皮层中可记录到周期性的高幅放电现象,称之为PGO波。从异相睡眠中唤醒后,80%以上的人声称正在做梦,尚可陈述梦境的故事情节,形象生动以视觉变幻为主。

2. 睡眠周期

人的每夜睡眠大约由慢波睡眠和异相睡眠交替变换的4~6个周期所组成,平均每个周期历时80~90 min,包括20~30 min异相睡眠和约60 min的慢波睡眠。经过系统研究发现,慢波睡眠与异相睡眠交替不是发生在慢波一期或四期;而是在二期与REM之间进行交替。成人入睡后,必须先经过慢波睡眠一至四期和四至二期的顺序变化后,才能进入第一次异相睡眠。从上半夜到下半夜每次更替一个周期,异相睡眠的时间都有所增长。所以,后半夜睡眠中,异相睡眠时间的比例增大。整夜睡眠中各期所占时间比例平均分配是慢波二期占50%,异相睡眠占25%,慢波三、四期各占10%,慢波一期占5%。

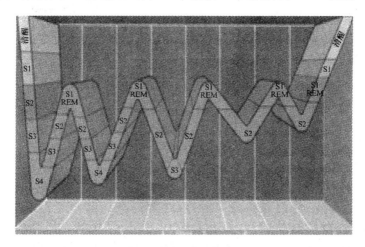

**图9-3 整夜睡眠周期示意图**

S1,慢波睡眠一期(入睡期);S2,慢波睡眠二期(浅睡期);S3,慢波睡眠三期(中睡期);S4,慢波睡眠四期(深睡期);REM,快速眼动期睡眠(异相睡眠)。

(摘自 Rhoades,R. & Pflanzer,R.,1992)

位于下丘脑视交叉之前的视交叉上核(suprachiasmatic nucleus),是生物钟的"起搏点",对慢波睡眠至关重要。损毁视前区使动物失眠,数日后陷入昏迷至死亡。对于睡眠与觉醒周期的生物钟研究,认识到下丘脑的视交叉上核起着重要的作用。视交叉上核接受视网膜发出的部分传入纤维,也接受从大脑视皮质来的传出纤维,光暗信息由这些纤维传至视交叉上核以及邻近的下丘脑视前区。该核的传出纤维主要是传到下丘脑-垂体结构,以调节神经内分泌的周期变化;该核的传出纤维也止于脑干和脊髓,以调节多种生理功能的周期性变化,它调节多种内分泌功能的周期变化,如性激素、肾上腺皮质激素、生长激素、促甲状腺激素等,还调节体温的周期变化、饮食行为周期性变化和觉醒与睡眠周期的变化。破坏双侧视交叉上核的几周内,大白鼠24小时睡眠总量不变;但觉醒与睡眠周期却发生了明显的变化。也有人发现视交叉上核的损毁对睡眠周期的影响,主要表现为慢波睡眠周期破坏,而不影响异相睡眠。大脑半球基底部的前脑区在慢波睡眠中也有重要作用,电刺激此区30 s后,引起大脑电活动的同步化,随后出现睡眠行为。

3. 慢波睡眠的关键脑结构

缝际核、孤束核和视前区、前脑基底部与慢波睡眠至关重要。将猫脑缝际核80%～90%神经元损毁,则使之数日内处于不眠状态,几日后虽有睡眠,但睡眠时间非常短。用对氯苯丙氨酸(parachlorophenylalanine,PCPA)抑制脑内5-羟色胺(5-HT)的合成过程,动物也不再睡眠。由此可见,无论是破坏缝际核还是抑制缝际核5-羟色胺神经元合成5-羟色胺的生化过程,均导致不眠状态,证明缝际核的5-羟色胺神经元在慢波睡眠中具有重要作用。

孤束核位于延脑,是味觉和内脏感觉神经核,低频电刺激孤束核,引起猫脑电活动的同步化,出现低频高幅波,并伴有睡眠的行为表现。刺激内脏或迷走神经也引起脑电活动的同步化。饱食之后,胃内过度充食易导致睡眠,这可能就是由于胃刺激沿迷走神经传入,引起孤束核兴奋的结果。

4. 异相睡眠的关键脑结构

桥脑大细胞区、蓝斑中小细胞、外侧膝状体神经元和延脑网状大细胞核等许脑结构对异相睡眠关系密切。桥脑大细胞区散于桥脑网状结构之中,最大的神经细胞体直径可达75 μm,非异相睡眠时没有单位发放,一旦动物进入异相睡眠状态,桥脑大细胞开始活动并逐渐增加单位发放频率,最高发放每次可达200～300个神经冲动。每一串单位发放都伴随眼动和PGO波发放。此时大脑电活动去同步化,出现低幅快波,肌肉张力完全消失。因此,把桥脑大细胞视为异相睡眠的开关细胞(the cellular on switch for dreaming sleep)。异相睡眠的脑机制比慢波睡眠更复杂,这是由于它包含的生理心理成分较多,如眼动、PGO波、肌张力完全丧失,心率呼吸改变和生动的梦境体验等。一般说,脑高位的一些关键性结构与脑电去同步化快波的呈现、PGO波发放和眼动有关;脑干低位的一些下部关键性结构与异相睡眠中的肌张力变化有关。

在脑干背部的蓝斑(locus coerleus)内存在许多很小的去甲肾上腺素能神经元,产生低频的单一频率发放,在慢波睡眠时,它们的单位发放频率逐渐变慢,一旦进入异相睡眠,它们的单位发放立即停止或迅速降低。因此,将蓝斑中这种小细胞称为异相睡眠的"闭细胞"(off cells)。这种闭细胞以去甲肾上腺素作为神经递质,当动物进入睡眠时,蓝斑闭细胞的去甲肾上腺素含量逐渐下降,在异相睡眠阶段含量最低;但是将动物从异相睡眠中惊醒时,则蓝斑小细胞的去甲肾上腺素却突然增高。除了蓝斑内的闭细胞,在蓝斑核内和它的四周还存在一种乙酰胆碱能神经元,异相睡眠时,其细胞单位发放率增加,由它们发出轴突达延脑网状结构的下行抑制细胞,引起其活动,从而产生下行性抑制效应,使异相睡眠时肌肉张力完全消失。

延脑网状大细胞核(nucleus reticularis magnocellularis in the medulla)在异相睡眠时变得更活跃并与PGO波和快速眼动现象同时发生。这种细胞的轴突达脊髓运动神经元,与之形成抑制性突触。所以,在异相睡眠时,这两种细胞的兴奋引起肌肉张力消失。

记录外侧膝状体在异相睡眠中的PGO波时发现,与眼动方向同侧的膝状体PGO波大于对侧膝状体的波幅。如果两眼向右运动时,右侧的膝状体内PGO波大于左侧膝状体的PGO波。进一步分析发现,膝状体的PGO波的差异尚在眼球运动之前即可表现出来。因此,记录左右外侧膝状体内PGO波的差异,可以很快预测异相睡眠时眼动的方向。据此认为,外侧膝状体具有异相睡眠眼动的命令功能,实现着眼动方向读出的神经信息编码功能。

综上所述,间脑水平的膝状体和桥脑网状大细胞与异相睡眠的启动、眼动方向和PGO波发放有关;蓝斑小细胞与异相睡眠停止有关;蓝斑内及其周围的乙酰胆碱能神经元和延脑网状大细胞核与异相睡眠时肌张力的消失有关。

5. 调节睡眠的生物活性分子

单胺类神经递质、胆碱类神经递质和多肽,特别是诱导睡眠肽(DSIP)和 $\gamma$-氨基丁酸受体蛋白质都参与睡眠调节。在与异相睡眠有关的脑结构中,发挥作用的神经递质有去甲肾上腺素、乙酰胆碱和 $\gamma$-氨基丁酸。与慢波睡眠有关的生物活性分子是5-羟色胺、睡眠肽和 $\gamma$-氨基丁酸的受体蛋白质。

各种神经递质,虽然在睡眠机制中具有重要作用,但却不是与睡眠相关的特异性物质。许多生理学家致力于寻找脑内的特异性睡眠物质。$\delta$-诱导睡眠肽(delta sleep inducing peptide, DSIP)就是这样的生物活性分子。用低频电刺激兔的丘脑中线核,使之大脑皮层电活动出现同步化的纺锤波,此时兔脑即会合成较多的DSIP进入血液中。将该兔血液注入另一只兔脑内,就会使后者脑电活动出现同步化纺锤波。DSIP是一种9肽,只有肽链第5位天冬氨酸的氨基在 $\alpha$ 位时,DSIP才具有诱导睡眠效应的功能。我国生理心理学家刘世熠发现DSIP肽链第5位的天冬氨酸为苯丙氨酸所取代,也具有诱导睡眠作用。

弱安定剂如安定等具有轻微的镇静安眠作用,对其药物作用机制的研究中发现,它们是通过 $\gamma$-氨基丁酸(GABA)类神经递质受体而发生作用的。将GABA受体用药物阻断后,安定等药物就失去了镇静安眠作用。GABA受体是大分子蛋白质,因此,除了单胺类、肽类物质外,大分子的蛋白质可能也与慢波睡眠有关。

### （四）睡眠剥夺实验与睡眠的功能

睡眠是生物机体的本能行为之一，与饮食行为、性行为和防御攻击行为一样，对维持种族延续和个体生存具有同等重要的意义。休息和从疲劳中恢复是睡眠的重要功能之一。从更积极的意义上理解，睡眠还有促进生长发育、易化学习、形成记忆等多种功能。对睡眠阶段和周期的认识为精细的睡眠剥夺实验设计提供前提，不同阶段睡眠的剥夺实验，提供了许多科学证据，加深了我们对睡眠功能的理解。

睡眠完全剥夺 200 小时，可能会导致人的情感不稳定、易激惹、注意力涣散、记忆减退、思维迟钝和偏执状态。迫使大鼠不停地运动，完全剥夺睡眠 5~23 日，会使之变得非常虚弱，运动不协调，甚至死亡。死后解剖发现，其肾上腺增大、胃溃疡、肺水肿等。另一方面发现，一些参加体育竞赛项目之后的运动员整夜睡眠增加 18%~27%。仅仅计算慢波睡眠时间，则竞赛后明显增加至 40%~45%。由此可见，睡眠对于解除疲劳、恢复体力是十分必要的。

进一步分析表明，如果以脑电图出现高幅 δ 波为主的活动为指标，则说明睡眠已进入慢波四期（深睡期），此时唤醒被试，使之慢波四期睡眠被选择性剥夺，结果发现四期睡眠的回跃现象（rebound phenomenon），即剥夺慢波四期睡眠之后的正常睡眠，会出现更多的慢波四期睡眠。这说明在体力活动之后的恢复中，慢波睡眠四期可能更为重要。选择性剥夺异相睡眠，即每当出现快速眼动时立即唤醒被试，数日之后常使人们陷入焦虑抑制状态。在异相睡眠剥夺之后，恢复正常睡眠时也会出现异相睡眠的回跃现象。当异相睡眠得到补偿之后，被试的情绪状态也恢复正常。由此可见，异相睡眠对正常情绪状态维持具有重要意义。但是，令人不解的是抗抑郁药和电抽搐治疗虽对治疗抑郁症十分有效，却同时抑制了异相睡眠，这与上述设想相矛盾。因此，异相睡眠与情感活动间的关系又引起人们的怀疑。

睡眠过程脑下垂体分泌的生长激素增高，在整夜睡眠的第一个慢波睡眠四期出现时达高峰，随后生长激素沿血液循环达全身各处发挥生理作用。这恰好处于慢波睡眠四期之后的异相睡眠期。躯体组织各种细胞，特别是儿童骨骼细胞迅速分裂，蛋白质合成率也相应地迅速增加。这说明睡眠有助于未成年机体的生长发育，此外，还有人认为异相睡眠中，蛋白质合成率增加可能与睡眠之前受到各种刺激的信息编码和记忆储存有关。对整夜睡眠的梦分析表明，每夜睡眠中第一、二两次异相睡眠的梦多以重现白天的活动内容为主，似乎对当天经历进行着重新整理和编码；第三、四两次异相睡眠的梦多重现过去的经历甚至是儿时的体验；第五次异相睡眠的梦既有近事记忆又有往事记忆的内容。这些事实似乎支持异相睡眠中蛋白合成增加与信息编码、短时记忆以及长时记忆储存有关。

### 二、睡眠障碍

正常睡眠周期的紊乱可能导致许多特殊的病理性睡眠状态，了解和研究这些病理性睡眠状态,可以加深我们对睡眠类型和睡眠周期的认识。发作性睡病(narcolepsy)、猝倒(cataplexy)和入眠前幻觉(hypnagogic hallucination)是异相睡眠中的常见障碍,夜尿症(nocturnal enuresis)、梦游症(somnabulism)和夜惊症(night terrors)则是慢波睡眠的常见障碍。发作性睡病又称嗜睡症,主要症状是在不应睡眠的工作时间内,突然不可控制地陷入睡眠状态,特别是在单调或枯燥的环境中更容易发作。每次发作性睡眠持续2~5 min,醒来后觉得精神很好。可以把猝倒看做是发作性睡病的另一种表现形式。发作时全身肌肉张力突然消失,病人摔倒好像是从清醒状态突然进入异相睡眠阶段,持续几秒钟至几分钟。猝倒不同于发作性睡病,一般不会自发地发作,情绪波动是最常见的诱发因素,生气、大笑或紧张地完成某一动作,如试图抓住从身边飞过的物体等,均可引起猝倒。入眠前幻觉表现为在早上即将醒来或躺在床上刚入睡时,突然陷入异相睡眠状态,因为肌肉张力完全消失,体验到可怕的情景却呼叫不得也动不得。别人呼叫他的名字或轻轻拉动他的身体,可使之立即摆脱此种幻觉状态,恢复正常后还能描述幻觉内容与内心体验。上述三种睡眠障碍共同特点是其发作性,从清醒期越过慢波睡眠阶段突然陷入异相睡眠状态,是异相睡眠脑机制的障碍。有人发现这些睡眠障碍有家族遗传因素。苯丙胺、丙咪嗪对这类睡眠障碍有一定疗效,说明脑单胺类神经递质功能的增强对改善这类睡眠障碍是有效的。苯丙胺促进单胺类递质从突触前释放,丙咪嗪抑制突触前成分对单胺神经递质的重摄取,两者均使突触间隙中单胺类递质的浓度增高,从而增强了神经信息的传递功能。两种药物的疗效说明这类睡眠障碍与异相睡眠的脑生化机制障碍有关。与此不同,夜尿症、梦游症和夜惊症均出现于幼儿慢波睡眠四期。夜尿症病儿常在睡眠的慢波四期尿床;梦游症病儿在睡眠的慢波四期中,从床上起来进行一些刻板动作,事后又回床继续睡眠,次日不能回忆出夜间的异常行为,夜惊症病儿在睡眠的慢波四期出现惊叫、颤抖、手足快速运动等极度恐怖表现,事后对这种体验不能回忆。总之,慢波睡眠障碍与异相睡眠障碍不同,肌肉尚保持一定张力,可以进行某些动作;但事后完全不能回忆。异相睡眠障碍不伴有动作表现,且事后对梦境体验能够回忆和叙述。由此可以看出慢波睡眠和异相睡眠有不同的机制。

### 三、睡眠研究进展

进入21世纪以来,利用无创性脑成像技术,可以记录和分析不同睡眠阶段脑代谢的变化,为睡眠与梦研究又开创了新局面。至今已积累的科学事实,澄清前一历史阶段一些不准确的理论概念;对人类睡眠的分子生物学基础有了新认识;对睡眠促进长时记忆形成的功能增添许多科学证据。

#### (一) REM 睡眠不等同于做梦期

自从发现REM睡眠以来,广为流传的公式就是REM睡眠等同于做梦期;但是,Palagini与Rosenlicht(2011)认为,这是一个不准确的概念,甚至可以说是错误的概念。事实上整夜睡眠的各个阶段都有心理活动和梦,只不过是REM期的梦与非REM

期的梦有不同特性而已。非 REM 期的梦没有系统性、组织性,情节不细腻,但却与白天生活事件关系较紧密;REM 睡眠期的梦更生动,充满惊险的情节和较多的情感成分以及丰富的视觉表象。

### (二) 睡眠促进长时记忆形成

睡眠是否可以促进短时记忆向长时记忆的转化,或睡眠是否促进学习、记忆?是这几十年争论而未决的问题,但是近十几年设计精细的实验数据不断在影响因子较高的期刊中发表。特别是利用功能性磁共振在正常人类被试所测得的脑激活数据更引起人们的兴趣。请阅读本书第七章中,关于睡眠对记忆的巩固作用。

### (三) 睡眠的分子生物学核心

Kyriacou 与 Hastings(2010)综述了睡眠的分子生物学和神经生物学研究文献,认为在视交叉上核对昼夜节律、脑内局部时钟、睡眠和认知功能调节中,从对环-磷酸腺苷酸(cAMP)反应相依的细胞内信号转导系统,到细胞核内的基因调节蛋白(CREB),发挥着核心作用。如图 9-4 所示,视交叉上核(SCN)通过对海马内部时钟的调节,控制身体各项生理参数对昼夜节律的调节反应,并控制与昼夜节律一致的睡眠周期。这一调节过程的分子生物学基础是 cAMP-MAPK-CREB(MAPK 为甲基苯乙胺蛋白激酶)的细胞内信号转导系统和细胞核内基因调节蛋白的激活,引发基因表达,合成蛋白质为长时记忆的形成或长时程增强效应(LTP)提供物质基础。睡眠剥夺打断了 cAMP-MAPK-CREB 的分子事件,导致记忆功能和其他睡眠功能的损伤。

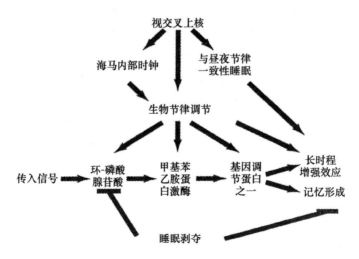

**图 9-4　cAMP 在人体昼夜节律、脑内局部时钟、睡眠和认知功能调节中的核心作用**
(择自 Kyriacou,C. P. & Hastings,M. H., 2010)

## 第三节 饮水行为与渴感中枢

渴是一种主观心理感受,促使机体实现饮水行为。渴和饮水行为,是由于体内缺水所引起的,称为原发性饮水;由于生活习惯和预料将会渴,而导致的饮水行为,称为次发性饮水。

### 一、渴与原发性饮水

机体内的水分绝大部分(66%)分布在细胞内,是细胞质的重要成分之一,将之称为细胞内液;细胞间液(分布于细胞之间,占26%)、血液(7%)和脑脊液(不足1%)总称为细胞外液。在血液与细胞间液之间由大量毛细血管壁形成屏障,在细胞间液和细胞内液之间,由细胞膜构成屏障。这些生物膜对体液内溶解的各种物质有选择性通透作用,进行着复杂的物质交换,以维持生命过程。生物膜机能变化,细胞内、外液的比例,容积或渗透压的变化,均可导致机体的渴感。在诸多因素中,水和盐是影响口渴的两种最直接的物质。口、消化道、肾脏和脑的一些结构在调节渴感与饮水行为中都起着不同的重要作用。现将它们之间的关系归纳成图9-5。较多的盐或高蛋白类食物经吃入、消化后,吸收至血液中引起细胞液的渗透压增高,继而使细胞内液流向细胞外,形成细胞内液脱失,引起渴感。下丘脑视前区外侧部和下丘脑的第三脑室周围区内存在许多神经元,对渗透压的改变十分敏感。这些渗透压感受细胞的兴奋引起下丘脑视上核合成较多的抗利尿激素(ADH),此激素经垂体门脉系统达垂体后叶,在这里将抗利尿激素释放至血液中,影响肾功能,减少尿液生成,将水潴留体内,以缓解细胞外液渗透压的变化。与此同时,下丘脑的渗透压感受器兴奋,影响下丘脑前部的渴中枢,使机体产生渴感引起饮水行为。用微电极刺激下丘脑前部的渴中枢,引起动物(山羊)饮水量急剧增加,其饮水量可多至体重的一半。除下丘脑渗透压感受细胞兴奋外,口腔、小肠、肝脏也有渗透压感受细胞。它们的兴奋通过内脏传入神经,最终也达下丘脑的渴中枢,引起渴感。外周器官内的渗透压感受器或下丘脑渗透压感受细胞都是比较灵敏的检测器。它们的兴奋既通过体液环节产生抗利尿作用,导致水潴留,也通过渴中枢兴奋,引起饮水行为,导致水的摄入。

大汗淋漓、呕吐腹泻或外伤失血等,均可导致细胞外液丧失,只要体液丧失10%,就会产生植物性神经反射从而引起血压下降。血压下降会导致肾血流量减少或交感神经兴奋,激发肾脏释放肾素,作用于血液内的血管紧张素原。使之先后转变为血管紧张素Ⅰ和Ⅱ。血管紧张素Ⅱ一方面作用于肾上腺使之分泌醛固酮,引起肾脏对钠离子重吸收,造成钠潴留,继而带来水潴留;另一方面血管紧张素Ⅱ通过血液作用于脑内穹窿下的血管紧张素感受细胞,它们的兴奋沿轴突传至下丘脑视前核内侧,引起那里的突触后兴奋,继而作用于下丘脑前部的渴中枢。此外,血压下降引起交感神经兴奋传至脑内

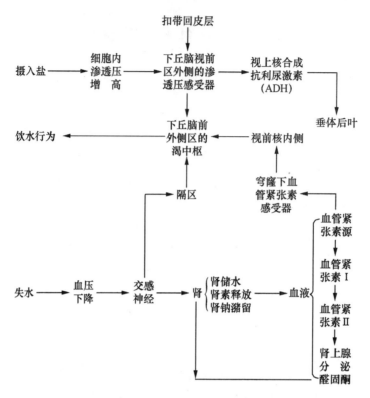

图9-5 渴感与饮水行为的调节关系

隔区,由这里再引起下丘脑前部渴中枢的兴奋。所以体液容积丧失,既通过神经体液作用机制中介于肾上腺皮质激素-醛固酮而造成肾功能改变,又通过脑内的隔区、穹窿下、下丘脑视前核作用于渴中枢,引起饮水行为。

总之,无论是渗透压性失水,还是容积性失水,既通过复杂的体液环节作用于肾脏,使水潴留于体内;又通过脑内渴中枢引起机体的摄水行为。前者是单纯性水平衡的生理过程,后者是复杂的生理心理过程。参与这些过程的主要生物化学物质有垂体的抗利尿激素、肾上腺的醛固酮、肾脏的肾素和血管内的血管紧张素Ⅱ。口腔、消化道、肝内的渗透压感受器和心血管系统内压力感受器对渴感具有重要作用。下丘脑、隔区和穹窿下等许多脑结构与原发性饮水行为都有密切关系。在这些脑区中,下丘脑前外侧区达中脑被盖区的通路,与血管紧张素调节的饮水行为有关。下丘脑前外侧区的损毁阻断了渗透压性渴引起的饮水行为,不影响中介于血管紧张素容积性渴的饮水行为;相反,损毁包括中脑被盖脑低位的中枢结构,只影响中介于血管紧张素的容积性渴所引起的饮水行为,不影响中介于抗利尿激素的渗透压性渴所引起的行为。可见,由于渗透压改变引起的饮水行为与容积性饮水行为的中枢是不同的。

近年脑成像研究发现,当人类被试处于严重渴感状态下,脑内最大激活区出现在扣带回(BA24区和BA32区)。此后请被试饮水,当他不再感到口渴的3 min后,扣带回的激活状态也明显下降。这说明,前扣带回皮层在渴感调节中,具有重要作用,是位于下丘脑之上的更高级渴感和饮水调节中枢。还有部分报道,在扣带回以外的体感干感觉皮层、上颞回皮层、运动区皮层和前额叶皮层在口渴状态下激活,决定于渴的强度和心里打算如何解渴的途径。

### 二、次发性饮水

人们用过丰盛佳肴之后,总会饮上几杯香茶,即使并不觉得口渴,饮水也成为自然的惯例。这类由生活经验和习惯所引起的次发性饮水,往往具有渴的预见性。吃过营养丰富的食物,胃肠道对之进行消化和吸收的过程中要分泌消化液,吸收到血液中的营养要使细胞外液的渗透压增高,这些因素都即将引起渴感。所以,在吃饭中喝汤和饭后饮水,是具有预见性的次发性饮水。此外,每日饮水量的个体差异极大,除代谢速率的个体差异,更重要的是生活习惯的差异。不论是否口渴每日定时喝茶,就是这种次发性饮水行为。生活条件、工作性质和生活规律都是影响次发性饮水的重要因素。

学习对次发性饮水也具有重要意义,对大白鼠的实验研究充分证明了这点。如果给大白鼠喂碳水化合物的食物,则它们每日饮水量与食物重量相等。当这种饮食规律稳定之后,改换含丰富蛋白质的食物,第一天就发现动物由于口渴在食后几小时内增加饮水量达食物重量的1.47倍。几天以后,动物在吃过高蛋白食物后立即饮足所需要的水量。显然,它们已学习到高蛋白食物与即将发生渴感之间的关系,作出了预见性次级饮水行为。下丘脑外侧区的损伤不影响原发性饮水行为,只影响大白鼠这种预见性的次级饮水行为。所以,有人认为此区可能是次发性饮水的重要脑中枢。

### 三、解渴感

口渴以后引起的饮水行为,一般总要达到解渴感(satiety)之后才停止。生理心理学家们应用食道分离手术(esophagotomy)建立许多关于"假饮"的标本,研究口腔、咽、胃、肠等感受器在解渴感中的作用。这类研究发现,口腔和咽的感受器虽可以产生解渴感,但其作用极小,且是胃肠引起解渴感的次级效应。如果将食道手术切断,动物经口饮入的水达不到胃即漏出体外,则动物在渴感之后就会不停地饮水;反之在胃中造一套管,通过此套管将水直接注入胃中,则动物很快停止饮水的行为。

Hall和Blass(1977)在大白鼠胃幽门处预置一钓鱼线制成的套,当鼠口渴饮水之后立即将套拉紧使胃内水不能进入小肠和肝脏中,此时发现大鼠饮入的水远多于未拉紧线套的动物。由此他们认为,小肠和肝脏的感受器对解渴感可能具有重要作用。总之,目前认为胃、肠对于解渴感比口、咽具有更大的作用。

## 第四节 摄食行为

人和动物之所以摄食,是因为饥饿感在驱动着机体。在饥饿感产生的机制中,包括中枢环节、化学环节和外周器官的参与。

### 一、饥饱感与脑内的摄食中枢

饥、饱感产生的生理机制始于血糖含量的变化。血糖下降,是引起饥饿感的原发性因素,它作用于脑和肝脏中的葡萄糖感受器,激发了脑内饥饿中枢的兴奋,产生主观饥饿感;驱动机体摄食,消化道得到充盈,消化道内的机械感受器和葡萄糖感受器受到刺激。在食物消化吸收过程中,引起血糖升高,使脑和肝内的葡萄糖感受器发生反应,当脑内饱中枢受到兴奋,引起饱感,停止摄食行为。所以,脑内摄食中枢由饥饿感中枢和饱感中枢组成,前者位于下丘脑外侧区,后者位于下丘脑旁室核和围穹窿区。摄食行为取决于二者中,何为优势兴奋的中枢。

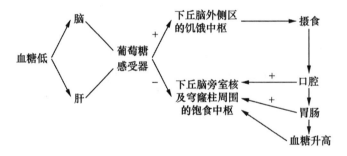

**图9-6 饥饱感与摄食行为的调节机制示意图**

为什么这些脑结构是饥、饱感生理机制的重要中枢呢?一方面,由于这些脑结构与脑内化学通路有着交错的关系;另一方面,它们与多种体液调节机制也有复杂关系,与多种激素和葡萄糖代谢有关。下丘脑汇集了脑内的多种化学通路,现在已知的有多巴胺黑质-纹状体通路,多巴胺中脑-边缘通路,多巴胺正中隆起-垂体通路,背侧去甲肾上腺素通路,腹侧去甲肾上腺通路,5-羟色胺通路(与去甲肾上腺素通路相平行),下丘脑-垂体P物质神经末梢,下丘脑-垂体内啡肽神经末梢以及视前区、乳头体等下丘脑的乙酰胆碱神经末梢。这些化学通路对下丘脑在饥、饱调节功能中有不同程度的影响。

多巴胺黑质-纹状体通路穿越下丘脑外侧区,利用电损毁或6-羟多巴胺选择性损毁这些纤维,均可使动物陷入不饮、不食状态。利用 $\alpha$-对甲基酪氨酸($\alpha$-methyl-$p$-tyrosine)抑制多巴胺的生物合成过程,也会引起同样的效应。相反,多巴胺受体激动剂则可使动物恢复饮食行为。微电极电生理研究发现,饥饿时动物脑内黑质的多巴胺神经元单位发放频率加快;对动物静脉注入葡萄糖可以降低这些神经元的单位发放频率。

这一结果证明多巴胺神经元活动与饥、饱感有密切关系。

下丘脑旁室核含有丰富的去甲肾上腺素能神经末梢。动物摄食时，此核的去甲肾上腺素含量最高。由于去甲肾上腺素在这里发挥抑制性神经递质作用，所以对旁室核进行去甲肾上腺素灌流，则发现其神经元单位发放频率降低，同时诱导出动物的过食行为。由去甲肾上腺素诱发的这种过食行为在切断支配胰腺的迷走神经之后立即消失，说明旁室核中去甲肾上腺素神经系统引起的过食行为与其对胰岛分泌功能的影响有关。去甲肾上腺素之所以具有增强进食行为的效应，还可能与内侧前脑束对动物阳性自我刺激行为的强化作用有关，因为内侧前脑束也以去甲肾上腺素为神经递质，它在从中脑向前脑的上行途中穿越下丘脑外侧区。所以将去甲肾上腺素注入下丘脑外侧区也能增强食欲，使动物摄食行为增强。进一步研究发现，去甲肾上腺素对动物进食的增强效应是通过它们的受体实现的。旁室核内 $\alpha$ 受体分布密度较高，下丘脑围穹窿区 $\beta$ 受体分布较多。去甲肾上腺素的 $\alpha$ 受体激活引起饥饿感，$\beta$ 受体激活引起饱感。去甲肾上腺素与 $\alpha$ 受体结合引起进食行为，$\alpha$ 受体阻断剂则能终止进食行为；去甲肾上腺素与 $\beta$ 受体结合引起饱感并停止进食，$\beta$ 受体阻断剂则增加进食。所以，去甲肾上腺素在脑的作用部位不同，对摄食行为的作用效果不一。当去甲肾上腺素在旁室核内减少，而在下丘脑穹窿区增多时就会引起饱感并停止进食。

5-羟色胺通路在脑内与去甲肾上腺素通路的分布相平行，两者的生理效应一般是拮抗的。去甲肾上腺素引起进食增强效应，而 5-羟色胺则对摄食行为有抑制效应。一种引起厌食的药物芬氟拉明(fenfluramine)正是通过增强 5-羟色胺的释放而发生作用的。如果将脑内缝际核的 5-羟色胺神经元事先损坏，则芬氟拉明的厌食效应就不会发生。对氯苯丙氨酸(PCPA)抑制色氨酸羟化酶活性，使脑内 5-羟色胺合成减少，将其注入大鼠下丘脑，则引起动物饮食过量和体重明显增加。

除上述三种主要单胺能神经通路外，下丘脑的 P 物质能神经末梢、内啡肽能神经末梢和乙酰胆碱能神经末梢都参与摄食行为的调节，与相应受体结合引起摄食增多的效应。这几种脑内活性物质的受体拮抗剂均可阻断它们的摄食效应。

**二、体液调节机制**

除了脑内的化学通路，在脑和消化道内还存在着许多体液机制，对中枢和外周器官起到调节作用。葡萄糖及其感受器、胰岛素、胰高血糖素、肾上腺皮质激素、胆囊收缩素和垂体分泌的激素，在摄食行为的调节中均有一定的作用。与脑内化学通路的作用方式不同，这些物质随血液运行，通过脑血流作用于与摄食行为有关的脑结构而发挥生理效应。与脑内化学通路相比，这些物质作用的距离远，发挥生理效应的环节多，所需的时间较长。

肝和脑内均存在着葡萄糖感受器，对血液内葡萄糖含量进行灵敏的检测。下丘脑外侧区的葡萄糖感受器对低血糖敏感，引起饥饿感；旁室核和下丘脑围穹窿区葡萄糖感受器对高血糖敏感,产生饱感。旁室核的神经冲动沿轴突传至脑干迷走神经运动背核,产生抑制效应。迷走神经对胰腺的兴奋作用,使胰岛细胞分泌较少的胰岛素。旁室核的兴奋还合成较多的神经激素——促肾上腺皮质激素释放因子(CRF),CRF沿垂体门脉系统的血液循环作用于垂体前叶,促使其释放促肾上腺皮质激素(ACTH)。血液中的ACTH作用于肾上腺皮质,促使其释放肾上腺皮质激素(考的松)。由考的松通过肾上腺髓质再作用于胰腺,使胰岛细胞减少胰高血糖素(glucagon)的分泌。这样,在胰岛细胞中分泌的两种激素——胰岛素和胰高血糖素相互制约,调节着血糖的浓度,而两种激素的分泌又由下丘脑摄食中枢通过神经-体液机制加以调节和控制。如果血糖低,胰岛素含量高,则动物就会出现过度摄食行为;反之血糖高,胰高血糖素也高,则动物就会出现厌食行为。下丘脑腹内侧核的损毁,将旁室核与迷走神经运动背核的联系切断,使迷走神经运动背核失去抑制而过度兴奋,分泌较多胰岛素。与此同时,旁室核的兴奋却可以正常地按神经激素的许多环节作用于胰岛,使之减少胰高血糖素的分泌。由于胰岛素含量高,经消化道吸收的葡萄糖就会立即转化为贮存的形式——肝糖原、肌糖原和脂肪。高胰岛素也妨碍血液葡萄糖作为能源加以利用。因而,下丘脑腹内侧核损伤,会导致过食和肥胖。

体液调节中的另一个重要物质是由十二指肠分泌的胆囊收缩素(CCK),它既作用于消化道,又可随血流作用于脑,故又称为脑-肠肽,更确切地说胆囊收缩素是脑肠肽的一种,每当十二指肠从胃内接受食物时,就会分泌CCK。血液内CCK的浓度与十二指肠从胃内接受的营养多少有关。如果营养充足,血内浓度较高的CCK就抑制胃的排空,同时随血液作用于脑内"饱中枢",引起饱感,使机体停止进食。只有当机体吃了一定食物,并当食物从胃内大量进入十二指肠时,CCK才对进食行为有抑制作用。所以,它总是快吃饱时才发生对进食的抑制作用,饥饿者刚刚进食时,CCK就没有这种作用,说明CCK是具有饱感信号性质的物质。实验证明,切断迷走神经胃支,CCK的这种作用消失;但切断迷走神经肝脏支和胰腺支则不妨碍CCK的这种作用。这说明CCK的作用除有体液调节机制外,还有神经传导的途径。CCK作用于胃平滑肌改变其收缩程度的同时引起平滑肌中感受器兴奋性的变化,向脑内输入产生饱感的神经冲动。由此可见,一些体液调节机制,与外周消化道在饥、饱感中的作用有着密切关系。

### 三、外周作用与习惯

从CCK的作用机制中,可以看到胃、十二指肠在饥、饱调节中的作用。一些生理心理学家采用消化道手术方法分别考查了消化道不同部位对饥、饱感的影响。在胃幽门处手术植入一线套,对比拉紧线套前后动物摄食行为的变化,即比较阻断胃和十二指肠前后动物的摄食行为。结果发现在阻塞通道之前,动物有正常的摄食行为,适量食物产生饱感后,动物停止进食。如果拉紧线套使食物停滞于胃内,再从胃内抽出10 ml食物,则发现动物又会吃进8 ml食物。此时切断动物迷走神经胃支,使胃内的神经冲动无法传向大脑,从胃内提出 10 ml 食物,则动物就会过量进食使胃受到过分扩张,这些结果说明,只要十二指肠以上的口腔和胃受到食物刺激就会产生饱感,不需要小肠以下消化道的参与,但此时胃的神经支配必须保持正常。在饱感形成中,胃的作用可能与其对味觉的影响有关。胃充盈往往使味觉神经元对食物味道的反应不灵敏;反之,饥饿时胃排空,味觉神经元对食物的反应就比较强。所以,胃充盈产生饱感的同时,对食物味道反应也变差。为了证明胃扩张在饱感和食物味感中的作用,生理心理学家们还在胃内植入气囊,用气体扩张胃,重现了食物充盈胃的效果。除了胃之外,口腔也是重要的,许多食道癌或食道狭窄的病人进行胃瘘手术,将食物直接注入胃中。这些病人的共同体验是必须将食物放入口腔咀嚼,然后将之吐入胃瘘管,注入胃中才能产生理想的饱感。对动物实行食道切断手术,使之从口腔吃进的食物不能进入胃内而落入外面。这种假饲实验证明,仅仅经过口腔咀嚼,动物也会产生短暂的饱感;但终因胃内空空,很快又去进食。这些资料证明口腔咀嚼和胃的充盈在饱感的产生中具有重要作用。

十二指肠对饱感的影响主要是通过 CCK 体液调节机制而实现的。此外,十二指肠将食物中的营养吸收到血液中,再经肝门脉系统转移至肝内。肝脏中的葡萄糖感受器对饱感的产生也具有一定意义。应用不能透过血脑屏障的糖,例如,果糖等注入肝门脉,虽不能直接作用于脑中枢,但动物也会产生饱感,停止进食行为,但是切断肝脏的迷走神经,再向肝门脉灌流果糖,则动物就不会出现饱感。这说明肝脏在饱感形成中的作用不仅是体液性的,也包括向脑中枢传导神经冲动的神经机制。

### 四、人脑对摄食行为和肥胖的高级调节机制

随着世界经济的发展,人们生活水平的提高,越来越多的人受到肥胖问题的困扰,而肥胖则会影响身心健康和生活质量。目前,医学界利用四类药物治疗肥胖症:苯丁胺(phentermine)是一种儿茶酚胺类兴奋剂,具有厌食效应;西布曲明(sibutramine),是一种 5-羟色胺和去甲肾上腺素重吸收抑制剂,2012 年在欧洲上市不久,因对心血功能的严重副作用被叫停使用;奥利司他(orlistat),是一种肠道吸收脂肪的抑制剂;利莫那班(rimonabant),是人脑内源性大麻素的受体激动剂,是国际最新减肥药,但易导致抑郁症,应慎用!这些药物均具有不同程度的副作用,长期服用往往会带来更严重的后果。

在人类的摄食行为中,生活习惯、学习机制具有重要作用。每日规律地定时摄食,就会形成饥、饱感的周期变化。因肥胖不得不节制饮食的人也有共同的体验,在节食之初,常感到不舒适;随后习惯于胃不全扩张,于是饱感的标准也发生了变化。经验、习惯和学习机制对人类饮食行为的影响,是脑高级部位的重要功能。近年大量无创性脑成像研究,揭示了前所未知的新科学事实。Volkow 等人(2011)总结了最新的研究报告,提出了人类进食行为和肥胖的脑功能机制。如图 9-7 所示,人类进食行为决定于左小图所示的人体能量平衡机制和右小图所示的认知奖励平衡机制之间的相互作用。人体能量平衡的脑调节中枢位于下丘脑,包括饱中枢下丘脑旁室核(PVN)和饿中枢下丘脑

外侧区(LH),以及与营养和代谢相关的许多其他脑区,通过40多种神经激素进行精细的平衡调节。具有认知奖励平衡功能的脑结构是腹内侧前额叶(vmPFC)、内侧眶额皮层(mOFC)、前扣带回(ACC)、岛叶皮层(insula)、眶额皮层(OFC)等结构,通过三条途径和多种神经递质对进食行为进行控制:学习和条件反射途径中介于习得的经验(海马、杏仁核)、快感和诱惑反应(中脑腹侧被盖区-伏隔核的奖励系统)和自上而下的抑制和行为决策。进食行为在多个脑网络相互作用中得以实现,所以,对肥胖问题不仅从生物医学方面,还必须从生理心理学方面加以解决。

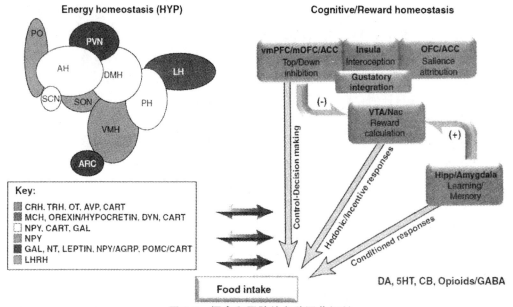

图 9-7 摄食和肥胖的多种调节机制
(择自 Volkow, N. D. et al., 2011)

左小图是身体能量平衡机制,即纯生理机制,以下丘脑(HYP)为中枢,包括下丘脑外侧区(LH),旁室核(PVN),下丘脑背内侧区(DMH)和下丘脑腹内侧区(VMH)以及下丘脑弓状核(ARC);右小图是认知和奖励平衡机制,即生理心理机制,有许多脑高级中枢参与,包括腹内侧前额叶(vmPFC),内侧眶额皮层(mOFC),前扣带回(ACC),岛叶(Insula),眶额皮层(OFC),味觉整合(Gustatory integration),中脑腹侧被盖区(VTA),伏隔核(Nac),奖励计算(Reward calculation),海马(Hipp),杏仁核(Amygdala),学习/记忆(learning /memory)。人们摄食行为(Food intake)取决于左、右图所示两类机制的相互作用。左小图下部方框中的英文缩写是人体内和脑内的多种激素,例如:CRH 肾上腺皮质激素释放激素,MCH 黑色素聚集激素,NPY 神经肽 Y,GAL 甘丙肽,LHRH 促黄体激素释放激素。右小图下方的英文缩写:DA 多巴胺,5HT 5-羟色胺,CB 内源性大麻素,Opioids/GABA 阿片肽类/γ-氨基丁酸。

## 第五节 性 行 为

与摄食和饮水行为不同,性行为对于个体生存并不是第一性的本能,但对种族延续却是非常必要的。因为，没有种属特异性的性行为也就不可能有新一代的个体。尽管不同种属的动物其性行为有很大不同；但最基本的生理基础却是相似的，具有很强的遗传保守性。性腺活动周期性变化，血液内性激素作用于脑内与性行为有关的结构，引起动物求偶行为，在适当环境条件和性对象存在时，完成交配行为。因此，与性行为有关的脑中枢、激素和环境条件是理解性行为生理心理学基础的三个重要方面。人类性行为的意义，除了对全人类的生物学意义以外，更多的是社会性和个体性，而且随着社会发展和控制生育的科学技术发展，人类性行为社会性和个体性更加突出。社会性是指婚姻家庭对个人、家族和社会发展的价值；个体性仅限于性行为对个人生活的意义。所以，这部分仅限于个体性的生理心理学分析，不涉及社会性。

### 一、性行为中枢

作为本能的性行为中枢，分布在中枢神经系统不同水平的结构中，可分为三级中枢。

性反射的初级中枢位于脊髓腰段，更具体地说是腰髓前角的球海绵状核（nucleus of the bulbocavernosus），该核的运动神经元发出轴突直接支配生殖器的肌肉，以保证交配行为的完成。该中枢的运动神经元对血液内性激素的变化很敏感，如果性激素水平增高，该中枢的运动神经元单位发放频率增高，引起生殖器肌肉的活动。同时，脊髓的性反射初级中枢还受脑高位中枢的控制与调节。

下丘脑的前部存在一个脑高级的雄性性行为中枢，它位于内侧视前区，称为性两形核（the sexually dimorphic nucleus），该核在雄性动物中的体积比雌性动物大五倍，雄性动物刚出生时就阉割，则脑内该核体积也非常小。刺激该核引起动物的爬背行为，损毁此区则动物丧失性反应。如果先将成年动物阉割，再向性两形核内植入睾丸激素，则丧失的性反应能力又恢复起来。将放射性同位素标记的睾丸激素注入动物体内，可以证明在内侧视前区的性两形核内分布着大量的性激素受体。在雌性动物中，脑内高级性中枢位于下丘脑的腹内侧核，刺激该核引起雌性动物的性行为，破坏该核使雌性动物的性行为丧失；如果切除雌性动物的卵巢，再向下丘脑内侧核植入雌激素和孕激素，则丧失的性行为也会恢复起来。将雌激素和孕激素注入正常雌性动物的腹内侧核也能激活和易化雌性动物的性行为。该核内分布着较密的雌激素受体和孕激素受体。两种受体还分布在内侧视前区、外侧隔区等，说明这些脑结构也与雌性性行为有关。

除了雄性动物的性两形核和雌性动物下丘脑的腹内侧核之外，还有更高级的脑中枢调节性行为，前额叶皮层、眶额叶皮层、颞叶皮层、扣带回皮层、旁海马回皮层、岛叶皮层以及皮层下杏仁核、苍白球和海马，在性对象的识别、选择和性行为中均发挥重要作用。某些脑结构损伤的人或高等动物均表现出严重的性功能异常。

高位脑中枢通过脑干的下行网状结构对脊髓初级性中枢实现调节作用。目前对雄性动物的性两形核向中脑和脑干的下行通路还了解得不多。雌性动物下丘脑腹内核的神经元轴突下行至中脑导水管周围灰质,形成突触联系,电刺激或雌激素作用于下丘脑腹内侧核均可引起导水管周围灰质神经元发放频率的增加。导水管周围灰质的神经元发出轴突与延脑网状结构形成联系,最后通过网状下行性联系,调节脊髓性反射中枢的活动。

### 二、性行为的神经-体液调节机制

在性行为的调节机制中,神经内分泌体系的各个环节都发挥着重要作用。下丘脑分泌的神经激素直接影响垂体功能,由垂体再调节性腺,性腺分泌的性激素随血液运行于性器官及其各级神经中枢,实现着神经-体液调节的完整回路。

下丘脑分泌五种与性行为有关的神经激素:促卵泡激素释放激素(SFH-RH)、促黄体激素释放激素(LH-RH)、催乳激素释放激素(PRH)、催乳激素释放抑制激素(PIH)和催产素(OX)。这些神经激素主要存在于下丘脑的正中隆起、视前区、弓状核、视上核、旁室核等。它们或是通过垂体门脉系统的血液作用于垂体前叶,或是直接沿神经元轴突从下丘脑直接达垂体后叶分泌到血液中。后三种下丘脑神经激素与雌性动物的生殖行为有关;前两种作用于垂体前叶的下丘脑神经激素与动物的求偶行为有关。下丘脑分泌的促卵泡激素释放激素作用于垂体前叶使之生成与分泌促卵泡激素,以促使雌性动物卵巢内卵泡的成熟。成熟的卵泡能够生成和释放雌激素,雌激素在血液中达到一定浓度并持续一定时间,就会作用于下丘脑使之释放促黄体激素释放激素(LH-RH),后者作用于垂体前叶使之释放促黄体生成激素(LH),血液中的 LH 作用于卵泡,使之排卵后变成黄体。黄体又分泌孕激素随血液作用于性器官和各级性中枢。如果雌性动物不受孕,黄体很快死亡,血液内孕激素突然下降,于是出现了月经现象。雌性动物的性欲随血液内激素含量的变化而周期性改变。只有血液内雌激素含量较高即将排卵时才出现性欲。与此不同,妇女的性欲并不制约于血液内雌激素的含量,更多地受环境条件、性对象等心理因素的影响。雄性动物的性行为与其血液中的雄激素含量有关。如果血液内完全没有雄激素,则雄性生殖器甚至完全不能勃起,自然无法进行交配。对人类的观察可以发现,因病导致血液内雄激素消失的男人,仍会以非性交的方式表现出其性欲的存在,如拥抱和接吻等。所以,血液中性激素的含量虽然影响男人的性交行为,但却不影响性欲望的出现。

### 三、环境条件与心理因素

高等动物的性行为不仅决定于体内性激素的周期变化,还要受到许多环境条件和心理因素的影响。动物的种属越高,其性行为就越受高级心理活动和环境条件的制约。就人类而言,男女两性的性行为都更多地决定于性对象的吸引力、性爱的程度以及适宜的性生活环境。虽然性激素的周期性是性活动的生理基础,但高级心理活动对性激素水平发生着有效的调节作用。

兔、猫等雌性动物以及更低等的雌性动物只有在其体内雌激素含量较高的发情期，即接近排卵时，才能接受雄性动物的交配行为；在恒河猴中虽然也能观察到这种周期性变化，但并不如此严格。在排卵期以外的时候，雌猴也可能接受雄猴的交配行为，这取决于雄性猴的性魅力。操作条件反应可以证明雌猴性行为的这一特点。让雌猴和雄猴分居在两个靠近的笼内，两笼之间有道透明的屏壁，只要雌猴按一定次数的杠杆之后，这道屏壁才能打开，雌猴才会接近雄猴完成性行为。这一实验表明，随雌猴体内性激素的周期变化，其按压杠杆的频率发生周期性变化。在垂体促性腺激素和卵巢分泌的雌激素含量最高时，雌猴为了接近配偶必须在 30 min 内连续按压杠杆 250～350 次之多。如果隔壁的雄猴是经手术阉割的，则雌猴按压杠杆的次数和持续时间明显减少。更换不同的雄猴，可以发现雌猴只在某个特定雄猴出现时，按压杠杆的次数最高。若把雄猴移开，无论以怎样好吃的食物作为强化因素，这种操作行为都不能像特定雄猴的交配强化那样有效。如果切除雌猴的卵巢，同样的实验条件和情景，也不能形成这种性操作行为模式。

不仅雌性性行为受到体内外条件的制约，雄性动物的性欲和性行为更容易受外部条件的影响，其中最重要的条件就是雌性的性诱惑力。如果将一只雄性动物和两只雌性动物关在同一较大的笼内，就会发现其中一只雌动物总是较多地接受雄性动物的交配行为。这说明雄性动物的性偏好与雌性动物的性诱惑力有关。生理心理学家们发现，在敏嗅类哺乳动物中，雌性的性诱惑力与其分泌的外激素功能有关；在高等灵长类雌性中，除外激素的作用外，雌性动物的外表形象也发生重要作用。外激素的作用，在嗅觉中已作了介绍。雌性分泌外激素的差异可能是其性诱惑力的物质基础之一。如果将一只雌性动物的卵巢切除，它自然失去了对雄性动物的性诱惑力；从一只刚刚注射雌激素的雌性动物的阴道中取出分泌物涂于被阉割的雌性动物的阴部皮肤上，就会发现这只失去性诱惑力的雌性动物又会引起雄性动物的追求，并与之发生交配行为。由此可见，涂于皮肤上的外激素通过雄性动物的嗅觉，引出雄性动物的性感，也就是说外激素对性诱惑力具有重要作用。另外，损毁雄性动物嗅觉中枢，则外激素对雄性动物的作用也会消失。

### 四、人类性反应周期及其脑网络

近年通过无创性脑成像研究，关于人类性反应周期的脑功能基础，已经积累了许多科学资料。Georgiadis 和 Kringelbach(2012)系统综述了这些文献，并总结出人类性反应周期各时相的脑功能解剖图(图 9-8)。他们将人类性反应分为性欲或性兴趣(desire)、性唤醒(arousal)、做爱(plateau)、性高潮(orgasm)和性不应期(refraction)等时相。每个时相都有相应的脑功能网络和发生作用的关键脑结构。

(1) 性兴趣网络(desire or interest)：通过短暂(1～2 s)呈现的异性裸体图片，引发被试的性欲或性兴趣，这时活动增强的脑网络称"性兴趣网络"，主要包括腹侧纹状体

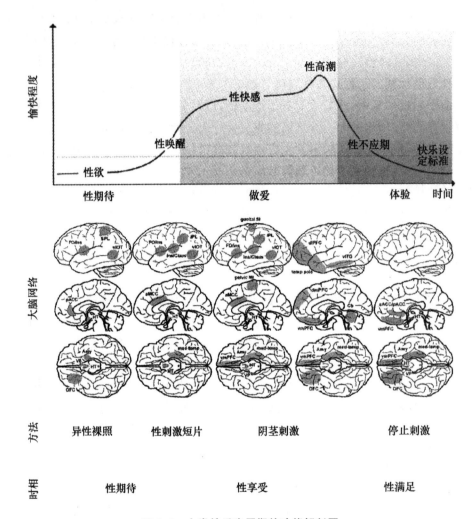

**图 9-8 人类性反应周期的功能解剖图**

(择自 Georgiadis, J. R. & Kringelbach, M. L., 2012)

下小图示性反应周期中不同时相的脑功能网络,包括进行脑成像的条件和方法,在引发被试性期待时相(expectation)呈现女人裸照(1~2 s)或播放性刺激短片(1~2 min);在性享受时相(consummation)直接刺激被试的阴茎;在性满足时相(satiety)停止刺激。脑解剖图中标记的活动区缩写详见课文。

(VS)/伏隔核(NAcc)、杏仁核(Amy)、眶额皮层(OFC)、前扣带回后区(pACC)、上顶叶(SPL)、下丘脑(HAP)和前岛叶(insula)。

(2)性唤醒网络(arousal):当给被试播放性内容短片 1~2 min,大多数男性被试有阴茎增大的性唤醒反应,此时脑内活动增加的网络称为性唤醒网络。该网络包括腹外侧枕颞皮层(vIOT)、运动前区皮层腹部(vPMC)、内侧顶叶皮层(IPC)、中扣带回前区(aMCC)和后岛叶以及下丘脑和前岛叶。

(3) 做爱网络(plateau)：在做爱之前性器官体表受到接触的感觉传入，到达初级体干感觉皮层的腰骶代表区；阴茎勃起产生的传入冲动直接到达后岛叶皮层-屏状核复合体(the posterior insula-claustrum complex)，但腹侧苍白球(the ventral pallidum)也接受对生殖器刺激的开始和终止信号。在做爱时来自伴侣对生殖器的刺激会不断增强中扣带回前部(aMCC)、后岛叶-屏状核、前岛叶-额叶岛盖、内侧颞叶皮层和枕-颞皮层的兴奋，这个网络与性唤醒网络有较大的重叠。

(4) 性高潮网络(orgasm)：人类性快感高潮研究多以女性为标准，眶额皮层(OFC)的兴奋为主要特征。此外，腹内侧颞叶皮层和腹内侧前额叶皮层在性快感高潮时，也受到强烈激活；但在性唤醒时相其活动水平与性唤醒呈负相关。

(5) 性不应期网络：得到性满足并停止性活动后，性快感期兴奋的脑结构均发生去唤醒(de-arousal)，其中特别明显的表现在前扣带回后区(pACC)和上区(sACC)；但也发生在腹内侧前额叶(vmPFC)、杏仁核和旁海马回。这些说明性反应停止后，脑功能恢复到预置模式状态。

## 第六节 防御和攻击行为

生物学阳性的基本行为类型，水、食物、性对象在一定条件下对机体都有一定的吸引力。防御和攻击行为则相反，一般条件下使机体产生逃避反应；攻击也是一种防御行为，表现为驱逐或消除危险源以保护自己或子代生存。每一种属动物都有自己稳定的防御和攻击行为模式，是通过遗传机制而传递给下一代的本能行为类型。

### 一、防御、攻击行为类型

最常见的防御行为是逃避危险或有害目标的行为。根据危险或有害目标的特点，可能出现不同类型的防御行为，主动逃避反应或被动逃避反应。大多数动物以主动逃避为主要防御行为模式；但刺猬、龟等动物则以被动逃避为主要防御行为模式。除了逃避的自我防御行为，各种动物都有种属内个体间为了争夺食物、领地或性对象而引起的攻击行为。这些行为类型的共同特点是带有情绪色彩，所以有时称之为情绪性攻击行为。母性攻击行为与保护自身的生存无关，而是一种保存和延续种族的本能行为。哺乳期的动物为保护幼仔不受外来者的侵害，以猛烈地攻击驱逐外来者。与母性攻击行为的表现形式截然不同，杀幼(infanticide)行为是指将幼仔杀死的行为。然而，杀幼行为也是对种族延续有利的行为，这是由于雄性动物只有杀掉哺乳中的幼仔，才能使雌性动物较早地摆脱哺乳期而重新受孕。雌性动物的杀幼行为可能与幼仔多、过于拥挤或哺乳能力不足有关。雌性动物总是选择最弱小仔动物除掉以保证有强壮的后代延续种族。捕食行为往往并不伴随情绪的变化，也不一定与摄食行为同时发生。一个饱腹的猫见到老鼠，尽管并不想摄食还是要捕捉或咬死老鼠。人类的防御攻击行为存在着严格的社会道德和法律标准,在非正当防卫的情境中,出现的攻击行为或受到道德的谴责或受到法律制裁,或是当事者患有神经精神疾病。下面介绍防御、攻击行为生理心理学基本机制。

## 二、防御、攻击行为的中枢机制

电刺激内侧下丘脑常诱发出情绪性攻击行为,刺激外侧下丘脑引出不伴情绪变化的捕食行为;刺激背侧下丘脑引出防御性逃避行为。进一步分析发现,下丘脑对防御攻击行为的影响是通过其向中脑与脑干的传出通路而实现的。内侧下丘脑与中脑水管周围灰质的联系和外侧下丘脑与中脑被盖腹区的联系分别是下丘脑影响情绪性攻击行为和捕食行为的重要通路。所以切断下丘脑和中脑之间的联系,再刺激下丘脑则既不能引起情绪性攻击行为,也不能引起捕食行为。背侧下丘脑对防御逃避行为的影响,可能也是通过其与中脑的联系而实现的;但至今还不清楚其联系的具体通路。

下丘脑对防御、攻击行为的影响并不是孤立的,边缘系统的一些重要脑结构如杏仁核和隔区对防御、攻击行为也有影响。概括地说,杏仁核和隔区对防御、攻击行为进行着更精细的调节作用。

根据杏仁核群的生理功能和系统发生等级,可将其分成两组结构。一是系统发生上较古老的皮层内侧杏仁核(cortiomedial group),它的神经元轴突通过丘脑的终纹与下丘脑和其他前脑结构发生联系;另一组杏仁基外侧核(basolateral group),是系统发生上较近形成的结构,它的神经元轴突形成弥散的腹侧杏仁核传出通路(ventral amygdalofugal pathway),止于下丘脑、视前区、隔核、中脑被盖和中脑水管周围灰质。杏仁核的传入联系也很广泛,嗅系统、颞叶皮层、丘脑、下丘脑和中脑的神经冲动均可传至杏仁核。此外,各种感觉刺激均可引起杏仁核神经元单位发放的变化。杏仁核这种广泛的传入联系以及与下丘脑-中脑的传出联系是调节与控制防御、攻击行为的重要解剖学基础。皮层内侧杏仁核对捕食攻击行为的调节具有重要作用。将其在终纹中的传出纤维切断,使捕食攻击行为增强,说明它对捕食攻击行为具有抑制性调节作用。皮层内侧杏仁核对情绪性攻击行为也有一定的调节作用。每当动物在与其他个体的角斗失败以后,再与之相遇就会表示出驯服的行为;然而,两侧皮层内侧杏仁核损毁的动物却丧失这种驯服反应,以后再遇上这个强劲的对手,还是要重新较量。基外侧杏仁核对情绪性攻击行为产生兴奋性影响,电刺激此核引起动物的情绪性攻击行为,损毁此核使情绪性攻击行为明显减弱。

首先刺激下丘脑引起猫的攻击行为,再刺激隔区就会发现这种攻击行为立即受到抑制,这说明隔区对攻击行为具有抑制性调节作用。损毁隔区的动物变得特别凶猛或者是特别善于逃跑,难于捕捉。

根据现有的科学事实,下丘脑是防御攻击行为的重要中枢,它的不同区影响着不同类型的防御、攻击行为。杏仁核、隔区等边缘系统对下丘脑的这一功能进行着调节与控制。对于情绪性攻击行为而言,杏仁核发生兴奋性调节作用,隔区产生抑制性调节作用;对于捕食攻击行为而言,杏仁核实现着抑制性调节作用。

近年利用无创性脑成像技术对人类被试的研究发现,在下丘脑之上,人类防御攻击行为存在着更多脑高级中枢,包括与动机、情绪相关的脑网络,与认知功能相关的脑网络和与执行监控相关的脑网络。前额叶皮层、岛叶皮层、眶额叶皮层、前扣带回皮层、颞叶皮层、杏仁核、海马等多对防御攻击行为发生重要调节作用。

### 三、防御、攻击行为与激素

激素在防御、攻击行为中的意义很早就为人们所了解。一些家畜在阉割以后变得驯服,说明性激素对情绪行为,特别是对情绪性攻击行为具有重要意义。生理心理学家们通过实验研究,证明雄性激素在胎儿和未成年个体中,促进攻击行为有关脑回路的发育,具体地说,有利于眶额皮层、杏仁核、下丘脑和脑干的发育。成年个体,雄激素在雄性间攻击行为中发挥重要的作用,可能正是通过这些脑结构。不仅男人之间的攻击行为,而且女人之间的攻击行为,也是在体内肾上腺分泌的少量雄性激素作用下实现的。因此长期以来,雄性激素被看成社会暴力的源头,声名狼藉。Honk等人(2011)综述了近年文献,并提出人类雄激素在脑内调节行为的两种模式:防卫模式和报警模式,为雄激素的声誉平反。如图9-9所示,人类生活中绝大多数情况是处于防卫模式下,眶额叶皮层对杏仁核的功能实现抑制作用,雄激素上调眶额叶皮层内多巴胺的作用,减低对杏仁核的抑制,使杏仁核实现适度的防卫行为;当环境条件出现危机,雄激素上调杏仁核中的血管加压素的作用,加强脑干的兴奋性,实现攻击或暴力行为。即使在报警模式下,攻击行为还决定于社会情境,在保家卫国的战士、救火中的消防人员身体中,雄激素的作用是有利于他们完成正当的社会职责。

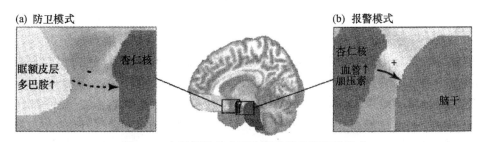

**图 9-9 人类雄激素在脑内调节行为的两种模式**
(择自 Honk,J, et al., 2011)

除了性激素之外,肾上腺皮质激素和垂体促肾上腺皮质激素对防御、攻击行为也有一定的调节作用。切除肾上腺的动物,其攻击行为减弱,但这一行为改变可能直接由肾上腺皮质激素缺乏所引起,也可能由于前者在血液中含量不足,反射性地引起垂体分泌大量促肾上腺皮质激素(ACTH)而引起的。血液中各种激素水平的变化通过体液调节作用于脑内的受体,引起中枢机制的变化。这是攻击行为神经-体液调节作用的一般途径。

## 第七节 人类基本生理心理需求和动机的脑基础

在介绍睡眠、觉醒、意识清晰性、饮食、性行为和防御攻击行为的脑机制之后,自然产生一个问题,这些本能是以各自独立的脑网络加以实施,还是通过统一的生理心理需求网络加以综合反应? Weston(2012)综述了近年有关研究文献,总结了前扣带回实现着需求表征的科学事实。如图9-10所示,体干和内脏以及内环境的各种变化都通过传入神经到达岛叶皮层,再与前扣带回实现双向连接,扣带回与前额叶皮层、运动区皮层、基底神经节、小脑和自主神经系统均存在着双向连接。从感觉传入到扣带回及其多方前向投射的功能是对需求进行加工并通过认知或行为实现需求;后向投射的功能是负责需求的实施监控。

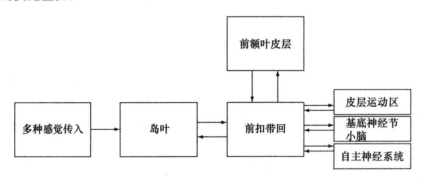

**图9-10 前扣带回的主要神经连接**

(择自 Weston, C. S. E., 2012)

当内环境中出现血糖水平低、胃肠蠕动增强时,岛叶皮层接受这种信息后立即查询机体所处内外环境的其他信息,确定不存在危及生命的其他更急需的处理(如防御或攻击),则将食物需求列为首位。所以,扣带回网络在各种需求的比较中,确定每一瞬间最急迫和最适宜实现的需求,并对它的实现加以实时监控。那么扣带回皮层如何比较和选择每瞬间最适宜的需求并使其转变成引发行为的动机呢? Holroyd 和 Yeung(2012)的综述,给出了一种回答:前扣带回皮层通过其与基底神经节的联系,借助层次性强化学习机制(hierarchical reinforcement learning)实现了这种选择。Liljeholm 和 O'Doherty(2012)则以纹状体对学习、动机和执行的贡献为标题,阐明了基底神经节的机能解剖分区和在动机、学习和强化中的作用。关于强化或奖励学习的脑网络问题,请阅本书关于学习的神经生物学基础的介绍。

# 10

# 情绪与情感的生理心理学基础

情绪和情感的生理心理过程发生在脑和神经系统之中,既表现为主体的内在体验,通常又同时伴有客观的外在情绪表达。主观情绪体验和客观情绪表现的统一,机体情绪或情感过程与外部环境的统一,是人类情感活动的重要特点。情感是人类最复杂的心理活动之一,通常与主体的生活经历和价值观密切相关;一般情况下,情绪是由某种刺激引发的较为短暂的或低层次的心理过程,通常伴随着强烈的内心体验和外在情绪表现,包括植物性神经系统活动的明显变化。所以,情绪和情感既是复杂的高级心理过程又可能是原始的简单心理活动。它的多层次性、包容性和遗传保守性是非常明显的。人类和动物的表情以及基本情绪类型的一致性,某个人的情绪表现特点常常富有家族色彩,都体现了情绪的遗传保守性。正因为如此,经典的和现代的生理心理学关于情绪和情感的理论,都涉及植物性神经系统、神经内分泌系统和脑的多层次结构。本章将情绪和情感生理心理学理论分为经典的和现代的,其分水岭不仅在于时代,还在于它们对高级脑中枢的认定及其所依据的科学证据。经典的和传统的理论依据神经解剖学和经典神经生理学的证据,认定边缘系统或皮层下各级脑结构是情绪和情感的脑中枢;现代生理心理学的情绪和情感理论,依据电生理学和脑血氧动力学的科学证据,认定大脑新皮层许多区都是调节情绪情感的高级中枢。本章重点讨论在这一领域中近十年所取得的新进展。最后,从情感性精神障碍发病机制研究中,进一步阐明情绪和情感的分子生物学基础。

## 第一节 情绪、情感的经典生理心理学理论

20世纪,随着神经解剖学和经典神经生理学的发展,出现了许多情绪和情感的生理心理学理论和经典的著名实验,这些理论都侧重于情绪情感的遗传保守性和低层次性,分别认为,植物性神经系统、丘脑、脑干网状结构和边缘脑为情绪和情感的调节中枢。特别是边缘脑和网状激活系统的理论,至今还被许多教科书列为当代理论。事实上,这是一种经典理论。本章简述这些经典理论和著名实验,为现代理论

做铺垫。

## 一、詹姆士-兰格情绪理论

关于情绪与情感生理心理学问题的最早理论是由美国心理学家詹姆士(W. James)于1884年提出的,在同一时期,丹麦生理学家兰格(C. G. Lange)也提出相似的理论。所以,常将这一早期理论合称詹姆士-兰格情绪理论。他们认为情绪是一种内脏反应或对身体状态的感觉。具体地讲,他们认为植物性神经系统活动的增强和血管扩张,就会产生愉快感;植物性神经系统活动的减弱,血管收缩就会产生恐怖感。这种认识过于简单肤浅,人的内脏和植物性神经系统的功能变化,只是情绪表现的一个侧面。此外还有面部表情和言语行为的情绪表现,更重要的是某些情绪体验仅保持在主观的体验之中,并不一定表现出来。詹姆士-兰格理论的不足,由当时生理学发展水平所限。

## 二、情绪的丘脑学说

1927年,美国心理学家坎侬(W. B. Cannon)在总结了神经生理学实验研究成果基础上,提出了情绪的丘脑学说,克服了詹姆士-兰格的理论不足。他认为大脑皮层对丘脑的功能一般情况下存在着抑制作用。当这种抑制作用解除时,丘脑的功能就会亢进。情绪过程正是大脑皮层抑制解除后丘脑功能亢进的结果。丘脑的情绪冲动一方面传入大脑产生情绪体验;另一方面沿传出神经达外周血管、脏器形成情绪表现的生理基础。坎侬关于情绪的丘脑学说,从脑内寻求生理机制,并把情绪体验和情绪表现统一于丘脑的功能,虽然比詹姆士-兰格的理论前进了一步,但其历史局限性仍是显而易见的。丘脑损伤并不一定引起情绪体验和情绪表现的一致性变化,大脑皮层损伤或皮层抑制功能解除的人,并不持久地处于情绪反应增强的状态。

## 三、皮层动力定型学说

坎侬提出情绪丘脑学说的同一年,巴甫洛夫(Pavlov,1927)提出了情绪的皮层动力定型学说。他认为情绪过程与其他心理过程一样,是脑高级部位皮层的功能;是条件反射动力定型的形成与变化的表现。动力定型的形成和稳定过程就会产生阳性情绪体验;动力定型遭到破坏就会伴随阴性情绪体验。尽管这一理论把情绪的脑机制定位于大脑皮层,但其依据的科学证据是经典的反射论神经生理学实验事实,无法确定哪些大脑皮层通过何种脑网络调节情绪和情感过程。所以,本章将之列为经典理论的范畴。

## 四、情绪激活学说

与巴甫洛夫的大脑皮层理论不同,美国心理学家林斯莱(D. B. Lindsley)吸收当时神经生理学的研究成果，于1951年提出了情绪激活学说。这种理论以脑干网状结构的生理特点为依据，认为脑干上行网状激活系统汇集了各种感觉冲动，也包括内脏感觉，经过整合作用之后再弥散地投射至大脑，调节睡眠、觉醒和情绪状态。这种理论认为网状非特异投射系统生理功能的多样性正符合情绪过程的基本特征。生理心理学家们可以通过记录和分析情绪的多样性生理变化，寻找其生理心理学调节机制的变化规律。因此，完全可以通过实验心理学方法和生理心理学研究方法，客观地研究情绪过程的生理机制。

### 五、边缘系统学说

在情绪激活学说提出的同一时期，神经生理学对脑边缘系统的功能研究也取得了很大的进展。在边缘系统研究中，两位著名的代表人物帕帕兹(J. W. Papez)和麦克莱恩(P. D. MacLean)提出了情绪的边缘系统学说。他们认为大脑边缘皮层、海马、丘脑和下丘脑等结构在情绪体验和情绪表现中具有重要作用。帕帕兹认为在边缘系统结构中，从海马经穹窿、乳头体、丘脑前核和扣带回，再回到海马的环路（帕帕兹环路），对情绪产生具有重要作用。在这一环路中，下丘脑与情绪的表现有关，而扣带回与新皮层的联系和情绪体验更为密切。麦克林则认为海马和颞叶皮层在情绪的体验中更为重要。

### 六、应激学说

应激学说在情绪的生理心理学和医学心理学中影响颇大。虽然1946年谢利(H. Selye)提出这一学说时，从病理心理学角度阐明"适应性综合征"的概念，但应激既然是由持久紧张性刺激所引起的情绪状态，那么关于其形成的机制，也自然与情绪的生理心理学机制联系在一起。现代应激学说认为在紧张性情绪形成中，大脑皮层、下丘脑、脑下垂体和肾上腺等发挥着神经、体液的综合适应性调节作用。换言之，这种理论从神经体液调节机制中为情绪过程的生理心理学理论提供许多有价值的科学事实；但是它未能揭示哪些大脑新皮层通过何种脑网络实现对情绪情感的调节。

情绪的激活学说和情绪的边缘系统学说以及应激学说集中地表达了20世纪40～50年代神经生理学关于脑高级功能的研究成果。把网状结构、边缘系统和神经内分泌的功能特点与情绪和情感过程联系起来，与巴甫洛夫以前经典神经生理学对于情绪的理论相比，不但具有整体和器官水平的实验证据，还有细胞生理学的实验依据。所以，这三种理论从50年代提出到20世纪末，在情绪生理心理学领域中占有重要地位。从21世纪的科学发展水平上，这些理论已成为历史，它们只反映了情绪情感脑机制的一些侧面，而忽略了核心环节。

综上所述，20世纪之前关于情绪和情感的生理心理学经典理论，我们按其形成的历史时期不同,分别介绍了詹姆士-兰格理论、坎侬丘脑学说、巴甫洛夫的皮层机能动力定型理论、林斯莱的情绪激活学说、帕帕兹-麦克莱恩的边缘系统理论和谢利的应激学说。与这些理论形成的同时,还有许多著名的经典实验,对情绪生理心理学的发展具有重要历史意义,如假怒实验、怒叫反应和自我刺激实验等。

## 第二节 情绪、情感的现代生理心理学理论

上面介绍的情绪、情感生理心理学的各种经典理论,分别强调了脑不同结构或外周植物性神经系统的作用。事实上,对于复杂的情绪过程来说,既存在着多层次的脑中枢,又有许多内脏和躯体反应作为情绪表现和体验的重要基础。现代生理心理学分别从心理学、神经生物学和认知神经科学中吸收许多新科学事实,形成了三种现代理论,下面逐一介绍。

### 一、维度理论及其脑功能系统

#### (一) 情绪、情感维度理论的心理学背景

情绪和情感的维度理论源于传统心理学,特别注重人类日常生活中的情感体验及其言语表达。Russell(2003)在心理学评论上发表题为《核心情感和情绪的心理学构建》一文,系统地论述了情感维度理论。他说情感心理学问题是心理学发展中最薄弱的且充满矛盾的领域。James(1890)认为情绪是自动过程的自我知觉。冯特(Wundt,1897)认为情绪是独立于认知过程的要素,快乐-不快乐、紧张-放松、激动-安静是人类情绪和情感的维度基础。Russell所说的核心情感和情绪有两个维度:价值维度(valence)和唤醒维度(arousal),前者决定着情绪的性质,以愉快和不愉快为基本属性;后者决定着情绪的强度,以激活和不激活为基本属性。现代生理心理学着重于阐明情绪和情感维度的脑功能及其网络基础,它认为,情绪和情感并不仅仅是边缘脑和网状结构的功能,而是许多大脑新皮层参与下的多层次脑网络的功能。

#### (二) 情绪、情感维度相关的脑网络

Ochsner(2008)认为人类社会情感信息加工流中,有五个关键性脑结构。前额叶皮层是人类情绪行为的高级调节中枢,对情绪行为的后果给出预测性控制,确定特殊行为目标以及调控持久的与延缓性的情绪反应。前扣带回皮层负责情绪过程的注意、意识以及情绪的主观知觉和动机行为的启动作用。眶额叶皮层对情绪过程的外周自主神经系统的功能变化,如心率、呼吸、消化道功能变化和特殊味道引起的主观体验有关。在上述三个新皮层参与下,皮层下的杏仁核主要与情绪产出功能相关,特别是恐惧情绪的产出。它在情绪性学习行为中对有害生物学阴性因素十分敏感,可以很快识别出这些因素,以便尽快躲避这些不利因素。与杏仁核相反,皮层下

的腹侧纹状体,包括伏隔核等,对生物学阳性情绪具有重要调节作用,特别是调节那些与主观体验有关的因素。例如药瘾者渴求毒品之时,眼前出现他所想要的毒品时,这些脑结构立即活跃起来。

Kober等人(2008)对1993~2007年间162篇关于人类情绪的脑功能成像研究报告进行了多层次的元分析,包括脑成像的体元、激活区和共激活的功能组,并使用了一致性分析、结构分析和路径分析等技术。他们发现,人类的情绪变化时激活的大脑皮层较广,包括背内侧前额叶(dmPFC)、前扣带回(ACC)、眶额皮层(OFC)、额下回皮层(IFG)、脑岛叶(InS)和枕叶皮层(Occ)。这些大脑皮层的激活常伴随更多皮层下脑结构的共激活,包括丘脑(Thal)、纹状体腹侧区(vStr)、杏仁核(Amy)、中脑导水管周围灰质(PGA)和下丘脑(Hy)等。他们对这些激活数据的进一步分析,得到如下几个功能回路:① 额叶认知和运动回路,由眶额皮层区、脑岛叶皮层的共同参与下与皮层下结构,如杏仁核、丘脑、纹状体腹侧区、中脑导水管周围灰质和下丘脑等,发生复杂的功能联系。② 内侧前额叶回路与情绪调节知觉、注意等多种认知功能有关。除了与前述皮层下结构有紧密的功能联系,还可能与后头部两个视觉回路有密切关系,包括初级视皮层、枕颞顶联络区、颞上沟等,这还需要今后进一步证实。③ 背内侧前额叶与中脑导水管周围灰质、丘脑和下丘脑之间进行着双重调节;但是dmPFC通过PGA对下丘脑的调控路径是主要的。这说明,人们在情绪激烈变化时,关于外界环境因素对自己和他人的利害关系评价中,这个回路发挥重要作用。人们在知觉和情绪体验过程中,这个功能回路也具有十分重要意义。④ 另外三个前额叶区:右侧额盖区、前扣带回背区和前下区都与杏仁核有密切的共激活关系。

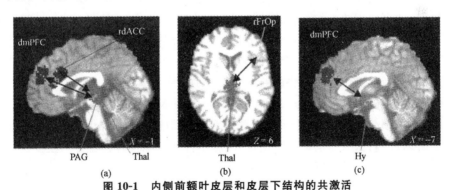

图10-1 内侧前额叶皮层和皮层下结构的共激活

(摘自Kober, H. et al, 2008)

左图:背内侧前额叶皮层(dmPFC)和中脑导水管周围灰质(PAG)以及丘脑(Thal)之间的共激活,内侧前额叶(mPFC)包括背内侧前额叶皮层(dmPFC)和前扣带回(rdACC);中图:rFrOP前额弓(认知/运动回路);右图:背内侧前额叶皮层(dmPFC)与下丘脑(Hy)的共激活。

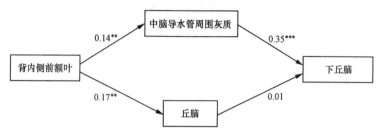

图 10-2 背内侧前额叶皮层和皮层下结构的共激活的路径
(摘自 Kober, H. et al., 2008)

\*\*,\*\*\* 达到统计学显著意义的路径系数,中脑导水管周围灰质是背内侧前额叶皮层和下丘脑之间共激活的中介。

### (三) 情绪、情感维度的生理指标

上述与情绪和情感相关的脑结构和网络,还有两类生理指标可以说明情绪和情感变化的生理心理过程,一是电生理参数,二是血氧动力学参数。

Olofsson 等人(2008)综述了情绪性图片刺激引发的脑功能变化,以视觉事件相关电位作为生理指标,称为情感事件相关电位研究。绝大多数研究文献一致报道,具有消极、恐惧性刺激的图片比愉快性图片能引出较强的 100~200 ms 短潜伏期诱发电位,而且诱发反应幅值与图片的情绪性质有一定关系。能引出强烈唤醒水平的凶杀和色情图片,除了引发短潜伏期诱发成分,还在中央区引发潜伏期 200~300 ms 的早后负波(EPN);但却不像短潜期成分那样,具有情绪性质和诱发反应幅值之间的关系。一种解释是图片的情绪性质与短潜伏期反应的关系是杏仁核的功能特点。他认为生物进化中,对外间世界一出现危及生命的因素,就会立即通过丘脑和杏仁核快速引发情绪反应,短潜伏期的事件相关电位是快速情绪反应的生理指标,随后的早后负波与 N2 波有一定重叠,是对有害刺激进行选择性注意,以便精细探究刺激的特性。再稍后的 P300 波和晚顶正波与自上而下的情绪信息加工有关。Codispoti 等人(2006)利用中性面部表情的照片作对照,愉快和不愉快的照片重复呈现,重复 10 次为一组实验,连续 6 组,叠加后发现,诱发出的高幅晚正成分(800~5000 ms)不受重复次数的显著影响,而 N1 波和 P1 波有习惯化效应,同时记录的皮肤电和心率则比 N1 波和 P1 波有更快的习惯化效应。所以,他们认为对情绪的识别任务,脑事件相关电位晚正成分是主要的生理指标;皮肤电和心率仅是朝向反应的生理指标。

通过无创性脑成像技术,利用强阴性情绪图片、弱阴性情绪图片和中性图片刺激,诱发与情绪活动相关的人脑内侧前额叶前部(aMPFC)的血氧含量相依信号(BOLD)的反应函数(HRF)曲线,表达情绪过程的血氧动力学,Waugh 等人(2010)发现(如图 10-3 所示),情绪刺激及其诱发的 HRF 曲线的幅值和持续时间与情绪强度密切相关,强阴性情绪图片不仅诱发反应幅值高,持续时间也最长(约 5~6 个 TR 期,10 s 左右);弱阴性情绪图片诱发反应居中(约 3~4 个 TR 期,6~7 s),中性刺激图片的诱发效应

最低(约 2~3 个 TR 期,5~6 s)。

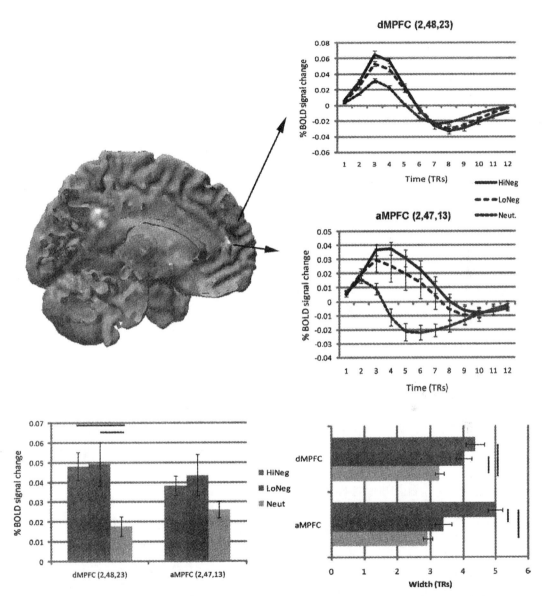

**图 10-3　内侧前额叶前部(aMPFC)血氧含量相依信号(BOLD)的反应函数(HRF)曲线**
(修改自 Waugh,C. E. et al.,2010)
　　HiNeg:强阴性情绪图片及其诱发的反应曲线持续时间(蓝方柱);LoNeg:弱阴性情绪图片及其诱发的反应曲线持续时间(红方柱);Neut:中性刺情绪图片及其诱发的反应曲线持续时间(绿方柱);Time(TRs) or width(TRs):横坐标及其时间单位(2 s)。

## 二、基本情绪系统及其神经生物学基础

情绪、情感的生理基础是借助于复杂的神经-体液调节机制而实现的。Panksepp(2006)把脑的基本情绪系统划分为七个子系统：① 追求、期望，② 贪心、色欲，③ 爱抚、养育，④ 安逸、欢快，⑤ 激怒、气愤，⑥ 恐惧、焦虑，⑦ 惊慌、孤独和抑郁。应该说，这些情绪子系统及其对应的脑结构主要来自哺乳动物的实验研究。由于伦理学的限制，不可能触及人类的脑结构观察其情绪效应。不过，有限的研究报告表明，由于脑功能和心理过程的遗传保守性，人类被试自生的内在多种情感体验所伴随脑激活区，大体与Panksepp的理论设想相符，包括许多新皮层区，如前额叶、脑岛叶、前扣带回、后扣带回、次级感觉运动皮层、前脑基底部皮层和许多皮层下结构，如海马、杏仁核、下丘脑和中脑等。由此可见，无论是动物实验的发现，还是无创性脑成像所提供的资料，都证明参与人类自发情感体验的脑结构，大大超越了边缘脑的范围，许多新皮层都参与情绪和情感的调节功能。这是情绪和情感生理心理学理论的当代突破。

表 10-1 哺乳动物脑构建基本情绪的解剖和神经生化因素

| 基本情绪系统 | 关键脑区 | 关键的神经调质 |
|---|---|---|
| 追求/期望和生物学阳性动机 | 伏隔核-腹侧被盖区，中脑边缘和中脑皮层传出系统，外侧下丘脑-中脑导水管周围灰质 | 多巴胺(+)，谷氨酸(+)，阿片肽类(+)，神经紧张素(+)，多种其他神经肽 |
| 激怒/气愤 | 内侧杏仁核-终纹床核，内侧围穹隆下丘脑区-中脑导水管周围灰质 | P物质(+)，乙酰胆碱(+)，谷氨酸(+) |
| 恐惧/焦虑 | 杏仁中央核和杏仁外侧核-内侧下丘脑，背侧中脑导水管周围灰质 | 谷氨酸(+)，二氮杂䓬结合抑制剂，促肾上腺皮质激素释放激素，胆囊收缩素，α-促黑激素，神经肽 |
| 色欲/贪心 | 皮质-内侧杏仁核，终纹床核，下丘脑视前区，腹内侧下丘脑，中脑导水管周围灰质 | 类固醇(+)，血管素加压素，催产素，黄体激素释放激素，胆囊收缩素 |
| 爱抚/养育 | 前扣带回，终纹床核，视前区，腹侧被盖区，中脑导水管周围灰质 | 催产素(+)，促乳素(+)，多巴胺(+)，阿片肽类(+/−) |
| 惊慌/孤独和抑郁 | 前扣带回，终纹床核和视前区，背内侧丘脑，中脑导水管周围灰质 | 阿片肽类(−)，催产素(−)，促乳素(−)，促肾上腺皮质激素释放因子，谷氨酸(+) |
| 安逸/欢快 | 背内侧间脑，旁束区，中脑导水管周围灰质 | 阿片肽类(+/−)，谷氨酸(+)，乙酰胆碱(+)，甲状腺释放激素 |

注：译自 Panksepp, J., 2006

### (一) 生物学阳性情绪

在 Panksepp 的七类情绪子系统中，有四类是属于生物学阳性情绪，也就是对个体

生存和种族延续所必需的食物、水和安居之地以及性爱等驱动的情绪。因此,调节这些需求的情绪包括追求/期望、贪心/色欲、爱抚养育和嬉戏快乐等。我们先从追求与期望谈起。调节本能需求的脑结构位于下丘脑,通过多重体液和激素的调节环节驱动行为,出现满足感的同时伴有快乐安逸和舒适的生物学阳性情绪反应。对这种生物学阳性情绪行为的脑机制研究中,历史上曾有著名的自我刺激实验模型,发生过重要历史作用。

Olds 和 Milner(1954)在实验室中意外地发现了大白鼠中脑-边缘结构受到微电极导入的弱电流刺激,就会不停地按压杠杆,以便连续多次得到自我电刺激。经过 20 多年的研究,在 20 世纪 70～80 年代,总结出这些能产生自我刺激现象的脑结构,称作奖励或强化系统,强化生物学阳性情绪为基础的学习行为,动物追求和期望的程度与这些脑结构中多巴胺神经元兴奋性水平相关,也就是说可以把多巴胺神经元的兴奋性水平看成是追求与期望情绪的预测指标。然而,最近十多年的研究进一步发现,当环境因素微妙变化,动物得不到预期的奖励时,这些多巴胺神经元的兴奋性立即受到抑制。所以,近几年以奖励预测误差理论取代了多巴胺强化理论。

1. 追求和期望系统

该系统包括本能和动机目标,如对食物、水、栖息场地和性对象的追求是生物本能行为的基础。主要中枢包括脑干和皮层下奖励系统,始于中脑腹侧被盖区(VTA)终止于前脑伏隔核,同时还有中脑-皮层多巴胺通路投射到眶额皮层,与学习行为的奖励和强化作用有关。正如在 Panksepp 的列表所示,除多巴胺类神经递质的功能水平直接影响追求和期望情绪,其他神经调质也参与调节作用。例如,中脑导水管周围灰质的多种神经肽,类固醇和阿片肽类物质等都有重要作用。饥饿与饱食中枢,饮水和渴中枢都位于下丘脑,并由许多体液的和激素的因素参与调节,能使机体满足个体生存的需要,就会同时伴有快感和满足感。对于人类而言,追求和期望并不限于本能的需要,更重要的是社会需求,精神满足感能产生更强的动机。因此,情绪、情感、认知和思维以及评价系统等密不可分,都离不开大脑皮层的参与。

2. 色欲和贪求系统

如果说追求和期望是由于对个体生存息息相关的食物、水和栖息地的追求,那么对种族延续来说,追求性对象则是重要前提。贪求色欲的情绪中枢是杏仁皮质核和杏仁内侧核,还有下丘脑视前区和腹内侧区以及中脑导水管周围灰质。除了神经中枢的调节作用外,还有许多体液因素参与和性相关的情绪调节,包括脑内的催产素、黄体激素释放激素,还有外周的肾上腺皮质激素以及性腺分泌的性激素等。此外,胆束收缩素和血管加压素在中枢和外周都可能生成,对性行为相关的阳性情绪也发挥重要调节作用。

3. 养育和爱抚系统

对种族延续来说,除了以性行为作为起点孕育下一代,还必须包括养育和爱抚下一代的生物学阳性行为。伴随这种养育行为,自然会有爱抚的情绪体验。由于这种情绪是一类持久的稳定情绪,它的关键脑结构位于扣带回、终纹床核、视前区和中脑的腹侧被盖区与中脑导水管周围灰质。在下丘脑的视前区由催产素,促乳素发挥体液调节作用,在中脑被盖区生成多巴胺类神经递质,在中脑导水管周围灰质生成阿片肽类物质都对养育抚爱子女之情发挥调节作用。

4. 嬉戏与快乐系统

最后一项生物学阳性情绪,是嬉戏与快乐。在安逸饱食之余,生物个体之间的和谐共处通过嬉戏行为产生快乐。可见,生物个体得到安居乐业的资源,就必然伴随嬉戏和快乐的情绪,它的脑中枢位于间脑的背内侧区和旁束区。通过下丘脑生成甲状腺释放激素调节这类情绪。中脑导水管生成阿片类物质,还有乙酰胆碱和谷氨酸作为神经递质,都参与这类情绪的调节。

上面所列举的四类生物学阳性情绪系统,是生物种系得以繁衍的前提,只有个体得到生存的资源才会出现繁殖后代和养育后代的性行为,并伴随产生不同个体间普遍享有的嬉戏与快乐情感。在动物世界的进化中,已把这些情绪的调节功能赋予大脑皮层以下的中脑、间脑和基底神经节。扣带回则是大脑皮层参与情绪调节的高级中枢。人脑不但传承了这些情绪调节机制,更有许多与思维和智能相关的大脑皮层也参与情绪更精细的调节,使人类社会的情绪更丰富更细腻,并在此基础上生成了高级情感,例如改造自然和征服宇宙的积极情感。

(二) 生物学阴性情绪

在Panksepp的七种情绪中,恐惧/焦虑、激怒/气愤和惊慌/孤独等三项,属于生物学阴性情绪,它们驱使生物个体摆脱或远离危及生存的环境条件,也可能促使个体发出攻击行为。

1. 恐惧/焦虑系统

该系统是动物机体逃避疼痛和损伤刺激所伴随的情绪。所敏感的刺激性质及其对机体产生的效应和表现出的外在行为,都是动物种属进化所形成的,都是不良刺激通过感官经下丘脑内侧与中脑导水管灰质背部,到杏仁中央核和外侧核所实现的生理反应。所以,这一情绪系统的核心结构是杏仁核。杏仁核是一组神经核团,具有相当复杂的内外部神经联系,参与不同的情绪过程。大体而言,杏仁外侧核是传入性的,将外部神经信息传向杏仁核诸多核团中,杏仁中央内侧核是传出性的,其中有重要意义的是传向内嗅区皮层、颞下回皮层和梭状回皮层的通路,可能是自上而下调节对他人面孔表情的感受功能,特别是威胁恐吓的表情。LaBar等(1998)通过功能性磁共振方法,发现人类被试在形成恐惧性条件反射时,杏仁核会被激活。现在已知杏仁核与视觉皮层的神经回路之间存在着空间分辨率和传导速度不同的两条联系。一条是快速的低空间分辨率通路,对外部危险信号的视觉刺激特性进行初步加工,快速传递到杏仁核,以便产生自动化下意识的防卫反应;另一条是较长的丘脑-皮层-杏仁核通路,与复杂的社会行为及其知觉决策过程有关,也是人类面对面交谈和感情交流的脑基础之一。Phelps(2006)综述了大量文献,总结出杏仁核参与下列五类情绪和认知过程的调节:① 内隐的情绪学习和记忆功能,② 记忆的情绪调节,③ 情绪对知觉和注意的影响,④ 情绪和社会行为的调节,⑤ 情绪的抑制和调节。

2. 激怒/气愤系统

当动物得不到想要的资源,特别由于同类竞争的原因所造成资源需求的障碍,就更容易出现激怒和气愤的情绪。内侧围穹隆区、下丘脑向下的中脑导水管周围灰质以及向上传导至内侧杏仁核-终纹床核,在这些脑结构中,P物质、乙酰胆碱和谷氨酸,都参与这种情绪的调节。激怒和气愤情绪是暴力行为产生的原因。所以,20世纪60~70年代,美国社会暴力行为成为社会重大问题,美国政府曾增加一大批对激怒和暴力行为进行研究的项目。

3. 惊慌/孤独系统

孤独无助情绪是较前两项生物学阴性情绪强度稍差的情绪,当动物离群或幼小动物没有母亲的照料就会出现惊慌、孤立无助的情绪。终纹床核、视前区、背内侧丘脑、中脑导水管周围灰质通过催产素、促乳素、促肾上腺皮质激素释放因子等神经内分泌机制以及谷氨酸和阿片类神经递质,调节这类情绪的强度。前扣带回皮层是这一情绪的高级调节中枢。

Adolphs(2002)提出了从动物情绪到人类情绪的分类提纲,把Pankseep分类中的追求、期望情绪归类为生物学阳性情绪,看成是具有奖励作用的动机状态,相当于人类幸福感的个体情绪以及骄傲自满的社会情感;恐惧的个人情绪相当于社会情绪中的窘迫、困惑和为难等情绪;焦虑不快的情绪与社会生活中的羞辱感有关。

### 三、人类情感的组成评价模型

前面介绍的情绪维度理论侧重于人类简单的情绪变化,较少涉及人类复杂认知活动中的精细情感变化。基本情绪系统理论侧重哺乳动物实验研究的发现,基于这些事实所提出的基本情绪系统及其脑功能系统,主要适用于动物和人类简单无意识的情绪,较难适用于理解人类高级复杂的情感过程。对于带有意识形态层次的情感,应该从更高层次的理论角度加以认识,现介绍关于情绪和情感的组成评价模型(componential appraisal models),有助于认识人类复杂意识情感活动的脑基础。

(一)五个子系统或组成成分

人类情感的组成评价模型由五个子系统或组成成分构成。情感被定义为复杂的五个组成成分经过四个动态评价过程而产生的主观体验。所以这种情感理论又称组成过程模型,由心理学家Scherer(1984,2001)提出并进一步引入认知神经科学的新科学事实,作为该理论的基础。这五个组成成分分别是认知、动机、自主神经生理反应、动作表达和情感体验,其中"认知"一项,包含注意、记忆、推理、自我参照等环节。

(二)四个评价过程

四个评价过程有明确的时间顺序性,对事件与主体的关系、事件的性质、程度和可应对性以及常规意义的评价。四个评价过程分别回答下列四方面问题:

(1) 当前的事件与我或与我关系网上的人有何关系?
(2) 当前事件对我的生活有什么样的近期和远期影响后果?
(3) 我应如何应对这个事件,控制它的后果?
(4) 当前事件对我的意义,特别是它在社会道德和社会价值方面对我的意义。

四个评价过程的结果有双重功能,一是修正认知和动机机制去反馈影响评价过程;另一功能是传出效应影响外周,主要是神经内分泌系统、自主神经系统和体干感觉神经。每个评价过程都存在刺激评价框架,每一评价过程不仅影响本过程的评价框架和标准,也会影响其他评价过程和标准,最终生成的意识情感决定于全部连续四个评价过程的累积效果,如图 10-4a 所示:

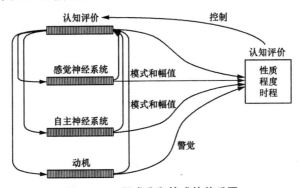

图 10-4a　子成分和情感的关系图

(摘自 Grandjean, D. et al., 2008)

### (三) 三个中枢表达方式

五个组成成分通过四个评价过程产生三类性质不同的表征,如图 10-4b 所示。组成过程产生的三个中枢表达方式:A 是无意识反射和调节表征,B 是意识表征和调节,C 是主观情感体验的言语表达和交流。A、B、C 三个图的重叠部分,是心理测验中有效自我报告的部分,情感是综合效应所建构出的整合意识表达。

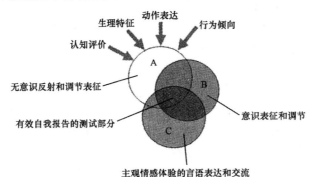

图 10-4b　组成过程中枢的三种表征类型

(择自 Grandjean, D. et al., 2008)

Scherer等人(2008)认为人类的情感过程相当复杂,包括五个子过程和一些组成成分,通过多层评价驱动的反应同步化实现的,这种组成过程模型(componential process model)克服了基本情绪类型的生物进化论和情绪维度理论的某些不足。它之所以能较好地说明复杂情感的形成过程,正是由于低层次情绪加工不足以应对事件,就通过意识过程,应对这些难题。

## 第三节 情感障碍及其神经生物学基础

精神病学将人类的情感障碍大体分为三类:器质性情感障碍、心因性情感障碍和内生性情感障碍。器质性情感障碍包括由脑瘤、脑血肿、脑寄生虫、脑外伤、脑萎缩等结构变化以及某些内科疾病所引起的症状性情感障碍。心因性情感障碍由重大精神创伤或持久性精神紧张或不良环境所造成的一大类情感问题,包括焦虑症、恐怖症、强迫症、反应性情感障碍和创伤后应激障碍等。与前两类有因可查的情感障碍不同,内生性情感障碍在多年前仍被认为是一种原因不明的疾病。虽然它与精神分裂症都属于原因不明的内生性精神障碍,但后者往往导致不可逆的精神衰退。内生性情感障碍包括躁狂症、抑郁症和双相情感障碍等三大类。它们的发生与外界刺激或精神创伤并没有因果关系。那么是什么原因引起的呢?虽已发现电休克和单胺氧化酶抑制剂对内生性抑郁症的治疗很有效,但对它们的病理机制认识得相当肤浅。20世纪70年代形成了情感性精神障碍的单胺假说,到80年代又出现了神经内分泌理论。21世纪以来,随着分子生物学和无创性脑成像技术的发展,可以直接对情感障碍的病人进行脑功能检测和遗传学研究。现在对情感障碍的认知已取得了重大进展,形成了脑网络、分子神经生物学和分子遗传学等多学科交叉的理论发展。

### 一、情感障碍的单胺假说

20世纪60年代出现了荧光组织化学和荧光化学技术以后,经过10年的大量研究,基本搞清了脑内的单胺能神经通路和神经递质的功能。在此基础上,于70年代初就出现了关于情感性精神病的单胺假说。这种理论不断发展完善,最初认为单胺类物质在脑内浓度的变化是情感障碍的基础,随后则更强调对单胺类物质敏感的脑内特异性受体的功能异常。支持这种理论的证据来自下列四个方面:分析对情感障碍有良好疗效的精神药物作用机理;分析情感性障碍病人血、尿和脑脊液内单胺物质及其代谢产物;合成单胺类神经递质的前体性化学物质或发生拮抗作用的化学物质对情感性精神障碍的影响;动物脑单胺类物质的实验分析。在这些科学数据中,有利于单胺假说的证据可归纳为下列几项:

(1)利血平有显著的镇静作用,大量服用利血平常引起抑郁状态,称为"利血平抑郁症"。此时利血平引起脑内单胺类递质耗竭。

(2) 对抑郁症有治疗作用的单胺氧化酶抑制剂,使脑内单胺类物质浓度增加。

(3) 治疗抑郁症的三环抗抑郁药,如丙咪嗪等抑制突触前膜对单胺类物质再摄取,因而使突触间隙内单胺类物质保持在较高浓度水平,从而使抑郁症好转。

(4) 治疗躁狂症的锂盐可降低脑内单胺含量,而在抑郁症间歇期的病人,服用少量的锂盐可使脑内单胺含量浓度增高。所以,锂盐在情感障碍治疗中,既可用来抗躁狂,又可用来预防抑郁症的复发,它对脑内单胺物质的浓度有调节作用。

(5) 对情感性精神病人临床检验表明,抑郁症病人的尿和脑脊液中的 5-羟色胺代谢产物 5-羟吲哚乙酸(5-HIAA)含量显著低于正常人,部分抑郁症病人尿内去甲肾上腺素的代谢产物 3-甲氧基-4-羟基苯乙二醇(MHPG)浓度亦降低。这些说明抑郁症病人单胺类神经递质代谢不足。

(6) 抑郁症病人服用合成 5-羟色胺的前体物质——色氨酸后,可以增强单胺氧化酶抑制剂对抑郁症的治疗效果。

事实上,很多实验研究并不能重复上述结果,甚至常出现相反的证据。因此,情感障碍单胺假说在 20 世纪 80 年代中期遭到一些学者的抨击。他们认为治疗情感障碍的各种化学物质在体内作用,并不像所想象的那样简单。例如,锂盐改变细胞膜离子的传输过程,也改变一些酶的活性,如腺苷酸环化酶等,还作用于神经激素环节。此外,锂盐在脑内作用有其敏感区域,此区含有大量特异性受体。其他精神药物的作用也有与锂盐相似的复杂性,单胺假说把复杂机制简单化地归结为仅仅是单胺类物质的浓度变化。因而多年来企图从各种单胺物质浓度变化中寻找对情感性精神病诊断和鉴别诊断的依据,均未获得有实际应用价值的成果。然而,80 年代初研究者从单胺类物质入手,把它与神经内分泌更复杂的多肽类物质联系起来,得到一些有应用价值的成果,并形成了情感性精神病的神经内分泌理论。

## 二、情感性精神病的神经内分泌理论

20 世纪 60 年代初,著名的瑞士精神病研究所在回顾自己过去 50 年间的研究工作时指出,未能发现内分泌腺功能与内生性精神病之间的确定关系。然而,随着生物医学理论和研究技术的进展,进入 80 年代以后,从神经内分泌功能的研究方面对情感性精神病,特别是对内生性抑郁症的认识出现一种令人振奋的新局面。Carrel 等人根据库兴氏疾病与抑郁症间关系,发现检查肾上腺机能障碍的地塞米松抑制试验可以用来诊断内生性抑郁症。Prange 等根据对甲状腺机能低下病人的抑郁症状治疗的研究,发现三碘甲状腺素可以加强三环抗抑郁药的临床疗效;甲状腺激素释放素兴奋试验可以作为诊断内生性抑郁症的客观方法。这些研究工作所积累的事实形成了情感性精神障碍的神经内分泌理论。

这种理论认为:下丘脑-垂体-肾上腺轴和下丘脑-垂体-甲状腺轴,在人类情感调节中具有相辅相成的作用。两个神经内分泌轴之间的失衡是发生情感性精神病的重要机制。由于脑内的情感病理过程，使其对血液内某些激素浓度的变化失去了正常人应有的反应性，或者是反应迟钝（如地塞米松抑制试验）。因此，向血液内注入人造可的松类制剂——地塞米松，就不再像正常人那样，使下丘脑分泌促肾上腺皮质激素释放激素（CRH）的机制受到抑制，病人血液中仍有较多 CRH 传播到脑下垂体，刺激其形成促肾上腺皮质激素（ACTH），最终使血液内氢化可的松含量仍然很高。简言之，地塞米松抑制试验中，抑郁症病人失去了正常人血液内氢化可的松含量下降的抑制反应，说明其下丘脑分泌 CRH 和垂体分泌 ACTH 的机制丧失了正常的反应能力，这是情感精神病的基本机制。20 世纪 90 年代以后，趋向于将神经、激素、免疫反应系统均看成与应激反应、唤醒水平调节和情感调节有关的复杂系统。但在这一复杂系统中各个环节的意义至今尚未搞清。

### 三、情感障碍的脑网络

近年发现，早年发病的情感疾病伴随着明显脑形态学异常，主要发生在眶额叶和内侧前额叶皮层以及与颞叶皮层、扣带回皮层、纹状体、丘脑等有解剖学联系的结构，并且眶额叶和内侧前额叶皮层的灰质体积减少；晚年发病的情感疾病病人最突出特点是明显的脑萎缩，侧脑室扩大。Price 和 Drevets（2012）综述了关于情感障碍病理学研究进展，总结出情感障碍病理网络，归纳出以脑静态预置网络为基础，由四个子网组成的情感障碍病理网络：自我参照的预置子网（内侧前额叶为核心结构）作为自我感觉的参照系统，恐惧焦虑子网（以杏仁核为核心），内脏调节子网（以下丘脑为核心），刺激评估和奖励子网（以眶额皮层为核心），形成了理解情感障碍的脑网络基础（图 10-5）。

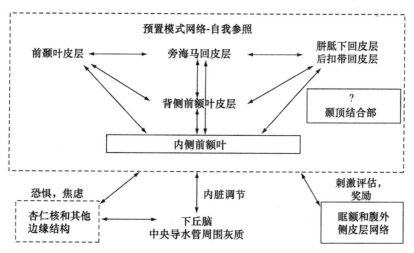

图 10-5 情感障碍的脑网络结构

（择自 Price, J. L. & Drevets, W. C., 2012）

## (一) 预置模式网络

这一概念由脑功能成像研究的著名学者 Raichle(2001)首先报道,他在分析 R-fMRI 数据中发现,有些脑结构的血氧水平相依信号(BOLD)低于 0.1 Hz 的缓慢自发波动变化规律与其他认知功能明确的脑结构不同。每当被试处于没有认知任务的安静状态时,这些脑结构 BOLD 信号缓慢波动的幅值较高;相反,被试面临认知任务时缓慢波动的幅值变低。这与认知功能的脑结构 BOLD 信号缓慢波动规律相差 180 度。Miller 等人(2010)在三位大脑皮层损伤和癫痫的病人中,记录分析皮层电图(ECoG),用电生理数据直接验证了人脑中确实存在预置模式网络。Yeo 等人(2011)基于 1000 名正常成人被试的 R-fMRI 数据的分析,得到人脑七类基本网络,预置模式网络包括其中。Bush(2010)、Castellanos 和 Proal(2012)都把预置模式网络作为儿童注意缺陷多动障碍的重要病理基础之一。情绪和情感过程与注意过程一样,参与许多认知任务之中,所以 Price 和 Drevets(2012)总结情感障碍的脑网络时,将预置模式网络作为自我参照子网的核心。如图 10-5 所示,作为情感自我参照的脑预置模式网络包括:内侧前额叶皮层(medial prefrontal cortex)、背侧前额叶皮层(dorsal prefrontal cortex)、旁海马回皮层(parahippocampal cortex)、前颞叶皮层(rostal temporal cortex)、胼胝体压部皮层(restrosplenial cortex)、后扣带回皮层(post cingulate cortex)和颞顶结合部(temporoparietal junction)等。抑郁症病人的预置模式网络活动过度增强,特别是在前岛叶皮层(BA47 区)中,BOLD 信号自发波动幅度大,抑制了与认知任务相关的脑区活动。所以,病人沉溺于自我沉思之中的负性自我参照情绪。

## (二) 恐惧和焦虑子网

内侧前额叶预置网络与杏仁核、海马等其他边缘结构之间存在紧密连接,负责调节内环境与情感的关系。内环境导致的内侧前额叶或前扣带回兴奋过度,是抑郁症和焦虑症病人普遍存在的内感不适的病理生理学基础。杏仁核通过对下丘脑旁室核的抑制解除,导致促皮质激素释放激素(CRF)的大量释放,在恐惧和焦虑情绪产生中十分重要。CRF 通过体液作用于肾上腺,调节醣皮质激素分泌的应激反应。正常状态下,醣皮质激素分泌的应激反应受到前扣带回皮层神经细胞膜上的醣皮质激素受体(GR)兴奋所抑制。当前扣带回皮层神经细胞损伤,将会解除杏仁核对下丘脑的传出影响,从而导致抑郁症病人对应激反应中的醣皮质激素分泌过度增加。所以,情感障碍病人醣皮质激素分泌过度与杏仁核代谢活性增加并在前扣带回引起灰质体积减少。

## (三) 内脏调节子网

预置网络与下丘脑、中央导水管周围灰质、蓝斑、脑干自主神经核团的下行性传出信息及反向上行性信息,在对应激源和情绪刺激的行为反应和内脏反应中,具有重要调节作用。眶额皮层网络与感觉传入相关,而眶内侧前额叶皮层的内层网络是内脏传出结构。所以,人类个体的内侧前额叶网络损伤导致内脏对情绪刺激的反应严重紊乱,同时伴有情感体验和冲动行为抑制的不当,以及相应社会问题决策选择能力障碍,这是由于内脏活动产生的神经信号不能达到皮层,因而不能形成正常条件下控制行为的无意识认知过程。

### (四) 刺激评估和奖励子网

眶和腹外侧前额叶网络中存在大量多模式感知神经元,汇集了各种感知信息,并对这些信息的情感价值维度或唤醒作用进行评估并发生不同类型反应。对重症抑郁症而言,前扣带回较强的活动是病情预后良好的指标;对抑郁症而言,当应用抗抑郁药治疗后,前扣带回出现较强的代谢信号(BOLD)或脑电图、脑磁图出现较强活动,也预示病情将会改善。前扣带回腹侧区及其前面的内侧前额叶在健康人中是处理奖励信息的高级中枢,它的 BOLD 相依信号强度,与主体快感和阳性情绪强度正相关。这种快感或阳性情绪通常由喜欢的气味或饮料以及环境温度等所引发。相反,抑郁症病人在奖励学习过程中,这些结构 BOLD 相依信号强度明显减低,同时脑电 $\delta$ 电流密度减低和快感缺失相关。在奖励学习中,伏隔核(accumbens)通过增加神经元的发放,提高多巴胺(DA)的释放,对奖励预测进行神经编码。从中脑腹侧被盖区向伏隔核和内侧前额叶皮层的多巴胺能神经投射在奖励学习中对感觉刺激、奖励和操作反应之间建立习得性神经连接,具有重要作用。情感障碍中伏隔核的病理改变影响了皮层驱动的中脑腹侧被盖 DA 神经元发放,就会损害奖励学习。所以抑郁症病人对奖励淡漠,动机缺失。

# 11

# 人际交往和执行监控的脑功能基础

我们已经讨论了个体与环境的关系,个体对食物、水和栖息地的需求及相应的目标行为。当然也涉及同类其他个体发生领地之争、食物资源之争所伴发的激怒和气愤之情;但是并未触及动物群居和人类社会行为中最重要的方面,即个体之间的相互理解和交往。对于人类社会,人际交往和相互理解是社会行为最本质的特征。社会心理学对这一问题的研究具有悠久的历史,并出现了许多理论和研究方法;但生理心理学研究人类个体之间的相互理解和交往,则只有十多年的历史。所以,理论和方法学都还不够成熟。

一般而言,执行监控针对目标行为,以保证个体确实达到目的。目标行为主要指条件反射活动和人类特有的原动性或主动性行为。反射活动是物质刺激导向的,原动活动则是意识导向的行为。

## 第一节 人际交往和相互理解的脑功能基础

关于人际交往和个体间相互理解的脑科学基础,首先是在灵长动物研究中发现的,再经过最近十几年间利用无创性脑成像技术对正常人的实验研究,才形成了下面所介绍的两大基本内容:心理理论能力的脑基础和共情的脑基础。前者是人际交往中的认知层面;后者是关于人际交往中的情感层面。最初,认为镜像神经元仅仅是心理理论能力的脑科学基础;后来又发现,人脑前扣带回和岛叶皮层的镜像神经元对他人情绪变化也具有镜像反应功能。所以,人脑中的镜像神经元系统是人类社会交往行为的神经基础。

### 一、心理理论能力和镜像神经元系统

通过观察外界环境、情境和他人的动作,可以猜测出他人的心态、意向并预测出他的下一步行为。这种通过观察和推理相结合,才能表现出来的能力,称为心理理论(theory of mind,ToM)的能力。Simon 和 Baron-Cohen 总结了 1978～1995 年间的研究成果,于 1995 年提出心理理论能力发展的假设。他们认为心理理论能力包括四项技

能:他人意向的检测、他人眼神的检测、共享注意和心理理论模块。最后一项技能"心理理论模块"是指关于他人的内隐知识储存库。前三种技能是人与灵长动物共有的,第四种技能是人类所独有的。

### (一) 他人意向的检测技能

通过观察周围环境的细节以及某人的动作,推测出该人的动作意向,称为他人意向的检测。这种技能的脑功能基础是镜像神经元(mirror neuron)。这类神经元最初是在灵长动物中发现的,随后才在人类被试中发现了镜像神经元。

#### 1. 恒河猴脑中的镜像神经元

最初是由 Rizzolatti 和 Fabbri-Destro(2008) 利用微电极技术在恒河猴脑额叶 5 区(F5)发现的,如图 11-1 所示,在猴子眼前的木板上放置一些花生,并不引起猴 F5 细胞的发放。只有当实验人员用手掰开一只花生,猴子也抓一只花生时,它脑内 F5 细胞才发放神经冲动,兴奋起来。此外,当猴子看到的不是实验者,而是另一只猴去抓花生,也会引起 F5 细胞发放神经冲动。这说明 F5 神经元发生反应的因素既不是花生,也不是用工具夹花生;而是猴理解实验者或另一只猴子掰花生要吃的意向,才是引起 F5 神经元发放神经冲动的主要原因。

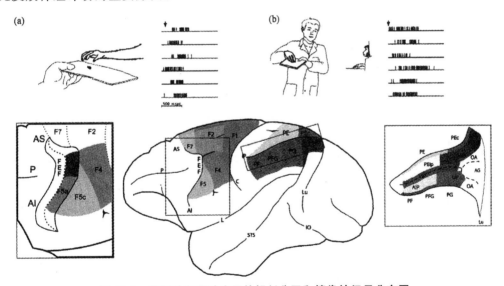

**图 11-1 猴额叶和顶叶皮层的解剖分区和镜像神经元分布图**
(摘自 Rizzolatti,G. & Fabbri-Destro,M.,2008)
上图(a)示当猴抓取花生时恒河猴 F5 区的镜像神经元发放神经冲动的记录,(b)示实验人员用手抓花生让猴观察时,该区的镜像神经元也有发放。图的下部中间示正方形框内的无颗粒额区(F4,F7)和长方形小框内顶叶区(PF、PEG 和 PG)也分别发现镜像神经元。两侧的图显示放大后所见。

#### 2. 人脑中的镜像神经元

在人类实验中,不可能利用微电极记录脑细胞的发放;但却可以通过功能性磁共振成像技术，重复类似猴的实验。让被试观看图片，上面有装满咖啡的水杯、咖啡壶和点心，作为情境刺激物；下一张图片，只含有一个杯子和一只手接触杯子的画面，作为拿杯子动作的刺激物；第三张图片是在第一张图片背景下，增加一只手拿杯子的动作，作为拿杯子喝咖啡意向的刺激物。Iacoboni等人(2005)在这一实验中发现，单独动作的图片或单独情境图片，都不引起明显反应，只有第三张喝咖啡意向的图片，才引起额下回后部的运动前区皮层激活，磁共振信号显著增高。说明在人类运动前区皮层中也存在镜像神经元，只有理解他人的动作意向或动作目标时，该镜像神经元才激活。他们进一步控制实验条件，一半被试在观察有关咖啡的这些图片之前，通过指示语告诉他们，一只手接触杯子的画面表示有人想喝咖啡；另一半被试什么指示语都没有。结果发现两组被试脑内的镜像神经元激活水平没有显著差异。这一事实说明，镜像神经元检测他人的动作意向是内隐的自动加工过程，不受外显的耗费心神的意识过程所影响。

### （二）他人眼神的检测

眼神检测(eye detection)是指对和自己交往者的注视(gaze)及对其视线变化的检测等多种觉知，包括相互对视、转移视线、注视点跟踪等多种眼神变化的规律。这些眼神的变化由颞上沟(STS)调节，并且颞上沟与内侧顶叶(IPG)之间的联系以及它们与杏仁核的联系，是人际交往中双方检测对方所关注的问题和对方情绪状态等信息的重要组成部分。

### （三）共享注意

共享注意(shared attention)包括共同注视和共同注意，只有大猩猩和人类具有这种社会交往技能，交流的双方共同关注某一客体，且彼此还意识到对方与自己一直在注视同一目标，所以又称之为三向表征活动(triadic representation)。如果我想看到你所看见的事情，就应跟随你的视线望过去，这就是共享注意的技能。

这种技能不是生下来就具有的，儿童发展研究发现，9个月的婴儿可以跟随成人转头的方向；但却分辨不出成人视线与转头的差异。也就是说，不管成人的眼是闭着还是张开的，婴儿都会跟着成人头转移视线。12个月龄的婴儿，已经能分辨出转头与视线转移的区别，发展出与成年人共享注意目标的技能。这可能是由于共享注意不仅由颞上沟调节，还必须有前额叶皮层的参与，包括腹内侧前额叶、左额上回(10区)、扣带回和尾状核。

### （四）心理理论模块

心理理论模块(The theory of mind Module, ToMM)又称高级心理理论，是指头脑中积累了许多社会认知的知识库，利用这些知识才能理解他人和复杂社会情景中发生的事情。对这些社会认知规则或知识的运用，才能使人完成社会认知任务，例如下列规则：

(1) 外表和实质并不总是一致的，椭圆形石头并不是鸡蛋。我可以假装狗，但并不是狗。

(2) 一个人安静坐在椅子上,他的内心未必是安静的,他可能在思考、想象、回忆等。

(3) 别人能知道我所不知之事。

类似规则在4周岁以前的儿童是无法理解的,心理理论和智力并不完全相等,智障的人IQ值很低,但心理理论技能却很好;相反自闭症病人IQ很好,但心理理论技能很差。想象中的他人意向,是指我们并没有看到对方是谁,只是根据情境和想象的情节,设身处地为他人着想,做出某项决策的技能,这时我们大脑中的旁扣带回前区(布洛德曼32区)激活,这种技能也是高级心理理论技能。

**二、共情与面孔情绪识别**

前面讨论的心理理论和镜像细胞系统,从理论上说明了人们在社会交往和相互理解过程中,认知活动的基础。这里所说的共情(empathy)则侧重情绪和情感的沟通与相互感染过程中的脑功能基础。

**(一) 共情**

看到别人受苦,例如肢体受伤,就会在内心体验到自己肢体的疼痛,这种现象就是共情(empathy),这时脑内的内侧前额叶受到激活。这说明,内侧前额叶皮层特别是扣带回(布洛德曼24区)和旁扣带回(32区)与自己和他人疼痛的内在体验有关。近年社会情感认知神经科学研究领域已取得了共识,共情和心理理论技能分别从情感交流和认知交流两个不同侧面,提供了社会行为的基础。正如在心理理论技能一样,视觉在共情中也有重要作用,所以这里也把情绪的面孔识别列在共情的组成环节。

**(二) 认知与情绪成分的差异**

Shamay-Tsoory等人(2005)利用三类社会推理问题作为实验材料,分别对腹内侧前额叶损伤的病人、后头部损伤的病人和正常人进行测验。三类社会推理的小故事分别是对次级假设,讽刺和社会失礼行为的识别。他们使用的次级假设小故事如下:

"汉娜和贝妮坐在办公室聊天,谈论他们与老板的会面情形。贝妮边说着边随手打开墨水瓶把它放在办公桌上,这时溅出几滴墨汁。所以,她离开办公室找块抹布想把办公桌擦净,当贝妮离开办公室之时,汉娜把墨水瓶从办公桌上拿到柜橱中。当贝妮在办公室外边找抹布时,通过办公室门上的锁孔看见了汉娜把墨水瓶拿开的情形。然后,她回到办公室"。讲完这个小故事,提出四个问题请被试回答,

推测问题:汉娜心里想贝妮认为墨水瓶在哪儿?

现实问题:墨水瓶实际在哪儿?

记忆问题:贝妮把墨水瓶放在哪儿?

推论问题:墨汁溅在哪儿了?

讽刺故事:"杰奥上班以后没有开始工作,而是坐下来休息,他的老板注意到他的行为,并且对他说'杰奥,别工作得太辛苦了!'"

自然故事:"杰奥一到班上就立即开始工作,他的老板注意到他的行为并对他说'杰奥,别工作得太累了!'"

对每个故事问两个问题:
(1) 杰奥工作很努力么?
(2) 经理认为杰奥工作很努力么?

失礼行为问题:麦克是位9岁的小男孩,刚转入一所新学校。他去卫生间蹲在小蹲位间,随后麦克同班的另外两个同学走进卫生间站在小便池旁。其中一人对另一人说"你认识那个新来的家伙么?他叫麦克,看上去很古怪,而且个子那么矮!"这时麦克从蹲位里走出来,被两个人看见了。于是站在小便池旁的另一个男孩对麦克说"你好,麦克!你现在是去玩足球么?"讲完这个故事后问被试下列问题:
(1) 有人说了什么失礼的话么?
(2) 谁说了他不应该说的话?
(3) 为什么他们不应该说那些话?
(4) 为什么他们说了那样的话?
(5) 在这个故事中,当两个男孩谈话时,麦克在哪里?

他们发现,腹内侧前额叶损伤的病人回答这些假设问题时,与健康人没什么差别;后脑部损伤的病人对次级假设问题不能正确回答。腹内侧前额叶损伤的病人对讽刺故事问题的回答和对社会失礼问题的回答十分差。从这一个结果中,他们得到的结论是腹内侧前额叶损伤只影响情感的共情功能,而不影响认知共情技能。腹内侧前额叶的功能在于对情绪、情感及其社会意义的调节技能。关于外部世界的感觉表达和知识信条等理解和应用的技能,与背外侧皮层的功能有关。

### (三) 面孔表情的识别

负责面孔识别的脑结构是颞下回后部的梭状回(FFA),它包含两种特征的提取,一是人的身份特征,属于每个人的面孔中不变的特征,另一种是可变的面部表情或面部运动功能。前者由外侧FFA与枕下回皮层以及颞叶共同完成;后者又分为眼神信息和表情信息,眼神信号由FFA皮层和内顶沟的皮层共同完成;而表情识别由FFA皮层、颞上沟皮层、杏仁核以及视觉皮层共同完成,视觉皮层负责对识别口唇的位置在表情中的作用。

### (四) 人类的社会镜像神经元系统——认知和情绪过程的综合理解

2005~2007年的一批研究报告,发现无论是在恒河猴还是人脑中,除了运动前区的额叶之外,在顶叶,特别是顶下叶皮层中也存在镜像神经元。特别是在人类的实验中还进一步发现,左半球和右半球顶下叶的镜像神经元功能略有不同,当被试看到别人模仿自己的动作时,右半球顶下叶激活;被试观察别人的动作意向并模仿别人动作时,左半球顶下叶激活。除了额叶和顶叶皮层,还在颞上沟附近发现了镜像神经元。目前把额、顶和颞上回三个脑区的镜像神经元,统称为镜像神经元系统,它们的功能是观察、模仿他人的社会行为。其中,通过观察他人的动作,颞上沟(STS)产生一个高级视觉表达,然后将视觉表达的神经信息向前传到额叶和顶叶,分别对他人的动作目标和动作特性进行编码。随后再将编码的动作表达传回 STS,与他人随后的动作加以匹配,检查编码后的动作是否准确预测了下一步动作的意向。如果匹配无误,镜像神经元系统就会发动其他相关脑结构,参与这一社会行为的模仿学习。如图 11-2 所示,颞上沟与额叶 44 区和 6 区以及顶下叶 40 区,共同组成镜像神经元系统,它们募集背外侧前额叶 46 区,背侧前运动区(6 区)共同完成社会行为的模仿学习。前扣带回和岛叶皮层的神经元也具有镜像神经元特性,但不是简单动作的镜像反应,而是他人情绪的镜像反应。所以,也有人把脑内具有镜像功能的神经元,统称为社会镜像神经元系统,实现了对他人心态的理解,包括认知过程和情感过程的统一理解和预测。

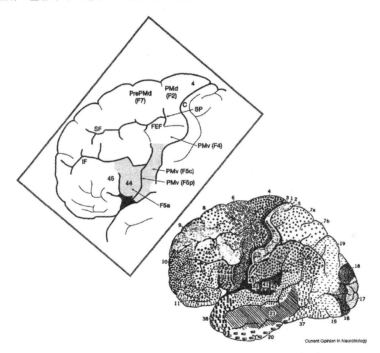

**图 11-2　人类大脑皮层 44 区和 40 区分布的镜像神经元**
(摘自 Rizzolatti, G. & Fabbri-Destro, M., 2008)
与猴镜像神经元的分布十分相似。C 中央沟,IF 额,SF 沟,FEF 额叶眼区,PMd 运动前区皮层背部,PMv 运动前区腹部,PrePMd 运动前区皮层背前部,SP 上中央前沟的上部。

## 第二节　目标行为的执行监控功能

目标行为包含不同层次的内涵,动物在饮食、性动机驱动下,寻求食物、水和性对象的行为是本能的目标行为;人类在创造活动中收集科学资料的行为则是由高层次社会需求所产生的目标行为。因此,目标行为可能是一种反射活动(reflexive),也可能是原动性的(proactive)或主动性的(active)活动,后者是在高级意识指引下实现的,前者是在体内外感觉刺激作用下出现的反射活动。如果肠胃蠕动产生饥饿,眼前又有食物,这种摄食行为是本能的行为,是先天的非条件反射活动。虽然有了饥饿感,目前没有食物可吃,一个动物必须靠自己的个体生活经验,跑到可能有食物的地方,或者根据外间世界各种线索判断出哪里会有食物,就奔向那里去捕食,这是一种条件反射活动。反射活动和原动性活动都存在着自行监控问题,认知心理学创造了对执行监控功能的实验范式。

### 一、人类执行监控功能的实验研究范式

人类对自身行为的执行监控是为达到内在需求和外部条件以及所采取的一系列动作之间的协调,以便保证目标行为得到实现的过程。执行过程,包括多层次的脑机制参与,至少有调节和控制运动功能的锥体系和锥体外系,以保证机体实现非随意运动和随意运动的动作。在此基础上才有可能实现对目标行为的筹划、实施、监控,并由情绪和工作记忆的参与完成目标行为的准确实施。与执行功能的发展相并行,人脑结构主要是内侧前额叶也得到了快速发展和成熟。心理学对人类执行功能的实验研究,着重在目标行为过程中三个重要特点:更新、抑制和变换,对每个特点都设计了一些规范性的认知实验范式,下面只能简单介绍之,我们的重点是执行监控的脑功能基础。

#### (一)更新

更新是指要求被试不断更换工作记忆中的内容,要求被试连续观察计算机显示屏上呈现的图片,例如有六大类图片:动物、家具、水果、蔬菜、工具、乐曲。每类图片各10张,共计60张图片随机呈现,每张图片呈现2s。被试的任务是记住指定的某一类图片中每张的具体名称,如"请记住最后一次呈现的动物名"。实验在连续进行中可能随时停止,被试必须不断更新工作记忆中最近出现的动物名称。

#### (二)抑制

抑制是指执行某作业时必须抑制干扰项,经常用词色干扰的 Stroop 实验范式,也就是说"红色"两个字用蓝色笔迹写出,"蓝色"字用红色笔迹写,称为色和词义不一致的干扰项。可以要求被试按词义对"红色"做反应,对红色的"蓝字"做抑制反应。

#### (三)变换

变换是指执行的任务是变换的,例如每次出现两个数字,然后出现一个指示,做相加或相减的符号,这种对两个数字做加或减的任务是变换的。

通过上述三种指标可以考察少年儿童执行功能的发展情况。Tamnes 等人(2010)利用磁共振成像技术测定98名8～19岁健康儿童和少年大脑皮层的厚度,同时进行执行功能的认知作业。结果发现,皮层的厚度与更新作业以及抑制作业之间均是负相关,说明随年龄增大执行功能发展的成熟是与皮层变薄并列发生的;但无法证明两者的因

果关系。对不同脑区分析表明,对工作记忆更新的作业与大脑两侧额叶和顶叶皮层的变薄相关。而变换任务的作业与左半球的中央外侧区皮层变薄有关。总之,这一研究发现执行功能的成熟伴随两半球中央沟前后的额-顶叶皮层变薄,以及左半球额下回和右半球内侧顶上区的皮层变薄。

## 二、内侧额叶皮层对动作或目标行为的执行监控

动作是有目的和指向性的随意运动链,人们通过或多或少的动作,就可以实现目标行为,这个过程称目标行为的执行。在情绪动机支持下的目标,工作记忆也参与目标意图和时变的动作状态以及对全部动作的监控,还包括冲突和错误的检出。只是最近十多年,认知神经科学经多方面研究,才对这些问题有了一些答案。首先是灵长动物实验研究中的发现,还有对前额叶和内侧额叶损伤病人的观察。积累的科学资料证明,前额叶皮层在情绪调节、工作记忆、执行功能、冲突监控和执行监控中均具有十分显著的作用。

在动物进化中,前额叶皮层迅速增大,猫脑的前额叶只占全脑的3.5%,狗占7%,恒河猴占8.5%,大猩猩占11.5%,类人猿占17%,人类占29%。从这个增长的数据中可以看出,人类的前额叶皮层得到了前所未有的发展。Amodio和Frith(2006)指出,人类社会认知和人类的复杂行为都与内侧额叶(MFC),颞-顶联络区,颞上沟和颞极关系十分密切,其中社会认知功能主要与内侧额叶关系最密切。至少有三类社会认知功能是借助以内侧额叶为关键脑结构所形成的功能回路实现的。首先,动作的控制和监测与背侧前扣带回以及辅助运动前区关系最紧密;其次,动作的结果是得到奖励,还是惩罚的监测,由眶额皮层参与的回路完成;最后,也是社会认识的核心环节,即对自身和他人心态的觉知和领悟,由位于上述两区之间的旁扣带回,也就是从前扣带回到前额极之间的内侧额叶结构所完成。所以内侧前额叶对社会认知行为比任何其他脑结构都重要。

内侧额叶后区的激活与认知功能相关,如动作的监控与注意任务的执行;内侧额叶前区与社会认知行为中的情绪任务相关,例如自己行为反应的评价等;内侧额叶眶区,则与监控任务执行后果得到奖励还是惩罚有关。

如图11-3所示,内侧额叶(MFC)由同侧额叶的布洛德曼9、10区和内侧前额24、25、32、11和14区组成,根据结构与功能关系,可将MFC分为三个区:前区、后区和眶区。现在分别介绍这三区的功能。

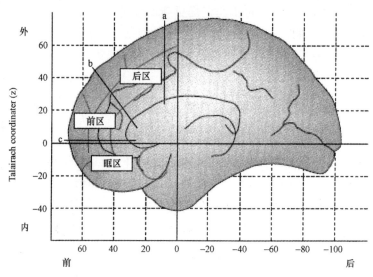

图 11-3 内侧额叶皮层的三个分区

(摘自 Amodio, D. M. & Frith, C. D., 2006)

### (一) 内侧额后区

内侧额后区 (posterior of rostral MFC, prMFC) 对动作进行连续监控,特别是自身意向,执行过程中客观形势变化,反应是否有冲突,是否有错误,需要反应抑制或类似 Stroop 颜色命名任务中的反应冲突任务,以及易出现错误反应的 Flanker 任务,伴有错误相关负波 (ERN) 的任务都会引起前扣带回后区的激活。该区的激活还与实验过程中连续刺激的选择性反应及其后果好坏有关,每次反应的得失变化大,prMFC 的激活水平增高。总之,prMFC 的激活与动作监控,特别是存在连续变换的动作后果要求不断调节行为的情况下,更易激活。

### (二) 内侧额叶眶区

内侧额叶眶区 (orbital region of the MFC, oMFC) 与动作后果的预测及后果的奖惩或得失有关,具有得到高效益的行为预测,就更易引起此区的激活。所以,在赌博的实验情景中,此区的激活较明显。这种功能与 prMFC 是相辅相成的,oMFC 与感觉信息的整合相关,prMFC 与运动信息整合相关。所以,两者均对动作及其后果监控,一个基于感觉信息,另一个基于运动信息。所以,前者与对奖惩的预测监控有关,后者与实际后果的评价有关。如图 11-4 所示,眶额皮层 (OFC) 和前扣带回 (ACC) 之间存在着复杂的功能关系。OFC 与 ACC 的功能差异在于前者负责感觉强化的表征,后者负责动作强化的表征;前者负责奖励期待的表征,后者负责动作价值的表征;前者负责偏好的表征,后者负责动作产生和动作价值的探究;前者负责基于延迟的决策,后者负责基于努力的决策;前者负责情绪反应,后者负责社会行为。强化引导的决策不仅依赖 OFC,也依赖 ACC 的激活;但两者的作用不同,当强化与刺激相关且与刺激偏好的选择有关时,则 OFC 发生主要作用;相反,当奖励主要与动作或任务相关时,ACC发挥主要作用。也就是说,ACC对下个动作加以选择的激活中介于以前动作和强化关系的经验基础之上。

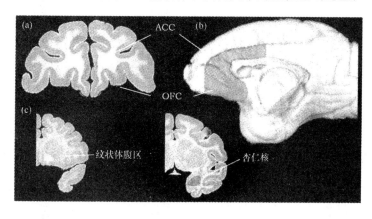

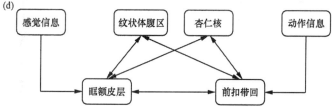

**图 11-4　前扣带回(ACC)和眶额皮层(OFC)在社会行为和决策作用中的神经联系**
(摘自 Rushworth, M. F. S. et al., 2007)
图(a)冠状切面图示 ACC、OFC,(b)中线矢状切面图示 ACC、OFC,(c)冠状切面图示与奖励和强化相关的两个重要结构。

图中可见它们共享杏仁核和纹状体腹区的神经联系;但 OFC 侧重接受感觉信息;ACC 侧重接受运动或动作的反馈信息。

### (三) 内侧额叶前区

内侧额叶前区(anterior region of the rostral MFC,arMFC)位于上述两个区(prMFC 和 oMFC)之间的内侧前额叶,从以下四个不同侧面出发,负责动作及其后果的监控。

#### 1. 自我的觉知

自我的觉知包括自我的个性特点和自我的第一瞬间情绪状态(心境)的觉知。利用描述不同个性特征的词,请被试回答是否适用于描述自己的人格特质,这时会诱发 arMFC 的激活。当要求被试比较某位熟悉的朋友或亲属的个性特征与自己是否相同时,相同的项目更易引起此区的激活;当被试对呈现的面孔照片,判断他们的面孔表情与自己的心境或情绪是否相同时,也会引起此区的激活。因此,此区与社会认知行为中的情绪因素关系密切。也有实验报告此区的上部和下部功能不完全相同,自我与熟悉人比较时,下部激活;自我与陌生人比较时,上部激活。

2. 理解他人的能力

这是社会交往能够成功的重要因素,对于交往的人应能理解对方的心态和对方的需求,并能预测对方即将出现的行为。大量实验研究,包括阅读人们交际的故事情节,观看卡通画片等,发现在所研究的脑结构中,arMFC 激活程度最高。

3. 共情

人们观察他人受疼痛刺激的物理属性和客观特性,引起 prMFC 激活;而亲自感受的主观疼痛体验,则引起 arMFC 的激活。

4. 道德观、荣誉和自我

在人们遇到道德两难的问题时,如何决策,多半是取决于自己感情上的好恶。这时,arMFC 激活,特别是当对道德两难问题进行抉择时,不仅从自己的好恶感情出发,还要考虑别人怎么看自己时,也就是涉及自己的荣誉时,arMFC 受到更大的激活。

总之内侧额叶皮层的功能是复杂的,多种多样的,并且规则地分布,从后向前对动作和行为进行监控,包括从动作本身到对其后果的预测性监控,从认知成分到情感成分,从局部人际关系到社会道德以及个人荣誉相关问题的监控。

# 第三节 人脑的性别差异和性取向的生理心理学基础

在人类社会交往中,两性之间的关系是重要的,不仅是家庭和种族延续的前提,还关系到社会生活的各个方面。随着生物医学和心理学的发展,对两性的脑结构和功能,特别是高级功能差异的认识,有利于和谐家庭与社会的构建。现代社会中,性行为取向的多种表现形式,虽然有社会因素的作用,但其性生物学因素可能是重要的基础。Hill 等人(2013)认为性取向问题的远因可以追溯到人类祖先和动物界进化的因素,近因源于胚胎和个体发育中的许多因素。至少,性分化在性器官发育、脑结构功能和社会行为三者之间的关系,并不总是完全一致的。性器官的分化和发育,最早在受精卵形成的第六周就开始,直到青春期;脑的性别分化稍晚于性器官分化的胚胎期,直到儿童晚期;性别的确定是在青春期或更晚才完成。性器官的分化和发育完全决定于基因;脑的性别分化决定于幼小的胚胎性器官分泌的性激素,主要是雄激素的作用;性别确定是复杂的生物-心理-社会多重因素作用的结果。现代社会生活中的个体性取向,就是个体性别确认的自我实现。

## 一、性差异的形成

人类社会中,两性差异体现在以下三个方面:性器官和身体的副性征、脑结构和功能,以及社会家庭角色。它们分别是在胚胎期、童年和成熟阶段形成的,这里着重从生理心理学学科的角度分析此问题。

### (一) 性器官的分化

性别决定于 23 对染色体中的一对性染色体,也就是说男女之间有相似的 22 对 44

条常染色体;一对性染色体不同,男人的一对性染色体是异质 XY 对;女性是同质 XX 对。1990 年前后,发现在性染色体上有一个关键基因 SRY,决定着性别的表型为男或女,又称性别相关的 Y 基因,分布在男性 Y 染色体中。SRY 的表达发生在妊娠后第一周之内,在未分化性别的性腺细胞核内发生的。一旦 SRY 表达了,性腺和性器官的分化就开始了,按 SRY 表达程度引导性腺的分化。男性生殖系统形成,抑制女性生殖系统的发生。妊娠 6 周前胎儿的性腺尚无明分泌功能,大约在第 6 周 Y 染色体上的 SRY 基因作用下,使胎儿发生睾丸,第 8 周睾丸开始合成雄激素。Y 染色体上的 SRY 基因没有发挥作用的胎儿,在第 1 周卵巢开始发生,第 6～7 周卵巢开始合成少量雌激素,再加上母亲肾上腺和卵巢分泌的雌激素,女胎的脑接受到足够的雌激素作用。胚胎 8～24 周是性别分化的重要时期。性激素的分泌是否充足,决定着胎儿的外生殖器形成得是否完善。

(二) 人脑的性分化

在人脑的性分化中,性激素的组织作用主要是指雄激素的作用,因为雌性是遗传上已经预置的脑发育方向,只要没有雄激素的作用,脑就会按预置的雌激素作用发育下去,这可能是由于母体环境是雌激素为主导的缘故。

雌激素特别是雌二醇(estradiol)是由甾酮或称睾丸酮(testosterone)A 环芳香化而形成,芳香化是借助 P450 芳香化酶(又称雌二醇合成酶)的作用而实现的。因此,可以说雌二醇的前体是睾丸酮(甾酮)。在含有性两形性细胞的脑结构,即在视前区和下丘脑腹内侧核细胞内,芳香化酶含量最高,其次是端脑和间脑也有少量芳香化酶。所以,1975 年 Naftolin 认为,由雄性激素经芳香化酶作用生成雌二醇的过程,在性分化中发挥重要作用。此理论的最大问题是胎盘蛋白对母体激素的选择性准入性能。

(三) 四种性别说与性别的确认

在胎儿和婴幼期,性分化体现在脑结构发育的差异;在成年期则体现在性行为以及两性人格的差异。女性脑的下丘脑腹内侧核(VMN)在性行为中是重要中枢;男性脑的视前区(POA)是性行为中枢。对性行为类型和脑结构的关系问题,McCarthy(2008)认为目前有两种观点:一种认为男、女性别分化是一个维度的两个极端,一端为完全男性,另一端是完全女性,胚胎初期处于中间状态,出生前决定了成年之后的性行为类型;另一种观点是两个维度决定出四种成年性行为类型:完全男性性行为、完全女性性行为、非男非女和又男又女。在动物实验中,胚胎期的大鼠给予 $PGE_2$ 处理就会导致这种又雄又雌的两性行为类型;男性新生儿用环氧化酶抑制剂阻断内生性 $PGE_2$ 的形成,成年以后,无论使其血液的性激素怎样变化,什么性行为都丧失了。由此证明,男性化和去女性化是两个彼此独立的过程,二维理论是正确的。去女性化是一种中介于雌二醇的主动过程,防止女性脑功能回路的形成;永久性抑制成年后出现女性性行为。男、女两性的脑回路差别是女性的下丘脑腹内侧核神经元有较长而多分枝的树突以及树突上分布较密的嵴突。为什么除了男性化和女性化之外,还有去女性化的机制呢? 可能与雌激素受体 ER 有两种类型 ERα 和 ERβ 有关。利用基因敲除技术产生一种小鼠称 ER-

KO 种系,其缺乏 ERβ 型受体,只有 ERα 受体,这种动物表现出去雌性化,也就是完全男性的性行为。它们的突触后嵴突能在受刺激后快速形成(6 小时之内)。由于女性化发展是遗传上预置状态,去女性化撤出了预置状态,为男性化提供了前提。

有一种先天性肾上腺功能亢进症(congenital adrenal hyperplasia, CAH),这种女婴出生时外生殖器部分男性化。欧洲、日本和北美洲一些病例报道,其脑结构和功能也发生男性化,且其男性化程度与外生殖器畸形程度是相关的。这是由于肾上腺合成的雄激素过多造成的。每个健康人的肾上腺都合成与自己性别相反的性激素,当发生病变其合成功能异常亢进时,就会合成过量的异性性激素,有可能是导致个体确认自己性别困难的原因之一。事实上性别确认是十分复杂的问题,其中最重要的是个体自身的确认,只有这样,才能自愿地实现自己的性别身份。

## 二、脑结构和功能的性别差异

男女两性的脑不仅细微结构不同,完成同一认知功能任务时脑网络模式也不同。只有最近几十年通过无创性脑成像的方法,才积累了这些科学数据。事实上,目前数据还很不完善,今后会有更好的科学数据。

### (一) 脑结构的性差异

在少年儿童以及成年人的脑中,男、女性别的差异不仅体现在全脑的容积上,更明显的差异体现在下丘脑的结构上。作为性行为中枢和生育功能中枢的下丘脑,其神经细胞上含有密集的性甾体的受体蛋白,包括雌激素、雄激素和前列腺素受体。与下丘脑有神经联系的脑结构,也会有较密集的某一种性甾体受体,例如杏仁核、终纹床核、孤束核和旁束核。此外,基底神经节、海马和小脑也会有较多的性甾体受体。性甾体类物质对大脑皮层功能的影响,是通过直接和间接两种方式实现的。脑内的多巴胺能神经元(集中存在于中脑)对性甾体的活动最敏感,中脑缝际核内的 5-羟色胺能神经元,也含有性甾体受体。多巴胺能神经纤维和 5-羟色胺能神经纤维大量弥散地投射到大脑皮层的广大区域内。因而,中介于两类神经投射,大脑皮层的神经元也含有性甾体受体。所以性甾体对大脑皮层的发育也发生重大影响,特别是对额叶、运动区、躯体感觉区、后顶叶皮层、无颗粒岛叶皮层和旁海马区皮层的影响更为明显。成年女性脑的眶额皮层、额区和内侧旁边缘皮层较为发达,尤其是内侧额区、下丘脑、杏仁核和角回均比男性所占的比例大。

在一项对 8~15 岁的男孩和女孩进行磁共振脑容积成像研究中,发现女孩的两侧海马和右侧纹状体较大;男孩杏仁核较大。血液分析发现这组被试中,年龄较大的男孩血清睾丸激素含量较高。回归分析表明雄激素含量正比于男孩右侧间脑的灰质密度,反比于顶叶灰质容积;雌激素正比于女孩的旁海马回灰质密度。这些结果说明,在少年儿童期的脑发育过程中,激素仍然发挥着对脑的组织化作用。

通过尸检也发现男、女大脑皮层的细胞构筑存在差异。女性大脑皮层颗粒细胞密度较高;男性的大脑皮层细胞总数多于女性,突触的密度也多于女性。一些研究发现,女孩大脑皮层较厚,较明显的是左额上回和额下回;男孩左后颞叶皮层较厚。但另一些研究表明,当把年龄、全脑容积和灰质总容积匹配的男女两组各18人进行对比后,发现女性的右侧额叶、颞叶和顶叶的皮层较厚。男、女儿童脑发育的轨迹不同,从1989年到2007年间,对387名儿童进行829次脑成像扫描(间隔两年扫描一次),对结果进行比较时发现,脑的大小随年龄的增加呈倒U字形变化,女孩的峰值在10.5岁,男孩的峰值在14.5岁,女孩早于男孩。白质的容积无论男、女都持续增加,直到27岁。另一项研究发现,男性侧脑室大于女性,而女性的胼胝体相对较大。18~21岁男青年的海马明显增大;但此年龄的女青年的海马却没有增长,可能女青年的海马在此之前已经增大了。

### (二) 脑高级功能模式和疾病易感性的差异

男女发挥相同认知能力时,脑的激活水平不同,女性脑激活水平低于男性;成年女性两侧半球激活水平相近,而男性大脑激活倾向于区域性的增高。男孩和女孩对生气的面孔给出相似的反应;而成年女性与男性相比,对生气面孔给出更强的反应。这可能与神经内分泌垂体-肾上腺轴(HPA)功能的两性差异有关。女性对社会人际交往中不利环境的反应强于男性,可能与其母性责任有关。

在青春期以前,重症抑郁症发病率在男、女间无差异,均是5%;而青春期以后的少女发病率增至10%,少男的发病率仍保持在5%的水平上。女性的这一变化可能是她们的垂体-肾上腺轴在青春期得到发育所致,而男性则因睾丸激素的分泌增多使该轴反应降低。男性精神分裂症的发病率在少年期较高,而女性的发病年龄多在青春期之后和更年期,这可能与脑发育年龄差异有关。

## 三、性取向

人类个体的性取向(sexual orientation)是指个体追求的性对象和目标,包括异性恋、同性恋和双性恋。绝大多数人寻求异性为伴侣,共同生活,彼此得到性满足,繁衍后代,相互理解与支持,延续和推进家庭与社会的发展。但是,随着人类文明的发展,生态环境的变迁以及个体生物遗传基因的变异和生活经历以及处境的不同,个体性取向分化,形成了不同于常态性取向的人群。从生物医学和社会心理学的角度,在这批人群中可分出三类不同情况:正常个体的性取向、性心理异常的性取向和性功能障碍者的性取向。对不同人群的个体及其亲人,社会应采用不同的对策,以便能够最大限度地实现每个人的社会价值和主观幸福感,创建文明和谐的社会。

### (一) 正常个体的性取向

男性性行为必须在个体发育早期就有雄激素的作用,而且成年期在雄激素作用基础上,才会表现完善;对于女性,必须在早期没有受到雄激素的作用,才能在成年期出现性行为,生殖系统才可能有促黄体生成激素的作用。如果在未成年期体内出现过量雄激素,她就会出现男性性征。性激素对性行为的激活作用对两性来说是相同的,是指成年以后的性行为由相应激素水平所激活。长期大量激素作用也会导致性行为变化,大量使用外源性雄激素,女性也会出现男性性行为。最后,诸多社会心理因素也不容忽视。有些同性恋者,其生活环境,包括家庭和社会因素发挥决定性作用,并不表明他(她)们本身的生理功能有任何不足之处。

### (二) 性心理异常的性取向

性心理异常的性取向,是指个体的性器官解剖和生理功能很正常;但其偏好的指向性发生变化,指向非生物对象(恋物癖)或通过施虐或受虐方式满足性欲等。虽然目前对性心理异常者的认识还很不够;但激素等神经体液对脑内性反应网络的调节作用发生异常改变,可能是重要原因之一。例如,在整个性反应周期的各个时相中,杏仁核兴奋性水平的变化都很突出,不仅对性对象及其突显的特征发生反应,也对性行为中的奖励线索或事件很敏感。因此,杏仁核的抑制会导致性活力不高,并难以出现亲密的性和谐感。相反,创伤后应激障碍伴有的慢性杏仁核活动增强,可导致严重性心理障碍。此外,性激素在胎儿期和成年前对脑发育的组织作用也有一定关系。因为胚胎早期胎儿性分化大大早于脑的性别分化,如果此时男胎性腺分泌的雄激素不足以对抗母体的雌激素环境,则男胎脑发育的男性化不足,成年以后性取向受到影响。还有肾上腺功能发生问题,分泌异性激素过多,也可能导致性偏好的指向性变化。总之,心理性性功能障碍以往被称为性变态,随着科学的发展和社会道德以及法律的宽松,对其本质的认识与合理对策制定,都十分有益。

### (三) 性功能障碍

性功能障碍最常见的是阳痿、早泄和冷阴,有其生物医学的病理因素,包括基础性反应的神经生理学、神经内分泌学和微循环生理学以及肝、肾病理问题。特别是由于一些性行为以外的外周病理因素所导致的性功能障碍,由于难以通过正常方式完成性行为过程,有可能通过其他方式降低其性张力。

## 第四节 社交中烟、酒、茶调节心态的脑功能基础

烟、酒、茶和咖啡等嗜好在人类社会中具有漫长的历史,随社会经济发展,人类社会交往增多,烟、酒、茶和咖啡等嗜好日益广泛,并以饮料等多种形式流行于市场。这是由于这些社会交际性物质可以有效地调节人们的心态。

### 一、烟对脑细胞的双重作用

烟的主要成分是烟碱,又称尼古丁。这种化学物质在人的体内作为重要神经递质乙酰胆碱的受体激动剂,能调节神经信息传导的速度。乙酰胆碱 N-受体广泛分布在人脑神经元突触后膜上,受到烟碱的作用,就会在 1 s 之内提高活性。人们吸烟所吸入的烟碱通过鼻咽腔和呼吸道上的黏膜毛细血管吸收,经肺循环直接到心脏内,立即随动脉

血到达脑内,穿过血脑屏障作用于脑细胞,全部过程,只需 6～7 s。也就是说吸入一口烟,会在转眼之间调节脑细胞的兴奋性。当人们疲乏,脑细胞兴奋性水平较低时,吸入的小剂量烟碱能迅速提高脑细胞兴奋性;相反当人们烦躁不安或心情激动等状态下,连续大口吸烟并将之短暂存留在口鼻之中,就会有大剂量烟碱被送入脑中,几秒钟之后脑细胞的兴奋性受到大剂量烟碱的抑制,心情就会平静下来。简言之,烟碱对脑兴奋性具有双重性调节作用。为了不引起周围人的被动吸烟或防止污染空气,人们试图将吸烟改成吃烟,结果因为碱性烟碱大多被胃酸破坏,剩余的烟碱经胃肠吸收,再由体循环达到脑需要 40 min 的时间。也就是说吃烟至少 40 min 后才能得到效果。所以,历来吸烟的习惯未能动摇。然而,吸烟危害健康的弊病是人们享受它所必须付出的代价。

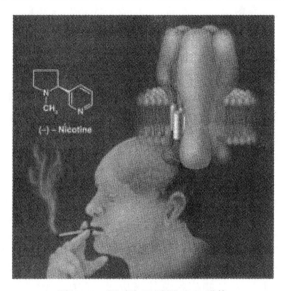

**图 11-5 烟碱和乙酰胆碱 N-受体**
(摘自 Hogg,R. C. & Bertrand,D. ,2004)
图中左上部给出烟碱的化学结构式,右上部给出乙酰胆碱 N-受体蛋白的立体结构($\alpha 4\beta 2$)。

### 二、酒与脑的能量代谢

酒的主要化学成分是乙醇,乙醇能加速脑细胞的代谢过程,况且酒的物理特性能扩张血管,加速血液循环,这就是酒能助兴,提高人们兴奋性的道理。乙醇之所以能加速脑细胞的代谢过程,是由于它本身就是葡萄糖代谢的中间产物。一个葡萄糖分子含六个碳原子,可生成三个乙醇分子(每个分子含两个碳原子)。所以,乙醇比葡萄糖能更快地被脑细胞所利用,更快地经氧化磷酸化产生能量。当然,长期大量饮酒造成体内和脑内产生能量的机制荒废,同时导致血液运送葡萄糖和其他脑所需营养物质的功能受损。对酒精的依赖,最终导致震颤性麻痹及全面性酒精中毒性精神病。

### 三、饮料中的黄素嘌呤类物质

茶叶中所含的茶碱,咖啡中所含的咖啡碱以及某些饮料所含的可可碱,都是黄素嘌呤类物质,是脑内能量代谢必需的黄素辅酶的组成成分。具体地说,黄素辅酶(FAD)是脑内产能过程的三羧酸循环和氧化磷酸化中所必需的催化酶。通过茶叶、咖啡等饮料适量增加合成黄素辅酶的化学成分,可增强黄素辅酶的合成,加快脑内的产能过程。因此,这些饮料能加快脑内能量代谢过程,起到提神醒脑的生理效应。

上述几种有助于人们社会交往的物质除各自发挥生理效应的途径不一,还有一个共同的作用机理:这些物质都间接地通过分布在中脑导水管周围灰质的阿片受体,以及分布在杏仁核周围的基底前脑的谷氨酸、γ-氨基丁酸和5-羟色胺等神经递质,发挥对心态的调节作用。因此,它们常常引起人们的嗜好,甚至有些人用量很大,造成了对脑功能的破坏效应。特别是大量饮酒引起脑萎缩和脑基底部乳头体坏死,形成酒精中毒性精神障碍。然而,对绝大多数人来说,这些社会性化学物的应用嗜好,总不致影响他们的正常生活和家庭关系,不会妨碍他们发挥原有的社会角色和实施自己的社会职能。所以,这类嗜好并不为社会法律所禁止。

## 第五节 影响人际交往的神经症及其脑功能基础

影响人际交往和生活质量的神经症症状主要有焦虑(anxiety)、恐惧(fear)、强迫性(obsessive)、强制性(compulsive)和冲动性行为(impulsive)。Dias 等人(2013)引用的数据表明,美国人口中28%的人在有生之年都会遭受这些症状之苦。此外,这些症状不仅和相应神经症的诊断有关,还与毒品和药物滥用、注意缺陷多动障碍(ADHD)和人格障碍等有关。因此,对这些症状及其脑功能基础的认识和防治,对改善人际交往和提高生活质量十分重要。

### 一、焦虑/恐惧障碍

虽然焦虑和恐惧症状经常出现在创伤后应激障碍(PTSD)中,但也出现在自闭症谱的一些疾病中,它的病理过程已有较多的动物模型,并积累较多基础研究数据。Dias 等人(2013)综述关于焦虑和恐惧症状的基础和临床研究,并概括出焦虑和恐惧症状的脑功能回路、分子路径和遗传基因。如图11-6所示,大脑皮层感觉区(sensory area)和前额叶皮层(PFC)与皮层下的海马(HP)、终纹床核(BNST)、杏仁核(AM)和下丘脑(HYP)所组成的神经回路,在焦虑和恐惧症状中具有重要作用。感觉皮层接受外界的感觉线索,同时转送到前额叶皮层和海马与杏仁核。杏仁核对与外部诸多前后关联的事件中那些与恐惧反应有关的线索十分敏感,迅速将信号传给终纹床核,立即引发下丘脑的快速应激反应,同时接受来自前额叶皮层的指令。这一神经回路通过一些生物活性分子对焦虑和恐惧的神经信息发生调节作用,包括 γ-氨基丁酸(GABA)、谷氨酸(glutamate)、脑源性神经营养因子(BDNF)、促肾上腺皮质激素释放因子(CRF)、内源性大麻酚(eCB)、去甲肾上腺素(norepinephrine)、钙调素基因相关肽(CGRP)、胆囊收缩素(CCK)和 5-羟色胺(serotonin)。就焦虑和恐惧相关的基因研究,目前多数实验室认为,脑源性神经营养因子代谢中单核苷蛋白(Val66Mat SNP)与焦虑和恐惧关系密切。在人类基因组水平的研究中发现,DNA 甲基化、组蛋白变异和基于基因目标化的非编码 RNA 变异,都是基因表达后转录调节的变异所致,可能与焦虑和恐惧遗传素质有关。

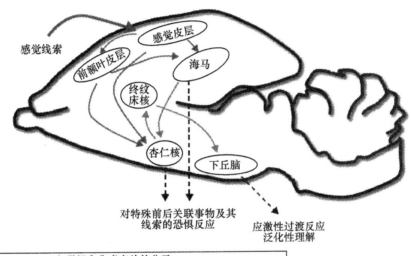

**图 11-6　焦虑和恐惧所涉及的脑结构和分子路径**
(择自 Dias,B. G.,et al,2013)

Ramirez 等人(2013)利用小白鼠恐惧条件反射行为实验,以海马内光刺激作为条件刺激,引发海马齿状回细胞的一系列细胞内信号转导系统和基因转录的蛋白质合成过程,在小白鼠脑内人造出恐惧经验的记忆痕迹,由此证明这种恐惧经验可以人为制造,并能保存在海马结构中。但低等动物的研究结果的意义扩展至人脑,必须持慎重态度。此外,这类基于低等动物本能性恐惧经验的记忆,在性质上和人类社会生活的复杂记忆完全不同。

### 二、强迫-强制行为相关障碍

2013 年 5 月公布的美国精神疾病诊断和统计手册 DSM-Ⅴ,将原来强迫/强制谱障碍,纳入其他四种障碍,统称强迫及相关障碍(obsessive/compulsive related disorders, OCRDs),强调它们共同的维度量表。这个统一量表首先在正常人群中完成测试数据,满足了要求极高的内部效度一致性,这就为正常人群和病态人群之间的比较提供了科学手段。尽管如此,Robbins 等人(2012)的综述所列举的科学数据表明,强制行为和冲动行为除了强迫症之外,还出现在多种精神疾病之中,包括药物滥用、食癖、注意缺陷多动障碍、人格障碍、自闭症谱系障碍、精神分裂症和躁狂症。所以,对强制行为和冲动行为有效控制的药物,因人和疾病性质不同而异。例如,对于强迫性神经症,最有效的控制药物是5-羟色胺重摄取抑制剂(SSRIs),因为该症状的基础是重复性行为的习惯化和脑内眶额皮层内部结构和功能整体性不足;对于 Tourette's 症运动障碍中的强制性小动作控制,最有效的是抗精神病药物,因为有明显的家族病史和儿童早期发病的特点。但是这两种疾病还是有共同的遗传内表型(endophenotype)。通过神经认知范式(neurocognitive paradigm)所进行的实验研究发现,反应抑制和认知僵化(cognitive rigidity)的脑功能基础,是眶额皮层和纹状体之间神经回路的功能障碍。

在药物依赖的实验数据中,可以发现强制性行为和冲动性行为之间的关系。利用动物自我静脉给药的实验方法,发现一些动物个体不顾足底电击的可能性,还是不断出现自我注射行为。这种具有高频冲动性行为的个体,更容易形成强制性药瘾行为,说明个体特质性冲动类型是强制性症状出现的基础。

## 第六节 自闭症谱系障碍及其神经生物学和分子遗传学基础

自闭症谱系障碍(autism spectrum disorders,ASD)包括自闭症(autism)、阿斯伯格症(Asperger syndrome)、儿童期瓦解性障碍(childhood disintegrative disorder)、里特症(Rett syndrome)和无特别说明的广泛性发育障碍(pervasive developmental disorder not-otherwise-specified,PDD-NOS or PDDs)等五种全面发育障碍(DSM-Ⅳ-R,1994)。ASD 的核心症状是社会交往关系的障碍,包括言语和非言语交流障碍以及有限的重复性刻板性行为或兴趣,并常伴有智力发展障碍或抽搐发作。这些症状具有不同的遗传或未知的原因,近年对 ASD 的家族遗传性逐渐取得一致性认识,它们的临床表现为两个极端。重型表现为:严重智力障碍、身体畸形并有重复性自毁行为;轻型只有轻度社会交往的行为异常,不伴有智障和身体畸形。绝大多数病人介于两极之间的类似轻重不等的 ASD 的核心症状。

对 ASD 的脑功能基础,目前有两种理论:认知理论和动机理论。综合当代研究进展,认为儿童脑内心理理论模块(ToMM)发育不足,包括社会镜像神经元系统和长距离白质发育不良,是 ASD 的病理基础;另一种观点是儿童脑内社会动机系统发育不足是 ASD 的病理基础。脑内社会动机系统主要是眶额皮层-纹状体-杏仁核回路及其赖以功能实施的神经递质调节系统。下面主要介绍前一种理论的科学事实,后者的支持文献尚不十分充分。

### (一) 大脑白质发育的性别差异及其与 ASD 的关系

磁共振成像技术提供了测量脑结构中白质和灰质比例的方法。结果表明,男人脑的白质(包括胼胝体、内囊、前连合和很多长距离传导束)和灰质的比率明显小于女人。人类以外的其他动物的两性比较也发现雄性动物脑体积大于雌性,但白质量小于雌性。男性脑神经元数量较多(灰质),神经元排列致密,细胞间短距离纤维联系较多,两半球间长距离纤维(胼胝体)较少。生理功能研究发现,女性脑在执行语言作业中是两半球双侧激活。在脑磁图研究中发现女性额叶和顶叶间,在执行认知作业中发生锁相性变化,证明两个脑叶间发生长距离的功能联系。

通过磁共振成像技术,可以测量脑内短距离纤维和长距离纤维的比值,发现 ASD 儿童短距离纤维较多。由于长距离纤维发育不足,难以从多个脑区之间聚合神经信息,导致"共情"品格发育不好。ASD 儿童的头颅及颅脑内的脑比同龄儿童的大,但其内囊和胼胝体的比例较小。

### (二) 雄性激素的作用与 ASD 的关系

Wickelgren(2005)报道,ASD 儿童短距离纤维较多是因为胚胎期和新生儿早期,雄性激素(包括前列腺素)对脑发育主导性作用过强所造成的。这些脂肪性结构的雄激素分子可以透过血脑屏障和脑细胞膜,在细胞质内与受体结合,然后进入细胞核促进脱氧核糖核酸转录,并中介脑内的神经营养因子,使神经元树突生长出较多的嵴突,有利于短距离纤维联系的形成。结果在脑功能上,当正常儿童观察手指运动的动化图片时,大脑皮层运动区等较多部位出现激活区;ASD 儿童观察手指运动的这些图片时,脑的激活区很小,特别是那些应该分布镜像神经细胞较多的脑区没有激活起来,这可能是由于短距离纤维联系的形成过剩而长距离纤维发育不足所致。

### (三) 致病基因及其与脑结构和功能发育异常的关系

虽然目前还不知 ASD 病人大脑皮层灰质和白质发育中出现上述障碍的原因和变化的具体过程;但 2011~2012 年间逐渐发现一些新的基因变异,如图 11-7 所示,12 个基因均对 ASD 的发生具有各自的作用,而且主要致病作用出现在胎儿晚期和新生儿早期的时间窗口。这 12 个致病基因中,最近发现的 6 个基因突变,主要发生在脑细胞连接的突触和细胞核内,如图 11-7 之 A 小图所示。这说明 ASD 的脑结构和功能的病变具有基因突变的基础,而且这些突变的基因与疾病的关系不是一对一的,其中一些基因突变与许多疾病相关。现在科学界的主攻目标十分明确,即发掘基因突变和脑结构和功能网络病理改变之间的关系。

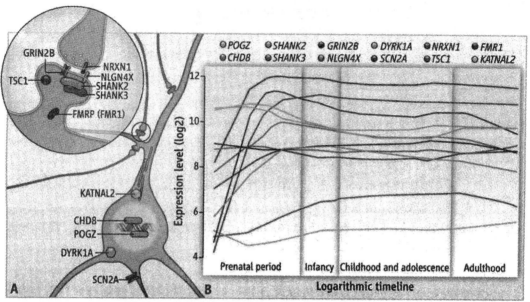

**图 11-7  自闭症谱系障碍致病基因的发育神经生物学**
(摘自 State, M. W. & Šestan, N., 2012)

图 A：致病基因对 ASD 症状的多效性作用和突发性 ASD 蛋白在亚细胞结构中的分布：CHD8，染色质变异体基因；POGZ，DNA 结合蛋白基因；SCN2A，离子通道受体基因；KATNAL2，微管连接蛋白基因；GRIN2B 谷氨酸神经递质受体蛋白基因；DYRK1A，酪氨酸蛋白激酶磷酸化调节基因；NLGN4x，神经连接蛋白 4 基因；NRXN1，轴突蛋白 1 基因；SHANK3，嵴突和神经连接蛋白调节基因 3（又称：微缺失综合征基因 3）；SHANK2，嵴突和神经连接蛋白调节基因 2（又称：微缺失综合征基因 2）；TSC-1，结节性硬化症相关基因 1；FMR1，脆性 X 染色体综合征基因 1。

图 B：12 个已知的致病基因在人脑新皮层发育中的作用时间窗口，横坐标是时间的对数轴，可分为：prenatal period 胎儿期，infancy 婴儿期，child and adolescence 少儿期，adulthood 成年期；纵坐标是相应基因表达水平，单位是 2 为底的对数值，由 12 条曲线可见，多数基因在胚胎期发挥主要作用。

### (四) 治疗

目前还缺乏 ASD 诊断的客观生理指标或遗传等生物医学指标，完全靠行为表现进行诊断，行为治疗也是改善病情的主要手段。每周 25～40 小时训练，包括对自伤、自我刺激或刻板行为的控制训练和培养语言和非语言交往能力的训练以及加强自我体验和经验积累的管理训练。虽然美国药监局已批准在治疗 ASD 中可以使用利培酮（Risperidone）和阿立哌唑（Aripiprazole）两种非典型抗精神病药物；但它们只适用于控制激惹行为和自伤行为，而且具有镇静、增体重、代谢障碍和锥体外系障碍等副作用。虽然至今尚无有效治疗 ASD 的药物；但最近发现，将脑下垂体分泌的催产素滴入 ASD 病孩鼻腔（17 例），半小时后进行 fMRI 检查，与滴入不含激素的相比，脑结构激活水平增高（如图 11-8 所示），且病孩对有社会交际意义的图片判断反应成绩明显变好。

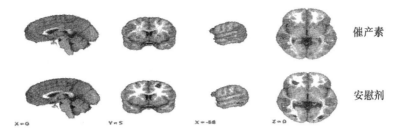

**图 11-8 催产素对 ASD 病孩脑激活的显著疗效**

(摘自 Gorden, I. et al., 2013)

# 12

# 人格与智能的生理心理学问题

人格的概念有许多种定义,通俗地说,人格是一个人不同于其他人的全部心理特征的总和,包括性格、兴趣、爱好、特长、智力、技能和社会价值观与处世原则等许多人格特质。一个人有别于他人的个性特征,往往突出地表现在某一方面,如智力超常的智者,性格豪爽的剑客,愚笨如牛的蠢材,身强力壮的大力士,视钱如命的吝啬鬼……可见,对每个人来说,各种人格特质都由其特殊组合格调和突出的表现形式而形成特定的气质和个性。关于个性的生理基础问题,自古以来就引起学者们的注意,但由于个性是最复杂的心理现象之一,至今尚未形成一个有成效的研究领域。巴甫洛夫学派较早地开拓了这一课题的研究工作;但其研究成果至今也未能获得各家的公认。英国的艾森克引用了巴甫洛夫学说的某些概念,又加进许多病理心理学的概念,提出了他自己的人格理论。在变态心理研究和割裂脑研究中都涉及一些个性生理心理学问题。

## 第一节 人格的生理心理学基础

### 一、个性与气质的经典假说

公元前5世纪,古代希腊哲学家希波克拉特首先提出了气质的概念。他设想,体内液体的混合以血液占优势者,为多血质;以黏液占优势者,为黏液质;以黄胆汁占优势者,为胆汁质;以黑胆汁占优势者,为抑郁质。人的气质就是由这四种体液特征所决定的。尽管这一假说始终未能得到精确的自然科学证据的支持;但这四种描述人类个性差异的气质,却一直流传至今。

**(一)巴甫洛夫关于人类气质类型的假说**

应用生理心理学实验研究的途径检查和判定人与动物个体差异的神经动力学基础,在科学发展史上,应首推巴甫洛夫学派。20世纪初,巴甫洛夫在进行狗条件反射实验时,发现了明显的个体差异现象。1927年,他明确提出神经系统类型的生理学说。1935年,他总结出关于动物和人的高级神经活动一般类型的理论,明确指出确定高级神经活动的类型,应从一般行为表现、条件反射特性和大脑皮层神经过程的特性等三个方面统一考虑。其中关于大脑皮层神经过程的特性是主要生理基础。

1. 大脑皮层神经过程的特性

大脑皮层神经过程指兴奋过程和抑制过程,巴甫洛夫认为,兴奋或抑制的强度、两者的均衡性和相互转化的灵活性是三个基本特性,是人类个体气质差异的主要生理基础。

(1) 兴奋或抑制过程的强度,可以通过实验加以测定的,例如,使用咖啡因能提高皮层细胞的兴奋性,如果给予 0.3~0.8 g 咖啡因仍不破坏原先形成的条件反射,则认为大脑皮层的兴奋过程较强;相反,如果给予 0.3 g 以下的咖啡因就引起条件反射的破坏,则认为大脑皮层的兴奋过程较弱。抑制过程的强度可用分化抑制的强度为指标进行实验测定。在建立分化抑制以后,延长分化相作用时间,从平时的 30 s 延长到 5 min,在这种条件下分化抑制仍不破坏或减弱,则认为皮层的抑制过程较强。此外,还可以应用溴化钠加强抑制过程的效果,客观地测定抑制过程的强度。如果口服 2 g 溴化钠,分化抑制得到改善,则认为大脑皮层抑制过程较强;相反,口服 2 g 溴化钠,分化抑制遭到破坏,则认为大脑皮层的抑制过程较弱。在一般情况下,亦可按建立阳性条件反射和形成分化抑制的速度,对兴奋和抑制过程的强度进行初步评定。经过较少次数的强化刺激或分化相作用之后,就能形成阳性条件反射或分化抑制,则认为这类个体的基本神经过程较强;相反,需要较多次数的训练才能形成条件反射及其分化抑制,则认为这类个体的神经过程较弱。

(2) 兴奋和抑制过程的均衡性,对两种神经过程强度进行客观测定时,就可以同时确定两种过程之间的均衡性。两种过程都较强或均较弱,则认为该个体大脑皮层的两种神经过程是均衡的;否则认为是不均衡的。

(3) 两种神经过程的灵活性,对两种神经过程的灵活性可以通过条件反射改造的方法加以确定。将已建立好的阳性条件反射的信号及其分化相之间的信号意义加以改造时,能够迅速完成改造任务的个体,其大脑皮层神经过程的灵活性较大;反之,则认为灵活性较小。

2. 高级神经活动类型

巴甫洛夫根据动物基本神经过程的三个特性,将动物的高级神经活动分为四种基本类型:兴奋型、活泼型、安静型和抑制型,具体分类标准可概括为表 12-1。

表 12-1 动物高级神经活动类型表

| 神经类型 | | 兴奋型 | 活泼型 | 安静型 | 抑制型 |
|---|---|---|---|---|---|
| 神经过程的特点 | 强度 兴奋过程 抑制过程 | 强 — | 强 强 | 强 强 | 弱 弱 |
| | 均衡性 | 不均衡 | 均衡 | 均衡 | — |
| | 灵活性 | — | 大 | 小 | — |

巴甫洛夫认为,动物的行为特点、条件反射的特点有时并不完全与神经过程的上述特点完全吻合。所以,不能仅仅根据神经过程的上述特点确定动物的神经类型,还必须参照它们的一般行为特点和条件反射的许多其他特点。所以巴甫洛夫认为,神经型的形成既决定于遗传的神经过程特点,也决定于生存条件,是先天特征与后天变化的合金。环境影响的获得特性经过几代延续能够遗传下去。

3. 人类的气质类型

巴甫洛夫认为,划分动物高级神经活动类型的原则可以应用于人类的气质类型。对人类而言,高级神经活动类型就是气质。他把四种高级神经活动类型与希波克拉特的四种气质联系起来,两者一一对应。兴奋型相当于胆汁质的气质,易激动、热情、好斗,神经过程强而不均衡;活泼型相当于多血质的气质,精力充沛、均衡稳定、神经过程强、均衡性和灵活性也高;安静型相当于黏液质,沉静稳重、神经过程强而均衡,但灵活性低;抑制型或弱型相当于抑郁质,对生活缺乏乐观精神,忧虑、暗淡、神经过程较弱。此外,巴甫洛夫学派还认为人类高级神经活动类型的划分,还应考虑到人类高级神经活动的特点,即以语言作为第二信号系统。这样,对人类气质而言,除以神经过程的三个特性为基础,还有第二信号系统与第一信号系统(非语言的现实刺激)之间的关系作为另一重要基础。第二信号系统优于第一信号系统者为思想型;第一信号系统优于第二信号系统者为艺术型;两个信号系统均等者为中间型。每种类型的人中,均存在着上述四种气质。

综上所述,关于个性的生理心理学问题,虽然自古以来引起学者们的兴趣,但科学理论并不多,特别是缺少细胞水平和分子水平的自然科学理论。相反,把巴甫洛夫的经典理论与社会科学知识联系起来,向社会心理学方向发展,出现了一些人格理论。它们大多远离生理心理学范畴。在这些人格理论中,唯有英国的艾森克人格理论还有一些生理心理学的气息。

**(二)艾森克人格理论的生理基础**

艾森克是当代著名的心理学家,20世纪60年代中期,他在心理学中的人格理论、心理测验技术和经典条件反射理论之间架起桥梁,并提出了自己的人格理论。我们并不全面介绍和评论他的人格理论,仅仅指出这一理论中引用的生理心理学概念。从巴甫洛夫条件反射生理学中,他引用了皮层兴奋性水平、条件反射能力和神经症理论中的某些概念,作为人格的生理心理学基础。他们认为遗传因素造成的人们大脑生理特性差异,是人格差异的重要基础。

1. 大脑皮层兴奋性水平

人的生理差异首先表现为皮层兴奋性水平或称之为神经系统唤醒水平(arousal level)。皮层兴奋性水平制约于脑干网状结构上行激活系统的功能特性,这种功能特性又是遗传因素所决定的。他认为皮层兴奋性水平低者,表现为外向型人格特质,主动活跃地寻求刺激,以提高皮层的唤醒水平弥补先天之不足。相反,皮层兴奋性水平较高的人表现为内向性个性特征,沉静稳重,与外界接触少,以避免过多刺激而导致更高的皮层兴奋性水平。简言之,艾森克认为皮层兴奋性水平是内-外向人格维度的生理基础。

2. 条件反射能力

条件反射能力是艾森克人格理论的另一个重要概念。他认为在形成条件反射的速度、强度和维持时间等方面存在着先天的个体差异,这种生理上的差异是人格差异的重要基础。艾森克赋予条件反射能力概念以较强的社会因素。他认为,人们的道德观念、良心、法制观念等都是通过社会化条件反射机制形成的。条件反射能力强的人,形成较强的法制观念和社会道德感;而条件反射能力弱的人,则表现出相反的个性特点。为了克服先天决定论的后果,他还对条件反射能力概念附加了两个条件:条件刺激与非条件刺激结合的次数和社会化刺激的具体内容。对于一个先天条件反射能力低的人,可以由增多条件刺激与非条件刺激结合次数加以弥补,也可以由良好社会教养加以弥补。条件反射能力也是个性差异的生理基础。条件反射能力强者多为内向型人格,其神经质人格维度较低;条件反射能力弱者多为外向型人格,其神经质人格维度较高。

3. 驱力或情绪性

艾森克人格理论中,第三个重要概念是驱力或称为情绪性,它制约于交感神经系统和副交感神经系统的功能平衡。大多数人交感神经和副交感神经系统的功能是平衡的。交感神经系统功能占优势者,其个性特征具有神经质的特点,表现为焦虑、过敏、易激动。这种过敏的情绪反应类似一种驱力,促使人们产生过多的行为反应。因此,情绪性或驱力概念不仅与神经质人格维度有关,也与内-外向人格维度有关。

皮层兴奋性水平、条件反射能力和驱力等三个概念是艾森克从生理心理学中借用的,但又赋予它们以人格心理学和社会化含义。他认为这正是生理现象、心理现象和社会存在的统一。

4. 实验测试

艾森克的人格理论不像精神分析学派那种思辨的人格动力学理论,他的上述概念可以通过客观的实验室检查和人格测验加以验证。从神经生理学中,他应用了脑电描记技术、皮肤电分析、条件反射训练等方法;从心理学中,应用反应时、闪光融合频率、图形视觉后效、螺旋后效、知觉恒常性和感觉剥夺等实验方法,可以对人们的上述三个基本特性加以分析;此外,他还设计了艾森克人格问卷(Eysenck personality quesionnarie,EPQ)。用于正常人或变态人格的测验。

## 二、两性人格差异的 E-S 理论

性别差异是个体间生理差异中最显著的表现。随着两性生理的差异,心理活动也有许多不同的特点。从个体发生上,受精卵基因的组合已决定了胎儿的性别,在这种基因作用下,胚胎分泌激素在前半期已影响外周性器官和性腺发育中的差异。胚胎的性激素通过血液作用于脑,又引起了大脑两半球的分化。前面我们曾经指出,性激素对某种行为或心理活动的影响有两种作用机制：一种是组织化作用；另一种是激活作用。性激素对脑结构和功能的性别分化的影响，是一种重要的组织化作用，它为个体许多心理特征的发展提供了脑结构基础。激活作用是指引发成年个体性行为的作用。近年关于两性人格差异研究，形成了 E-S 理论，现介绍这一理论及其科学证据。

　　E-S 理论，是指由男、女两性脑解剖学和生理功能的差异而引起"共情-系统化"维度上的人格差异。共情（empathizing，E）是指人们对他人心态的理解和共鸣，以便用适当的情感和行为对他人进行反应的心理品格。与共情相反，系统化（systemizing，S）是规则系统，这些规则只为本系统实施未来行为而服务。E-S 理论认为男、女两性的人格差异，主要体现在 E-S 维度上，女性有较强共情品格，处在 E-S 维度的 E 端，而男性有强的系统化品格，处于 E-S 维度的 S 端。除了一些心理测验项目统计出来的两性差异作为这个理论的证据之外，近年也从脑的解剖和生理学研究中取得一些坚实的科学支持。现代磁共振成像技术提供了测量脑结构中白质和灰质的比例方法，结果表明，男人脑的白质（主要是胼胝体）和灰质的比率明显小于女人。人类以外的其他动物的两性比较也发现雄性动物脑体积大于雌性；但白质重量小于雌性。男性脑神经元数量较多（灰质），神经元排列致密，细胞间短距离纤维联系较多，两半球间长距离纤维（胼胝体、内囊等）和同侧半球大范围皮层区之间的长距离纤维都比较少。生理功能研究发现，女性脑执行语言作业中是两半球双侧激活。在脑磁图研究中发现女性额叶和顶叶间，在执行认知作业中发生锁相性变化，证明两个脑叶间发生长距离的功能联系。Wang 等人（2012）报道了 140 名中国男、女青年大脑灰质密度和皮层区均质性的性别差异，发现（如图 12-1 所示）灰质密度的两性差异分布在全脑各区，尤以枕叶皮层和小脑为突出；男人左侧大脑皮层区均质性高，女人右侧大脑皮层区均质性高；具有两性差异的脑区中，约半数脑区的灰质密度和皮层区均质性呈正相关。Bianchin 与 Angrilli(2012)利用愉快、不愉快和中性图片对 43 名意大利男、女青年进行事件相关电位、心率和皮肤电反应的记录和分析，结果表明女性被试对不愉快图片或具有应激性质的刺激比男人更敏感。作者认为两性情绪反应不同的原因在于脑结构和功能的性别差异。

　　这种理论对自闭症谱系障碍的解释具有较大的代表性，提出自闭症谱系障碍的脑是极端男性化的脑（extreme male brain，EMB）。EMB 理论认为自闭症谱系障碍的脑在 E-S 人格维度上处于极端的 S 端，而 E 端发育不良。成年以后的人格心理测验，得到较高的系统化商（SQ），情感再认测验所得的 EQ 值很低。通过磁共振成像技术，可以测量脑内短距离纤维和长距离纤维的比值，发现自闭症谱系障碍儿童短距离纤维较多。由于长距离纤维发育不足，难以从多个大脑区之间聚合神经信息，导致"移情"品格发育不好。自闭症谱系障碍儿童的头颅及颅脑内的脑比同龄儿童大；但其内囊和胼胝体的比例较小，18～35 月龄的自闭症谱系障碍儿童脑内杏仁核的体积异常大，直到少年期之前杏仁核才不再增大。胚胎期和新生儿早期雄性激素，包括前列腺素对脑发育的影响占主导作用。这些脂肪性结构的雄激素分子，可以透过血脑屏障和脑细胞膜，在

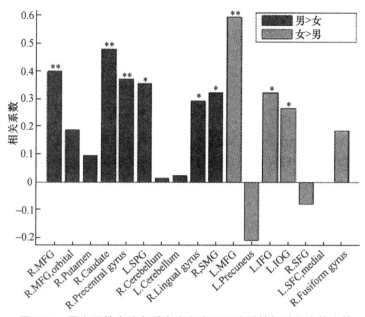

**图 12-1 男女两性大脑灰质密度和皮层区均质性相关程度的比较**
(摘自 Wang,L. et al.,2012)

横坐标:脑区名称;具有显著性的脑区是:R. MFG 右侧中额回,R. Caudate 右侧尾状核,R. Precentral gyrus 右侧中央前回,L. SPG 左侧上顶回,R. Lingual gyrus 右侧舌回,R. SMG 右侧缘上回,L. MFG 左侧中额回,L. IFG 左侧下额回 L. IOG 左侧下枕回。深黑直方图表示男性的灰质密度与皮层均质性间相关性大于女性;稍浅的直方图表示女性大于男性的脑部位。

细胞质内与受体结合,然后进入细胞核促进脱氧核糖核酸转录,并中介脑内的神经营养因子,使神经元树突生长较多的嵴突,有利短距离纤维联系的形成。

两性差异在许多疾病发生率和症状上也很显著。例如,男性精神分裂症具有较多的幻听,而女性神经厌食症发生率高于男性 10 倍,抑郁症高 4～5 倍。

### 三、人格障碍

《中国医学会精神疾病分类》(1984),将人格障碍分为偏执型、情感型、分裂型、暴发型、强迫型、癔症型、悖德型和未定型等八种类型。此外,还有一些人以异常行为作为满足性冲动的主要形式,从而取代了正常性生活;这些人并不表现其他行为异常,故称之为性心理障碍。美国精神疾病诊断和统计手册 DSM-Ⅳ 将人格障碍分为三大类型;目前最新出版的 DSM-Ⅴ 在前一版的基础上增加了其他人格障碍这一大类。简言之,人格障碍是一种介于正常人和精神病人之间的一些人格类型。这是一类由于生物遗传因素、环境因素作用下,脑发育不足所发生的人格障碍,是一种持久适应不良的行为模式,影响正常人际关系,使自己和社会蒙受损失。这里着重介绍反社会型人格障碍(antisocial/psychopathic type),因为这种类型的人格障碍常常危害家庭和社会安定和谐,违反社会道德和法律,成为社会治安的一大隐患。它们的形成原因比较复杂,我们仅从生理心理学角度介绍有关的生物遗传因素和脑功能不足的科学事实。

从生物-医学和心理学角度,反社会人格可能是由于遗传和环境因素的不利,导致人格形成和发展迟缓,制约于脑的唤醒水平低下,脑功能低下和外周自主神经系统机能调节和控制不足。这种人格发育不全,如同智能发育不全一样,终生难以弥补。黑尔(Hare,1970)就概括性地总结了反社会人格的生物医学发现:

(1) 某些反社会人格的脑电图类似于儿童期的脑电,有较多的慢波成分,是脑电唤醒水平较低的脑电类型。这可能说明这些反社会人格者的大脑皮层神经细胞成熟得不完全,发育迟缓。值得注意的是有些人的双亲也有类似的异常脑电活动。

(2) 这种脑电异常的慢波活动,似乎还表明反社会人格者大脑功能低下。

(3) 反社会人格者的皮层兴奋性低下,感觉传入减弱。

(4) 反社会人格者不仅表现为低的唤醒水平,并且也像感觉剥夺者一样的改变。例如,感觉剥夺的被试在使用巴比妥类药物、抗精神病药物、酒精类物质时,均可促使感觉剥夺状态的恶化,促进被动性的增强。反社会人格者应用这些药物后,也会出现攻击性和情感活动的发作性增强。

(5) 某些反社会人格者对刺激表现出病理性的需要,说明其唤醒水平较低的特点。这些反社会人格者尽量避免服抗精神病药,可能是其唤醒水平较低的缘故。

(6) 某些反社会人格表现出刻板行为,这表明其时间-空间聚合能力贫乏,在刻板行为中,也涉及大脑基底神经节的功能紊乱。

(7) 罗宾斯研究发现了反社会人格的男、女两性差异。男孩在7岁时就可发现其行为紊乱;女孩则一般在13岁以后才发现其行为紊乱,而且不如男孩那样严重。这种两性的差异可能不只是社会文化因素所决定的,而是由生物学因素与之共同作用的结果。

(8) 某种反社会人格者的行为随年龄增加而逐渐有所改善,有力地支持了成熟延缓的观点。然而,只有部分反社会人格者才会改善,其他人则终生不会改善。

黑尔的上述总结,至今经受到科学发展的考验,1991年他修订了"黑尔反社会人格测查条目"(The Hare Psychopathy Checklist-Revised),2003年第二次修订,形成了国际认可的修正后的测查条目(PCL-R),如表12-2所示。黑尔在表中列出了对20个测试条目进行的结构分析结果。对测试条目多年应用所得数据,进行主成分分析,可分别得到关于反社会人格障碍的两因素、三因素和四因素模型。两因素模型中,因素1:人际关系/情感;因素2:社会偏离。三因素模型中,因素1:妄自尊大的和欺诈的人际交往方式;因素2:情感体验的缺陷;因素3:冲动和易激惹的行为方式。四因素模型中,因素1:人际关系;因素2:情感;因素3:生活方式;因素4:有害于社会。从表中可见四因素模型较好,因素1、2分别由4个条目负荷;因素3、4分别由5个条目负荷;仅有2个条目不在4因素之列。三因素模型不理想。

表 12-2　修订的反社会人格障碍测查条目(PCL-R)及其在因素模型中的因素位置

| | 条目 | 两因素模型 | 三因素模型 | 四因素模型 |
|---|---|---|---|---|
| 1 | 油嘴滑舌或表面迷人 | 1 | 1 | 1 |
| 2 | 浮夸的自我价值 | 1 | 1 | 1 |
| 3 | 追求刺激 | 2 | 3 | 3 |
| 4 | 病理性说谎 | 1 | 1 | 1 |
| 5 | 放纵或做作 | 1 | 1 | 1 |
| 6 | 缺乏悔过或自责 | 1 | 2 | 2 |
| 7 | 肤浅的情感 | 1 | 2 | 2 |
| 8 | 冷酷无情缺乏同情心 | 1 | 2 | 2 |
| 9 | 寄生的生活方式 | 2 | 3 | 3 |
| 10 | 较差的行为控制力 | 2 | — | 4 |
| 11 | 混乱的性行为 | — | — | — |
| 12 | 较早出现行为出格 | 2 | — | 4 |
| 13 | 缺乏现实的长期生活目标 | 2 | 3 | 3 |
| 14 | 冲动性 | 2 | 3 | 3 |
| 15 | 无责任心 | 2 | 3 | 3 |
| 16 | 不能接受教训 | 1 | 2 | 2 |
| 17 | 多次失败的婚姻 | — | — | — |
| 18 | 少年违法 | 2 | — | 4 |
| 19 | 拘留中有条件释放的解除 | 2 | — | 4 |
| 20 | 违法行为的多样性 | — | — | 4 |

(选自 Anderson, N. E. & Kiehl, K. A., 2012)

本世纪以来,随着无创性脑成像技术和分子生物学的发展,对人格障碍的研究取得了很大进展,在 2005～2006 年间,相继有人提出了人格障碍的神经模型;2011～2012 年间,有几篇综述,分别从神经遗传学、分子遗传学和神经回路等方面总结了关于人格障碍的研究进展,进行了理论概括。概括地说,现代脑成像研究发现,杏仁核、眶额叶皮层、前扣带回、后扣带回、海马和上颞叶皮层发育不良,这些脑结构容积较小和功能低下,是反社会人格的病理生理学基础。至于这种病理形成的机制,则认为是环境和遗传因素相互作用的结果。除了具有明显家族遗传因素外,大部分人格障碍是通过表观遗传机制而形成的病理变化,也就是由发育早期不良环境或不良行为习惯的稳定和保持所累积而成。不良的行为首先通过学习记忆中的长时程增强或长时程抑制效应,引起神经元之间的突触可塑性的分子机制,转化为基因转录,变为固定的神经结构。不良环境,包括亲子关系等通过表观遗传调节,形成基因组蛋白复合体后,就较容易为特殊基因转录过程所接受。已有研究表明,早期经验很容易改变表观遗传标记,并在随后转化为基因转录模式,影响脑结构和功能以及行为的模式。

## 第二节 智能及其脑功能基础

　　智能包括智力和能力两大个性心理特征。智力是指一个人进行脑力劳动和解决复杂问题的潜在能力,包括知觉、计算、学习、记忆、判断、理解、推理和解决问题的潜力,脑的解剖生理特点是智力发展的生理基础。技巧和能力是一个人完成技术性生产任务,进行社会活动的能力,而包括脑在内的全身生理解剖特点,是技巧与能力形成的生理基础。智能在人格组成中具有不可忽视的地位,聪明或愚笨,多才多艺还是庸才劣辈是一个人不同于他人的重要方面。心理测量学分为两大类测验,即智力测验(intelligence test)和能力测验(aptitude test),又常将前者的测验结果称一般智力(g因子),后者的测验结果称特殊智力或能力。这里着重讨论一般智力的生理学基础。

　　在心理学领域中,为了解决对智力发育迟滞儿童进行特殊教育的实际问题,1904年法国教育管理部门支持了智力测验的研究,开发出世界上第一个智力量表——西蒙比内儿童智力测验量表。1918年,美国修订西蒙比内智力量表时,提出了智商的概念(intelligence quotient,IQ)。在过去的一个世纪中,有数十种智力量表问世,对智力的定义和分类也是多种多样。Spearman(1904)提出一般智力(g因子)的概念,它代表构成智商(IQ)的各种能力中的一般和共同的因素。现代智力测验的两大主要起源,比内测验(Binet,1905)和韦氏智力量表(Wechsler,1939)都试图测出一般智力,在理论上,它应该与教育和环境因素无关,对每个正常成年人是恒定的。实际上,绝大多数智力测验不仅测定一般智力,也包括其他一些更特殊的能力。一般智力的理论与当前许多智力测验方法的发展已经相互脱节。现在国内外应用较广的传统韦氏智力测验,大体靠语言测验智力分数和作业智力分数,对一个人的智力进行综合评定。虽然无人否认脑的解剖生理特点是智力发展的生理基础;但它是先天的还是习得的?它制约于固定的脑结构还是时变的脑功能模块?对这些问题存在不同答案。近年由于分子遗传生物学和无创性脑成像技术的发展,取得了很多数据,对这一问题有了新答案。

　　认知科学中的物理符号论,将智能定义为离散物理符号的计算和对知识的表征。联结理论将智力看做是,神经网络中神经单元之间联结权重的变化。因此,这种智能是人工智能。相反,包括人类和动物在内的自然智能制约于脑的结构和功能。这是两个极端的传统概念,其间还有许多不同说法。前述各种概念无论是人工智能还是自然智能,都是从一个智能实体内部定义它的内容。但是生态现实理论不仅从智能实体(人、动物和人造的机器)内部,也从其周围环境中考虑智能的本质。因此,将智能定义为与相应环境适应的高效目的行为。为什么生物机体表现出这种行为?在生物进化史中,生态环境已经有效地选择脑功能模块。所以说,人的智能体现在生物进化中保存为脑内时变的模块系统。

## 一、一般智力的组成及 g 因子的结构分析

### (一) 智力组成的多元理论

对一般智力的组成,有很多说法,甚至有七种或九种成分的理论。20 世纪末,将心理理论能力和智力情商,纳入智力的概念中,认为这些与人际交往能力密切相关。在众多智力的多元理论中,传播较广的是二元论和三元论。

1. 智力的二元论

Horn(1966)将智力分为两部分,液态智力制约于先天的脑生理特点;晶态智力与知识和教育相关。这种智力结构的新概念,将晶态智力看做是人们知识和经验的结晶产物,是通过语言、文字的提炼和积累而毕生发展的智力,其脑结构基础是言语功能区和概念形成与存储的大脑结构。因此,额、颞叶的言语思维调节区,在个体生活经历中通过学习过程而形成的机能联系,是晶态智力的脑基础。液态智力是指空间关系和形象思维在视、听感知觉基础上形成的智力。它制约于各种感觉系统、运动系统和边缘系统的解剖生理特点。人们从生到死的毕生发展过程中,智力不断发展变化,智力发展变化受其社会、生活条件、经历以及脑的不同发育阶段所制约。20 岁左右的人脑在颅腔内最为充盈,20 岁以后,脑内细胞的数量以每日递减。60 岁时人脑细胞大约减少了 10%~15%,脑沟裂增宽和脑室扩大显而易见。这个过程在 70 岁以后加速进行。然而人们的智力在 20 岁以后并非逐渐下降。相反晶态智力随个人学业的完成、复杂经验的积累而逐渐增长,甚至一些退休老年人努力学习仍可提高晶态智力;通过文艺活动和体育锻炼,液态智力也可以逐渐提高。这是由于成熟以后的脑细胞仍可通过学习机制,扩展突触联结的广度。

2. 智力的三元论

Steinberg(1985)设想三种相互分离的智力:分析智力,创造智力和实践智力。通过对不同文化、不同年龄和不同社会经济状态的人群间的统计分析,这些智力因素已经得到了相对独立的统计分离性,从而支持了三元论。

### (二) 智力组成的因素分析理论

Spearman(1904)的一般智力(g 因子)概念就是建立在因素分析的方法学之上,认为智力由一般智力和特殊智力二因素组成。事隔一个世纪之后,因素分析的数学方法有了很大的发展;与智力发展相关的脑科学和遗传学也有了巨大进步,并出现了一大批跨学科的研究文献。Deary 等人(2010)综述了分子遗传学和脑功能成像对智力差异的研究发现,并认为尽管在心理学界对智力和智商有许多不同的定义;但通过多年数以万计的大量人群研究发现,一些著名的智力测验,例如瑞文智力测验等,测验的数据可以经得住时间的检验。同一批大样本人群,在 11 岁和 79 岁时两次测验结果的分布是相似的。所得到一般智力因子 g 在大量人群测验中的分布是符合正态分布的,IQ 高端和低端的人较少;男人比女人 IQ 分布的两端,均延伸较多,也就是说男人之间 IQ 差异可

能较大些。智商较高的人群早逝者较少，IQ 相差一个标准差的两个人群相隔 20 年后发现，死亡率相差 32%，智商高者平均寿命较高，日常生活中事件处理的决策能力强。

一般智力因子，反映出一个人的一般认知能力，可以表现在解决任何一类问题的过程中。尽管一般智力因子没有单位，是用来比较的相对数，并因此在过去一百年中不断遭到批评和争论；但它却能用以解释智力测验中主要的变异数（方差），对测验具有较强的预测功能，并具有与遗传变异密切相关的特性。作者将 7000 名 18～95 岁被试进行的 16 项智力测验成绩归纳为五个域（domain）：推理、空间能力、记忆、信息加工速度和词汇。如图 12-2a 所示，推理和空间能力对 g 因子的贡献最大，其次是词汇，最后是记忆和加工速度。如图 12-2b 小图所示，记忆和加工速度与年龄之间存在负相关（-0.15，-0.31），随年龄增大，两个域与词汇对 g 因子共同发生-0.48 的负相关作用。每个人掌握的词汇随年龄增大而丰富起来，所以词汇量与年龄之间存在 0.63 的正相关。

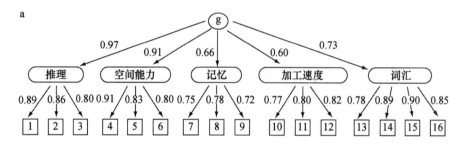

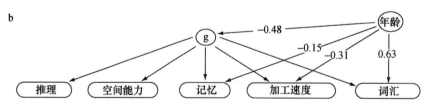

图 12-2　智力差异的结构分析图

（引自 Deary, I. J. et al., 2010）

该图是依据 7000 名 18～95 岁被试进行的 16 项智力测验成绩所做的结构分析图。图 a 小方框的数字代表 16 项智力测验，分属于五个能力域。从每个测验中，取最高负荷，标注出来。例如，1～3 项智力测验属推理能力域，它们与推理的相关，分别是 0.89，0.86 和 0.80，而推理域对一般智力因子 g 的变异数负荷是 0.97。

图 b 年龄对 g 因子的主效应。图中可见主效应为-0.48，年龄对记忆能力和加工速度能力的效应均为负相关（-0.15，-0.31）；但与词汇能力域却是正相关。这一结果与多数智力测验结果一致。

## 二、智力的脑功能基础研究

人类智力的科学研究，在相当长的历史时期中主要注重于测验方法而不是它的理论根据。在过去 20 年间，无创性脑功能成像技术和分子生物学已经渗透到人类认知过程神经机制的跨学科研究中,包括对学习、记忆、思维和智力的研究。人类智力的研究已经变成重大理论课题,IQ和人类智力的神经和分子机制,对科学家来说是重要且富有诱惑力的研究领域。但是,许多研究报告仍然遵循传统的理论路线。

(一)早期脑功能成像研究

Duncan等人(2000)的研究组报告,用正电子发射层描技术(PET)研究了一般智力的神经基础。采用与有高g相关的测验项目和与之匹配的低g相关的测验项目进行对比,包括空间任务、语言任务和知觉运动任务,对被试认知作业中的PET成像进行分析。与关于g值涉及多种认知功能的普通看法不同,高g值任务并未在被试脑中引起许多脑区的广泛性激活;相反,主要引起两半球外侧额区皮层的选择性活动增强。在每个被试中,尽管三个高-低g对比的任务内容不同,外侧额区的激活却是相同的。这些结果说明,一般智力由特异脑区活动所表征,主要是进化上最晚出现的外侧额叶皮层。这些新事实似乎支持g因子与特异的基因组和特异脑区密切相关,但它们却不能说明两者之间的因果性。

就在这篇研究报告发表的同一期《科学》杂志上,Sternberg(2000)发表了一篇评论文章,对此研究结果以否定态度加以评论。他认为智力是复杂的,这些简单的图和文字测试不能全面反映人们的智力,他引用了三名美国总统竞选人,在大学读书时的智力测验IQ值,并不比别人高;但三人的政治生涯却十分出色。所以,他认为分析智力,创造性智力和实践智力三者不同。他的第二点批评更是尖锐,认为这一研究的思路是颅相学说的当代翻版,怎么能指望复杂的智力,仅仅由背外侧前额叶的功能特点所决定呢!

Choi等人(2008)以更加尖锐的观点和实验事实反对了Duncan等人的研究报告。他们对225名健康年轻人进行结构和功能性磁共振成像研究,分析了一般智力g和脑结构与功能的相关。结果发现,晶态智力与皮层厚度相关,液态智力与BOLD信号强度更密切相关。据此作者归纳出IQ预测模型可以解释50%以上的变异数,所以,作者认为智力是多相分布的脑机制而不是存在于脑的局部定位结构中。

与g因子的研究不同,对数学直觉能力的神经基础研究,支持脑智力模块的生态现实论。数学直觉依赖于语言能力还是视觉空间表征?Dehaene(1999)的合作研究组利用功能性磁共振成像(fMRI)和PET技术研究了这一问题。他们发现数学直觉建立在两种能力基础上,并且制约于计算的形式。精确数字计算较多激活与语言功能相关的脑区,主要是额叶和颞叶皮层。相反,估算或对数值的近似估计则与语言功能无关,根据所估计的数值范围而逐渐增加与视觉-空间信息加工相关的脑区活动,即两半球顶叶皮层。他们据此推断,对数值的直觉估计与非语言的表征相关,这一机制具有悠久的进化历史、特征性发展路径和特化的脑结构。它为受教育者提供一种整合基础,使之能将语言相关的数学表征系统结合为一体。高级复杂的数学能力是建立在这种脑内整合的基础之上。这一研究给我们很大启示,认知科学新理论与fMRI、ERPs技术的结合,成功地揭示了数学直觉的生态动力学脑功能模块。

既然视觉-空间知觉和视觉想象在记忆、推理,甚至在数学直觉中,具有广泛的作用,那么,初级视皮层的作用是什么?Kosslyn(1999)及其同事综合利用PET和经颅磁刺激(rTMS)研究了这个问题。结果表明,无论是睁眼看,还是闭目想象刺激物,fMRI都指示出内侧枕叶17区视皮层的激活。rTMS作为一个比较的工具,可以证明用它刺激脑之后,17区皮层既不能看也不能想象。这两项技术一致证明,不仅看一个物体,而且闭目想它都激活了内侧枕叶,特别是17区皮层。

Büchel等人(1998)也利用fMRI,研究了视觉呈现的物体及其空间定位的联想学习。结果表明,随学习中刺激物的重复呈现,相关的特异皮层区激活水平下降,但该皮层区与其他相关皮层区之间的有效联结却增强了。这种联结的可塑性变化时程与每个人的学习效率相关,说明联想学习中脑区之间存在着相互作用。这一结果直接支持一种新的学习理论,学习相关刺激物对特殊脑区的重复抑制与表达学习的细胞群的动力整合是平行发生的,学习速度与有效性联结的变化之间的相关,反映出联想学习中脑功能整合的可塑性变化。有研究者评论了利用fMRI研究被试解决瑞文测验图形加工问题时脑功能变化的研究工作,结果发现,额叶、顶叶和颞叶中的几个激活的脑区刚好与工作记忆的脑激活区相同。因此,他们认为推理的思维过程似乎是工作记忆能力的总和。

### (二)利用脑结构成像技术对智力差异的研究

在过去几年中,利用结构性磁共振成像技术,对人头的尺寸和颅内脑组织尺寸的研究,形成一个热门课题。发现这些脑形态参数与被试智力的相关系数分别是0.2和0.4,一些研究报告还提供不同脑结构尺寸与智力的相关系数,包括额叶、顶叶和颞叶以及海马,它们与智力的相关系数大约是0.25。全脑的灰质与智力相关系数为0.31,白质与智力相关系数为0.27。

利用基于容积的形态学磁共振扫描技术,对一些脑区的容积测量研究发现,背外侧前额叶、顶叶、前扣带回和颞-枕一些区与智力个体差异相关(图12-3)。根据智力的顶-额叶整合理论(P-FIT),纹外区视皮层(BA18、19区)和梭状回(BA37区)与智力测验成绩有关,因为这些脑区对图像识别、想象和视觉输入的精细加工有关。正如同BA22区(语言感觉区)对句子听觉信息输入的加工一样。通过这些通路抓取的信息,在缘上回(BA40区)、顶上叶(BA7区)和角回(BA39区)进一步提取结构符号,再与额叶一些脑区,如BA6、9、10、45、46和47区相互作用,形成工作记忆网络,在其中比较各种可能性,最后给出对任务的反应。一旦选定了任务反应,前扣带回皮层(BA32)支持反应的实施和抑制其他反应。这些脑区之间的相互作用依靠其间的白质纤维联系,如弓状纤维束,大部分左半球的脑区对认知任务的执行似乎比右半球脑区更重要。P-FIT理论可能对一般智力的脑中枢给出较好的答案——脑越大,灰质越多,皮层越厚,则脑细胞越多。现在并不清楚,为什么这样的脑会得到较好的智力测验成绩?可能智力发展涉及的脑细胞有较多的分枝结构;但是脑尺寸变大,反而可能是脑病理性变化的结果,其认知能力应该相应下降。对一组智力得分较高的儿童纵向研究表明,他们幼年时大脑皮层较薄;但在少年期其额叶和颞叶皮层迅速变厚,其他皮层区缓慢变薄。对241例脑局部损伤病人的磁共振成像研究发现,左额叶和顶叶损伤以工作记忆障碍为主,左额下回皮层损伤产生语言理解障碍,右顶叶皮层损伤引起知觉组织作用障碍,所有这些认知障碍都是一般智力的组成部分。

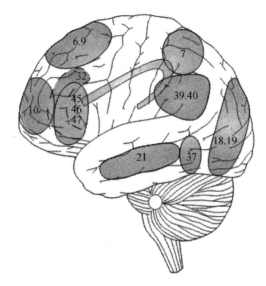

**图12-3　智力的顶-额叶整合理论对智力相关的脑结构图**
(引自Deary, I. J. et al., 2010)
　　图中类似伞把手的部分表示脑内长距离白质纤维(弓状束),将额叶与顶叶整合在一起;图上的数字是与智力有关的布洛德曼脑分区代号,10、45、46、47、39、40和21区均是以左半球为优势的脑区,6、9、32、7、18和37区是右半球为优势的脑区。

### (三) 脑白质与大范围神经网络

　　近年利用弥散张力磁共振成像技术(DTI),对脑的研究形成一种共识,认为一般智力并不以某一局部神经网络或脑区为基础,而是一种"小世界网络"的功能,这就意味着有长距离白质纤维参与的一些脑区,组成的复杂网络群,是一般智力的脑基础。还有多篇研究报告,采用$^1$H-磁共振波谱技术,对不同年龄组的被试研究了智力和白质的关系。这些研究共同发现智力与$^1$H-乙酰-天冬氨酸含量之间存在正相关。N-乙酰-天冬氨酸是少突胶质细胞的代谢产物,而少突胶质细胞正是使神经纤维髓鞘化的细胞。这一发现证明智力水平与白质发育有关。

　　利用DTI对儿童、青年和老年人的研究发现,一些长距离的白质纤维束,如弓状束和钩状束的尺寸与一般智力之间存在正相关。还有一份研究报告指出,儿童期的智力测验成绩与老年期脑白质参数相关。可能较高的一般智力有利于毕生脑白质的整合作用。另一项以79位健康成年人被试的研究发现,一般智力与白质网络效率之间存在正相关,该结果证明白质功能对高智商非常重要。

### (四) 脑加工效率

心理学对智力的研究策略之一,是利用反应时和觉察时(IT)为指标,对比被试不同认知能力。结果表明,IQ 高的人反应快,虽然把这种计时任务看做是智力的遗传内表型之一,但是并不能说清它究竟是一种生物学参数,还是智力本身的特性。

最近,利用脑电图(EEG)、正电子发射层描图(PET)、区域性脑血流(rCBF)和功能性磁共振(fMRI)等对被试完成阵列推理、心理旋转和视频游戏等认知作业,进行脑功能测量。这类研究表明,智力是以脑大范围分布式网络为基础,这种网络处理信息的效率与智力相关,智力高则网络效率也高。van den Heuvel 等人(2009)以功能性磁共振技术研究了全脑网络的工作效率,发现智力与额、顶叶的效率密切相关。这类研究利用脑效率分析,可以在安静状态下分辨人们的智力高低。

### (五) 性别差异

男人的智力与额-顶叶灰质容积密切相关,而女人的智力与白质容积以及布罗卡区的灰质容积相关。额叶皮层厚度与女人智力相关,颞-枕叶皮层厚度与男人智力相关。由此可见,男人可能依靠量较少,但皮层较厚,纤维分布密集的脑组织,善于完成中等难度空间认知任务;女人则善于完成中等难度的语言认知任务。男、女之间脑的大小和结构明显不同,但却能达到同样的智力水平,说明他们运用了不同的脑结构和不同的功能方式。

心理测验和神经科学的研究中均发现,认知作业成绩差异的变异量,主要来自于一般认知能力,只有较少的变异是因特殊能力而引起的,并且有一定的年龄因素,例如液态智力和晶态智力。许多特殊能力的个体差异,很难发现与之对应的单一生物学因素。分子遗传学和脑成像的两项研究与一般智力都存在着一致性关系。一般智力和脑组织的大小成中度正相关。当然相关并不能说明两者的因果关系,更说不清是如何影响的。

### (六) 情商的脑功能基础

20 世纪 80 年代,人们认识到还有比智商更为重要的心理素质,即情绪、情感控制调节的潜能以及基于这种潜能之上的人际关系和人际交往能力,社会成员的这类素质对于高速发展的经济社会更为重要。于是,仿照智商的概念,研究者提出了情商(emotional quotient, EQ)概念。Bar-on 等人(2003)制定了情商的心理测验方法并报告了情感和社会智商的脑功能基础。他们主要根据的事实是,内侧额叶、前扣带回、杏仁核和岛叶等脑结构病变患者,所测情商低下。他们认为,情商与人们的社会生活能力和处理社会问题中的决策能力相关更紧密,其脑功能基础就是情绪、情感的脑机制,应该与认知的脑功能系统并列。

## 三、遗传因素的作用

### （一）智力中的遗传因素

虽然智力的遗传因素，在 19 世纪就已经提出来，但随后主要是单卵双生儿和寄养子的研究。这些研究的发现与现代神经科学和分子生物学研究结果并不矛盾。首先据估计，在一般智力差异的变异中，遗传因素的作用大约占 30%～80%。基于语言和知觉组织的测验所得到的智力，受遗传决定作用较大，两者的研究结果相近；基于记忆的智力测验结果受遗传因素的影响较小，其他特殊能力与遗传关系更小。一般智力的遗传因素随年龄增大而增加，幼儿到成年期，从 30% 增至 70%～80%。对德国一批双生子进行多次重复智力测验，发现 5 岁时一般智力的遗传因素占 26%，7 岁时占 39%，10 岁时为 54%，12 岁时增至 64%，此后随年龄增加；成年以后发生的变化较小，相对稳定。

大脑灰质的容积、神经元密度、胼胝体的白质、布罗卡区、额上回、前扣带回、内侧额叶皮层、颞叶、杏仁核、海马、希氏回、中央后回和全脑的容积，均与一般智力因子相关。这些脑结构的容积可以解释 70%～90% 的一般智力差异。脑波的复杂性可能与执行功能、信息加工能力执行功能的效率以及觉察时（inspection time）有关。这些脑结构和功能参数，可能是智力的遗传内表型，也就是对一般智力有贡献的生物学参数。

儿童期脑发育伴随明显的脑形态学改变。2001 年开始的一项对 5～18 岁双生儿和独子进行脑成像的纵向研究发现，每隔两年进行一次复查，所得到的大脑皮层厚度的发育轨迹，对预测 20 岁时 IQ 值比对 20 岁时皮层厚度的预测更准确。对胼胝体矢状切面中部的厚度、尾状核容积、大脑灰质和白质总容积、顶叶和颞叶容积等部位发育影响力中，遗传因素达 77%～88%；对小脑容积和侧脑室的发育，遗传影响较小，影响力仅为 49%。将遗传因素对脑结构功能发育的影响与对一般智力发展的影响一起考虑，就会发现，当脑区处于最快发展的阶段，遗传因素对其发育的影响最强，例如婴儿早期，初级感觉运动皮层发育最快，此时遗传的作用最强；背外侧皮层和颞叶皮层在少年期发育最快，此时遗传影响也最强。总之，脑形态学发育受遗传影响的变异，随年龄增加而增强；但对白质而言遗传变异是与时具增的，而对灰质而言环境变异量更为重要。

### （二）负载一般智力的基因

虽然一般智力具有较高的遗传性，但与正常健康人一般智力发展相关的遗传基因仍不清楚。目前已知 300 个基因与精神发育迟滞有关，综观 200 多篇已发表的研究报告，涉及 50 个左右基因，与认知能力的发展相关，尽管已有十多年的研究历程；但至今还不能说哪个基因负责认知功能变异及其随年龄而发生的变化。伦敦精神病研究所的一个研究组，1998 年报告了人类第六对染色体上负载着一般智力的分子生物学基础。对 51 名 IQ 为 103 和 51 名 IQ 为 136 的两组儿童进行 DNA 分析，他们检查了 37 种分子标记，发现 DNA 结构中的一段特殊碱基序列与 IQ 有关，命名为 IGTF2R，它的结构类似胰岛素的类生长因子的受体基因。全部被试几乎都有1~2个等位基因4和等位基因5,但半数高IQ者有等位基因5的人数,高于全部被试均值的两倍以上。在另一组102名被试中,半数人IQ高达160,他们大多具有等位基因5。

至今研究发现,2/3的多数基因与神经递质功能相关的疾病、发育疾病和代谢疾病相关。其研究报告的结果往往不能为其他被试的检验所重复。较为一致的结果是老年人阿朴脂蛋白E(APOE)的多形性与一般认知能力、情景记忆、加工速度和执行功能的关系,并且随年龄增加其相关性增加,可能与APOE在神经元修复中的重要作用有关。

一项元分析报告对有9000名以上被试的16篇研究文献,进行分析的结果表明,儿茶酚胺-O-甲基移换酶(COMT)基因编码的一般多形性与IQ得分密切相关;但是多形性只能解释变异的0.1%。对COMT基因的多形性与智力相关的进一步证据,来自于人类被试的脑成像研究、动物的药理学研究、转基因研究和基因敲除研究。在这种多形性颉氨酸对蛋氨酸的取代作用,降低了多巴胺降解酶的活性,因而认为这种多形性影响了前额叶皮层的多巴胺功能。

研究与认知能力发展有关的另一个遗传变异物质,就是脑源性神经营养因子(BDNF)基因编码的Vol66Met多形性。许多文献报告这种多形性与智力发展密切相关;但是,各报告关于最佳认知作业相关的基因等位体各不相同,结果的不一致可能因被试不同、方法不同等多项原因。由此可以看到,其单一基因变异与智力的相关是靠不住的,可能与智力发展相关的是一些基因组突变与选择的平衡,可能是很多还没有在自然选择中被淘汰的,有害基因突变的隔代积累所导致的结果。

**四、自我调节的发展能力**

Lewis和Todd(2007)提出了情感与认知过程相互作用,进行自我调节的发展能力,并总结出这一过程的脑功能基础。他们认为应该打破认知和情感过程的分界,智力是情感和认知功能的统一体,是相互作用自我调节的发展过程。首先是皮层与皮层下之间实现着垂直的上下信息流之间的相互调节。大脑皮层自上而下地发出信息流启动杏仁核对自下而来的知觉信息和所期望的结果做出适度反应;而杏仁核使大脑皮层的活动按照刺激的情感意义进行装配。传统神经生理学强调,高级脑中枢对下级脑结构进行抑制性调节;却忽略了下一级脑结构的激活和所提供的能动作用,例如脑干释放神经递质沿上行通路传输到皮层发挥作用。事实上,因为皮层-皮层下的联系总是双向的,神经信息的传递是双向性的。他们用图12-4表述了大脑皮层、边缘系统、间脑和脑干之间的联系都是双向性的。

在脑干和大脑皮层之间实现着多级双向联系中,自上而下的信息流通过意识和执行控制过程,控制情绪反应系统;自下而上的信息流通过下级脑结构活动形成的动机、注意、知觉对皮层过程进行调节。这种垂直整合调节是快速整体性的;与此并列的皮层或皮层下分别形成自我调节中心,前扣带回的背侧区和腹侧区可能成为皮层自我调节

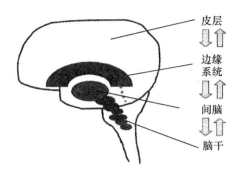

**图 12-4　脑的垂直双向整合联系**
(摘自 Lewis, M. D. & Todd, R. M., 2007)

中心(图 12-5);杏仁核、下丘脑和脑干形成皮层下自我调节中心。因为前扣带回处于新皮层和边缘系统之间,在系统发生上曾是高级整合中枢,是海马的外延,并联系下丘脑和脑干,所以它成为新皮层对这些边缘结构发挥调节作用的中介和中心。前扣带回背侧区与背外侧前额叶紧密联系,在工作记忆参与问题解决、决策、规划等功能的暂时激活中起着重要作用,促进工作记忆提取和利用情景记忆信息;另一方面,它与辅助运动区的联系,促进决策动作的形成、执行并对其实施监控。所以,前扣带回在智力的脑功能机制中,发挥着关键的作用。

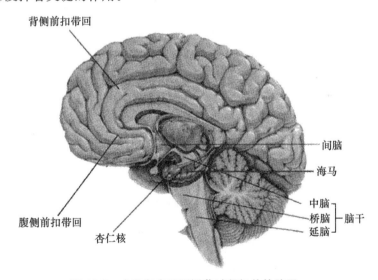

**图 12-5　皮层和皮层下调节过程相关的脑区**
(摘自 Lewis, M. D. & Todd, R. M., 2007)

上述科学事实表明,脑智能模块是实时变化的,整合着大量相关脑结构,包括实现知觉、注意、学习、记忆和思维等功能的复杂脑网络系统。另外还有下面三类脑组织结构也必然包容在智能模块之中。第二类是大脑皮层下结构中的定位中枢,与生物本能行为相关,包括饮食、性、防御和睡眠等功能网络;第三类是人类特异的语言和意识功能网络,是半定位半时变的。例如,脑干网状结构是调节作为意识前提的清醒状态的中枢。语言运动中枢是交际的重要基础;但是,意识和交际的内容则由实时变化的脑功能网络实施。第四类是对个体习惯特异的功能网络,它是半自动化的,包含无意识机制。所以,脑智能模块是一个层次性、包容性和遗传保守的功能系统。

传统心理测验虽积累了许多心理测验方法,但这些方法都是通过被试完成某些心理作业(语言和非语言两类)的成绩加以判定。而这些心理作业基本都是外显的意识活动的结果。这就使这些测验方法仅反映出智力或能力而不能涵盖智力潜能。当代心理学研究表明,外显意识活动仅是心理活动中的一部分,比例更大的内隐心理活动对基本心理品质的制约作用更大。所以,必须将内隐心理的认知实验方法作为智能测评的重要途径之一;其次与巴甫洛夫-艾森克时代相比,脑科学手段取得了许多突破性进展,应用无创性脑功能成像的方法,进行智能测评是当代脑科学发展的重要方向之一。因此通过认知实验、无创性脑功能检测、心理测验和教育者客观评估四位一体的技术路线,才能更好地建立一套新的智能测评体系。

## 第三节 智能障碍的脑机制

经过智力测验,智商低于70者可视为智能障碍。智能障碍可分为两类:精神发育迟滞和脑器质性痴呆。前者为儿童智能发展障碍,他们从未达到过正常人的智力水平;脑器质性痴呆则是由脑器质性病变引起的智能衰退,病人的智能曾经达到正常人的水平,这里以老年退行性痴呆为例。

### 一、儿童精神发育迟滞

除先天遗传因素外,妊娠期或围产期感染性疾病和化学药物中毒、高强度X射线等物理因素的伤害、严重营养不良等,以及出生后感染疾病或头部外伤均可造成智能发育迟滞。先天遗传因素最为常见,大体可分为三种类型:基因异常、染色体异常和基因-酶缺陷。基因异常可引起脑和脊髓发育异常,如小头畸形、先天性脑积水等导致精神发育极重度迟滞;染色体异常包括数目和结构异常,如先天愚型这类常见的极重度精神发育迟滞,是第21对、第18对和第13对染色体异常所致;基因-酶缺陷导致代谢异常,包括蛋白、糖或脂肪代谢的异常多达十几种,其中苯丙酮尿症最为常见。分子遗传学关于遗传信息的研究进展将为人类优生优育,防治精神发育迟滞提供有力的科学基础。

### 二、老年退行性痴呆

包括常见的两种疾病:阿尔采默兹症(AD)和匹克氏(Pick)病。这两种病都是脑退行性变化的结果,这种变化虽然与年老过程有关,但未必都发生在老年期。有些患者仅20～30岁,个别报道年仅几岁的儿童也会发生脑退行性病变,出现早老性痴呆。那么,什么是脑的退行性变化呢?脑细胞内逐渐出现蛋白质淀粉样变性,以致形成许多斑块,称为神经炎性斑块;神经元纤维逐渐弯曲缠结,这是判断退行性变化的两个重要病理学基础。此外,虽然还有脑萎缩、沟裂增宽等变化,但都是一般年老过程的普遍变化,并不是此病的突出特征。

阿尔采默兹症,最早于1907年,由阿尔采默兹医生报道的一位51岁女病人,以进行性记忆衰退为最初的突出症状,并偶见被迫害妄想,持续2～4年后病情加重,完全丧失时间、空间和人物定向能力;三维立体结构的失认症;逐渐出现手和嘴的失用症以及失语症等,继而出现人格和行为紊乱,不知秽洁,饮食无度,最后大小便不能自理,卧床不起直至死亡。总病程大约7～10年之久。阿尔采默兹症病人的剖检表明:神经炎斑块和神经纤维缠结主要发生在海马、大脑皮层,尤以顶、颞叶为甚。匹克氏病的病理变化在额叶更为显著。

20世纪80年代以后,利用分子生物学的遗传基因分析技术,对病人脑细胞内神经炎斑块作了细致分析,从淀粉样的变性蛋白质中,分离出称为Aβ42肽,即42肽链在β位发生淀粉样变化的病理性产物,在每克(g)脑组织中,其含量大于3nmol,即可确诊为AD。其含量高达10nmol/g,即可导致死亡。Aβ42肽是从一种跨膜蛋白质APP695生成,后者是由695个氨基酸残基组成的蛋白分子,分子大部分游离在细胞膜外,膜内只有少部分。细胞膜外游离的APP695分子对年老过程的一些不良因素十分敏感,这些不良因素使APP695分子结构变型,造成膜内部分脱落而生成Aβ42,成为导致神经细胞蛋白质淀粉样变性的前奏。APP695是怎样形成的,与遗传基因又有何关系呢?研究表明:人的第21对染色体负载着合成APP770蛋白质的密码,经信使RNA(mRNA)的转录合成APP770,经过两次剪裁形成了APP695。阿尔采默兹病人的第21对染色体与正常人的二倍体不同,而是三倍体。染色体的异常使DNA信息向mRNA转录时,缺少一种合成抑制性蛋白酶的密码,因而造成APP695比正常人增多2～3倍。在这种脑代谢异常的背景上,又有不良的年老因素,就会引起APP695变构脱落出大量Aβ42多肽,导致脑细胞内蛋白质淀粉样变性和神经纤维缠结。血液中放射性同位素标记的淀粉样变性配体,经正电子发射层描技术(PET)所做的脑成像研究发现,AD人顶叶和额叶皮层,特别是后扣带回皮层淀粉变样性的Aβ42肽含量显著增高。近年研究发现,Aβ42肽随老化过程在脑内含量有所增高,但正常老年人脑内存在清除机制。由于早老基因(presenilin 1或2)的突变,或由于其他因素,如免疫力下降或感染,引起Aβ42肽清除机制受损,就会造成Aβ42肽累积。特别是在边缘皮层和联络皮层的积累,导致细胞间突触传递效能降低,对短时记忆功能发生明显的影响。这种轻度认知障碍(mild cognitive disorders,MCD)的变化可持续多年。Aβ42肽进一步累积,才会形成神经炎斑块。因此,短时记忆为主的MCD,是淀粉样变性产生神经炎斑块的先兆。如果在这一阶段发现病人的其他病理变化,包括海马的明显萎缩和阿朴脂蛋白 APOE4 的免疫反应阳性,应采取早期预防措施;增强免疫力、抗炎治疗和功能训练等,有可能延缓神经炎斑块的形成。如果在做出 AD 临床诊断之前一年采取这些干预措施,就可以延缓神经炎斑块的形成 10%~15%,临床诊断之前三年干预,可延缓 50%的进程,可使遗传基因突变而注定发病的病程推迟 5~10 年出现,这对病人及其家人也十分有益。

  2011~2013 年间,一种 AD 治疗药物蓓萨罗丁(Bexarotene)的研发引发热烈争议,它是一种类维生素 A 受体激动剂,许多实验室在鼠类的 AD 疾病动物模型中,应用蓓萨罗丁后发现,伴随脑和血浆中的 $A\beta$ 淀粉化多肽清除,行为得到明显改善。但对于神经细胞内的神经斑块是否也发生变化,结果却很不相同,神经炎性斑块减少在 0%~65% 之间。由此引发的问题在于:该药品得到的行为疗效与神经炎性斑块的数量变化是否无关?现在,可以确定该药物作用于脑内的胶质细胞,引起含有阿朴脂蛋白(ApoE)的产出增多;反之,这类高密度脂蛋白(HDL)又促进该药物清除可溶性 $A\beta$ 淀粉化多肽。可是对于为何该药对神经炎性斑块的作用如此不同,却有多种解释。所幸,十多年前美国药监局已批准将该药作为新抗癌药物进行临床试用,已经有数以千计病例证明,该药品使用安全。所以,它在治疗 AD 中的临床试验周期会大大缩短。希望它能早日用于临床治疗。

# 参 考 文 献

沈政,方方,杨炯炯等编著. (2010). 认知神经科学导论. 北京:北京大学出版社.

沈政,林庶芝. (2012). 生理心理学. 北京:开明出版社.

孙久荣. (2004). 神经解剖生理学. 北京:北京大学出版社.

Abrams, T. W., & Kandel, E. R. (1988). Is contiguity detection in classical conditioning a system or a cellular property? Learning in Alysia suggests a possible molecular site. *Trends in Neuroscience*, *11*(4), 128—135.

Adler, L. E., Waldo, M. C., Tatcher, A., Cawthra, E., Baker, N., & Freedman, R. (1990). Lack of relationship of auditory gating defects to negative symptoms in schizophrenia. *Schizophrenia Research*, *3*(2), 131—138.

Adolphs, R. (2002). Recognizing emotion from facial expressions: Psychological and neurological mechanisms. *Behavioral and Cognitive Neuroscience Reviews*, *1*(1), 21—62.

Adolphs, R. (2006). How do we know the minds of others? Domain-specificity, simulation, and enactive social cognition. *Brain Research*, *1079*(1), 25—35.

* Alivisatos, A. P., Chun, M., Church, G. M., Deisseroth, K., Donoghue, J. P., Greenspan, R. J., McEuen, P. L., Roukes, M. L., Sejnowski, T. J., Weiss, P. S., & Yuste, R. (2013). The brain activity map. *Science*, *339*(6125), 1284—1285.

Amodio, D. M., & Frith, C. D. (2006). Meeting of minds: the medial frontal cortex and social cognition. *Nature Reviews Neuroscience*, *7*(4), 268—277.

Anderson, N. E., & Kiehl, K. A. (2012). The psychopath magnetized: insights from brain imaging. *Trends in Cognitive Sciences*, *16*(1), 52—60.

* Aserinsky, E., & Kleitman, N. (1953). Regularly occurring periods of eye motility, and concomitant phenomena, during sleep. *Science*, *118*(3062), 273—274.

Baddeley, A. (2000). The episodic buffer: a new component of working memory? *Trends in Cognitive Sciences*, *4*(11), 417—423.

Baddeley, A. (2003). Working memory: looking back and looking forward. *Nature Reviews Neuroscience*, *4*(10), 829—839.

Bae, B. I., & Walsh, C. A. (2013). What Are Mini-Brains? *Science*, *342*(6155), 200—201.

Bandura, A. (1977). *Social Learning Theory*. Englewood Cliffs, NJ: Prentice-Hall.

Bar-On, R., Tranel, D., Denburg, N. L., & Bechara, A. (2003). Exploring the neurological substrate of emotional and social intelligence. *Brain*, *126*(8), 1790—1800.

Békésy, G. V. (1960). *Experiments in Hearing*. New York: McGraw-Hill.

Bentin, S., Allison, T., Puce, A., Perez, E., & McCarthy, G. (1996). Electrophysiological studies of face perception in humans. *Journal of Cognitive Neuroscience*, *8*(6), 551—565.

\* Berger, H. (1929). Über das elektrenkephalogramm des menschen. *European Archives of Psychiatry and Clinical Neuroscience*, 87(1), 527—570.

Bianchin, M., & Angrilli, A. (2012). Gender differences in emotional responses: A psychophysiological study. *Physiology & Behavior*, 105(4), 925—932.

Binet, A., & Simon, T. (1905). Methodes nouvelles pou le diagnostic du niveau intelelectuel des anormaux. *L'Annee Psychologique*, 11, 245—336.

(The development of the Binet-Simon scale, new methods for the diagnosis of the intellectual level of subnormal. In *Readings in the history of psychology*.)

Binder, J. R., Desai, R. H., Graves, W. W., & Conant, L. L. (2009). Where is the semantic system? A critical review and meta-analysis of 120 functional neuroimaging studies. *Cerebral Cortex*, 19(12), 2767—2796.

Brooks, A. M., & Berns, G. S. (2013). Aversive stimuli and loss in the mesocorticolimbic dopamine system. *Trends in Cognitive Sciences*, 17(6), 281—286.

Büchel, C., Morris, J., Dolan, R. J., & Friston, K. J. (1998). Brain systems mediating aversive conditioning: an event-related fMRI study. *Neuron*, 20(5), 947—957.

Bush, G. (2010). Attention-deficit/hyperactivity disorder and attention networks. *Neuropsychopharmacology*, 35, 278—300.

Butterworth, B., & Kovas, Y. (2013). Understanding neurocognitive developmental disorders can improve education for all. *Science*, 340(6130), 300—305.

Castellanos, F. X., & Proal, E. (2012). Large-scale brain systems in ADHD: beyond the prefrontal-striatal model. *Trends in Cognitive Sciences*, 16(1), 17—26.

Cabeza, R., Mazuz, Y. S., Stokes, J., Kragel, J. E., Woldorff, M. G., Ciaramelli, E., Morris, I. R., & Moscovitch, M. (2011). Overlapping parietal activity in memory and perception: evidence for the attention to memory model. *Journal of Cognitive Neuroscience*, 23(11), 3209—3217.

Clapcote, S. J., Lipina, T. V., Millar, J. K., Mackie, S., Christie, S., Ogawa, F., Lerch, J. P., Trimble, K., Uchiyama, M., Sakuraba, Y., Kaneda, H., Shiroishi, T., Houslay, M. D., Henkelman, M., Sled, J. G., Gondo, Y., Porteous, D. J., & Roder, J. C. (2007). Behavioral phenotypes of disc1 missense mutations in mice. *Neuron*, 54(3), 387—402.

Chamberlain, S. R., Müller, U., Blackwell, A. D., Clark, L., Robbins, T. W., & Sahakian, B. J. (2006). Neurochemical modulation of response inhibition and probabilistic learning in humans. *Science*, 311(5762), 861—863.

Chan, W. W. L., Au, T. K., & Tang, J. (2013). Developmental dyscalculia and low numeracy in Chinese children. *Research in Developmental Disabilities*, 34(5), 1613—1622.

Chen, C. H., Gutierrez, E. D., Thompson, W., Panizzon, M. S., Jernigan, T. L., Eyler, L. T., Fennema-Notestine, C., Jak, A. J., Neale, M. C., Franz, C. E., Lyons, M. J., Grant, M. D., Fischl, B., Seidman, L. J., Tsuang, M. T., Kremen, W. S., & Dale, A. M. (2012). Hierarchical genetic organization of human cortical surface area. *Science*, 335(6076),

1634—1636.

Chen, Y., Zhang, W., & Shen, Z. (2002). Shape predominant effect in pattern recognition of geometric figures of rhesus monkey. *Vision Research*, *42*(7), 865—871.

Choi, Y. Y., Shamosh, N. A., Cho, S. H., DeYoung, C. G., Lee, M. J., Lee, J. M., Kim, S. I., Cho, Z. H., Kim, K., Gray, J. R., & Lee, K. H. (2008). Multiple bases of human intelligence revealed by cortical thickness and neural activation. *The Journal of Neuroscience*, *28*(41), 10323—10329.

* Chomsky, N. (1957). *Syntactical Structures*. The Hague: Mouton Publishers.

Castellanos, F. X., & Proal, E. (2012). Large-scale brain systems in ADHD: beyond the prefrontal-striatal model. *Trends in Cognitive Sciences*, *16*(1), 17—26.

Codispoti, M., Ferrari, V., & Bradley, M. M. (2006). Repetitive picture processing: autonomic and cortical correlates. *Brain Research*, *1068*(1), 213—220.

Connor, C. E. (2010). A new viewpoint on faces. *Science*, *330*(6005), 764—765.

Corbetta, M., & Shulman, G. L. (2002). Control of goal-directed and stimulus-driven attention in the brain. *Nature Reviews Neuroscience*, *3*(3), 201—215.

Damasio, A. R. (1999). *The feeling of what happens: body and emotion in the making of consciousness*. New York: Hacourt Brace.

Deary, I. J., Penke, L., & Johnson, W. (2010). The neuroscience of human intelligence differences. *Nature Reviews Neuroscience*, 11(3), 201—211.

Dehaene, S., Spelke, E., Pinel, P., Stanescu, R., & Tsivkin, S. (1999). Sources of mathematical thinking: Behavioral and brain-imaging evidence. *Science*, *284*(5416), 970—974.

de Quervain, D. J., & Papassotiropoulos, A. (2006). Identification of a genetic cluster influencing memory performance and hippocampal activity in humans. *Proceedings of the National Academy of Sciences of USA*. 103, 4270—4274.

Dias, B. G., Banerjee, S. B., Goodman, J. V., & Ressler, K. J. (2013). Towards new approaches to disorders of fear and anxiety. *Current Opinion in Neurobiology*, 23, 1—7.

Downing, P. E., Jiang, Y., Shuman, M., & Kanwisher, N. (2001). A cortical area selective for visual processing of the human body. *Science*, *293*(5539), 2470—2473.

Doya, K. (2000). Complementary roles of basal ganglia and cerebellum in learning and motor control. *Current Opinion in Neurobiology*, *10*(6), 732—739.

Duncan, J., Seitz, R. J., Kolodny, J., Bor, D., Herzog, H., Ahmed, A., Newell F. N., & Emslie, H. (2000). A neural basis for general intelligence. *Science*, *289*(5478), 457—460.

Düzel, E., Yonelinas, A. P., Mangun, G. R., Heinze, H. J., & Tulving, E. (1997). Event-related brain potential correlates of two states of conscious awareness in memory. *Proceedings of the National Academy of Sciences of the USA*, *94*(11), 5973—5978.

Eichenbaum, H. (2013). Memory on time. *Trends in Cognitive Sciences*, *17*(2), 81—88.

Eimer, M. (2000). The face-specific N170 component reflects late stages in the structural encoding of faces. *Neuroreport*, *11*(10), 2319—2324.

Ekstrom, L. B., Roelfsema, P. R., Arsenault, J. T., Bonmassar, G., & Vanduffel, W. (2008). Bottom-up dependent gating of frontal signals in early visual cortex. *Science*, *321*(5887), 414—417.

Epstein, R., Harris, A., Stanley, D., & Kanwisher, N. (1999). The parahippocampal place area: recognition, navigation, or encoding? *Neuron*, *23*(1), 115—125.

Fields, R. D. (2010). Change in the brain's white matter: the role of the brain's white matter in active learning and memory may be underestimated. *Science*, *330*(6005), 768—769.

Fox, M. D., Corbetta, M., Snyder, A. Z., Vincent, J. L., & Raichle, M. E. (2006). Spontaneous neuronal activity distinguishes human dorsal and ventral attention systems. *Proceedings of the National Academy of Sciences of USA*, *103*(26), 10046—10051.

Freiwald, W. A., & Tsao, D. Y. (2010). Functional compartmentalization and viewpoint generalization within the macaque face-processing system. *Science*, *330*(6005), 845—851.

Friederici, A. D. (2012). The cortical language circuit: from auditory perception to sentence comprehension. *Trends in Cognitive Sciences*, *16*(5), 262—268.

Gabriel, M., & Schmajuk, N. (1990). Neural and computational models of avoidance learning. In Gabriel, M. & Moore, J. (eds) *Learning and Computational Neuroscience: Foundations of Adaptive Network*, pp 143—171, Cambridge, MA: MIT Press.

Garcia, J., Ervin, F. R., & Koelling, R. A. (1966). Learning with prolonged delay of reinforcement. *Psychonomic Science*, *5*(3), 121—122.

Garman, M. (1990) *Psycholinguistics*. pp 403—405, Cambridge, Mass: Cambridge University Press.

Garrett, M. F. (1982). Production of speech: Observations from normal and pathological language use. In Ellis, A. W. (ed) *Normality and Pathology in Cognitive Functions*, pp. 19—76, London: Academic Press.

Gazzaley, A., & Nobre, A. C. (2012). Top-down modulation: bridging selective attention and working memory. *Trends in Cognitive Sciences*, *16*(2), 129—135.

Georgiadis, J. R., & Kringelbach, M. L. (2012). The human sexual response cycle: Brain imaging evidence linking sex to other pleasures. *Progress in Neurobiology*, *98*(1), 49—81.

Grandjean, D., Sander, D., & Scherer, K. R. (2008). Conscious emotional experience emerges as a function of multilevel, appraisal-driven response synchronization. *Consciousness and Cognition*, *17*(2), 484—495.

Grill-Spector, K., Kushnir, T., Edelman, S., Avidan, G., Itzchak, Y., & Malach, R. (1999). Differential processing of objects under various viewing conditions in the human lateral occipital complex. *Neuron*, *24*(1), 187—203.

Gross, C. G., Rocha-Miranda, C. E., & Bender, D. B. (1972). Visual properties of neurons in inferotemporal cortex of the Macaque. *Journal of Neurophysiology*, *35*(1), 96—111.

Haarmeier, T., & Thier, P. (1998). An electrophysiological correlate of visual motion awareness in man. *Journal of Cognitive Neuroscience*, *10*(4), 464—471.

Hagmann, P., Cammoun, L., Gigandet, X., Meuli, R., Honey, C. J., Wedeen, V. J., & Sporns, (2008). Mapping the structural core of human cerebral cortex. *PLoS Biology*, *6*(7), 1479—1493.

Hall, W. G., & Blass, E. M. (1977) Orgiastic determinants of drinking in rats: interaction between absorptive and peripheral controls. *Journal of Comparative and Physiological Psychology*, *91*, 365—373

Hare, R. D. (1970). *Psychopathy: theory and research*. New York: Wiley.

Heine, A., Wissmann, J., Tamm, S., De Smedt, B., Schneider, M., Stern, E., Verschaffel, L., & Jacobs, A. M. (2013). An electrophysiological investigation of non-symbolic magnitude processing: numerical distance effects in children with and without mathematical learning disabilities. *Cortex*, *49*(8), 2162—2177.

Hickok, G., & Poeppel, D. (2004). Dorsal and ventral streams: a framework for understanding aspects of the functional anatomy of language. *Cognition*, *92*(1), 67—99.

Hill, A. K., Dawood, K., & Puts, D. A. (2013) Biological foundations of sexual orientation. In Patterson, C. J., & D'augelli, A. R. (eds) *Handbook of Psychology and Sexual Orientation*. pp 55—68. New York: Oxford University Press.

Hikosaka, O., & Isoda, M. (2010). Switching from automatic to controlled behavior: cortical-basal ganglia mechanisms. *Trends in Cognitive Sciences*, *14*(4), 154—161.

Hogg, R. C., & Bertrand, D. (2004). What genes tell us about nicotine addiction? *Science*, *306* (5698), 983—985.

Holden, C. (2001). 'Behavioral' addictions: do they exist? *Science*, *294*(5544), 980—982.

Holroyd, C. B., & Yeung, N. (2012). Motivation of extended behaviors by anterior cingulate cortex. *Trends in Cognitive Sciences*, *16*(2), 122—128.

Holstege, G. C. et al. (2004). *The human nervous system* 2nd, pp 1305—1324. San Diego: Academic Press.

Horn, J. L., & Cattell, R. B. (1966). Refinement and test of the theory of fluid and crystallized general intelligences. *Journal of Educational Psychology*, *57*(5), 253—270.

* Hubel, D. H., & Wiesel, T. N. (1962). Receptive fields, binocular interaction and functional architecture in the cat's visual cortex. *The Journal of Physiology*, *160*(1), 106—154.

Hung, C. P., Kreiman, G., Poggio, T., & DiCarlo, J. J. (2005). Fast readout of object identity from macaque inferior temporal cortex. *Science*, *310*(5749), 863—866.

Hyden, H. (1960) The neuron. In Bracher, J., & Mirsky, A. E. (eds) *The cell*. pp 215—323, New York: Academic Press.

Iacoboni, M., Molnar-Szakacs, I., Gallese, V., Buccino, G., Mazziotta, J. C., & Rizzolatti, G. (2005). Grasping the intentions of others with one's own mirror neuron system. *PLoS Biology*, *3*(3), 75—79.

Jacobsen, C. F. (1936). The functions of the frontal association area in monkeys. *Comparative Psychological Monograph*, *13*, 1—60.

\* James, W. (1890). *The principles of psychology*. New York: Henry Holt & Company.

Kalivas, P. W., & Volkow, N. D. (2007). The neural basis of addiction: a pathology of motivation and choice. *FOCUS: The Journal of Lifelong Learning in Psychiatry*, 5(2), 208—219.

\* Kandel, E. R. (2001). The molecular biology of memory storage: a dialogue between genes and synapses. *Science*, *294*(5544), 1030—1038.

Kanwisher, N., McDermott, J., & Chun, M. M. (1997). The fusiform face area: a module in human extrastriate cortex specialized for face perception. *The Journal of Neuroscience*, *17*(11), 4302—4311.

Khayat, P. S., Pooresmaeili, A., & Roelfsema, P. R. (2009). Time course of attentional modulation in the frontal eye field during curve tracing. *Journal of Neurophysiology*, *101*(4), 1813—1822.

Kober, H., Barrett, L. F., Joseph, J., Bliss-Moreau, E., Lindquist, K., & Wager, T. D. (2008). Functional grouping and cortical-subcortical interactions in emotion: A meta-analysis of neuroimaging studies. *Neuroimage*, *42*(2), 998—1031.

Köhler, W. (1925). *The mentality of apes*. New York: Harcourt, Brace & World.

Kosslyn, S. M., Pascual-Leone, A., Felician, O., Camposano, S., Keenan, J. P., Ganis, G., Sukel, K. E., & Alpert, N. M. (1999). The role of area 17 in visual imagery: convergent evidence from PET and rTMS. *Science*, *284*(5411), 167—170.

Kourtzi, Z., & Kanwisher, N. (2001). The human lateral occipital complex represents perceived object shape. *Science*, *293*, 1506—1509.

Kuhl, P. K., & Miller, J. D. (1978). Speech perception by the chinchilla: Identification functions for synthetic VOT stimuli. *The Journal of the Acoustical Society of America*, *63*(3), 905—917.

Kyriacou, C. P., & Hastings, M. H. (2010). Circadian clocks: genes, sleep, and cognition. *Trends in Cognitive Sciences*, *14*(6), 259—267.

LaBar, K. S., Gatenby, J. C., Gore, J. C., LeDoux, J. E., & Phelps, E. A. (1998). Human amygdala activation during conditioned fear acquisition and extinction: a mixed-trial fMRI study. *Neuron*, *20*(5), 937—945.

Lamme, V. A. F., & Roelfsema, P. R. (2000). The distinct modes of vision offered by feed forward and recurrent processing. *Trends in Neurosciences*, *23*(11), 571—579.

Lamme, V. A. F. (2003). Why visual attention and awareness are different. *Trends in Cognitive Sciences*, *7*(1), 12—18.

\* Lashley, K. S. (1929). *Brain Mechanisms and Intelligence. A quantitative study of injuries to the brain*. Chicago: University of Chicago Press.

Lech, R. K., & Suchan, B. (2013). The medial temporal lobe: Memory and beyond. *Behavioral Brain Research*, *254*, 45—49.

Lewis, M. D., & Todd, R. M. (2007). The self-regulating brain: Cortical-subcortical feedback and the development of intelligent action. *Cognitive Development*, *22*(4), 406—430.

Liberman, A. M., & Mattingly, I. G. (1985). The motor theory of speech perception revised. *Cognition*, *21*(1), 1—36.

Liljeholm, M., & O'Doherty, J. P. (2012). Contributions of the striatum to learning, motivation, and performance: an associative account. *Trends in Cognitive Sciences*, *16*(9), 467—475.

Lomo, T. (1966). Frequency potentiation of excitatory synaptic activity in dentate area of hippocampal formation. *Acta Physiologica Scandinavica*, *68* (suppl. 272).

Magni, F., Moruzzi, G., Rossi, G. F., & Zanchetti, A. (1959). A EEG arousal following inactivation of the lower brain stem by selective injection of barbiturate into the vertebral circulation. *Archives Italian Biology*, *97*, 33—46.

Manginelli, A. A., Baumgartner, F., & Pollmann, S. (2013). Dorsal and ventral working memory-related brain areas support distinct processes in contextual cueing. *Neuroimage*, *67*, 363—374.

Massaro, D. W., & Cohen, M. M. (1983). Evaluation and integration of visual and auditory information in speech perception. *Journal of Experimental Psychology: Human Perception and Performance*, *9*(5), 753—771.

McCarthy, M. M. (2008). Estradiol and the developing brain. *Physiological Reviews*, *88*(1), 91—134.

McDowell, J. E., Dyckman, K. A., Austin, B. P., & Clementz, B. A. (2008). Neurophysiology and neuroanatomy of reflexive and volitional saccades: evidence from studies of humans. *Brain and Cognition*, *68*(3), 255—270.

Miller, K. J., Schalk, G., Fetz, E. E., den Nijs, M., Ojemann, J. G., & Rao, R. P. (2010). Cortical activity during motor execution, motor imagery, and imagery-based online feedback. *Proceedings of the National Academy of Sciences of USA*. *107*(9), 4430—4435

Mishkin, M. A. (1954). Visual discrimination performance following partial ablations of the temporal lobe. II ventral surfaces vs. hippocampus. *Journal of Comparative & Physiological Psychology*, *47*, 187—193.

Miyashita, Y. (2004). Cognitive memory: cellular and network machineries and their top-down control. *Science*, *306*(5695), 435—440.

\* Moruzzi, G., & Magoun, H. W. (1949). Brain stem reticular formation and activation of the EEG. *Electroencephalography and Clinical Neurophysiology*, *1*(1), 455—473.

Näätänen, R., & Gaillard, A. W. K. (1983). The orienting reflex and the N2 deflection of the event-related potential (ERP). In Gailard, A. W. K., & Ritter, W. (eds) *Tutorials in ERP Research: Endogenous Components*. pp 119—141. Amsterdam: North-Holland Publishing Company.

Nestler, E. J. (2004). Historical review: molecular and cellular mechanisms of opiate and cocaine addiction. *Trends in Pharmacological Sciences*, *25*(4), 210—218.

Ochsner, K. N. (2008). The social-emotional processing stream: five core constructs and their translational potential for schizophrenia and beyond. *Biological Psychiatry*, *64*(1), 48—61.

\* Olds, J., & Milner, P. (1954). Positive reinforcement produced by electrical stimulation of septal area and other regions of rat brain. *Journal of Comparative and Physiological Psychology*, 47 (6), 419—427.

Olofsson, J. K., Nordin, S., Sequeira, H., & Polich, J. (2008). Affective picture processing: an integrative review of ERP findings. *Biological Psychology*, 77(3), 247—265.

Oudiette, D., & Paller, K. A. (2013). Upgrading the sleeping brain with targeted memory reactivation. *Trends in Cognitive Sciences*, 17(3), 142—149.

Palagini, L., & Rosenlicht, N. (2011). Sleep, dreaming, and mental health: A review of historical and neurobiological perspectives. *Sleep Medicine Reviews*, 15(3), 179—186.

* Penfield, W., & Jasper, H. H. (1954). *Epilepsy and the functional anatomy of the human brain*. Boston: Little, Brown & Co..

Panksepp, J. (2006). Emotional endophenotypes in evolutionary psychiatry. *Progress in Neuro-Psychopharmacology and Biological Psychiatry*, 30(5), 774—784.

* Pavlov, I. P. (1927). *Conditioned Reflexes*. New York: Oxford University Press.

Phelps, E. A. (2006). Emotion and cognition: insights from studies of the human amygdala. *Annual Review of Psychology*, 57, 27—53.

Pollmann, S., & Manginelli, A. A. (2009). Early implicit contextual change detection in anterior prefrontal cortex. *Brain Research*, 1263, 87—92.

Posner, M. I. (1995). Attention in cognitive neuroscience: An overview. In Gazzaniga, M. S. (ed) *The Cognitive Neurosciences*. pp 615—624. New York: MIT Press.

Price, G. W., Michie, P. T., Johnston, J., Innes-Brown, H. A. K., Clissa, P., & Jablensky, A. V. (2006). A multivariate electrophysiological endophenotype, from unitary cohort, shows greater research utility than any single feature in the western Australian family study of schizophrenia. *Biological Psychiatry*, 60, 1—10.

Price, J. L., & Drevets, W. C. (2012). Neural circuits underlying the pathophysiology of mood disorders. *Trends in Cognitive Sciences*, 16(1), 61—71.

Pulvermüller, F. (2001). Brain reflections of words and their meaning. *Trends in Cognitive Sciences*, 5(12), 517—524.

* Raichle, M. E., MacLeod, A. M., Snyder, A. Z., Powers, W. J., Gusnard, D. A., & Shulman, G. L. (2001). A default mode of brain function. *Proceedings of the National Academy of Sciences of the USA*, 98(2), 676—682.

* Raichle, M. E. (2006). The brain's dark energy. *Science*, 314(5803), 1249—1250.

Ramirez, S., Liu, X., Lin, P. A., Suh, J., Pignatelli, M., Redondo, R. L., Ryan, T. J., & Tonegawa, S. (2013). Creating a false memory in the hippocampus. *Science*, 341(6144), 387—391.

Rasch, B., Büchel, C., Gais, S., & Born, J. (2007). Odor cues during slow-wave sleep prompt declarative memory consolidation. *Science*, 315(5817), 1426—1429.

Ray, M. K., Mackay, C. E., Harmer, C. J., & Crow, T. J. (2008). Bilateral generic working memory circuit requires left-lateralized addition for verbal processing. *Cerebral Cortex*, 18(6),

1421—1428.

Reber, A. S. (1992). The cognitive unconscious: An evolutionary perspective. *Consciousness and Cognition*, *1*(2), 93—133.

Reverberi, C., Shallice, T., D'Agostini, S., Skrap, M., & Bonatti, L. L. (2009). Cortical bases of elementary deductive reasoning: Inference, memory, and metadeduction. *Neuropsychologia*, *47*(4), 1107—1116.

Rhoades, R. & Pflanzer, R. (1992). *Human Physiology. Second Edition*. Philadelphia: Saunders College Publishing.

Rizzolatti, G., & Fabbri-Destro, M. (2008). The mirror system and its role in social cognition. *Current Opinion in Neurobiology*, *18*(2), 179—184.

Robbins, T. W., Gillan, C. M., Smith, D. G., de Wit, S., & Ersche, K. D. (2012). Neurocognitive endophenotypes of impulsivity and compulsivity: towards dimensional psychiatry. *Trends in Cognitive Sciences*, *16*(1), 81—91.

Rodriguez-Moreno, D., & Hirsch, J. (2009). The dynamics of deductive reasoning: An fMRI investigation. *Neuropsychologia*, *47*(4), 949—961.

Rolls, E. T., Baylis, G. C., & Hasselmo, M. E. (1987). The responses of neurons in the cortex in the superior temporal sulcus of the monkey to band-pass spatial frequency filtered face. *Vision Research*, *27*, 311—326.

Rudoy, J. D., Voss, J. L., Westerberg, C. E., & Paller, K. A. (2009). Strengthening individual memories by reactivating them during sleep. *Science*, *326*(5956), 1079—1079.

Roux, F., & Uhlhaas, P. J. (2014). Working memory and neural oscillations: alpha-gamma versus theta-gamma codes for distinct WM information? *Trends in Cognitive Sciences*, *18*(1), 16—25.

Rushworth, M. F. S., Behrens, T. E. J., Rudebeck, P. H., & Walton, M. E. (2007). Contrasting roles for cingulate and orbitofrontal cortex in decisions and social behavior. *Trends in Cognitive Sciences*, *11*(4), 168—176.

Russell, J. A. (2003). Core affect and the psychological construction of emotion. *Psychological Review*, *110*(1), 145—172.

Sato, T. (1980). Recent advances in the physiology of taste cells. *Progress in Neurobiology*, *14*(1), 25—67.

Scherer, K. R. (1984). On the nature and function of emotion: A component process approach. *Approaches to Emotion*, *2293*, 317.

Scherer, K. R. Schorr, A., & Johnstone, T. (2001). *Appraisal processes in emotion: Theory, methods, research*. New York: Oxford University Press.

Scholz, J., Klein, M. C., Behrens, T. E., & Johansen-Berg, H. (2009). Training induces changes in white-matter architecture. *Nature Neuroscience*, *12*(11), 1370—1371.

Schwarzlose, R. F., Baker, C. I., & Kanwisher, N. (2005). Separate face and body selectivity on the fusiform gyrus. *The Journal of Neuroscience*, *25*(47), 11055—11059.

Scott, S. K., & Johnsrude, I. S. (2003). The neuroanatomical and functional organization of speech perception. *Trends in Neurosciences*, *26*(2), 100—107.

Scott, S. K., & Wise, R. J. (2004). The functional neuroanatomy of prelexical processing in speech perception. *Cognition*, *92*(1), 13—45.

Shamay-Tsoory, S. G., Tomer, R., Berger, B. D., Goldsher, D., & Aharon-Peretz, J. (2005). Impaired "affective theory of mind" is associated with right ventromedial prefrontal damage. *Cognitive and Behavioral Neurology*, *18*(1), 55—67.

Shen, Z., Zhang, W. W., & Chen, Y. C. (2002). The hole precedence in face but not figure discrimination and its neuronal correlates. *Vision Research*, *42*(7), 873—882.

* Sherrington, C. S. (1906). *The integrative activity of the nervous system*. New York: Scribners.

Shizgal, P., & Arvanitogiannis, A. (2003). Gambling on dopamine. *Science*, *299* (5614), 1856—1858.

* Skinner, B. F. (1938). *The behavior of organisms*. New York: Appleton-Century-Crofts.

Small, W. S. (1899). Notes on the psychic development of the young white rat. *The American Journal of Psychology*, *11*(1), 80—100.

Sokolov, E. N. (1963). Higher nervous functions: The orienting reflex. *Annual Review of Physiology*, *25*(1), 545—580.

Sokolov, E. N., & Vinogradova, O. S. (1975). *Neuronal mechanisms of the orienting reflex*. Hilsedale N. J.: Erlbaum.

Sörös, P., Sokoloff, L. G., Bose, A., McIntosh, A. R., Graham, S. J., & Stuss, D. T. (2006). Clustered functional MRI of overt speech production. *Neuroimage*, *32*(1), 376—387.

* Spearman, C. (1904). "General Intelligence," Objectively Determined and Measured. *The American Journal of Psychology*, *15*(2), 201—292.

* Sperry, R. W. (1964). The Great Cerebral Commissure. *Scientific American*, *210*, 42—53.

Squire, L. R., Wixted, J. T., & Clark, R. E. (2007). Recognition memory and the medial temporal lobe: a new perspective. *Nature Review Neuroscience*. *8*(11), 872—883.

State, M. W., & Šestan, N. (2012). The emerging biology of autism spectrum disorders. *Science*, *337*(6100), 1301.

Stephan, K. E., Kasper, L., Harrison, L. M., Daunizeau, J., den Ouden, H. E., Breakspear, M., & Friston, K. J. (2008). Nonlinear dynamic causal models for fMRI. *Neuroimage*, *42*(2), 649—662.

Sternberg, R. J. (1985). *Beyond IQ: A triarchic theory of human intelligence*. New York: Cambridge University Press.

Sternberg, R. J. (2000). The holey grail of general intelligence. *Science*, *289*(5478), 399—401.

Stickgold, R. (2013). Early to bed: how sleep benefits children's memory. *Trends in Cognitive Sciences*, *17*(6), 261—262.

Tamnes, C. K., Østby, Y., Walhovd, K. B., Westlye, L. T., Due-Tønnessen, P., & Fjell, A. M. (2010). Neuroanatomical correlates of executive functions in children and adolescents: A magnetic resonance imaging (MRI) study of cortical thickness. *Neuropsychologia*, *48* (9),

2496—2508.

Tang, Y. Y., Rothbart, M. K., & Posner, M. I. (2012). Neural correlates of establishing, maintaining, and switching brain states. *Trends in Cognitive Sciences*, *16*(6), 330—337.

Thompson, R. F. (1986). The neurobiology of learning and memory. *Science*, *233*(4767), 941—947.

Thorndike, E. L. (1911). *Animal intelligence: Experimental studies*. New York: Macmillan.

Thorpe, S. J., & Fabre-Thorpe, M. (2001). Neuroscience. Seeking categories in the brain. *Science*, *291*(5502), 260—263.

Todd, R. M., Cunningham, W. A., Anderson, A. K., & Thompson, E. (2012). Affect-biased attention as emotion regulation. *Trends in Cognitive Sciences*, *16*(7), 365—372.

Treisman, A. M., & Gelade, G. (1980). A feature-integration theory of attention. *Cognitive Psychology*, *12*(1), 97—136.

Treisman, A., & Souther, J. (1986). Illusory words: The roles of attention and of top-down constraints in conjoining letters to form words. *Journal of Experimental Psychology: Human Perception and Performance*, *12*(1), 3.

Treisman, A., & Sato, S. (1990). Conjunction search revisited. *Journal of Experimental Psychology: Human Perception and Performance*, *16*(3), 459—487.

Tse, D., Langston, R. F., Kakeyama, M., Bethus, I., Spooner, P. A., Wood, E. R., Witter, M. P., & Morris, R. G. (2007). Schemas and memory consolidation. *Science*, *316*(5821), 76—82.

Tunturi, A. R. (1952). A difference in the representation of auditory signals for the left and right ears in the iso-frequency contours of the right middle ectosylvian auditory cortex of the dog. *The American Journal of Physiology*, *168*(3), 712—727.

Ullén, F. (2009). Is activity regulation of late myelination a plastic mechanism in the human nervous system? *Neuron Glia Biology*, *5*(1—2), 29—34.

Unterrainer, J. M., & Owen, A. M. (2006). Planning and problem solving: from neuropsychology to functional neuroimaging. *Journal of Physiology (Paris)*, *99*(4), 308—317.

van den Heuvel, M. P., Mandl, R. C. W., Kahn, R. S., & Hulshoff, Pol. H. E. (2009) Functionally linked resting-state networks reflect the underlying structural connectivity architecture of the human brain. *Human Brain Mapping*, *30*(10), 3127—3141.

* Van Essen, D. C., Ugurbil, K., Auerbach, E., Barch, D., Behrens, T. E. J., Bucholz, R., Chang, A., Chrn, L., Morbetta, M., Cutiss, S. W., Penna, S. D., Feinberg, D., Glasser, M. F., Harel, N., Heath, A. C., Larson-Prior, L., Marcus, D., Michalareas, G., Moeller, S., Oostenveld, R., Petersen, S. E., Prior, F., Schlaggar, B. L., Smith, S. M., Snyder, A. Z., Xu, J., & Yacoub, E. (2012). The Human connectome project: a data acquisition perspective. *Neuroimage*, *62*(4), 2222—2231.

van Honk, J., Terburg, D., & Bos, P. A. (2011). Further notes on testosterone as a social hormone. *Trends in Cognitive Sciences*, *15*(7), 291—292.

Verbaten, M. N. (1983). The Influence of Information on Habituation of Cortical, Autonomic and Behavioral Components of the Orienting Response (OR). *Advances in Psychology*, *10*, 201—216.

Volkow, N. D., Wang, G. J., & Baler, R. D. (2011). Reward, dopamine and the control of food intake: implications for obesity. *Trends in Cognitive Sciences*, *15*(1), 37—46.

Walter, W. G. (1964). Contingent negative variations an electric sign of sensory-motor association. *Nature*, *203*, 300—304.

Wamsley, E. J., Tucker, M., Payne, J. D., Benavides, J. A., & Stickgold, R. (2010). Dreaming of a learning task is associated with enhanced sleep-dependent memory consolidation. *Current Biology*, *20*(9), 850—855.

Wang, L., Shen, H., Tang, F., Zang, Y., & Hu, D. (2012). Combined structural and resting-state functional MRI analysis of sexual dimorphism in the young adult human brain: an MVPA approach. *Neuroimage*, *61*(4), 931—940.

Waugh, C. E., Hamilton, J. P., & Gotlib, I. H. (2010). The neural temporal dynamics of the intensity of emotional experience. *Neuroimage*, *49*(2), 1699—1707.

Wechsler, D. (1939). *The measurement of adult intelligence*. Baltimore: William and Williams Co..

Weston, C. S. E. (2012). Another major function of the anterior cingulate cortex: the representation of requirements. *Neuroscience & Bio-behavioral Reviews*, *36*(1), 90—110.

*Wundt, W. (1874). *Principle of Physiological Psychology*. English Version by New York: Swan Sonnenschein & Co..

Yeo, B. T., Krienen, F. M., Sepulcre, J., Sabuncu, M. R., Lashkari, D., Hollinshead, M., Roffman, J. L., Smoller, J. W., Zöllei, L., Polimeni, J. R., Fischl, B., Liu, H., & Buckner, R. L. (2011). The organization of the human cerebral cortex estimated by intrinsic functional connectivity. *Journal of Neurophysiology*, *106*(3), 1125—1165.

* 为在生理心理学发展中经典性和标志性著作。

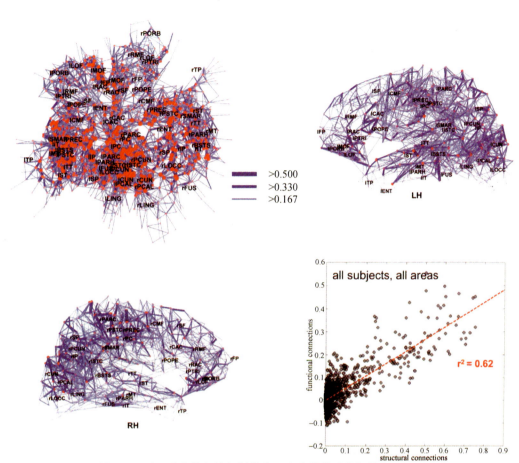

图 1-4 利用脑结构间神经纤维束图和功能性磁共振静态 BOLD
信号波动显示的功能连接图,共同确定的脑连接组

(选自 Hagmann,P. et al.,2008)

左上小图:998 个节点间连接纤维及其权重分布图,图标中圆点的大小表示节点强度,线段粗细表示连接权重;右上小图和左下小图是基于 DTI 数据给出的结构连接性骨架图:分别表示,左外侧和右外侧大脑皮层各区之间的神经纤维连接性;右下小图是结构连接性和功能连接性相关的散点图:横坐标是各脑区之间结构连接性,纵坐标是功能连接性,全部 5 名被试各脑区两种数据间,相关系数达十分显著水平。

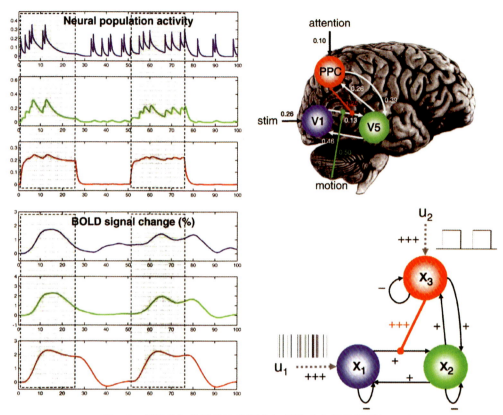

**图 1-5 视运动知觉及其注意调节机制的动态因果模型(DCM)**

(择自 Stephan, K. E. et al., 2008)

左上、下小图:设定从大脑皮层三个部位(V1、V5 和 PPC)通过针电极采集的场电位(左上三条曲线)和通过 R-fMRI 采集 BOLD 信号波动数据(左下三条曲线);六条曲线均是 100 s 的时域信号,第一条 V1 的信号受外部视觉刺激事件的驱动;第二条 V5 的信号既受与 V1 连接强度的影响,又受来自 PPC 连接性的制约;第三条 PPC 的信号既受与 V5 连接强度的影响,又受来自右下图 U2 所示注意变化的累积作用。

右上小图:示大脑皮层三个部位及其间连接性,V1,初级视皮层(17 区);V5,颞中回(视动觉皮层);PPC,后顶叶皮层(注意调节区);图中箭头线表示连接性影响的方向,数字表示连接权重。

右下小图:最终得到的视动觉皮层连接组动态因果模型(DCM),U1 表示视觉感受器接受外部刺激事件;U2 表示注意调节作用以积分形式发生作用,与左列图中两个 25 s 阴影区的强信号变化相关;+ 弱阳性作用,+++ 强阳性作用,- 阴性作用。

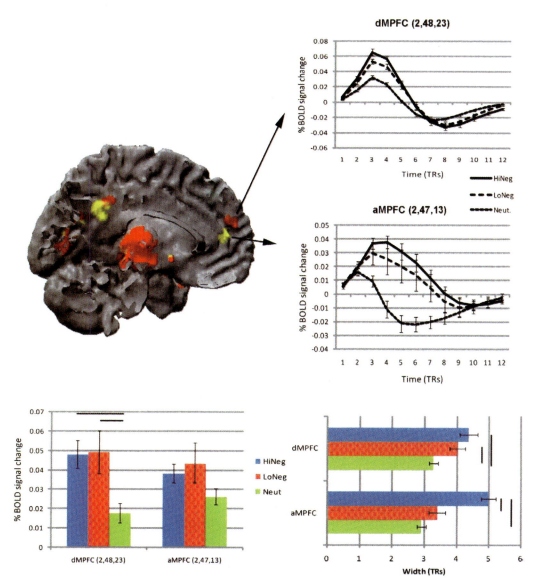

**图 10-3　内侧前额叶前部(aMPFC)血氧含量相依信号(BOLD)的反应函数(HRF)曲线**
(修改自 Waugh,C. E. et al.,2010)

HiNeg：强阴性情绪图片及其诱发的反应曲线持续时间(蓝方柱)；LoNeg：弱阴性情绪图片及其诱发的反应曲线持续时间(红方柱)；Neut：中性刺情绪图片及其诱发的反应曲线持续时间(绿方柱)；Time(TRs) or width(TRs)：横坐标及其时间单位(2 s)。

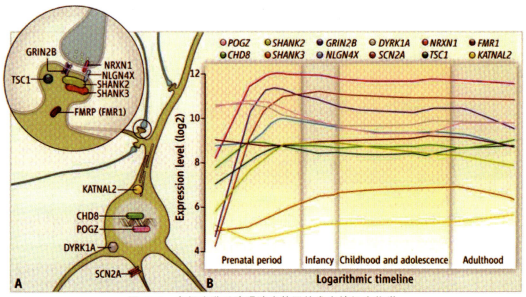

**图 11-7　自闭症谱系障碍致病基因的发育神经生物学**

（摘自 State, M. W. & Šestan, N., 2012）

图 A：致病基因对 ASD 症状的多效性作用和突发性 ASD 蛋白在亚细胞结构中的分布：CHD8，染色质变异体基因；POGZ，DNA 结合蛋白基因；SCN2A，离子通道受体基因；KATNAL2，微管连接蛋白基因；GRIN2B 谷氨酸神经递质受体蛋白基因；DYRK1A，酪氨酸蛋白激酶磷酸化调节基因；NLGN4x，神经连接蛋白 4 基因；NRXN1，轴突蛋白 1 基因；SHANK3，嵴突和神经连接蛋白调节基因 3（又称：微缺失综合征基因 3）；SHANK2，嵴突和神经连接蛋白调节基因 2（又称：微缺失综合征基因 2）；TSC-1，结节性硬化症相关基因 1；FMR1，脆性 X 染色体综合征基因 1。

图 B：12 个已知的致病基因在人脑新皮层发育中的作用时间窗口，横坐标是时间的对数轴，可分为：prenatal period 胎儿期，infancy 婴儿期，child and adolescence 少儿期，adulthood 成年期；纵坐标是相应基因表达水平，单位是 2 为底的对数值，由 12 条曲线可见，多数基因在胚胎期发挥主要作用。